새 컴퓨터 구조론

김수홍 著

PREFACE

컴퓨터구조는 컴퓨터과학에서 가장 중요한 과목으로서 컴퓨터의 이론을 체계적으로 습득할 수 있는 필수과목이다. 1970~1980년대는 논리회로와 설계 중심으로 컴퓨터구조를 설명하였으나, 1990년대 이후로는 컴퓨터 분야의 여러 핵심기술을 중심으로 컴퓨터 구조를 설명하고 있다.

스마트시대의 정점인 2010년이 되면서 학부 학생이나 실무자의 이론적인 지침서를 목표로 하여 1998년 출간하고 1999년에 개정판을 낸 졸저 "컴퓨터 구조론"을 시대에 맞게 개편하려고 2005년부터 원고를 준비하기 시작하였다. 서명을 "새 컴퓨터구조론" 으로 바꾸고 독자로 하여금 컴퓨터의 새로운 구조이론과 구성을 쉽게 이해하도록 하는 것과 실무에 활용케 하는 것을 목표로 정하였다. 또한 그 구성도 1장 컴퓨터의 기본구조, 2장 디지털 논리회로, 3장 데이터의 표현과 컴퓨터 연산, 4장 중앙처리장치, 5장 제어장치, 6장 컴퓨터 기억장치, 7장 입·출력 장치와 인터럽트, 8장 RISC 컴퓨터, 9장 병렬처리구조와 10장 차세대 컴퓨터 등 10장으로 개편하였다. 이 책 구성의 난이도에 따른 학습 진행을 위해서, 모든 독자들은 본서의 1장부터 8장 까지는 심층적으로 내용을 이해해야 하고, 9장과 10 장은 개념 정도는 이해할 수 있도록 노력하여야 할 것이나, 논리 회로를 공부한 독자는 2장, 3장은 간단히 학습을 진행할 수 있을 것이다.

본서를 위하여 필자는 그간 대학에서 지난 25년 동안 컴퓨터구조론 강의를 하면서 학생들의 보여준 강의와 교재에 대한 평가와 컴퓨터에 관심을 갖고 있는 산업현장 실무자들의 보내준 직접 간접의 요구사항 및 서평을 메모해오고 있었다. 이렇게 준비한 자료들과 그간의 강의 경험을 토대로 컴퓨터구조를 새롭게 설명하려고 노력하였지만 탈고를 하고 나니 부족한 것만 눈에 보여서 부끄럽기 만하다.

컴퓨터구조 분야는 매우 광범위하고 각 부문이 급속하게 발전하고 있기 때문에 본서에서 다루지 못한 것들과, 새롭게 개발되는 기술이나 이론들을 계속적으로 개정판을 통하여 보완할 것을 약속드리고, 이 책이 출간되도록 협조해주신 도서출판 21세기사의 이범만 사장님과 관계자 여러분 및 원고 및 도표 등을 준비하고 정리해준 상명대 김재학, 이영우, 이승주 학생과 상명IT교육센터 김연구원님께도 깊은 감사를 드립니다.

2015년 1월

천안 연구실에서

저자 김수홍

CONTENTS

CHAPTER 07 입 · 출력장치와 인터럽트 243

CHAPTER 08 RISC 컴퓨터 307

CHAPTER 1

컴퓨터의 기본 구조

이 장에서는 컴퓨터시스템과 구조의 기본개념과 기능을 쉽게 설명하고 컴퓨터 발전의 역사를 파악한다. 또한 컴퓨터 설계에서 핵심이 되는 부분과 성능향상을 위한 현재까지의 기술의 발전과 향후 동향에 대하여 살펴 본다.

컴퓨터를 크기, 가격 그리고 성능 등으로 다양하게 분류하고 있지만, 현재 우리가 사용하는 컴퓨터는 폰 노이만(John von Neumann)의 컴퓨터 구조를 모델로 하여 구현된 1949년에 만들어진 EDVAC 컴퓨터의 구조를 기본으로 하고 있다. 이 장에서는 이 구조와 관련된 부분을 설명한다.[그림 1-1][그림 1-2]

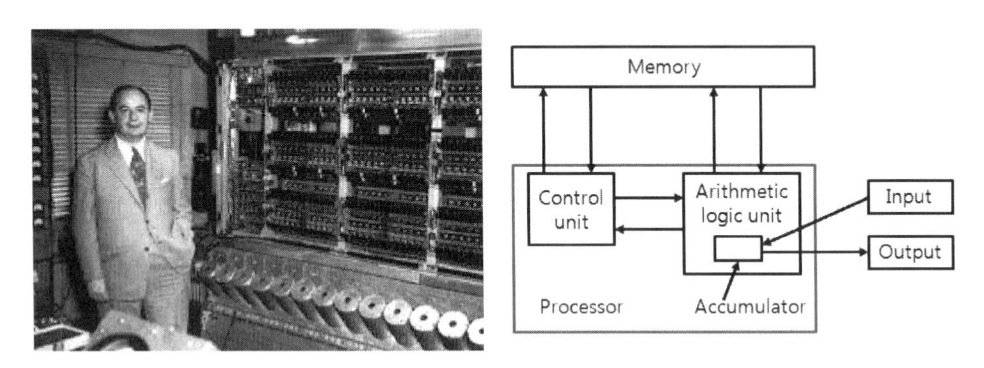

[그림 1-1] 폰노이만과 디지털 컴퓨터의 구조

[그림 1-2] EDVAC 컴퓨터

1.1 컴퓨터의 기본구조

1.1.1 폰 노이만 컴퓨터 구조

컴퓨터 구조의 주요 기능은 프로그램을 저장하는 개념이다. 프로그램은 데이터베이스(Database)나 워드(Word)문서의 작성과 같은 단계별로 주어진 계산과정을 나타내는 명령어의 집합(Set)을 말한다. 프로그램은 [그림 1-3]에서와 같이 다른 데이터와 함께 메모리에 저장된다.

이 프로그램을 수행하기 위해 CPU(Central Processing Unit)라는 중앙제어장치가 반복하여 순차적으로 명령어를 하나씩 해석하고 수행한다. 이것은 CPU 내의 한 부분인 제어장치(Control Unit)에 의해 실행된다. 수행과정은 주로 기억장치(Memory)에서 데이터를 인출한 후에 다른 형태로 가공되어 다시 기억장치에 저장되는 과정을 의미한다. 이 작업을 실행하기 위해서는, 수행하여야 할 동작(Operation)과 데이터가 저장된 장소 또는 기억장치의 주소(Memory Address)를 정확히 명시해야 한다. 덧셈과 뺄셈과 같은 동작은 CPU 의 한 부분인 논리연산장치인 ALU(Arithmetic and Logic Unit)가 실행한다. 기억장치로부터 정보(Information)의 전달을 위해 입력장치(Input Device)와 출력장치(Output Device)가 필요하다. 정보의 전달과 명령과 데이터의 순차적인 흐름을 위해 제어장치는 여러 가지 다양한 제어선(Control Lines)을 이용한다.

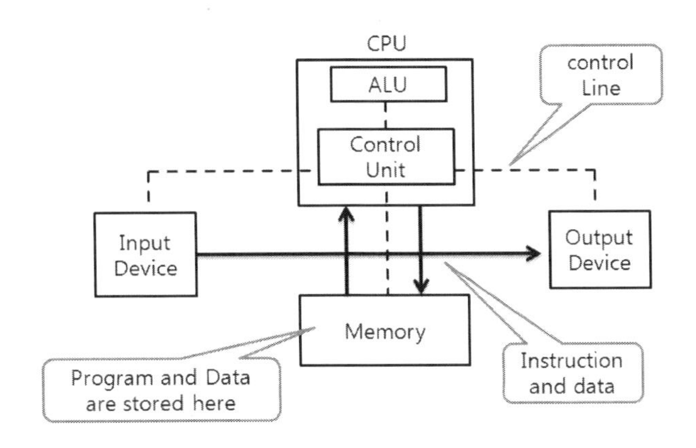

[그림 1-3] 폰 노이만 컴퓨터의 구조

1.1.2 마이크로컴퓨터시스템

[그림 1-4]에서 볼 수 있는 IBM PC 가 1981년에 발표된 이후, [그림 1-5]에서 현대 컴퓨터의 기본형인 독립형 컴퓨터(Stand Alone Computer)의 주류가 되고 있는 마이크로컴퓨터시스템(Micro-Computer System)의 기본적인 구성을 나타내고 있다. 마이크로컴퓨터시스템은 CPU 와 메모리를 포함한 전자장치를 포함한다. 여기에 다양한 키보드, 마우스, 모니터와 프린터 같은 주변장치(Peripheral Device)가 연결 되어있다. 이 장치들은 데이터의 입력과 출력을 위해 사용된다. 만약 시스템 장치(System Unit)의 케이스를 열고 내부를 보면 [그림 1-6]과 같은 인쇄회로기판(Printed Circuit Board : PCB)에 장착된 여러 개의 많은 전자 부품을 볼 수 있다. 이 부품들은 서로 연결되어서 장치들끼리 전자신호를 전달하는 통신 연결통로(Track)를 만들게 된다. 이 전자신호는 데이터를 양자화하거나 디지털 형식으로 바뀌어 정보를 전달하기 때문에 디지털신호라고 한다. 대부분의 전자부품들은 반도체나 실리콘의 아주 작은 조각이나 칩(Chip)모양으로 만들어진 회로인 집적회로(Integrated Circuits : IC)의 형태로 되어있다. 칩은 플라스틱이나 세라믹에 핀으로 서로 연결되게 패키지(Package)화 되어 PCB 위에 장착된다.

[그림 1-4] IBM PC(Personal Computer

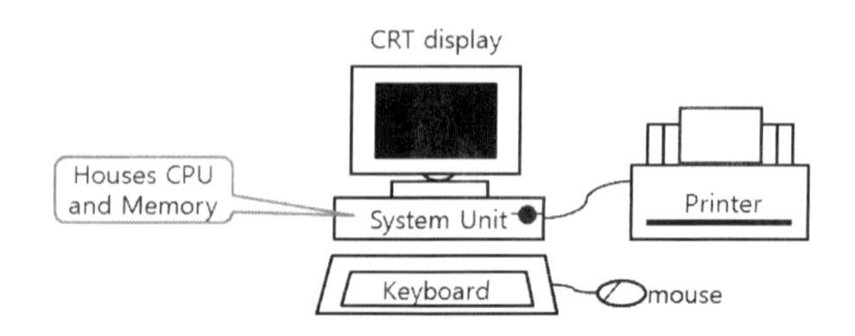

[그림 1-5] Stand Alone 형 기본 컴퓨터시스템의 구성

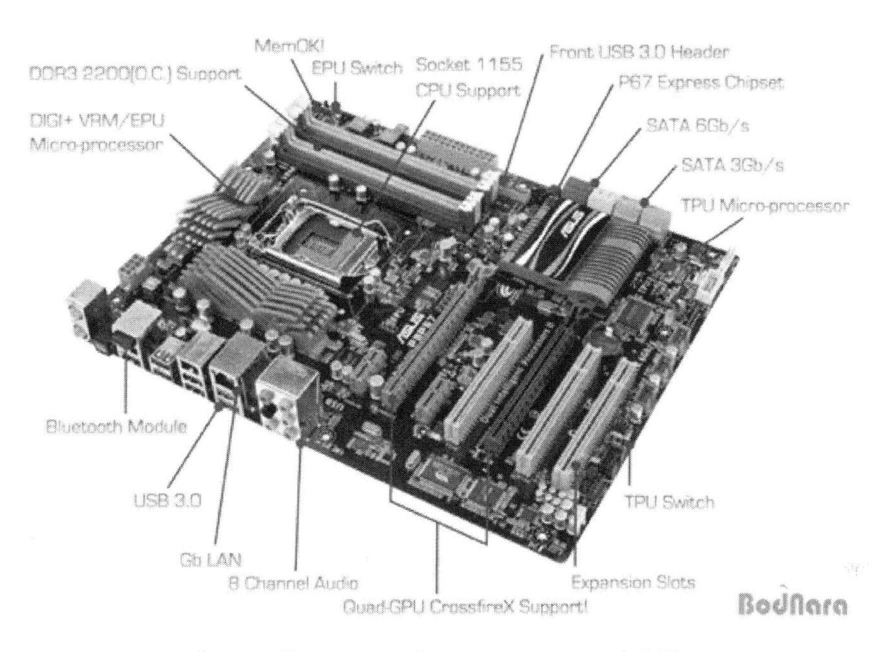

[그림 1-6] 인쇄회로기판(Printed Circuit Board)의 예

PCB 위에 있는 IC 중에서 가장 크고 복잡한 IC 는 그 시스템의 CPU 인 마이크로프로세서(Microprocessor)이다. 칩은 디지털회로의 기본구성소자(Basic Building Blocks)인 논리게이트(Logic Gate)의 형태로 이루어진 수백만 개의 반도체(Semi-conductors)라고 불리는 전자스위치(Electronic Switches)로 이루어져 있다. 논리게이트는 제어장치, 산술연산장치와 레지스터 세트(Register Set)와 같은 CPU 의 다른 부분을 실행한다. 논리게이트는 2장에서 다루기로 한다. PCB 위에는 두 가지의 다른 반도체 메모리가 있다. RAM(Random Access Memory)은 읽고 쓸 수 있는 기억장치이고, ROM(Read Only Memory)은 읽기만 할 수 있는 기억장치를 말한다. 이 기억장치들은 주기억장치(Main Memory)라고 하며, 그 시스템에서 아주 빠르고 2진 형태(Binary Format)로 정보를 저장한다. RAM 은 이 모듈들은 PCB 기판 위의 슬롯(Slots)에 꽂혀져 있다. 메모리 모듈(Memory Module)의 형태로 출시되고 있으며, 각 모듈은 8개에서 9개의 칩(Chip)으로 구성되어 있다.

RAM 은 읽고 쓸 수 있기 때문에 프로그램이나 정보저장에 유용하게 쓰인다. 불행히도 RAM 에 저장된 정보는 일시적으로 저장되기 때문에 전원이 꺼지면 저장된 정보는 지워진다. 그러나 ROM 은 일시적이지 않아서 다양한 시스템 프로그램이나 정보를 저장하는데 이용된다.

빠른 주기억장치와 더불어 독립형 컴퓨터에는 대용량의 하드디스크(Hard Disk)라는 보조 기억장치가 있으며, 프로그램은 파일(File)의 형태로 디스크에 저장되며, 프로세서에 의해 처리되기 전에 주기억장치에 저장 된다. 컴퓨터의 기억장치는 6장에서 다루기로 한다. 프로세서는 기억장치와 시스템의 다른 부분 즉, 정보 교환과 제어를 하는 장치들과 시스템버스(System Bus)로 연결 되어있다. 논리적으로 말하면 시스템버스는 주소버스(Address Bus), 제어버스(Control Bus)와 데이터버스(Data Bus)로 구성된다. 프로세서 안에 모든 동작이 서로 연결되기 위해서는 특별한 형태의 시간 조정이 필요하다. 이 조정 작업은 크리스털-클록 제어(Crystal Clock Control) IC 가 맡아서 한다. [그림 1-3] 에서 보여준 입출력 포트(Input/Output Port : I/O port)를 통하여 주변장치를 연결하게 되어 있다. 일반적으로 주변장치는 CPU 보다 훨씬 동작 속도가 느리며, 시스템버스에 연결하기 위해서는 다른 특수한 인터페이스(Interface)를 필요로 한다. 인터페이스는 7장에서 다루기로 한다.

1.2 컴퓨터시스템의 구성과 기능

1.2.1 컴퓨터 설계의 본질적 문제

컴퓨터의 설계에 앞서서 해결되어야 할 문제는 합리적인 컴퓨터가 수행할 수 없는 계산이 존재하는 지의 여부이다. 만약에 이러한 계산이 존재한다면, 불가능한 일을 수행하려는 컴퓨터를 설계하지 않아야 한다. 이 문제 들을 사전에 파악하는 것은 중요한 의미를 가진다. 이 문제해결을 위한 컴퓨터의 이론적 모델은 1936년에 영국의 수학자 알란 튜링(Alan Turing)에 의해 소개되었다[그림1-7]. 이 모델은 현재 튜링기계(Turing Machine)라 불리며, [그림 1-8]은 이의 개념적인 모습을 보여준다. 이 개념도에서도 앞서 언급한 바와 같이 컴퓨터의 두 가지 본질적인 요소는 기억장치와 프로세서인 것을 알 수 있다.

[그림 1-7] 알란 튜링과 에니그마(Enigma)

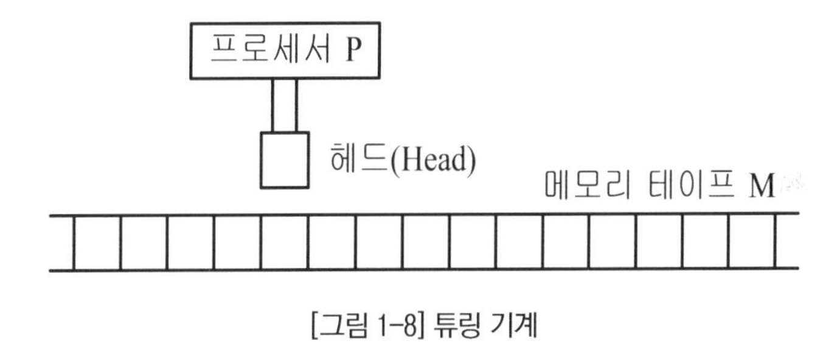

[그림 1-8] 튜링 기계

컴퓨터시스템을 이용하여 어떠한 계산을 실행하기 위해서는 이 계산이 사람에 의해 수행되거나 컴퓨터에 의해 수행되거나 간에 다음과 같은 요소를 포함해야 한다.

① 프로그램을 해석하고 수행할 수 있는 프로세서
② 프로그램과 데이터를 저장하는 기억장치
② 기억장치와 처리 장치 사이, 그리고 컴퓨터와 외부와의 사이에 정보를 전달할 수 있는 수단

1.2.2 하드웨어와 소프트웨어

여기에서는 컴퓨터 자체의 구성(입출력장치, 연산장치, 제어장치, 기억장치)이나 그 기능(처리 용량, 속도), 그리고 사용상의 조건(구입, 임대, 정비 보수, 시설, 설치 환경)이나 경제성(가격, 수명)등에 의해서 우열이 결정된다. 이 컴퓨터의 기계적인 장치 그 자체를 하드웨어(Hardware)라고 한다. 컴퓨터를 잘 활용하기 위해서는 컴퓨터를 올바르게 활용

할 수 있는 시스템이 확립되어 있지 않으면 안 된다. 특히 이 시스템은 컴퓨터의 성능발휘에 중대한 영향이 미치기 때문에, 이 시스템을 소프트웨어(Software)라고 구별하는데, 하드웨어 장치인 컴퓨터를 보다 효과적으로 이용하기 위한 기술 즉, 컴퓨터의 사용법에 대한 기술을 말한다. [그림 1-9]와 같이 컴퓨터를 하드웨어와 소프트웨어의 계층구조를 갖고 있다. 소프트웨어는 하드웨어의 동작을 지시하고 제어하는 모든 종류의 프로그램을 포함하며 크게 나누어 시스템 소프트웨어(System Software)와 응용 소프트웨어(Application Software)로 나눌 수 있다. 시스템 소프트웨어는 컴퓨터 사용자들의 요구를 더 만족시키기 위하여 만들어진 소프트웨어로서, 컴퓨터시스템이 각종 정보처리 작업을 수행할 때 그 운영을 제어하고 지원하는 프로그램들이다. 이들의 구성을 보면 어셈블러(Assembler), 로더(Loader), 운영체제(Operating System), 언어 컴파일러(Language Compiler) 등으로 되어 있다. 어셈블러와 컴파일러는 각각 다른 고급 프로그램 언어로 작성된 프로그램을 받아들여, 그것을 기계어로 번역된 프로그램으로 변환시켜 주는 시스템 소프트웨어이며, 로더는 기계어로 번역된 프로그램이 컴퓨터에서 동작할 수 있도록 준비해 주는 시스템 프로그램이다. 그리고 운영체제는 프로세스(Process)를 만들어 내거나 제거하고 프로세스의 진행과정을 제어하며 특이한 사항들을 처리하고 자원들을 할당한다. 또한, 다른 소프트웨어 자원들을 사용할 수 있게 하고 정보를 보호하고 컴퓨터 외부와의 통신을 가능하게 한다. 응용 소프트웨어는 컴퓨터 제조회사나 전문가가 개발한 것으로 사용자가 주어진 사용양식에 맞추어 그대로 적용할 수 있도록 한 프로그램들을 말한다. 이는 패키지 프로그램(Package Program)과 유틸리티 프로그램(Utility Program)으로 구분된다. 패키지 프로그램은 컴퓨터 제조회사나 전문적인 소프트웨어회사에서 사용자들을 위해 만든 프로그램들로서 워드프로세서(Word Processor), 데이터베이스(Database), 스프레드쉬트(spread sheet) 등이 이에 속한다. 반면에 유틸리티 프로그램은 정렬(Sort), 에디터(Editor)등의 프로그램을 말하며 전문적인 프로그래머들에 의해 사전에 개발되어 사용자에게 제공되어 프로그램 개발자가 쉽게 프로그램을 작성할 수 있도록 지원해주는 프로그램들을 말한다.

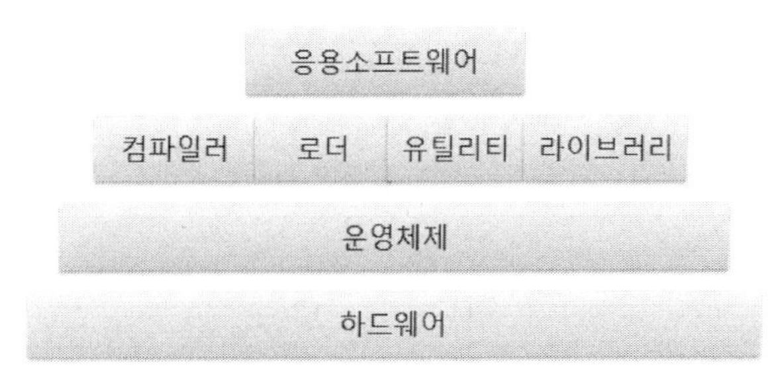

[그림 1-9] 소프트웨어와 하드웨어의 계층구조

1.2.3 하드웨어 장치의 구성

컴퓨터는 규모의 대소에 관계없이 일반적으로 제어장치, 기억장치, 연산장치, 입 · 출력장치의 5가지 장치로 구성되며, 이들 장치사이를 정보나 제어신호가 왕래하면서 여러 가지의 처리가 이루어진다. 일반적으로 컴퓨터의 내부와 외부는 서로 다른 정보 표현법이 사용되고 있기 때문에 이러한 변환장치가 필요하게 된다. 이것이 입력장치이며 여러 가지 입력수단이 사용될 수 있다.

여기서 컴퓨터에 입력된 정보는 일단 기억장치에 저장(이 축적된 정보에는 계산 방법은 물론 계산상에 필요한 데이터 등도 포함되어 있다)된다. 그런 다음 컴퓨터는 자동적으로 저장된 정보를 기억장치로부터 순서적으로 읽어내어 연산장치를 사용해서 계산하고, 중간결과는 기억장치에 의해서 다시 기억되는데, 계산이 모두 끝나면 계산의 최종 결과가 프린터, 플로피 디스크나 하드디스크 등의 출력장치를 통해 출력된다. 이상 4가지 장치들 상호간의 접속과 정보의 전송을 지령하는 곳이 컴퓨터의 중추부분인 제어장치이다. 그리고 입력장치에 주입된 정보나 처리 중인 정보를 일시적으로 기억해두는 기억장치의 내부는 세분화되어 있고, 각각의 기억장소는 주소(Address)가 정해져 있어서 기억 또는 읽어내기의 경우는 번지를 지정함으로써 정보를 인출하거나 저장할 수 있도록 되어 있다.

또한 컴퓨터의 동작은 내부에 기억된 프로그램에 의하여 제어되지만 인위적으로 제어될 수도 있다. 이와 같은 컴퓨터 내부의 정보의 전송이나 기억은 모두 "1" 과 "0" 으로 표시되는 2진 논리에 의해서 이루어진다. 그리고 제어장치, 기억장치, 연산장치를 합쳐서 CPU(본체)라 부르며, 입력장치, 출력장치를 합쳐서 입 · 출력장치라고 부르기도 한다.

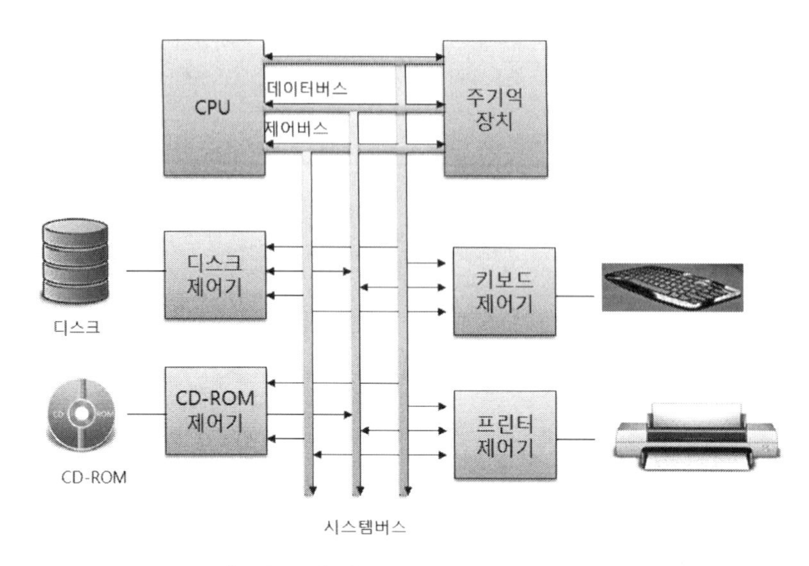

[그림 1-10] 컴퓨터시스템의 구성도

1.2.4 컴퓨터의 기능

컴퓨터가 가지는 일반적인 특성은 고속성, 대용량성, 신뢰성, 자동성, 보수 용이성과 호환성으로서, 컴퓨터는 이러한 특성을 살리기 위하여 입력기능, 출력기능, 기억기능, 연산기능과 제어기능의 5가지 기능을 갖는다.

(1) 입력기능

컴퓨터는 주어진 데이터와 그 처리 순서인 프로그램을 읽을 수 있는 기능을 가지고 있는데 이것은 인간의 귀와 눈의 기능에 해당한다고 할 수 있다.

(2) 출력기능

컴퓨터는 내부에서 연산처리한 결과를 종이에 인쇄하거나 화면을 통하여 영상 메시지로 보여 주는 기능을 가지고 있다. 이 기능은 인간의 손이나 입의 기능에 해당한다. 즉, 자기의 의사를 입을 통하여 말로 표현하거나 몸짓으로 표현하여 의사전달을 가능하도록 하는 것과 같다.

(3) 기억기능

컴퓨터는 내부로 읽어 들인 데이터나 프로그램을 기억장치에 저장할 수 있는 기능을 가지고 있으며, 이것은 인간의 뇌 세포에 해당된다고 할 수 있다. 그러나 컴퓨터의 기억기능은 인간과는 조금 상이한 점이 있다. 인간은 기억한 내용을 영구히 오래도록 간직하고 있을 수 없으나, 컴퓨터는 영구히 보존할 수 있다. 인간의 기억량에는 한계가 있으나 컴퓨터는 보조 기억장치를 활용하면 한계에 구애 받지 않고 무한적으로 내용을 저장하여 기억시킬 수가 있다.

(4) 연산기능

컴퓨터는 내부로 읽어 들인 데이터나 정보를 가지고 프로그램에 따라서 처리하며, 처리한 데이터로부터 원하는 결과를 얻을 수 있도록 변환하여 주는 기능을 연산기능이라 하고, 이것은 인간의 뇌에서의 사고기능에 해당한다고 할 수 있다.

(5) 제어기능

지시된 명령을 해독하고 각 장치가 유기적으로 각각의 기능을 수행하도록 감독하고 통제하는 기능을 말하며, 이것은 인간의 뇌의 행동을 제어하고 생각하는 기능에 해당한다고 할 수 있다.

디지털 컴퓨터가 갖는 일반적인 특성에 따른 5가지 기능을 원활히 수행할 때 컴퓨터의 성능은 최대로 활용될 수 있다. 컴퓨터가 최대 성능을 갖도록 컴퓨터를 설계할 때 다음과 같은 사항을 고려하여야 한다.

① 장치와 회로 구성(Device and Circuit)
② 컴퓨터 구조(Computer Architecture)
③ 컴퓨터 구성(Computer Organization)
④ 시스템 소프트웨어(System Software)

여기서, 컴퓨터 구조란 산술연산이나 논리연산과 같은 기본적인 연산기능을 수행하기 위한 알고리즘(Algorithm)을 말하며, 컴퓨터 구성이란 제어장치, 기억장치, 입력과 출력 장치와 연산장치를 연결하는 토폴로지(topology)를 말한다. 여기에는 각 장치간의 제어나 데이터의 흐름에 대한 논리적인 관계도 포함될 수 있으며, 이를 위한 버스도 포함된다. 이와 같은 4가지 고려사항은 컴퓨터 설계자나 사용자가 컴퓨터시스템을 개발하거나 사용하는데 중요한 사항이다. 특히 이 사항들은 높은 신뢰도와 신속하고 효율적인 프로그램 처리에 그 초점이 맞추어져 있다. 그러나 신뢰도와 속도가 개선되어도 개발된 컴퓨터 가격이 고가이면, 개발하고자 하는 의도와는 상충됨으로 현재는 설계과정의 단축과 다기능 처리를 목표로 컴퓨터를 설계하는 방향으로 나가고 있다.

1.3 기억장치의 표현

[그림 1-10]에서 보는 것과 같이 우리는 주기억장치를 일련의 상자 형태의 저장 공간(Storage)으로 표시하였다. 각 저장 공간은 주소(Address)로 표시 되며, 데이터나 명령어를 저장한다. 예를 들어, 명령 move 4 는 0 번지(address _0)에 저장 되어 있고, 데이터 "2"는 5 번지(address_5)에 저장 되어 있다.

첫 명령어인 "move 4"는 address_4 의 저장 공간에 있는 내용(Contents)인 숫자 "1" 을 프로세서에 있는 어떤 레지스터로 옮기라는 것이다. 두 번째 명령인 "add 5"는 "address_5"의 저장 공간에 있는 내용인 숫자 "2" 를 레지스터에 저장되어 있는 첫 번째 숫자에 더 한다"는 것이다. 세 번째 명령어 "store 6" 는 이 레지스터의 내용이나 두 숫자의 합을 "address_6"의 저장 공간으로 저장시킨다는 것이다. 마지막 명령인 "stop" 은 동작의 중지나 더 이상의 프로그램의 수행을 하지 못한다는 것이다.

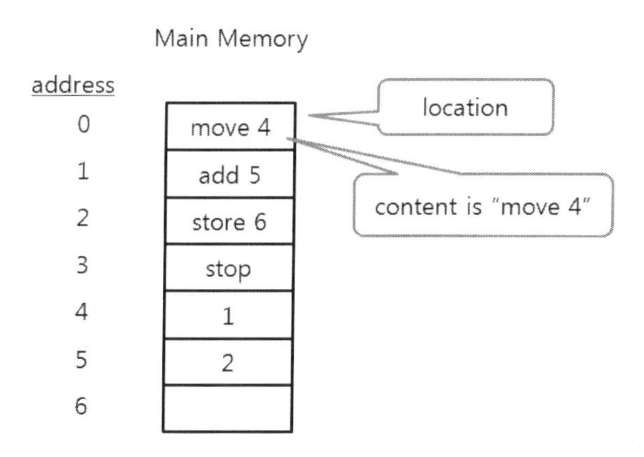

[그림 1-11] 주기억장치(Main Memory)의 구성형태

1.4 운영체제

소프트웨어가 사용자의 컴퓨터 활용문제(Application Software)를 해결하지만, 소프트웨어는 모니터에 출력(Display)을 제어하거나, 키보드에서 입력을 받거나 하드디스크의 파일을 기억장치로 적재하는 그런 여러 가지 컴퓨터 내부의 문제(Task)를 수행하는 데도 필요하다. 이런 프로그램들은 시스템 소프트웨어의 가장 중요한 부분이며, 운영체제(Operating System)라 부른다.

컴퓨터의 스위치를 키면 어떤 형태의 사용자 인터페이스(User Interface)와 맞닥뜨리게 된다. 이 인터페이스는 [그림 1-12](a)의 그래픽 형태(Graphic Interface)일 수도 있고, [그림 1-12](b)와 같은 글자형태(Character Interface)일 수도 있다. 인터페이스가 어떤 것이든지 운영체제는 사용자가 편리하게 파일을 검사하고 프로그램을 구동할 수 있는 환경을 제공한다. 그래픽사용자 인터페이스(Graphical User Interface : GUI)에서는 이 동작이 마우스와 같은 장치로 아이콘(Icon)을 지정하여 클릭하기만 하면 된다. 반면 글자형태 인터페이스(Character User Interface : CUI)인 경우는 키보드로 특별한 명령어를 입력시키거나, 파일의 이름을 입력하여야 한다.

사실 우리는 디스크의 어디에 파일이 저장되어 있는 지, 기억장치의 어느 저장 공간의 위치에 어떤 프로그램이 들어있는 지는 간단하게 운영체제 때문에 알 필요가 없게 되었다. 많은 운영체제의 기능은 사용자에게 보이지 않고, 일이 분명하게 잘못되는 경우에만 나타나도록 구현되어 있다.

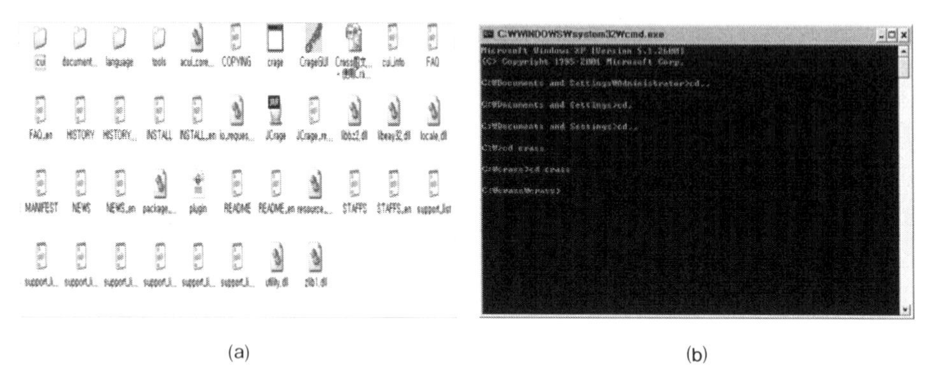

(a) (b)

[그림 1-12] GUI와 CUI의 비교화면

1.5 컴퓨터의 발전과 세대구분

현대 사회는 컴퓨터 없이는 생활을 영위할 수 없을 정도로 컴퓨터의 이용이 일반화 되었으며, 우리 생활의 다양한 분야에 적용되고 있다. 컴퓨터라는 말은 라틴어의 "computare"에서 어원("계산한다"의 의미)을 찾고 있다. 계산을 위한 기계화는 고대시대부터 중국에서 사용되고 있는 주판 등에서 그 기원을 찾고 있고, 17세기에 이르러 구체화되기 시작된다. 네이피어(J. Napier)는 대수(logarithm)를 이용한 계산자를 만들었고, 파스칼(B. Pascal)은 가감산이 가능한 계산기(Pascaline)를 제작하였다. 라이프니츠(G. W. Leibniz)는 현재의 계산기처럼 곱셈을 덧셈의 반복으로 계산하는 기계를 만들려고 시도하였다.

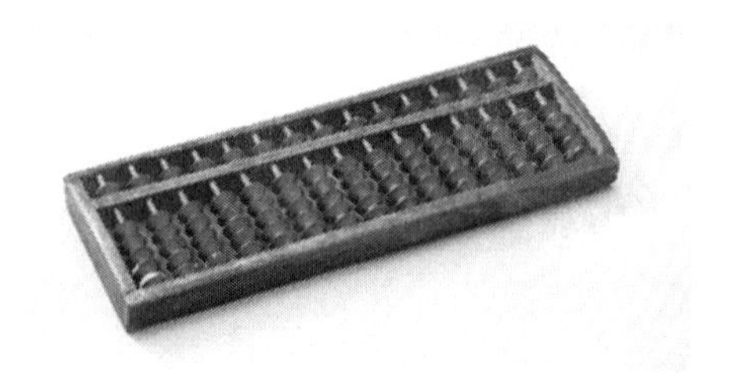

[그림 1-13] 중국의 주판

[그림 1-14] 네이피어의 계산자

[그림 1-15] 파스칼의 계산기(Pascaline)

[그림 1-16] 라이프니츠의 계산기

또한 지금으로부터 약 130년 전에 영국의 배비지(Charles Babbage)가 계산기 제작을 시도하였다. 그는 1820년 경 함수표를 자동적으로 계산해 낼 수 있는 기계식 계산기를 고안하여 그것을 미분기계(Difference Engine)라 불렀으나, 이 계산기는 고도의 정밀도를 필요로 했기 때문에 당시의 기술로는 완성할 수가 없었다. 더 발전된 계산기의 개발에 정진하여 1833년에는 가감승제는 물론, 그 이상의 기능을 가진 해석기계(Analytical Engine)를 고안하여 그 제작에 착수하였지만, 이것도 역시 실패로 끝났다. 그 후 미국에서는 인구 센서스 등의 문제를 해결하기 위하여, 펀치카드를 이용하여 사무의 기계화를 꾀하려는 기운이 높아졌고, 펀치기나 분류기 등을 주체로 하는 홀러리스의 타블렛 시스템인 홀러리스(Herman Hollerith)의 타블렛 기계(Tabulating Machine) 가 1890년에 사용되었다. 또 한편으로는 계전기(릴레이)에 의한 전화 교환기술의 발달과 더불어 근대적인 디지털 컴퓨터의 발달의 기미가 엿보이기 시작했다.

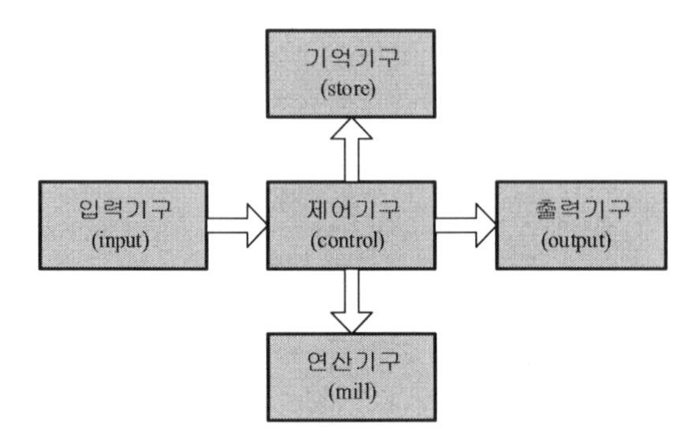

[그림 1-17] 배비지의 계산기 구조

[그림 1-18] 배비지의 미분기계

[그림 1-19] 배비지의 해석기계

[그림 1-20] 홀러리스의 타블렛 시스템

1937년에 이르러 미국의 하버드 대학의 에이컨(H. Aiken)이 펀치(Punch)카드 시스템의 기술을 이용하고 IBM 사의 협력을 얻어서 1944년에 Mark-I 이라는 자동계산기를 완성하였다. 이것은 약 3,000개의 릴레이를 사용하였고 본체는 4마력의 모터에 의해서 구동되며, 72개의 가산 계수기, 60개의 상수 레지스터 및 자동계산을 위한 제어 테이프도 구비하고 있었지만, 그 후에 제작된 계산기에 비하면 속도가 느리고(1회의 덧셈을 하는 데 333 ns 가 걸림) 기억용량도 작고, 계산기(Calculator)로부터 컴퓨터(Electronic Computer)로의 과도기적인 자동계산기에 불과하였다. 그러나 세계에서 최초로 실용화된 자동계산기라는 점에서 볼 때 계산기 발달사상 중요한 위치를 차지한 장치인 것이다. 그후 Mark- I 은 점차로 개량되어 1952년에는 Mark-IV 가 완성되었다.

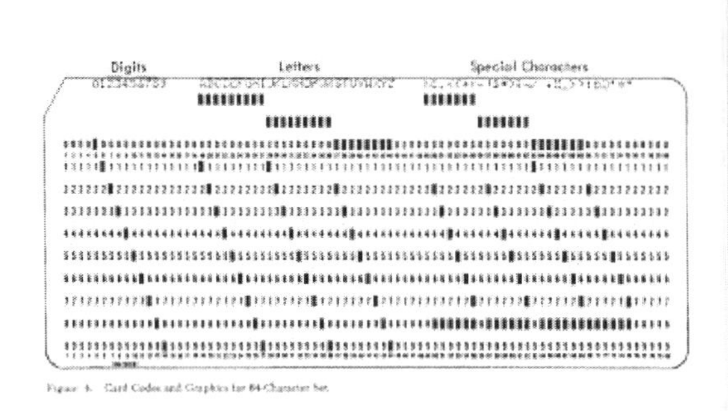

[그림 1-21] 펀치카드 시스템

[그림 1-22] 에이큰(하바드)의 Mark-I 계산기

이에 앞서 1946년에는 고속 대형 계산기의 연구결과로서 제 2차 세계 대전 중에 개발된 레이다의 펄스 기술을 전면적으로 채용한 세계 최초의 전자계산기가 펜실바니아 대학의 에커트(J.P. Eckert)와 모클리(J.W. Mauchly)에 의해서 완성되었다. 이 계산기는 입출력 장치 이외는 모두 진공관을 사용하였기 때문에 사용된 진공관이 약 18,800개나 되었고, 150KW의 큰 전력이 소비되었다. 수치는 10진방식을 사용하였으며, 덧셈이 10진의 2개의 숫자를 1초간에 5,400회, 곱셈이 1초간에 300회라고 하는 종래의 계산기에 비해 수천 배의 속도를 가진 획기적인 것으로서 ENIAC(Electronic Numerical Integrator And Calculator)이라고 불렀다. 이것은 순수한 전자제품을 사용하여 연산 시에 전혀 기계적인 조작이 따르지 않는다는 점에서 볼 때 디지털 컴퓨터(Digital Automatic Computer)라고 생각할 수 있는 사상 최초의 것이었다. 또 이 계산기는 원래 탄도계산을 목적으로 하고 있었기 때문에 현재의 범용컴퓨터와는 구성을 매우 달리하고 있었지만 주요한 기본회로는 본질적으로 비슷했으며, 오늘날 사용되고 있는 디지털 컴퓨터의 모체가 되었다. 다만, 명령까지도 기억시킬 수 있는 또 하나의 개량의 여지는 남겨 두고 있었다.

[그림 1-23] 세계최초의 전자식 컴퓨터 ENIAC, 1946

그러나 ENIAC 의 단점을 연구한 폰 노이만(J. von Neumann)은 그의 논문에서 프로그램 내장방식(Stored Program)을 주장하였다. 즉, "컴퓨터는 기억장치를 갖추고 계산의 순서를 10진수 대신에 2진수로 부호화하여 기억시킨 후 기억내용을 순차적으로 꺼내서 해독하여 그 명령어의 명령대로 실행시켜야 한다"는 내용이었다. 이 방식으로 모클리와 에커트는 ENIAC 을 개량하여 명령을 수치와 같은 형식으로 표시하였고, 동일한 기억장치에 내장할 수 있는 프로그램 내장방식을 채용한 진정한 의미의 컴퓨터인 EDVAC(Electronic Discrete Variable Automatic Computer)이 1952년에 완성하였다. 이 계산기는 프로그램 내장방식의 선구적 역할을 했을 뿐만 아니라 컴퓨터 내부에서 수치를 표시하는데 2진법을 사용한 점에 특색이 있었다. EDVAC 은 그 후 각국의 경쟁적으로 개발하는 디지털 컴퓨터의 모델이 되었다.

[그림 1-24] 세계최초의 디지털 컴퓨터, EDVAC, 1952

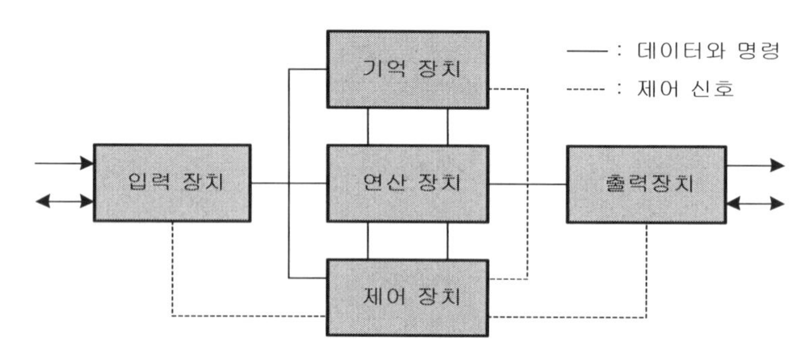

[그림 1-25] 폰 노이만의 프로그램 내장방식 컴퓨터 구조

1964년에 범용컴퓨터 IBM-360 시스템이 등장하였고, 이것을 계기로 해서 동종의 시스템 구조 및 전자부품을 채용한 컴퓨터가 세계 각국의 여러 메이커에 의해서 출시되었다. 1966년 경에는 집적회로(Integrated Circuit : IC)를 채용한 컴퓨터가 완성되기에 이르렀다. 그 이후 컴퓨터의 실용화 시대로 접어들면서 상업용 컴퓨터가 계속 새롭게 등장하여 컴퓨터에 대한 가격 경쟁이 시작되었고, 이용자의 요구도 다양해짐에 따라 성능 또한 계속적으로 발전하게 된다. 현재는 전자 공학과 관련 정밀 기술들의 발달로 인하여 컴퓨터의 가격이 급속도로 저렴해지고 있고, 또한 성능은 고도로 향상되어서 본격적인 정보화 시대를 맞고 있는 것이다.

[그림 1-26] IBM-360 컴퓨터

[그림 1-27] IBM-PC(Personal Computer)

컴퓨터의 매우 빠른 발달 속도 때문에 이와 같은 발전 시기는 다시 몇 단계의 세대로 구분하고 있고, 그 구분의 기본 요인은 컴퓨터에 채용된 논리회로를 기준으로 삼고 있다. 컴퓨터의 논리회로에 처음에는 ENIAC 에는 진공관이 이용되었으며, 그 후에는 1950년에 발명된 트랜지스터에 의하여 진공관이 트랜지스터로 대치되었다. 또한, 1958년에 트랜지스터 수십 개를 합친 집적회로(IC)가 텍사스 인스투루먼트(Texas Instrument : TI)사의 잭 킬비(Jack Kilby)에 의하여 발명되고, 1968년 CPU 칩 개발의 대명사인 인텔(Integrated electronics : INTEL)사가 설립되고, 1971년 호프(T. Hoff)는 2,300개의 트랜지스터를 사용한 마이크로프로세서를 개발한다. 현대적 IC 개발전쟁은 1970년 경부터 본격적으로 시작되면서부터 컴퓨터는 크기 면에서 소형화, 가격 면에서 저렴화가 이루어졌다. 그 결과 현장에서는 주류의 컴퓨터가 소형화되기 시작되어, 초기의 대형 컴퓨터 시대에서 미니컴퓨터, 마이크로컴퓨터 시대로 발전하였고 1981년 8월 12일 IBM 사가 PC(Personal Computer)를 출시하면서 컴퓨터의 보급과 이용에 획기적인 전환점을 이룩하였다.

1.5.1 제 1세대 컴퓨터 (1942 ~ 1958)

제 1세대는 진공관을 기본 소자로 하는 시대로 이 세대의 기점이 되는 시기인 1946년은 세계 최초의 범용 디지털 컴퓨터인 ENIAC 이 완성되었다. 또한, 이 세대에서는 상품화된 컴퓨터 시대가 시작되었으며, ENIAC, UNIVAC-1 과 IBM 650 등과 같은 컴퓨터가 이 세대를 대표한다. 이 세대의 특징은 다음과 같다.

① 진공관의 짧은 수명과 발열 때문에 별도의 냉각 장치가 필요하였다.

② 아주 제한된 특수한 분야에만 컴퓨터가 이용되었다.

③ 주기억장치는 수은 지연회로나 자기드럼 장치가 사용되었다.

④ 프로그래밍은 기계어(machine code)로 하였다.

그러므로 이 세대는 컴퓨터 기술 개발에 역점을 두어 하드웨어(hardware) 개발에 박차를 가한 시기로 평가된다.

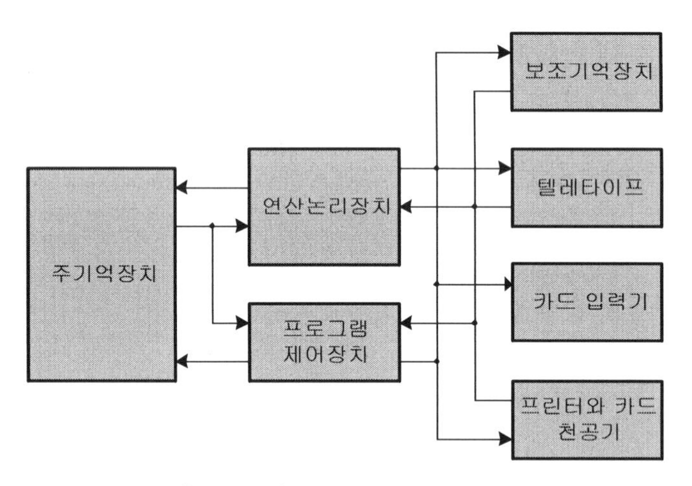

[그림 1-28] 제 1세대 컴퓨터의 구조

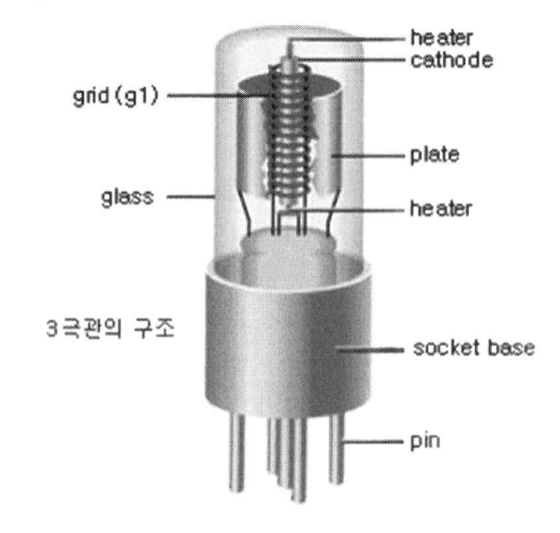

[그림 1-29] 진공관

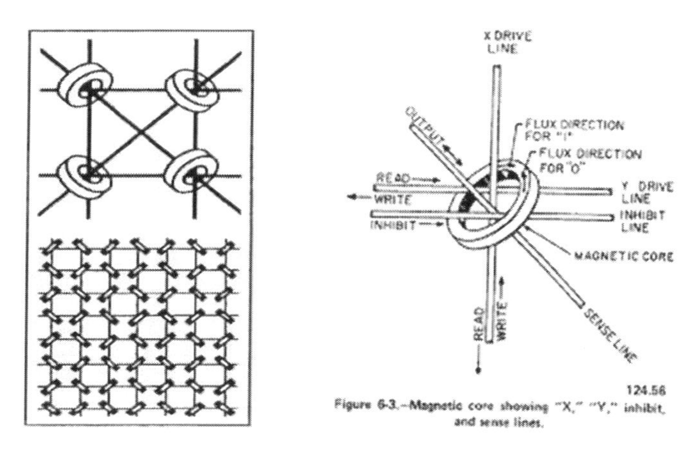

[그림 1-30] 마그네틱 코어

[그림 1-31] UNIVAC Computer,1951

1.5.2 제 2세대 컴퓨터 (1959 ~ 1963)

제 2세대는 진공관 대신 트랜지스터(transistor)를 기본 소자로 사용하였다. 1948년 벨(Bell)연구소의 과학자 바딘(J. Bardeen), 브래틴(H.W. Brattain), 쇼클리(W. Shockley)에 의하여 개발된 트랜지스터는 진공관을 대신하는 새로운 전자 소자로 각광을 받게 되어 그 사용이 급격히 확산되었으나, 실제로 1959년에 가서야 트랜지스터를 이용한 컴퓨터가 등장하였다. 이 세대의 컴퓨터는 트랜지스터를 사용하여 더 빠르고 고장이 적어 신뢰도가 증가되었으며, 부피가 작아지고 전기소모량이 적어 제작 단가와 유지 보수 비용이 적어졌다. 또한 컴퓨터의 내장 프로그램을 위한 자기 코어 기억장치의 사용과 보조 기억장치의 이용이다. 이 세대의 컴퓨터로는 IBM-7094, CDC-1604 등이 있다. 특징은 다음과 같다.

① 주기억장치에는 자기 코어(magnetic core)를 사용하였다.
② 보조 기억장치로는 자기디스크(magnetic disk)와 자기드럼(magnetic drum)등 대형 장치가 개발되었다.
③ 기계어 사용의 불편을 덜기 위하여 고급 언어(high-level language)를 개발하였다. (COBOL, FORTRAN, ALGOL)
④ 운영체제(Operating System) 개념이 개발되어 컴퓨터 사용이 사용자 중심으로 바뀌기 시작한다.
⑤ 다중 프로그래밍(multi-programming)이 실현되었다.
⑥ 온라인 실시간 처리 시스템(On-line Real Time System)이 실용화되었다.
⑦ 컴퓨터 이용 기술인 소프트웨어(Software)의 개발에 크게 공헌하였다.

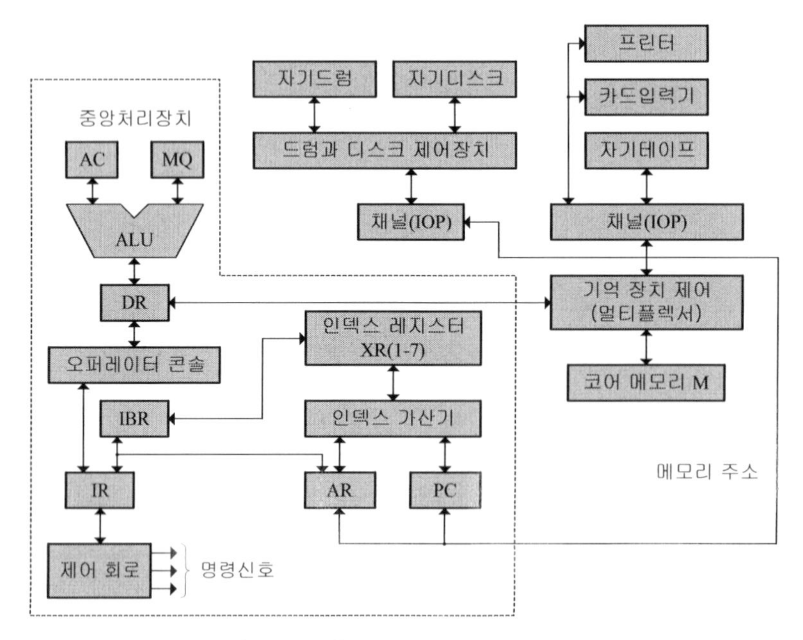

[그림 1-32] 제 2세대 컴퓨터의 구조

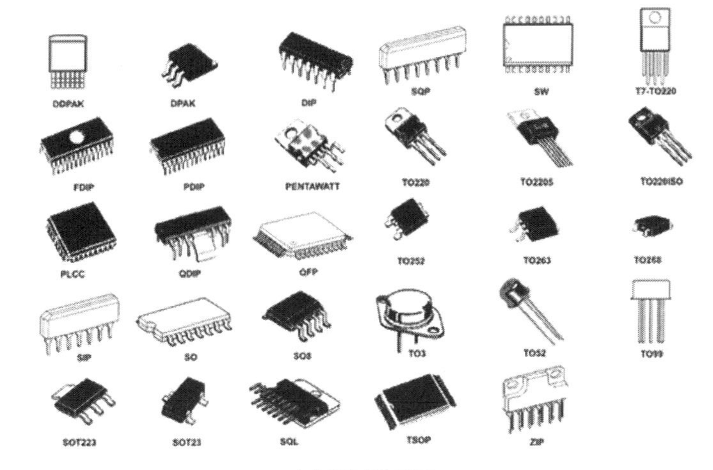

(a) 반도체 종류

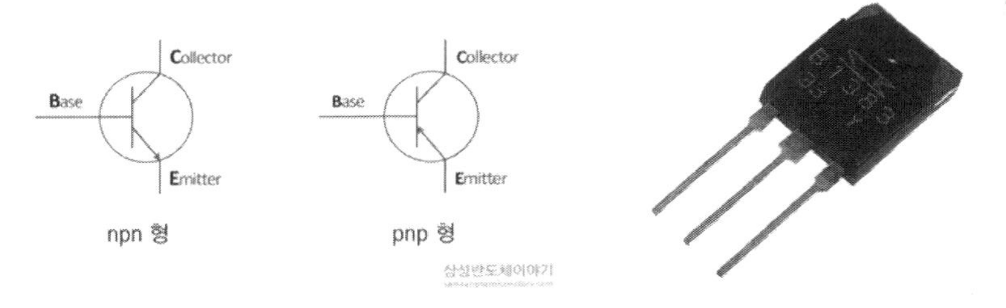

(b) 트랜지스터

[그림 1-33] 반도체 종류와 트랜지스터

[그림 1-34] IBM-7094 컴퓨터

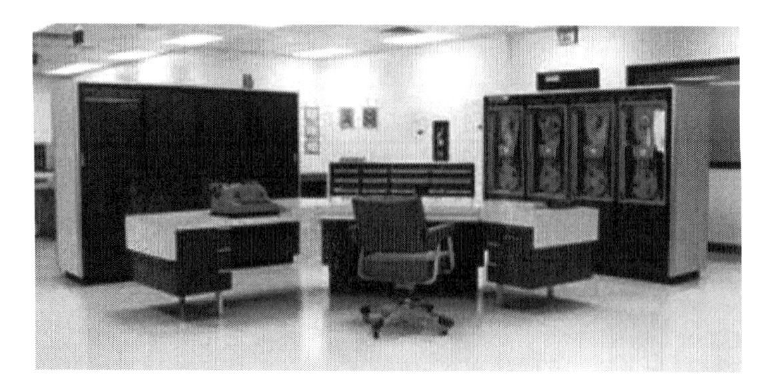

[그림 1-35] CDC-1604 컴퓨터

1.5.3 제 3세대 컴퓨터 (1965 ~ 1974)

제 3세대는 반도체 소자인 집적회로가 등장한 시대로서 컴퓨터 크기는 더욱 소형화되었다. 집적회로는 트랜지스터 수십 개 내지 수백 개를 하나의 반도체 칩에 집적한 회로이다. 또한 이 세대는 특히 컴퓨터 자체의 물리적인 부분만 발전한 것이 아니라 컴퓨터 응용 기술인 소프트웨어에 관한 연구가 활발하였으므로 종합 응용시대로 평가되고 있다. 컴퓨터가 소형화되면서 아울러 기능도 많은 발전을 가져왔으며 이 세대의 컴퓨터로는 IBM-S360/370, UNIVAC-1100, CDC-3000 등이 있고, 특징은 다음과 같다.

① 트랜지스터나 다이오드, 저항 등이 칩(chip)에 집적된 집적회로를 기억장치나 회로 소자로 사용하였다.
② 미니컴퓨터(Mini Computer)가 등장하였다.
③ 시 분할 시스템(Time Sharing System : TSS)이 실현되었다.
④ 프로그램의 호환성이 실현되었다.(패밀리 컴퓨터 : Family Computer)
⑤ MIS(Management Information System)의 체계가 확립되었다.

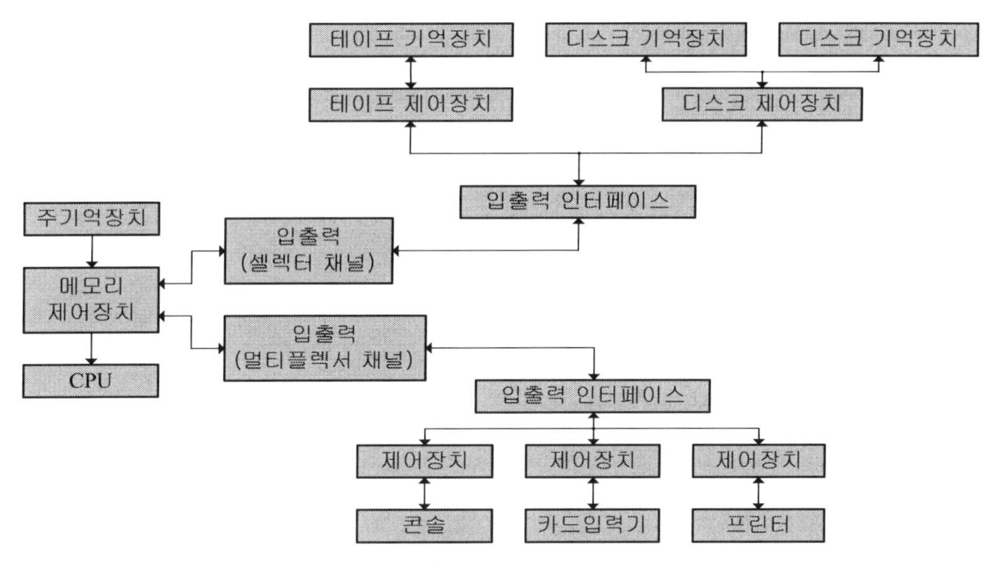

[그림 1-36] 제 3 세대 컴퓨터의 구조

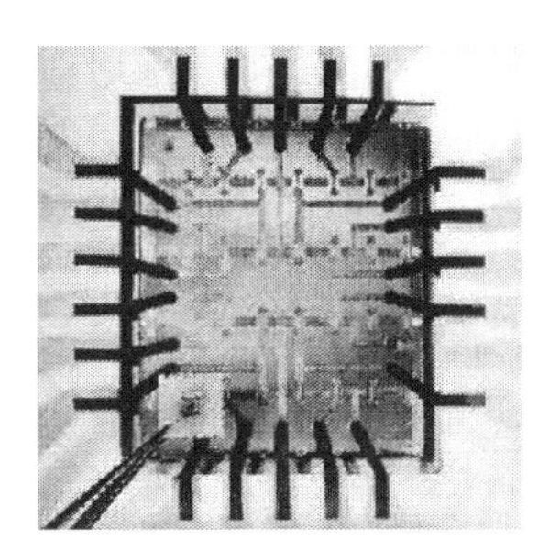

[그림 1-37] 집적회로

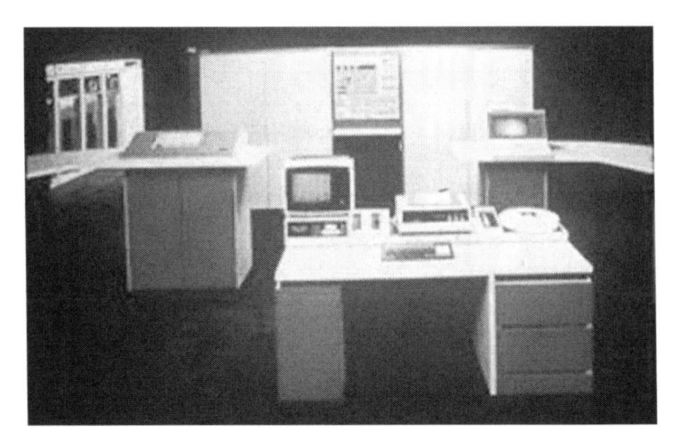

[그림 1-38] UNIVAC-1100 컴퓨터

[그림 1-39] 대형 컴퓨터(Mainframe Computer)

1.5.4 제 4세대 컴퓨터 (1975 ~ ?)

제 4세대는 컴퓨터 자체는 이전 세대에 비하여 큰 변화는 없으나, 그 응용범위가 매우 넓어져 사회 각 분야에 많은 영향을 미치고 있다. 제 4세대에서는 기본 소자로 고밀도 집적회로(Large Scale IC : LSI)를 사용하였으며, 제 3세대에서 미니컴퓨터가 등장한 것과 같이 마이크로컴퓨터(Micro Computer)가 등장하여 컴퓨터 기기의 저렴한 가격과 최소의 점유 공간으로 컴퓨터의 응용범위를 확장시켰다. 1968년에 반도체 회사로 출발한 Intel 사가 마이크로컴퓨터의 선두로써 1971년 최초의 마이크로프로세서(micro processor)인 Intel-4040 프로세서를 내 놓았으며, 1973년에 8080, 1975년에 Intel-8086을 각각 발표하였다. 그 후 Zilog 사에서 Z-80 을 발표하고 Motorola 사에서 MC68000 을 발표하여 마이크로컴퓨터 시장에서 서로 각축을 보였다. 최근에는 마이크로컴퓨터의 성능이 중 · 대형 컴퓨터의 성능과 대등하거나 능가하는 기능을 갖추게 되었다. 이 세대의 특징은 다음과 같다.

① 마이크로컴퓨터가 실용화되었다.

② 컴퓨터 네트워크(network)가 개발되었다.

③ 분산처리 시스템(distributed processing system)이 개발되었다.

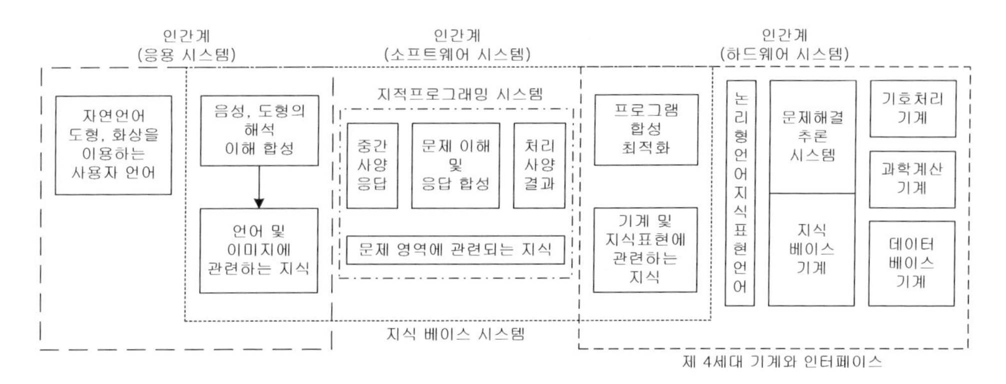

[그림 1-40] 미래의 컴퓨터의 구조 개념도

현재는 컴퓨터 구조설계기술의 발달과 반도체 산업의 발전으로 기본소자로는 초고밀도 집적회로(Ultra Large Scale Integrated Circuit : ULSI)를 사용하고 있으며, 인간과 밀접한 컴퓨터가 출현하게 되었다. 그러므로 미래에 기대되는 설계방향을 보면 하드웨어적으로는 ULSI 보다 나은 계층구조를 갖는 반도체가 개발되어 적은 공간에 더 많은 데이터를 기억할 수 있는 고도의 기억장치가 생산되고, 소프트웨어적으로는 효과적이며 능률적인 프로그램 기법이 개발될 것이다. 또한, 컴퓨터와 의사소통을 자유스럽게 할 수 있는 최고 수준의 고급언어가 개발되어 이용자들은 직접 컴퓨터와 대화를 할 수 있게 될 것이다. 앞으로 출현할 차세대의 컴퓨터에 기대될 수 있는 특징은 다음과 같다.

① 최고 수준의 초고밀도 집적회로가 개발된다.
② 소프트웨어 개발의 획기적인 작성방법(기술방법)이 제시되고 개발의 표준화가 이루어진다.
③ 컴퓨터 네트워크가 보편화되어 전 세계, 국가적 또는 지역 간 정보 교환의 보편화를 비롯하여, 일정지역 내의 LAN 의 활용이 일반화된다.
④ 컴퓨터가 추론 및 의사결정을 할 수 있도록 개발된다.
⑤ 컴퓨터를 이용한 공장 및 사무 업무의 완전한 자동화가 이루어질 수 있다.
⑥ 음성과 인간의 감각기관의 기능을 이용하여 입·출력을 할 수 있는 컴퓨터가 출현할 것이다.
⑦ 인공지능, 신경망, 광컴퓨터가 개발될 것이다.

[그림 1-41] 초기의 퍼스널 컴퓨터(Apple-II)

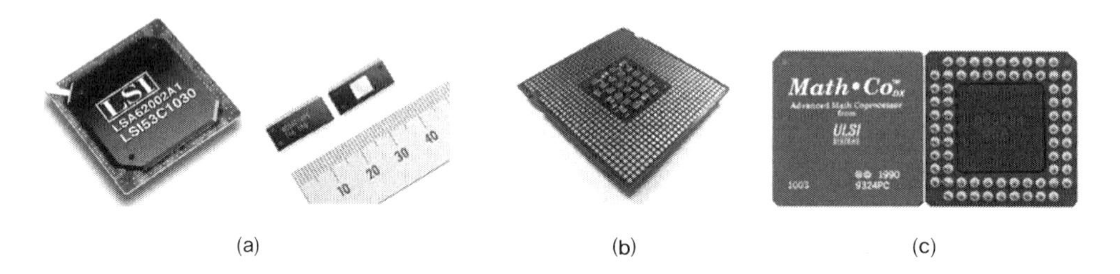

[그림 1-42] LSI, VLSI, ULSI 반도체

[그림 1-43] 인텔사의 CPU 프로세서(intel4040)

[그림 1-44] 모토롤라사의 MC-68000 프로세서

[그림 1-45] 고성능 PC

[그림 1-46] 세계 최고속도 수퍼컴퓨터 : Titan, 2012

Exercise

1. 컴퓨터의 발달 과정에서 각 세대별 특징과 출현된 컴퓨터의 특성 등을 비교 설명하여라.

2. 배비지의 해석기계(Analytical Engine)의 기본구조에서 아래의 컴퓨터 구성요소에 대응되는 부분의 명칭을 쓰라

   (1) CPU

   (2) 주기억장치

   (3) 입력매체

   (4) 출력장치

2. 컴퓨터시스템에서 하드웨어의 구성과 각 장치의 기능을 설명하고, 종류를 나열하여라.

4. 다음 용어를 간략히 정의하여라.

   (1) 기계어 (machine code)

   (2) IC(Integrated Circuit)

   (3) 기억용량(memory capacity)

   (4) 하드웨어, 소프트웨어

   (5) 반도체 기억장치

5. 컴퓨터의 구성요소에 대해 설명하라.

6. 튜링 기계에 대해 설명하라.

Exercise

7. 데이터와 정보를 비교 설명하시오.

8. 시스템 소프트웨어와 응용 소프트웨어에 대하여 설명하시오.

9. 프로그램 내장 방식 컴퓨터의 기본 구조에 대하여 설명하시오.

10. 인간과 컴퓨터를 비교하여 설명하시오.

CHAPTER 2

디지털 논리회로

논리회로는 두 가지 상태만 존재하므로 부울 대수와 쉽게 일치시킬 수 있을 뿐만 아니라 현재의 상태를 이해할 수 있고, 복잡한 연결 상태를 수학적으로 단순히 표현할 수 있다. 부울 대수의 연산 개념과 단순화 방법을 전기적 회로에 일치시키면 복잡한 회로의 결과와 동일한 기능을 수행하는 보다 단순한 회로를 쉽게 설계할 수 있게 된다. 디지털 회로가 어떤 입력에 의하여 정해진 결과를 출력하도록 조합한 것을 논리회로라고 하는 데, 부울 대수를 논리회로에 응용하면 간단한 방법으로 필요한 논리회로를 설계할 수 있게 된다.

2.1 기본 게이트

모든 디지털 회로의 기본적인 요소는 게이트이며 논리 함수는 게이트의 상호연결에 의해 형성된다.

2.1.1 OR 게이트

OR 게이트는 두 개의 입력 단자가 A, B 일 때, 이들이 결합되는 네 가지 조합에 대하여 논리합과 동일한 결과를 출력하는 회로이다. OR 게이트는 논리합과 같은 논리식으로 표현하며 이 회로를 구성하면 [그림 2-1]과 같다.

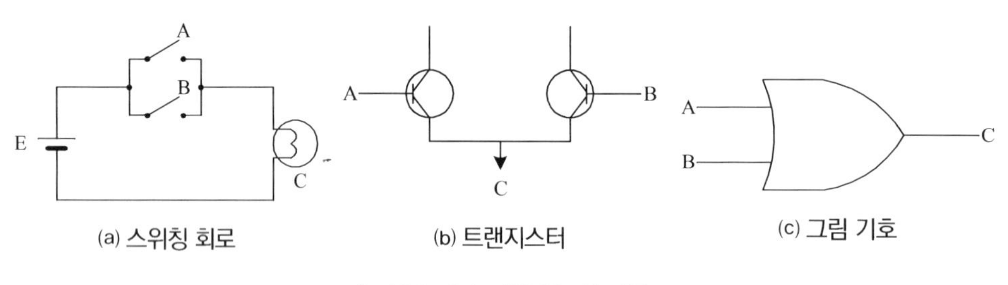

[그림 2-1] 논리합 회로와 기호

[그림 2-1]의 스위칭 회로의 2 개의 스위치 A, B 와 트랜지스터 회로의 2 개 입력 단자에 의하여 출력되는 C 의 동작은 네 가지 형태로 구분할 수 있다.

〈표 2-1〉 OR 게이트의 동작 상태

스위치 (A)	입력 또는 스위치 (B)	출력 (C)
OFF(0)	OFF(0)	0
OFF(0)	ON(1)	1
ON(1)	OFF(0)	1
ON(1)	ON(1)	1

여기서 스위치 on 의 상태를 1, 스위치 off 의 상태를 0 이라고 하고, 전구도 켜진 상태를 1, 꺼진 상태를 0 으로 하면 〈표 2-1〉과 같은 표를 얻을 수 있다. OR 회로에서 두 입력 신호가 있을 때 신호적인 차원에서 논리합의 관계는 [그림 2-2]와 같다.

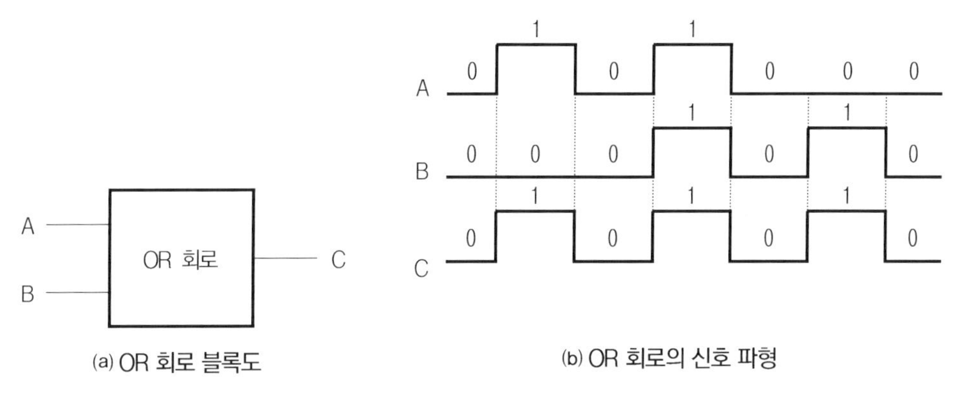

[그림 2-2] OR 게이트의 동작

어떤 부품을 설계할 때에는 특정 기능을 수행하도록 만들어진 집적회로를 사용한다. 이들 집적회로를 프린트 기판에 다른 부품과 연결되도록 설계하여 입력 핀과 출력 핀에 입력과 출력 회선이 연결되도록 한다. OR 기능을 수행하는 14핀의 기본적 집적회로는 IC 7432 가 있는 데, 이 집적회로의 핀과 내부 구조는 [그림 2-3]과 같다.

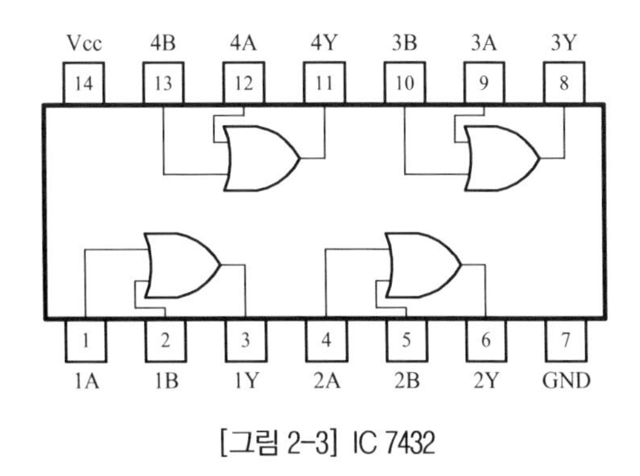

[그림 2-3] IC 7432

2.1.2 AND 게이트

AND 게이트는 입력 단자가 A, B 2 개일 때 이들이 결합되는 네 가지 조합에 대하여 논리곱과 동일한 결과를 출력하는 회로이다. AND 게이트는 논리곱과 같은 논리식으로 표현하며, 이 회로를 구성하면 [그림 2-4]와 같다.

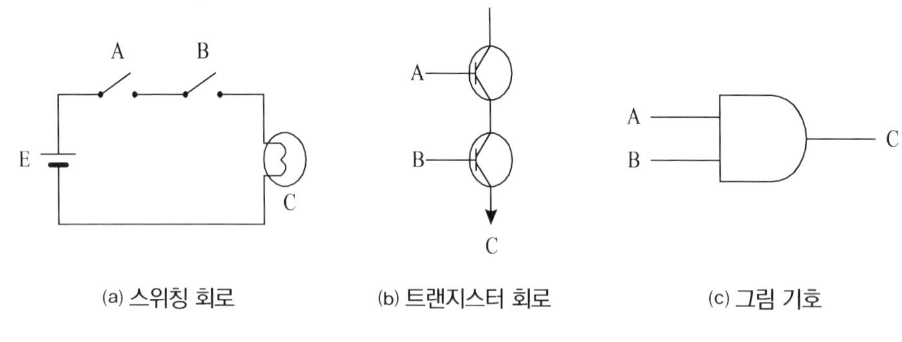

(a) 스위칭 회로 (b) 트랜지스터 회로 (c) 그림 기호

[그림 2-4] AND 게이트와 기호

[그림 2-4]의 스위칭 회로의 스위치 A 와 B, 트랜지스터의 2 개 입력 단자 A 와 B 에 의하여 출력되는 C 의 동작은 네 가지 조합으로 표현할 수 있고, 그 결과는 〈표 2-2〉과 같다.

〈표 2-2〉 AND 게이트의 동작 상태

스위치 (A)	입력 또는 스위치 (B)	출력 (C)
OFF(0)	OFF(0)	0
OFF(0)	ON(1)	0
ON(1)	OFF(0)	0
ON(1)	ON(1)	1

스위칭 회로에서는 전구에 불이 켜지는 것이 1 을 출력하는 것이며, AND 회로의 블록도와 신호 파형은 [그림 2-5]와 같다.

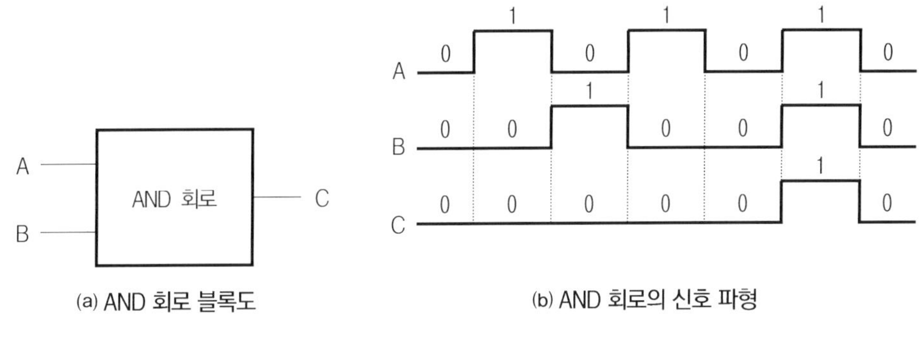

(a) AND 회로 블록도

(b) AND 회로의 신호 파형

[그림 2-5] AND 게이트의 동작

AND 기능을 수행하는 14핀의 기본적인 집적회로는 IC 7408 이 있으며, 이 집적회로의 내부 구조와 핀 위치는 [그림 2-6]과 같다.

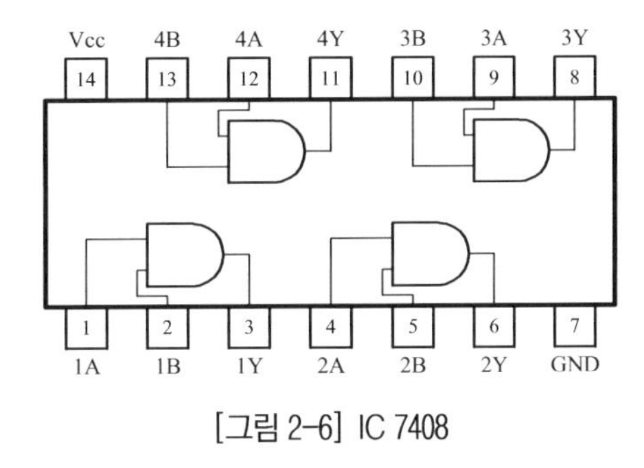

[그림 2-6] IC 7408

2.1.3 NOT 게이트

NOT 게이트는 입력되는 것과 반대의 결과가 출력되어 입력 단자가 A 라면 0 이 입력되면 1 이 출력되고, 1 이 입력되면 0 이 출력되며, 논리 부정의 논리식으로 표현한다.

NOT 게이트를 스위칭 회로로 구성하면 [그림 2-7(a)]와 같고, 트랜지스터는 1 개가 곧바로 NOT 게이트가 된다.

스위칭 회로는 스위치 A 를 누르고 있는 동안 접점이 열리도록 회로를 구성하였다. 이 회로에서 스위치를 그대로 두면(off) 전구에 불이 켜지고, 스위치 A 를 누르면(on) 전구의 불이 꺼지게 되며 트랜지스터는 증폭회로이므로 A에 입력이 있으면 트랜지스터 내의 저항이 줄어들어 C 로 출력되지 않게 된다.

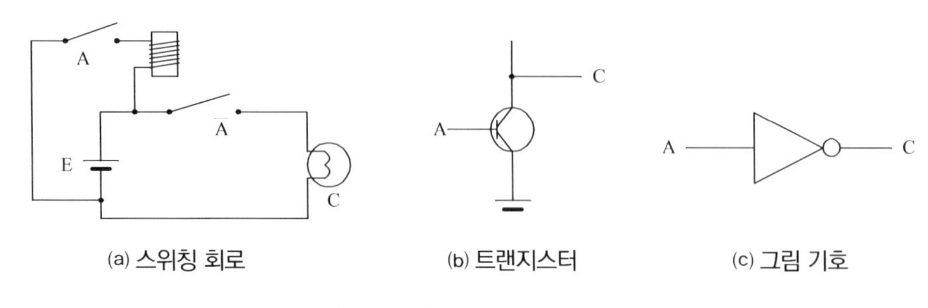

(a) 스위칭 회로 (b) 트랜지스터 (c) 그림 기호

[그림 2-7] NOT 게이트와 기호

NOT 게이트는 인버터(Inverter)라 부르기도 하는 데, 입력에 대한 출력 결과는 〈표 2-3〉과 같다.

〈표 2-3〉 NOT 게이트의 동작 상태

입력 또는 스위치(a)	전구(c)
OFF(0)	1
ON(1)	0

NOT 게이트를 통하여 출력되는 파형 신호와 블록도는 [그림 2-8]과 같다. 이와 같이 입력되는 것과 반대의 내용이 출력되는 것을 인버터 효과라 한다.

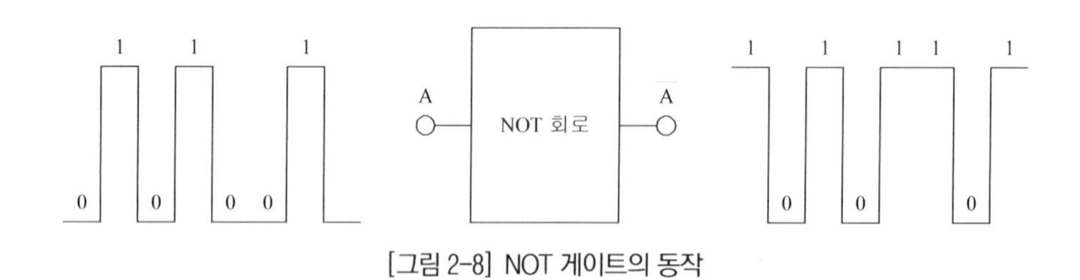

[그림 2-8] NOT 게이트의 동작

NOT 기능을 수행하는 14핀의 기본적 집적회로는 IC 7404 와 IC 7416 이 있는 데, 이들은 거의 같고 핀의 위치는 동일하다. IC 7404 의 내부 구조와 핀의 위치는 [그림 2-9]와 같다.

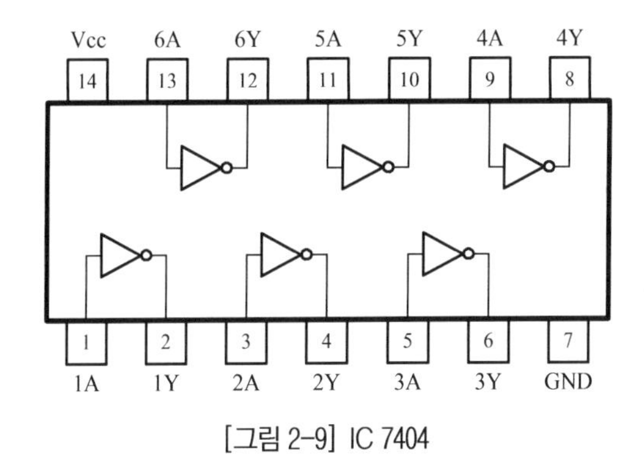

[그림 2-9] IC 7404

2.1.4 XOR 게이트

XOR 게이트는 2개의 입력 단자에서 동시에 입력이 주어지거나, 주어지지 않으면 0 이 출력되고, 어느 하나의 입력 단자에서만 입력이 있어야 1 이 출력된다. 이 게이트는 서로 배반적인 논리곱이 다시 논리합으로 결합되는 $\overline{A}B + A\overline{B}$ 관계이므로 배타적 논리합과 같다. 트랜지스터를 사용하여 XOR 게이트를 구성한 것과 그림 기호는 [그림 2-10]과 같다.

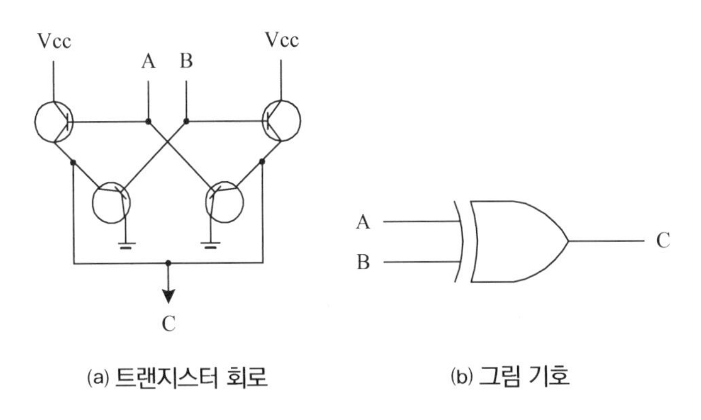

(a) 트랜지스터 회로 (b) 그림 기호

[그림 2-10] XOR 게이트와 기호

XOR 기능을 수행하는 14핀의 기본적 집적회로는 IC 7486 이 있으며, 이 집적회로의 내부 구조와 핀의 위치는 [그림 2-11]과 같다.

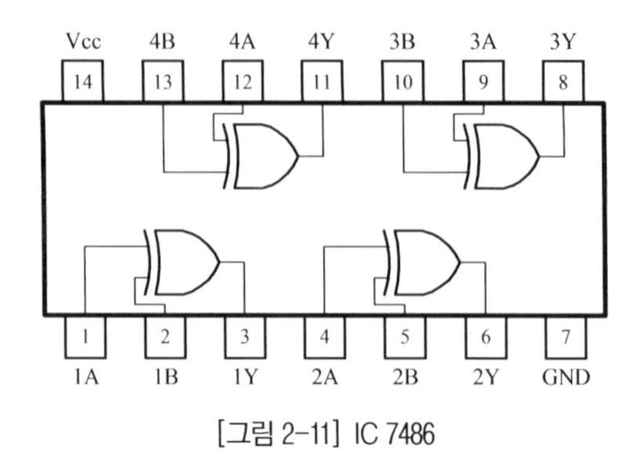

[그림 2-11] IC 7486

2.1.5 그 밖의 논리 게이트

기본적인 논리 게이트인 AND, OR, NOT, XOR 외에 데이터를 저장하는 버퍼와 NOT 게이트가 다른 게이트와 결합된 것을 독립적인 게이트로 취급하는 데, 이들의 그림 기호와 진리표는 〈표 2-4〉와 같다.

버퍼는 신호를 증폭시키거나 저장하는 데 사용한다. NAND 는 AND 게이트에 NOT 이 결합된 것이고, NOR 은 OR 게이트에 NOT 이 결합된 것이며, XNOR 은 XOR 게이트에 NOT 이 결합된 것이다.

NAND 기능을 수행하는 14핀의 기본적 집적회로는 IC 7400, IC 7401 이 있다. 이들 집적회로의 내부 구조와 핀의 위치는 서로 다르다. 또한 3개의 입력에 의하여 NAND 기능을 수행하는 IC 7410 도 있다. [그림 2-12]는 집적회로 IC 7400 과 IC 7410 의 내부 구조와 핀의 위치를 보여준다. NOR 기능을 수행하는 14핀의 집적회로는 IC 7402 와 IC 7428 이 있는 데, 이들 집적회로의 내부 구조와 핀의 위치는 동일하다. [그림 2-13]은 IC 7402 의 내부 구조와 핀 위치를 보여준다.

〈표 2-4〉 인버터와 NOT 결합 게이트

논리회로	논리회로 기호	진리표	부울대수의 표현
인버터(inverter)	A, F	입력 | 출력 A | F 0 | 1 1 | 0	$F = \overline{A}$
NAND 게이트	A, B, F	입력 | 출력 A B | F 0 0 | 1 0 1 | 1 1 0 | 1 1 1 | 0	$F = \overline{A \cdot B}$ 혹은 $F = \overline{A} + \overline{B}$
NOR 게이트	A, B, F	입력 | 출력 A B | F 0 0 | 1 0 1 | 0 1 0 | 0 1 1 | 0	$F = \overline{A + B}$ 혹은 $F = \overline{A} \cdot \overline{B}$
배타적 NOR (XNOR) 게이트	A, B, F	입력 | 출력 A B | F 0 0 | 1 0 1 | 0 1 0 | 0 1 1 | 1	$F = \overline{A \oplus B}$ 혹은 $F = A \odot B$ $\overline{A}\,\overline{B} + AB$

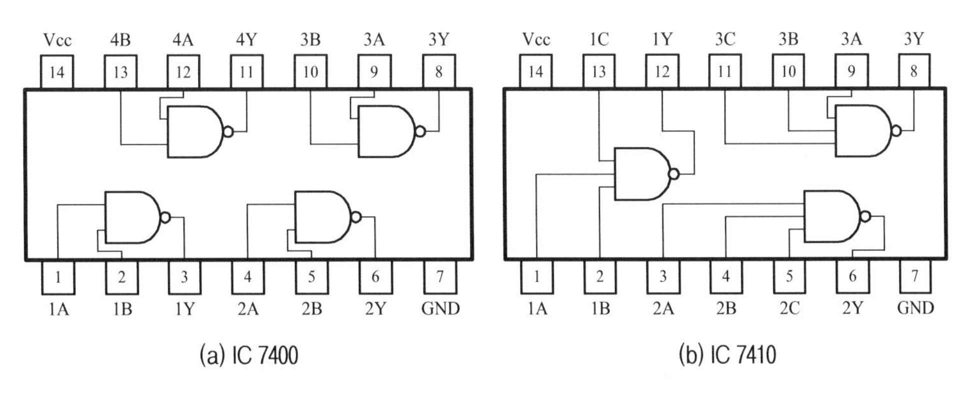

(a) IC 7400 (b) IC 7410

[그림 2-12] NAND 기능을 수행하는 집적회로

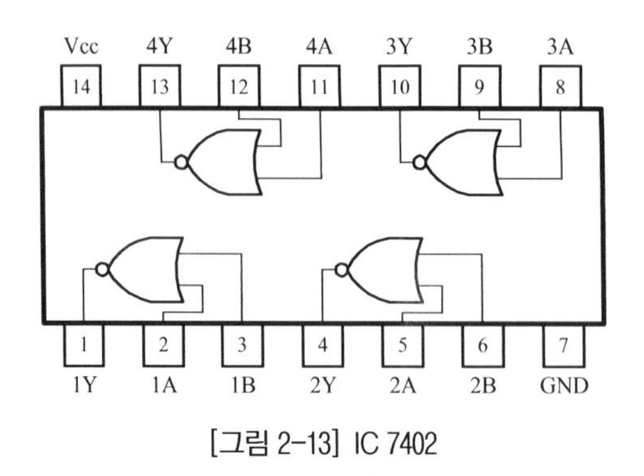

[그림 2-13] IC 7402

2.2 조합 논리회로

논리 게이트가 모여서 입력 변수에 입력되는 데이터의 어떤 조합에 대해서 일정하게 정해진 특정 출력을 제공하기 위하여 연결된 회로를 조합 논리회로(Combinational Logic Circuit)라 한다.

조합 논리회로는 입출력을 가진 논리 게이트들의 집합으로서 출력값은 입력값 0 과 1 의 조합에 의해 결정되며 각 입력 변수의 2진 조합에 대해서 각각 출력 조합이 나오게 된다. 이 회로는 기억 능력이 없다는 것이 특징이며 출력 신호는 입력 신호를 변수로 갖는 하나의 부울 대수로 나타낼 수 있다. 이 때 진리표는 입력 신호와 출력 신호와의 관계를 나타낸 것이다.

2.2.1 반가산기 (Half-Adder)

컴퓨터에서 기본적인 계산을 수행하는 논리회로이며, 2비트만을 덧셈하는 회로이다. 그러므로 한 가지만 계산할 수 있으며, 4가지의 입력 조합이 있고, 덧셈의 결과는 합과 캐리가 있으므로 각 입력에 대하여 2가지가 출력되도록 하여야 한다. 입력 변수를 A, B 라 하면 이에 대한 합과 캐리의 진리표는 〈표 2-5〉와 같다.

〈표 2-5〉 진리표

A	B	합(S)	자리올림(c)
0	0	0	0
0	1	1	0
1	0	1	0
1	1	0	1

〈표 2-15〉에서 합은 $\overline{A}B$ 와 $A\overline{B}$ 일 때 1 이 되고, 캐리는 AB 일 때 1 이 됨을 알 수 있다. 그러므로 합을 S 캐리를 C 라 한다면 [그림 2-14]와 같이 설계될 수 있다.

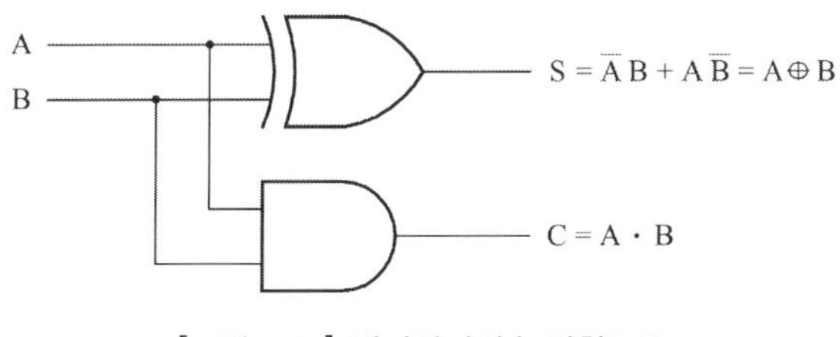

[그림 2-14] 반가산기의 논리회로도

2.2.2 전가산기(Full-Adder)

반가산기는 1자리만 계산할 수 있으므로 2자리 이상을 계산할 때 사용할 수 없다. 2자리 이상을 덧셈할 때는 아랫자리에서 올라온 캐리를 함께 덧셈하여 2자리의 합을 계산하고, 캐리는 다음 자리에서 함께 계산되도록 하여야 한다. 이렇게 2자리 2진수와 캐리를 함께 덧셈하는 회로를 전가산기(full adder)라 한다.

전가산기는 A, B 의 입력 변수와 아랫자리에서 올라온 캐리 C 가 8가지 조합을 이루며, 이들 각각에 대한 합 S 와 윗자리로 전해주는 캐리 C_n에 대한 진리표는 〈표 2-6〉과 같고, 카나프맵은 [그림 2-15]와 같다.

〈표 2-6〉 전가산기의 진리표

A	B	C	S	C_n
0	0	0	0	0
0	0	1	1	0
0	1	0	1	0
0	1	1	0	1
1	0	0	1	0
1	0	1	0	1
1	1	0	0	1
1	1	1	1	1

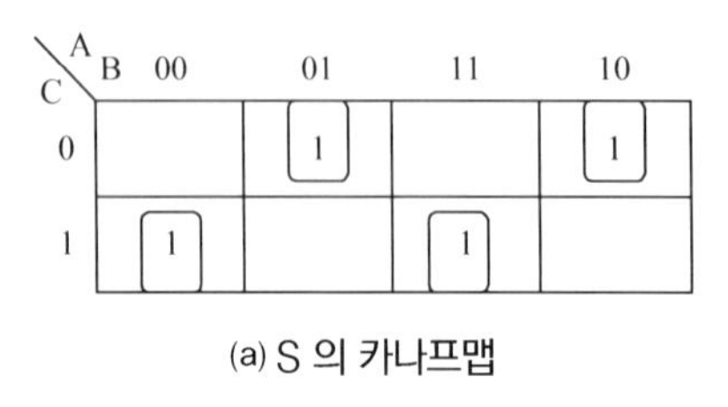

(a) S 의 카나프맵

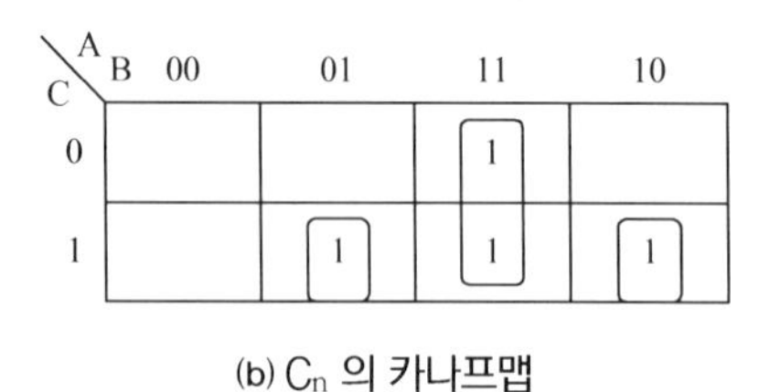

(b) C_n 의 카나프맵

[그림 2-15] 전가산기의 카나프맵

[그림 2-15]의 카나프맵에서 논리식을 얻어 단순화시키면 S 는 식(3.1), C_n 은 식(3.2)과 같이 얻을 수 있다.

$$S = \bar{A}\,\bar{B}\,C + \bar{A}\,B\,\bar{C} + A\,B\,C + A\,\bar{B}\,\bar{C} \qquad \text{식(2.1)}$$

$$= \bar{A}(\bar{B}C + B\bar{C}) + A(BC + \overline{BC})$$

$$= \bar{A}(B \oplus C) + A(B \odot C)$$

$$= \bar{A}(B \oplus C) + A(\overline{B \oplus C})$$

$$= A \oplus (B \oplus C)$$

$$= A \oplus B \oplus C$$

$$C_n = A\,B + \bar{A}\,B\,C + A\,\bar{B}\,C \qquad \text{식(2.2)}$$

$$= A\,B + C(\bar{A}\,B + A\,\bar{B})$$

$$= A\,B + C(A \oplus B)$$

식(2.1)과 식(2.2)를 사용하여 게이트를 연결하면 [그림 2-16]과 같은 전가산 회로도를 작성할 수 있는 데, 이것은 2개의 반가산기를 캐리만 OR 회로로 합한 것과 같으므로 [그림 2-17]과 같이 표현하기도 한다.

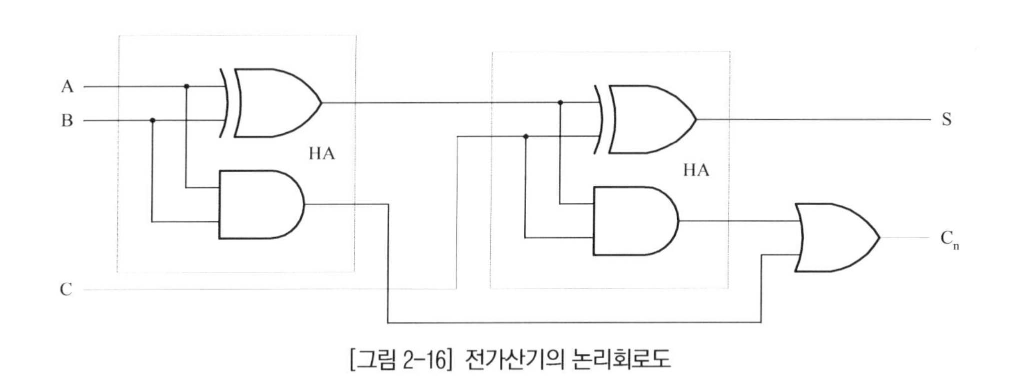

[그림 2-16] 전가산기의 논리회로도

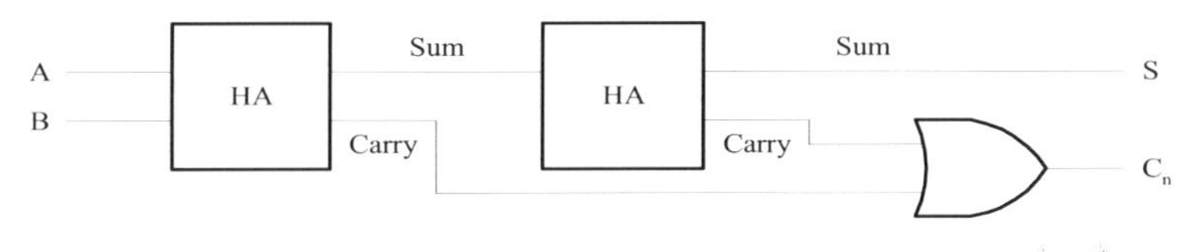

[그림 2-17] OR 회로로 합한 전가산기의 논리회로도

2.2.3 해석기(Decoder)

코드 형식의 2진 정보를 다른 형식의 단일 신호로 바꾸는 회로가 해석기이다. 즉, 코드화된 데이터를 해석하여 대응되는 1개의 신호로 바꾸어 줌으로 컴퓨터 내부의 정보를 문자와 같은 형태로 바꾸어 출력시키는 데에 사용된다.

[그림 2-18]은 2비트가 입력되어 4가지의 서로 다른 신호를 출력하는 2×4 해독기의 회로도이고, 〈표 2-7〉은 진리표이다.

2진화 10진수를 10진수로 바꾸어주는 집적회로로 된 해석기는 74LS42가 많이 사용된다. 이러한 집적회로가 블록도에서는 입력을 먼저 표기하고 출력을 그 뒤에 표기하며, 4개의 입력으로 10가지 출력 중 하나를 출력시키는 경우는 4×10 해석기와 같이 표현한다.

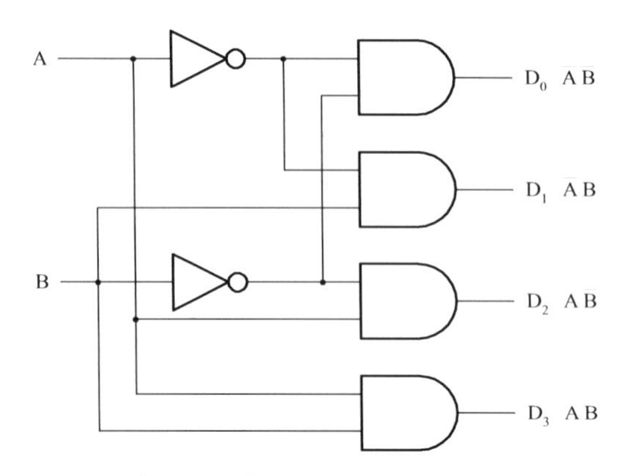

[그림 2-18] 2×4 해석기의 회로도

〈표 2-7〉 해석기의 진리표

입력		출력			
A	B	D_0	D_1	D_2	D_3
0	0	1	0	0	0
0	1	0	1	0	0
1	0	0	0	1	0
1	1	0	0	0	1

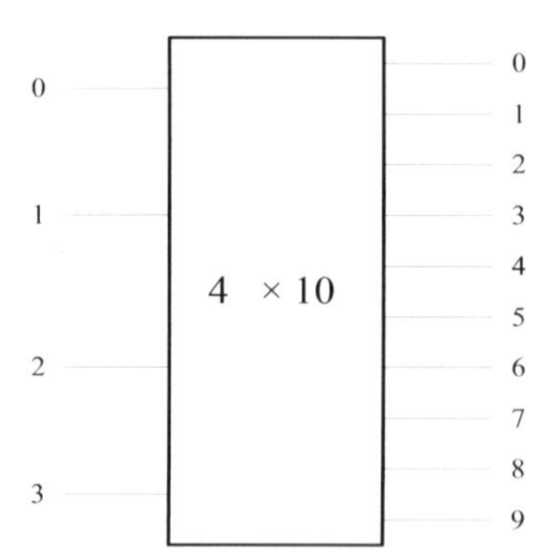

[그림 2-19] 4×10 해석기의 블록도

2.2.4 멀티플렉서(Multiplexer : MUX)

멀티플렉서는 여러 회선에서 입력되고, 그들은 하나의 정해진 회선으로 전송하도록 연결되었을 때 수신해야 할 하나의 입력 회선을 선택하여 그 회선만 특정 회선으로 전송할 수 있게 한다. 그러므로 어느 회선으로 전송해야 하는지를 결정하기 위하여 선택 신호가 함께 주어져야 한다.

이 회로를 이용하면 여러 입출력 장치에서 일정한 회선을 통하여 CPU 로 전해 줄 수 있고, 입력 회선이 하나인 경우에도 여러 터미널을 접속하여 사용할 수 있다. 입력 회선이 4개이고 이들 중 하나만 출력 회선이 연결될 수 있는 4×1 멀티플렉서에 대한 진리표는 〈표 2-8〉과 같다.

〈표 2-8〉 4×1 멀티플렉서에 대한 진리표

선택 신호		선택된 입력 회선
S_1	S_2	
0	0	D_0
0	1	D_1
1	0	D_2
1	1	D_3

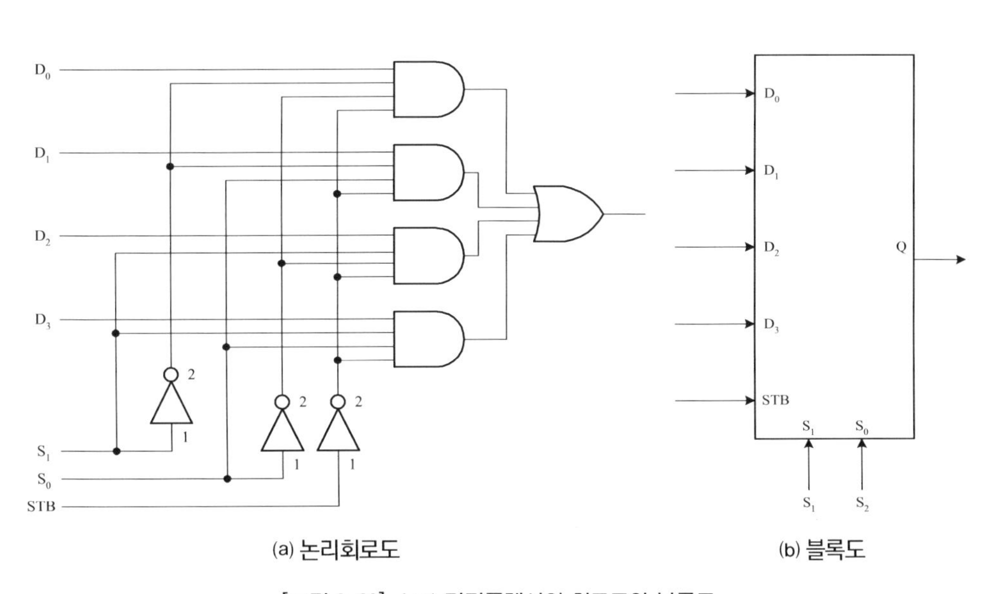

(a) 논리회로도 (b) 블록도

[그림 2-20] 4×1 멀티플렉서의 회로도와 블록도

입력 회선이 4개이므로 2개의 선택 회선으로 이들의 조합이 회선을 결정하도록 한다. [그림 2-20]은 4×1 멀티플렉서의 회로도와 블록도를 보여준다.

2.3 순차 논리회로(Sequential Logic Circuits)

순차 논리회로는 현재의 상태에 따라 입력되는 값으로 출력 결과를 데이터와 다음 상태로 만들어주는 논리회로이므로 상태의 순서가 진행되는 것과 같다. 따라서 현재의 상태를 보관하는 회로가 있어야 한다. 순차 논리회로는 CPU 내에서 제어장치가 동작의 연속을 상태의 변화에 따라 제어신호를 발생시키는 데에 사용된다. 컴퓨터 내에서 제어를 위한 상태나 전송할 데이터가 전송 명령이 내려질 때까지 현재의 내용을 보관하기 위해서는 그것을 기억할 회로가 필요하게 된다. 플립플롭(flip-flop) 회로는 두 가지 상태인 1 과 0 을 기억하도록 만든 회로이며, 기억회로의 기본적 구성요소를 이루게 된다. 그러므로 순차 논리회로는 플립플롭 회로를 사용하여 상태의 변화가 순차적으로 진행되도록 하는 데, 플립플롭 회로는 동작 특성에 따라 몇 가지 종류가 있다. 이 회로는 트랜지스터를 만들 수 있고 1비트를 기억할 수 있다.

2.3.1 RS 플립플롭

RS 플립플롭은 가장 기본적인 플립플롭 회로이며, 트랜지스터 2개로 만들 수 있다. [그림 2-21]은 트랜지스터를 사용하여 RS 플립플롭 회로를 구성한 것이다.

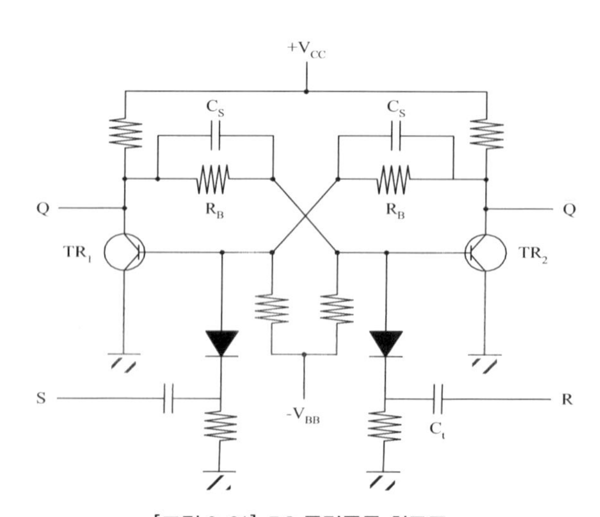

[그림 2-21] RS 플립플롭 회로도

여기에서 S(set)는 1, R(reset)은 0 을 입력하는 것이고, Q 는 1, $\overline{Q}$ 는 0 을 출력하는 것이다. S 에서 입력되면 Q 로 출력되는 상태가 다음 입력이 있을 때까지 유지되고, 이때에 R 에서 입력이 있으면 출력은 $\overline{Q}$ 로 바뀌어서 그 상태를 계속 유지하게 된다.

RS 플립플롭 회로에서 S 와 R 이 모두 0 인 경우에는 입력이 없으므로 현재의 상태가 보존되며, S 와 R 이 동시에 1 인 경우는 불안정하여 출력을 예측할 수 없다. 〈표 2-9〉는 RS 플립플롭 회로에 대한 진리표이다.

〈표 2-9〉 RS 플립플롭 회로에 대한 진리표

S	R	Q_{t+1}
0	0	Q_t
0	1	0
1	0	1
1	1	불안정

RS 플립플롭 회로의 동작 상태는 NOR 게이트나 NAND 게이트로 구성할 수 있다. [그림 2-22]는 NOR게이트를 사용하여 구성한 RS 플립플롭 회로와 그림으로 나타낸 논리기호이다.

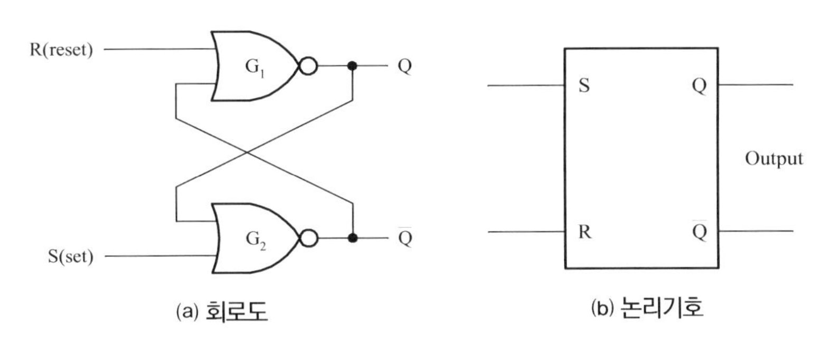

[그림 2-22] NOR 게이트를 사용한 RS 플립플롭 회로도와 논리기호

[그림 2-22]의 RS 플립플롭은 S 나 R 에서 입력이 있을 때에만 상태가 바뀌게 되는 데, S 와 R 에서 입력되는 시간은 일정하지 않게 때문에 비동기형으로 동작한다. 그러나 컴퓨터 내부의 시계인 수정 발진자에서 만들어주는 시간 펄스(CP)를 [그림 2-23]과 같이 연결하면 일정한 시간에 따라 동작되는 동기형으로 만들 수 있다.

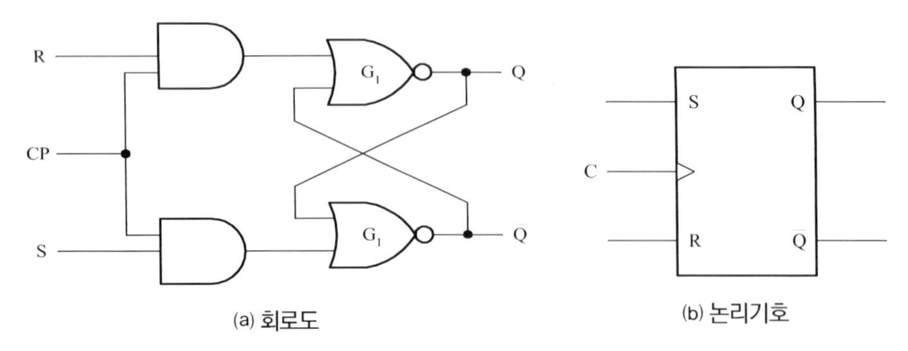

(a) 회로도

(b) 논리기호

[그림 2-23] 동기형 RS 플립플롭 회로도와 논리기호

2.3.2 JK 플립플롭

JK 플립플롭은 RS 플립플롭에서 S 와 R 이 모두 1 인 경우 불안정 상태가 되는 것을 개량하여 이러한 경우 현재의 상태와 반대가 되도록 한 것이다. JK 플립플롭은 시간형 RS 플립플롭에 AND 게이트를 덧붙여서 만든다. [그림 2-24]는 JK 플립플롭 회로도이고, 〈표 2-10〉은 JK 플립플롭 회로의 진리표이다.

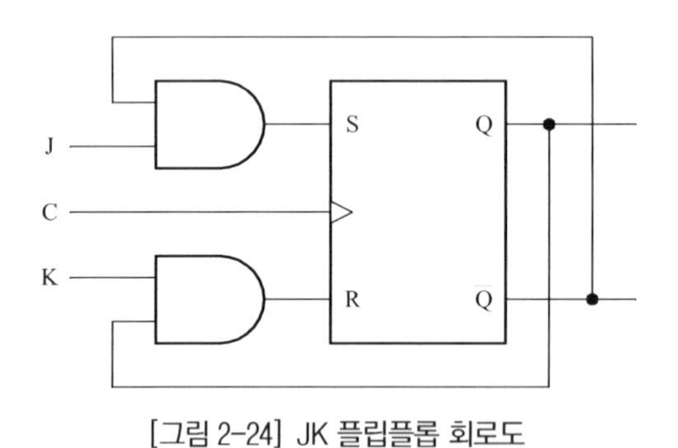

[그림 2-24] JK 플립플롭 회로도

〈표 2-10〉 JK 플립플롭 회로의 진리표

C	J	K	Q_{t+1}
0	×	×	Q_t
1	0	0	Q_t
1	0	1	0
1	1	0	1
1	1	1	$\overline{Q_t}$

2.3.3 D 플립플롭

D 플립플롭은 입력된 내용과 동일한 상태가 되도록 하여 데이터의 일시적인 보관이나 디지털신호의 전송되는 시간을 늦추어주는 지연 목적에 사용한다.

D 플립플롭의 입력은 D 하나만 있고, 시간 펄스에 의해 동작하며, D 가 0 인 경우는 RS 플립플롭의 R 이 입력되는 것과 같은 결과가 된다. 특히 D 플립플롭에서는 시간 펄스에 의해서만 활성화(enable)되므로 시간 펄스를 활성화 입력이라 부르며 E 로 표시하기도 한다. [그림 2-25]는 D 플립플롭의 회로도와 논리기호를 보여준다.

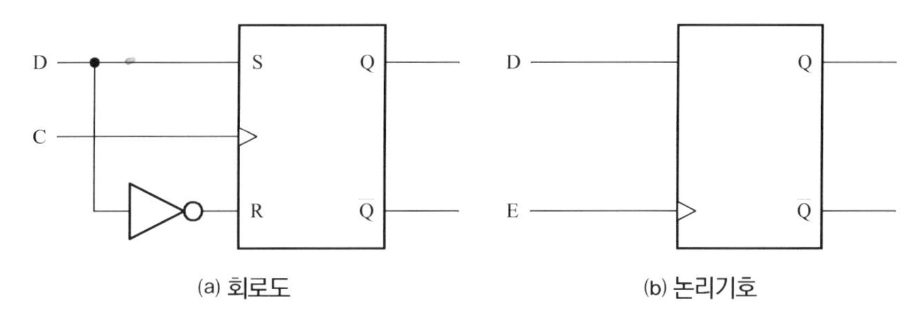

(a) 회로도 (b) 논리기호

[그림 2-25] D 플립플롭의 회로도와 논리기호

2.3.4 T 플립플롭

T 플립플롭은 JK 플립플롭을 변경시켜 1 과 0 이 번갈아 바뀌는 토글(toggle) 신호를 만드는 회로이다. 즉, JK 플립플롭에서 J 와 K 가 동시에 1 로 입력되면 현재 상태의 반대가 되는 성질을 이용하여 J 와 K 를 하나로 합친것이다. [그림 2-26]은 T 플립플롭의 회로도와 논리기호를 보여주는 것이며, 〈표 2-11〉은 T 플립플롭 동작의 진리표이다.

〈표 2-11〉 T 플립플롭 동작에 대한 진리표

C	T	Q_{t+1}
0	×	Q_t
1	0	Q_t
1	1	$\overline{Q_t}$

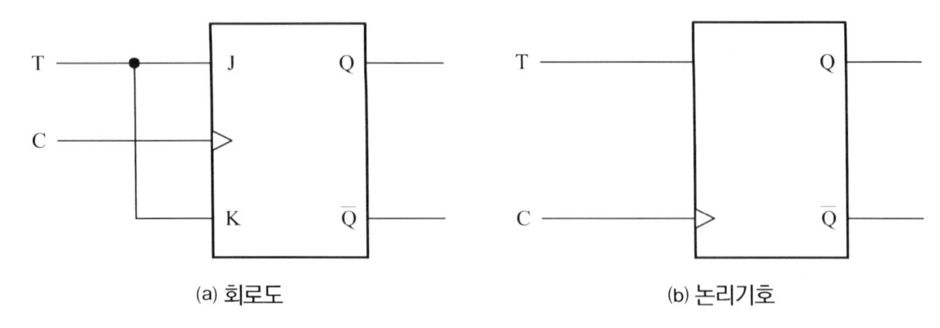

(a) 회로도

(b) 논리기호

[그림 2-26] T 플립플롭의 회로도와 논리기호

2.4 D 플립플롭

2.4.1 레지스터

레지스터(register)는 2진 정보를 일시적으로 저장하는 기억 소자로서 플립플롭이 여러 개 모인 집합체이다. 즉, 플립플롭은 하나의 비트만을 기억하므로 몇 개의 플립플롭을 모아야 표현하고자 하는 숫자나 문자를 나타낼 수 있으며, 이러한 플립플롭의 집합을 레지스터라고 한다.

n 개의 플립플롭의 집합은 n 비트의 레지스터로서 n 비트의 2진 정보를 기억할 수 있다. 이러한 이유 때문에 여러 장치 내의 레지스터들은 메모리로 취급되기도 한다. 이러한 메모리를 일시 논리회로(scratch pad memory)라고 하며, 실제로 레지스터를 구성하기 위해서는 디지털 회로를 구성하는 RS 플립플롭, JK 플립플롭, T 플립플롭, D 플립플롭으로 이루어진다.

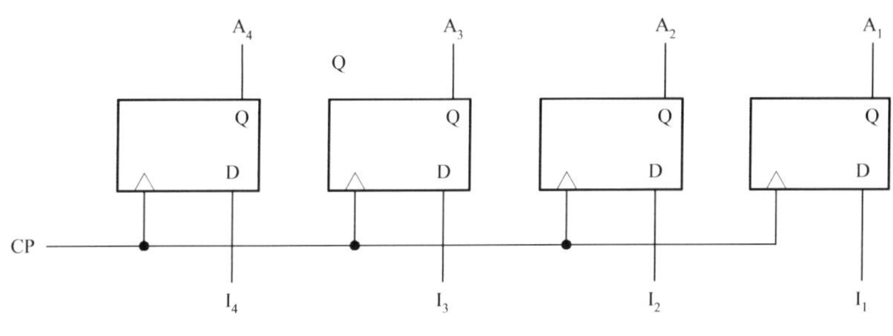

[그림 2-27] 4비트 레지스터의 예

2.4.2 시프트 레지스터

시프트 레지스터(shift register)는 2진 정보를 왼쪽이나 오른쪽 방향으로 옮길(shifting) 수 있는 레지스터이다. n 비트 시프트 레지스터는 n 개의 플립플롭과 시프트 동작을 제어하는 회로로 [그림 2-28]에 나타낸 것과 같이 구성되어 있다.

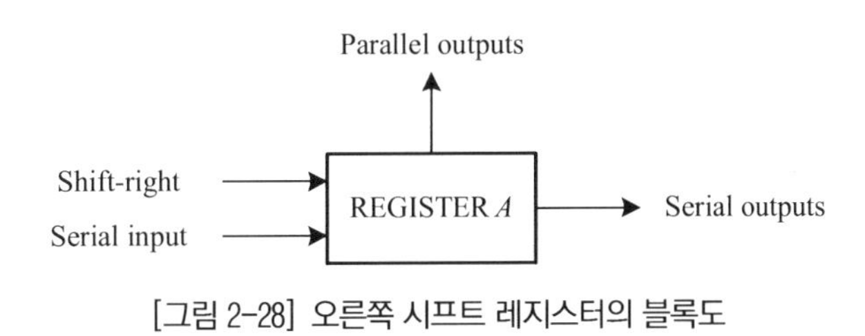

[그림 2-28] 오른쪽 시프트 레지스터의 블록도

시프트 레지스터의 입출력 방식은 다음과 같은 4가지 방식이 있다.

① 직렬 입력 - 직렬 출력

② 직렬 입력 - 병렬 출력

③ 병렬 입력 - 직렬 출력

④ 병렬 입력 - 병렬 출력

그러나, 일반적으로 컴퓨터 내에서는 네 번째 방식을 취하고 있다. 시프트 레지스터를 이용하면 곱셈이나, 나눗셈을 할 수 있으며, 왼쪽으로 한번 시프트하면 2로 곱한 결과가 되고, 오른쪽으로 한번 시프트하면 2 로 나누는 결과가 된다. 〈표 2-12〉에 4비트를 오른쪽으로 시프트하였을 때의 출력 결과를 나타내었다.

〈표 2-12〉 4 비트 오른쪽 시프트 레지스터의 직렬 입력과 출력

클록펄스	입력비트	레지스터 상태	출력비트
초기	1	0 1 1 1	1
1	1	1 0 1 1	1
2	0	1 1 0 1	1
3	1	0 1 1 0	0
4	1	1 0 1 1	1

2.4.3 상향 계수기

계수기는 시간 펄스의 수를 세거나 제어장치에서 각종 회로의 동작을 제어하는 데에 중요한 역할을 하는 회로이며, 대표적인 순차 논리회로 중의 하나이다. 계수기(counter)는 입력 펄스에 의해 미리 정해진 순서대로 플립플롭 회로의 상태가 변하는 것을 이용한 것이며, 플립플롭 회로와 게이트의 조합으로 구성할 수 있다.

계수기가 0 인 상태에서 1 씩 증가하여 모든 플립플롭 회로가 1 인 경우까지를 계수할 수 있고, 그 상태에서 다시 펄스가 입력되면 모든 플립플롭 회로가 1 이 되도록 하는 계수기를 2진 상향 계수기(binary up counter)라 한다. 〈표 2-13〉는 A, B, C, D 의 4개 플립플롭 회로를 연결하여 4단이 되도록 한 16진 상향 계수기의 상태표이다.

〈표 2-13〉에서 A 단은 1개의 펄스, B 단은 2개, C 단은 4개, D 단은 8개의 펄스가 입력될 때마다 출력상태가 바뀌는 것을 확인할 수 있다. 이때 JK 플립플롭 사용하고 시간 펄스를 입력시키면 동기형 상향 계수기를 구성할 수 있다.

[그림 2-29]은 JK 플립플롭 회로를 사용하여 16진 상향 계수기를 구성한 것이다.

A 단부터 D 단까지 각 플립플롭 회로는 2^0, 2^1, 2^2, 2^3의 자리값을 가지게 되는 데, 계수기의 출력상태는 펄스가 입력될 때마다 증가한다. [그림 2-30]는 16진 상향 계수기의 입출력 동작의 파형을 나타낸 것이다.

〈표 2-13〉 16진 상향 계수기의 상태표

계수	각 단의 출력			
	A	B	C	D
0	0	0	0	0
1	0	0	0	1
2	0	0	1	0
3	0	0	1	1
4	0	1	0	0
5	0	1	0	1
6	0	1	1	0
7	0	1	1	1
8	1	0	0	0
9	1	0	0	1
10	1	0	1	0
11	1	0	1	1
12	1	1	0	0
13	1	1	0	1
14	1	1	1	0
15	1	1	1	1

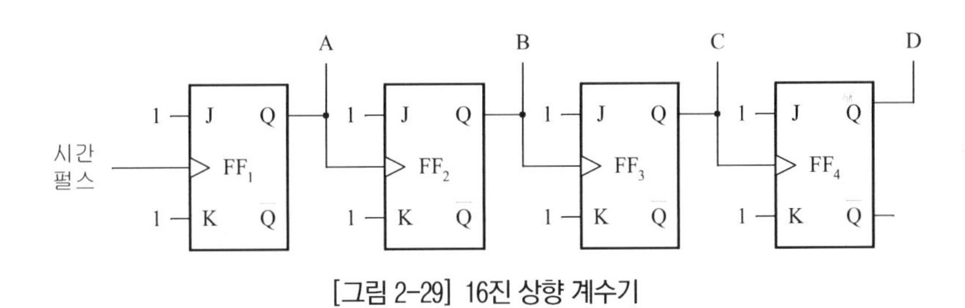

[그림 2-29] 16진 상향 계수기

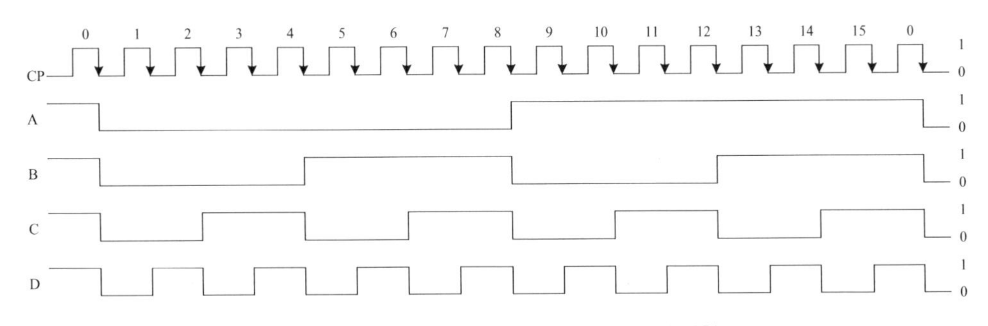

[그림 2-30] 16진 상향 계수기의 입출력 동작의 파형도

Exercise

1. 양논리와 음논리에 대하여 설명하라.

2. 다음 함수를 AND, OR, NOT 게이트를 사용하여 논리회로도를 그려라.

(1) $F = AB\overline{D} + B\overline{C}D + ABCD$

(2) $F = AB \cdot (C + DEF) + CE \cdot (A + B + F)$

3. 다음 함수를 NAND, NOR 게이트만 사용하여 논리회로도를 그려라.

(1) $F = AB\overline{C}D + \overline{D}EF + \overline{A}\,\overline{F}$

(2) $F = AB \cdot [C \cdot (\overline{D}\,\overline{E} + \overline{A}\,\overline{B}) + \overline{B}\,\overline{C}\,\overline{E}]$

4. 다음 논리회로도에 대한 출력 F의 함수로 표시하라.

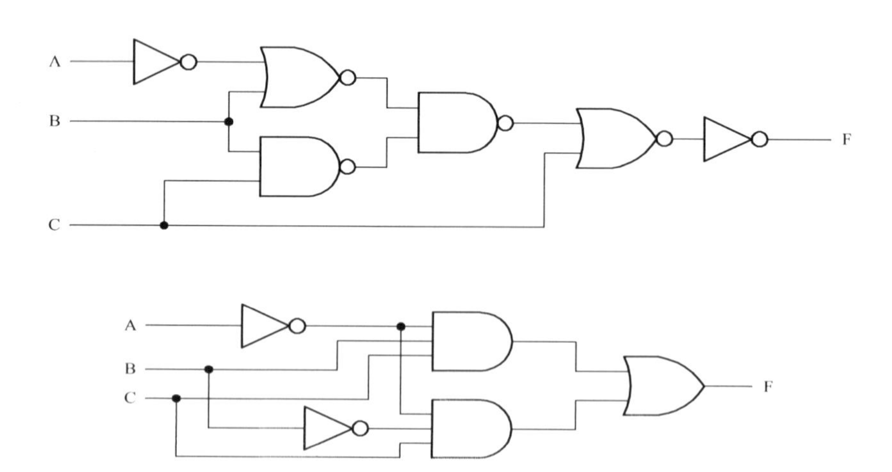

5. 전가산기에 대한 논리회로도를 NAND 게이트를 사용하여 나타내어라.

6. 전가산기에 1개의 인버터를 첨가함으로써 어떻게 전감산기로 바뀌는가를 설명하라.

7. 4개의 3×8 decoder/demultiplexer와 1개의 2×4 decoder를 이용하여 5×32 의 decoder를 설명하라.

8. 멀티플렉서와 해석기의 관계를 설명하라.

9. RS 플립플롭, JK 플립플롭, T 플립플롭, D 플립플롭의 특징과 차이점을 설명하라.

10. 다음 그림의 상태도를 이용하여 순차 논리회로를 설계하라.

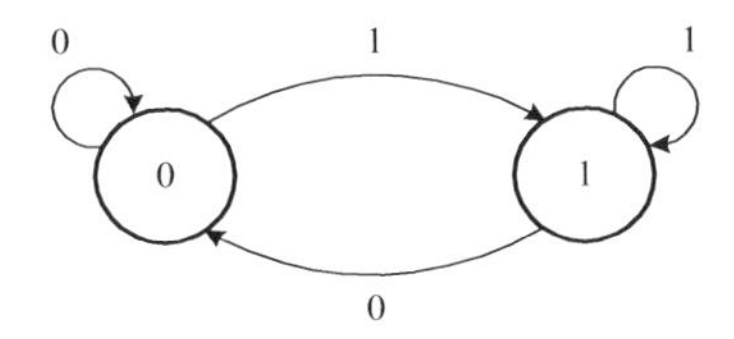

11. 동기식 계수기와 리플 계수기의 차이점을 설명하라.

12. 조합 논리회로와 순차 논리회로의 차이점을 설명하라.

CHAPTER 3

데이터의 표현과 컴퓨터 연산

데이터는 이진법 숫자의 그룹으로 컴퓨터에 저장 되고 표현 되며, 이것을 워드(words)라고 한다. 이 장에서는 이진법의 코드와 어떻게 워드가 숫자와 기호를 표현하는지 설명한다. 그리고 양의 정수와 음의 정수의 표현과 어떻게 이진법 산술연산이 컴퓨터 내부에서 처리되는 설명한다. 마지막에는 실수의 표현과 부동소수점의 산술에 대해 알아본다.

3.1 비트(Bit), 바이트(Byte)와 워드(Word)

컴퓨터에서 데이터는 2진수의 모임, 즉 비트(bit) 단위의 조합으로 표현된다. 비트는 2진수의 한자리 또는 2진수를 나타내는 숫자 0 이나 1 을 말한다. 1비트는 두 가지를 표현할 수 있고, 2비트는 4가지, 3비트는 8가지, …, 8비트는 256가지를 나타낼 수 있다.

비트수		표현정보
1 BIT	□	2^1 = 2 개
2 BIT	□□	2^2 = 4 개
3 BIT	□□□	2^3 = 8 개
│	│	│
8 BIT	□□□□□□□□	2^8 = 256 개

여기서, □ 안은 0 이나 1 로 채워진다. 2^n($n > 0$)개라는 의미는 2^n 개의 문자(character)를 나타낼 수 있다는 뜻이며 비트 조합의 단위에 따라 니블(nibble), 바이트(byte), 워드(word)로 구분되어 데이터의 단위로 사용된다. 니블은 4비트로 구성되고, 바이트는 일반적으로 8비트의 구성을 말하고, 6비트의 것을 캐릭터(character)라고 한다. 그리고 워드(word)는 한 단위로 취급되는 비트들의 모임, 캐릭터 또는 바이트들의 모임을 말한다.

한편, 1워드를 구성하는 비트의 수는 컴퓨터의 종류에 따라 다르다. 가령 8비트 컴퓨터인 경우는 1워드가 1바이트가 되고, 16비트 컴퓨터인 경우는 1워드가 2바이트, 32비트의 경우는 4바이트가 된다.

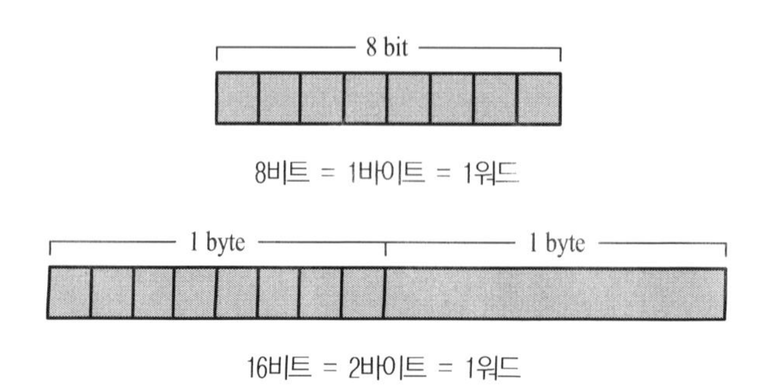

8비트 = 1바이트 = 1워드

16비트 = 2바이트 = 1워드

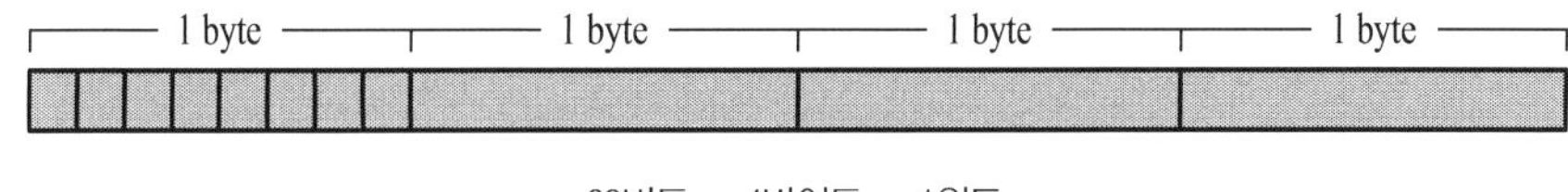

32비트 = 4바이트 = 1워드

그리고 바이트는 문자를 표시하는 최소의 단위이지만, 일정한 수의 지정된 바이트의 조합에 따라 2바이트를 하프 워드(half word), 4바이트를 풀 워드(full word), 8바이트를 더블 워드(double word) 라고 한다.

워드의 길이에는 고정길이 워드(fixed length word)와 가변길이 워드(variable word)가 있는데, 고정길이 워드는 항상 워드의 길이를 일정한 크기로 정해두는 것으로서 과학 기술 계산용의 컴퓨터에 주로 이용되고, 가변길이 워드는 문자 데이터용으로 길이에 따라 워드의 비트 길이가 변하도록 하는 방식을 말하며 일반 사무계산을 주로 하는 컴퓨터에서 이용된다.

16비트 1워드 고정길이 워드라는 것은 모든 정보의 출입을 1워드 단위(one word unit)로 행하고, 1워드 16비트로 구성되어 있다는 것을 의미한다. 16비트에서는 문자이면 2문자, 2진화 10진수이면 4자리의 수치, 2진수이면 $(65535)_{10}$ 까지의 정수를 나타낼 수가 있는데, 고정길이 워드에서는 한 개의 문자로 끝나는 정보도 16비트로 나타내지므로 비경제적이다. 그러나 고정길이 워드는 계산처리가 쉽기 때문에 대부분 수치만을 취급하는 기술계산용에 적당하다고 본다.

일반적인 사무 계산에서는 한 개의 문자로 끝나는 정보도 있으며, 6~8개의 문자로 구성되는 정보도 많으나 계산처리는 비교적 단순하므로 가변길이 워드의 바이트 머신(byte machine)이 편리하다.

하나의 문자를 표시하는 단위가 바이트 단위로 기억되느냐, 워드 단위로 기억되느냐에 따라서 바이트 머신(byte machine)과 워드 머신(word machine)으로 나누어진다. 보통 기억장치에서는 바이트와 워드 단위에 번지가 붙여지고 번지를 사용해서 기억장치에 정보를 기억시키기도 하고 꺼내오기도 한다. 기억용량의 단위로 바이트와 워드로 표시된다. 그리고 기억용량의 국제 표준화 단위는 다음과 같다.

1 KB(kilo bytes) = 1024 byte

1 MB(mega bytes) = 1024 KB

1 GB(giga bytes) = 1024 MB

1 TB(tera bytes) = 1024 GB

기호	단위	수치
T(tera)	10^{12}	1,000,000,000,000
G(giga)	10^{9}	1,000,000,000
M(mega)	10^{6}	1,000,000
K(kilo)	10^{3}	1,000
m(mili)	10^{-3}	0.001
μ(micro)	10^{-6}	0.000001
n(nano)	10^{-9}	0.000000001
p(pico)	10^{-12}	0.000000000001
f(femto)	10^{-15}	0.000000000000001
a(atto)	10^{-18}	0.000000000000000001

(참고 : 세계 표준의 수치 단위)

3.2 바이너리 코드(Binary Code)

바이너리 코드. 모든 디지털 기기의 가장 기본적인 코드인 "이진 코드" 로서 그 값이 0과 1 만을 갖는 비트로 이루어져 있는 것인데, 컴퓨터가 인식할 수 있는 코드이다. n 개의 비트로는 2^n 개의 코드(문자나 정보)를 표현할 수 있다.

3.2.1 ASCII 코드

ASCII(American Standard Code for Interchange) 코드는 미국표준협회에서 제정한 7개의 데이터 비트로 한 문자를 표시하는 코드로 3개의 비트와 4개의 디지트 비트로 구성되며, 1개의 패리티 비트를 포함하여 표기하며, 128가지의 문자 코드를 정한다.

패리티 존 비트 숫자

P	C	B	A	8	4	2	1

1 0 0 : 문자 A ~ O
1 0 1 : 문자 P ~ Z
0 1 1 : 숫자 0 ~ 9

[그림 3-1] ASCII 코드의 구성

이 코드는 통신의 시작과 종료, 라인 피드(line feed) 등의 제어 조작을 표시할 수 있는 코드로 데이터 통신에 널리 이용되고 있다. 필요한 모든 문자를 표현한 것으로 여분이 없다. 〈표 3-1〉은 ASCII 코드표를 나타낸 것이다. 현재는 8비트로 확장되어 모두 256가지 각종 문자를 표현할 수 있도록 된 것이 많이 사용되고 있다.

〈표 3-1〉 ASCII 코드표

b_7 b_6 b_5 $b_4\ b_3\ b_2\ b_1$	0 0 0	0 0 1	0 1 0	0 1 1	1 0 0	1 0 1	1 1 0	1 1 1
0 0 0 0	NUL	DEL	SP	0	@	P	‘	p
0 0 0 1	SCH	DC1	!	1	A	Q	a	q
0 0 1 0	STX	DC2	"	2	B	R	b	r
0 0 1 1	ETX	DC3	#	3	C	S	c	s
0 1 0 0	EOT	DC4	$	4	D	T	d	t
0 1 0 1	ENQ	NAK	%	5	E	U	e	u
0 1 1 0	ACK	SYN	&	6	F	V	f	v
0 1 1 1	BEL	ETB	'	7	G	W	g	w
1 0 0 0	BS	CAN	(	8	H	X	h	x
1 0 0 1	HT	EM	)	9	I	Y	i	y
1 0 1 0	LF	SUB	*	:	J	Z	j	z
1 0 1 1	VT	ESC	+	;	K	[	k	{
1 1 0 0	FF	FS	,	〈	L	₩	l	|
1 1 0 1	CR	GS	−	=	M	]	m	}
1 1 1 0	SO	RS	.	〉	N	∧	n	¬
1 1 1 1	SI	LS	/	?	O	−	o	DEL

3.2.2 BCD 코드

컴퓨터의 많은 응용에서는 수로 이루어진 데이터 뿐 아니라 문자에까지 확대하려면 4비트로는 부족하다. 그래서 BCD 코드에서는 문자를 표현하기 위해 2비트를 추가해서 6비트로 표현하고 있다. 상위의 2비트는 존 비트(zone bit)라 부르고 하위 4비트는 디지트 비트(digit bit)라 한다. 6비트의 코드에서는 (2^6) = 64 개의 문자를 표현할 수 있다. 〈표 3-2〉는 BCD 코드를 나타낸 것이다.

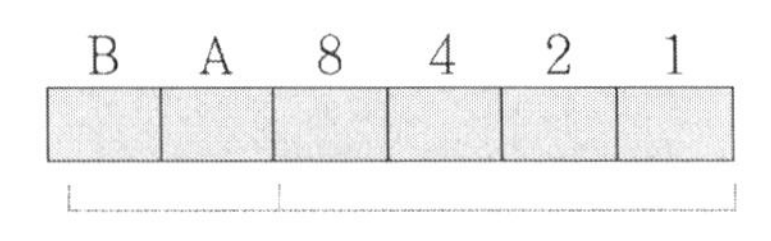

존 비트 디지트 비트

0 0 : 숫자

0 1 : 영문자 A ~ I

1 0 : 영문자 J ~ R

1 1 : 영문자 S ~ Z

[그림 3-2] BCD 코드의 구성

〈표 3-2〉 BCD 코드표

존 비트				디지트 비트
00	01	10	11	
0	&	−	blank	0 0 0 0
1	A	J	/	0 0 0 1
2	B	K	S	0 0 1 0
3	C	L	T	0 0 1 1
4	D	M	U	0 1 0 0
5	E	N	V	0 1 0 1
6	F	O	W	0 1 1 0
7	G	P	X	0 1 1 1
8	H	Q	Y	1 0 0 0
9	I	R	Z	1 0 0 1
	+ or 0	S	₩=	1 0 1 0
= or #		T		1 0 1 1
@	〈〉 or)	*	(or %	1 1 0 0

3.2.3 EBCDIC 코드

EBCDIC 코드는 BCD 코드를 확장시킨 것으로써 데이터 비트 8개와 패리티 비트 1개로 구성되어 있다. 데이터 비트 8개는 4개의 존 비트와 4개의 디지트 비트로 나누어진다.

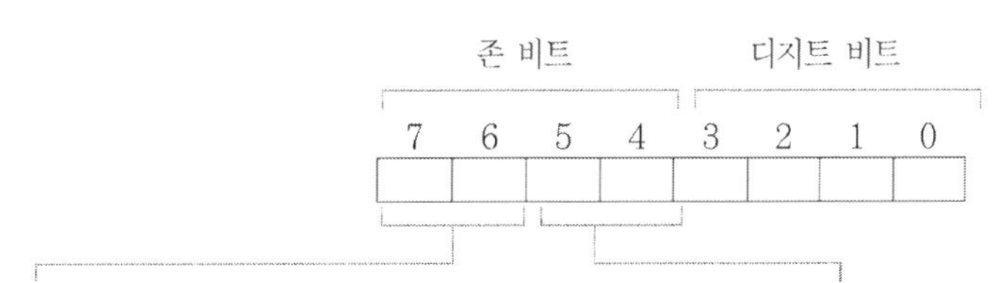

[그림 3-3] EBCDIC 코드의 구성

〈표 3-3〉 EBCDIC 코드표

비트 01	00				01				10				11			
4567 23	00	01	10	11	00	01	10	11	00	01	10	11	00	01	10	11
0000	NUL	DEL	DS		SP	&	–						{	}	₩	0
0001	SOH	DCI	SOS				/		a	j	~		A	J		1
0010	STX	DC2	FS	SYN					b	k	s		B	K	S	2
0011	ETX	TM							c	l	t		C	L	T	3
0100	PF	RES	BYP	PN					d	m	u		D	M	U	4
0101	HT	NL	LF	RS					e	n	v		E	N	V	5
0110	LC	BS	ETB	UC					f	o	w		F	O	W	6
0111	DEL	IL	ESC	EOT					g	p	x		G	P	X	7
1000	GE	CAN							h	q	y		H	Q	Y	8
1001	RLF	EM							i	r	z		I	R	Z	9
1010	SMM	CC	SM		C	!		:							LVM	
1011	VT	CU1	CU2	CU3	.	$	,	#								
1100	FF	IFS		DC4	〈	*	%	@								
1101	CR	IGS	ENQ	NAK	(	)	–	'								
1110	SO	IRS	ACK		+	;	〉	=								
1111	SI	IUS	BEL	SUB	|	¬	?	"								

EBCDIC 코드에서는 아직 사용하지 않는 여분의 코드가 있어서 그래픽 등과 같은 응용 문제의 제어 문자로 지정할 수 있다. EBCDIC 코드는 256문자까지 표현할 수 있어 많은 특수 문자와 소문자 및 한글 표기까지 가능하다. 〈표 3-3〉은 EBCDIC코드를 나타낸 것이다.

예제 3.1 ABC라는 문자를 EBCDIC 코드로 표현하면 다음과 같이 3바이트에 기억된다.

존 비트	디지트	존 비트	디지트	존 비트	디지트
1100	0001	1100	0010	1100	0011
A		B		C	

3.2.4 가중 코드(Weighted Code)

가중 코드(weighted code)란 2진수를 코드화 했을 때 각각의 비트마다 일정한 크기의 값을 갖는 코드를 말하며 그렇지 않은 코드를 비가중 코드(non weighted code)라고 한다.

예를 들면 코드화된 각각의 2진 디지트(binary digit)를 B_3, B_2, B_1, B_0 이라 하고 어떤 10진수를 D 라 하면

$$D = B_3W_3 + B_2W_2 + B_1W_1 + B_0W_0$$

$$(10)_{10} = 1 \times 2^3 + 0 \times 2^2 + 1 \times 2^1 + 0 \times 2^0$$

가 된다. 이때 $W_3 = 2^3$, $W_2 = 2^2$, $W_1 = 2^1$, $W_0 = 2^0$ 를 가중치(weight) 또는 자리값이라고 부른다. 가중치를 갖는 대표적인 코드에는 8421 코드, 2421 코드, 5421 코드, 7421 코드 등이 있다.

3.3 숫자 체계(Number System)

우리는 어려서부터 주로 10진법을 써왔고 이것으로 물건을 세는데 익숙해져있다. 이는 여러 가지 이유가 있겠지만, 사람의 손가락이 모두 10개인 것이 가장 큰 이유인 것 같다.

그러나 컴퓨터의 출현은 우리에게 새로운 수의 표현법에 관하여 인식을 새롭게 하는 계기가 되었다. 이 절에서는 수의 표현법에 관하여 살펴보기로 한다.

수는 진법에 관계없이 양과 음의 정수와, 소수 또는 이들의 합성 형태로 표현 할 수 있다. 예를 들어 10진법에서 345 와 5678 이라고 하는 수는

$$345 = 3 \times 10^{2} + 4 \times 10^{1} + 5 \times 10^{0}$$

$$5678 = 5 \times 10^{3} + 6 \times 10^{2} + 7 \times 10^{1} + 8 \times 10^{0}$$

이며, 일반적으로 10진수 A는

$$A_n = 10^{n-1} + A_{n-1}10^{n-2} + A_{n-2}10^{n-3} + \cdots + A_0 10^{0} + A_{-1}10^{-1} + A_{-2}10^{-2} + \cdots$$

(단, A_n, A_{n-1}, A_{n-2}, …, A_0, A_{-1}, A_{-2}, … 는 0, 1, 2, …, 9 까지의 어떤 정수)

로 나타낼 수 있다.

우리에게 익숙한 수의 표현법은 10진수이지만, 시간을 나타내는 데에는 12진법, 60진법, 그리고 교통 신호에는 3진법 등 일상생활에서도 여러 종류의 수의 표현법이 사용되고 있다.

일반적으로 R 진법으로 표시되는 수 N 은

$$N = A_n A_{n-1} \cdots A_2 A_1 A_0 \,.\, A_{-1} A_{-2} \cdots A_{-m} = \sum_{i=-m}^{n} A_i R^{i} \qquad 식(3.1)$$

로 표현된다. R은 기수(radix)라고 하며 정수이다.

3.3.1 10진법(Decimal Number System)

10진법에서는 0에서 9까지 10개의 수를 사용하여 어떤 수라도 나타낼 수 있으며, 10진수(decimal number)의 기수(radix)는 10 이다.

예를 들면, 10 진수 953.24 는 식(3.1)에 의해

$$953.24 = 9 \times 10^{2} + 5 \times 10^{1} + 3 \times 10^{0} + 2 \times 10^{-1} + 4 \times 10^{-2}$$

$$= 900 + 50 + 3 + 0.2 + 0.04$$

로 나타낼 수 있다.

3.3.2 2진법(Binary Number System)

2진법에서는 0 과 1 의 2개의 숫자만 사용하므로 기수는 2가 된다. 2진수를 10진수로 변환하는 예를 들면, 2진수 1101.01은 식(3.1)에 의해

$$
\begin{aligned}
(1101.01)_2 &= 1 \times 2^3 + 1 \times 2^2 + 0 \times 2^1 + 1 \times 2^0 + 0 \times 2^{-1} + 1 \times 2^{-2} \\
&= 8 + 4 + 0 + 1 + 0 + 0.25 \\
&= (13.25)_{10}
\end{aligned}
$$

즉, $(1101.01)_2 = (13.25)_{10}$ 이다.

3.3.3 8진법(Octal Number System)

8진법에서는 0~7의 8개의 수를 사용하므로 기수는 8이다.

8진수를 10진수로 변환하는 예를 들면, 8진수 536.32는 식(3.1)에 의해

$$
\begin{aligned}
(526.32)_8 &= 5 \times 8^2 + 2 \times 8^1 + 6 \times 8^0 + 3 \times 8^{-1} + 2 \times 8^{-2} \\
&= 320 + 16 + 6 + \frac{3}{8} + \frac{2}{64} \\
&= (342.4062\cdots)_{10}
\end{aligned}
$$

3.3.4 16진법(Hexadecimal Number System)

16진법에서는 16개의 숫자가 필요한데 아라비아 숫자는 모두 10개이므로 알파벳의 6자를 사용하게 되었다.

〈표 3-4〉 10진수와 16진수

10진수	0	1	2	3	4	5	6	7	8	9	10	11	12	13	14	15
16진수	0	1	2	3	4	5	6	7	8	9	A	B	C	D	E	F

〈표 3-5〉 여러 기수의 수

10 진수	2진수	8 진수	16 진수
0	0	0	0
1	1	1	1
2	10	2	2
3	11	3	3
4	100	4	4
5	101	5	5
6	110	6	6
7	111	7	7
8	1000	8	8
9	1001	9	9
10	1010	10	A
11	1011	11	B
12	1100	12	C
13	1101	13	D
14	1110	14	E
15	1111	15	F

〈표 3-5〉에서 보면 한자리 16진법의 숫자는 4비트 형식의 이진법으로 표현될 수 있다는 것을 알 수 있다. 이렇게 2진법의 숫자 하나하나를 4비트씩 짝을 짓는 것으로 16진법의 숫자로 변환 시킬 수 있다는 것을 알 수 있다. 즉, 다음과 같이 16진법의 숫자를 각각 2진법의 숫자로 변환시키는 방법이다.

$$\underline{1011} \quad \underline{0011} \quad \underline{1010}$$
$$B \qquad 3 \qquad A$$

2진수가 101100111010_2 주어졌을 때, 이 수는 16진수로는 $B3A_{16}$ 으로 표현 된다. 16진수를 2진수로 변환 하고자 하면, 이 병법을 역으로 적용하면 4비트 2진수로 바뀌게 되는 것이다.

3.4 음수(Negative Numbers)

2진 시스템에서 음의 정수를 표현하는 것은 불가능하다. 이 때문에 부호가 없는 이진수(Unsigned Binary)라고 부른다. 음수의 사용을 지원하기 위하여 수의 절대값 크기는 물론 부호와 관련된 정보의 표현법을 수정할 필요가 있다. 이러한 방법을 설명한다. 컴퓨터는 2진수를 사용한다. 1byte의 2진수를 가지고 생각해보자. 1 byte는 2진수 8자리이며, 최대 0에서 255 까지 수를 표현할 수 있다. 각각의 자리를 1 bit 즉, 8bit = 1byte이다.

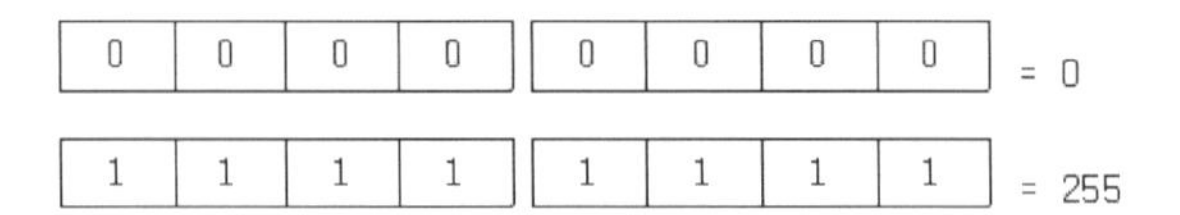

음수를 표현하기 위해 초기에 최상위 비트를 부호비트로 사용하였다. 부호화 절대치(Signed magnitude) 방식이라 한다.

3.4.1 부호화 절대값 표현(Signed Magnitude Representation)

숫자는 일반적으로 부호(sign), 크기(magnitude), 소수점(point)으로 표시되는데 n 비트의 숫자를 부호 비트까지 고려하면 (n+1) 비트가 필요하다.

부호 비트 숫자 비트

0	0	1	0	0	1	0	0
1	0	1	1	0	0	1	0

부호비트에 0 인 경우는 양의 정수를 1 인 경우는 음의 정수를 표현한다. 7bit를 이용해 숫자를 표현하므로 0 에서 127 까지 표현인 된다. 하지만 이 방식에는 문제점이 몇 가지 발생한다.

[문제점 1] 0 이 + 0 과 - 0 이 발생하여 0 이 애매모호해진다.

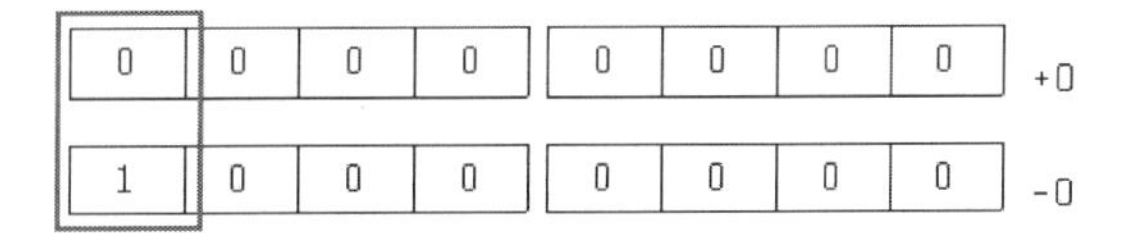

부호는 다르지만 숫자 표현은 0 이다.

[문제점 2] 산술 계산에 오류가 발생한다.

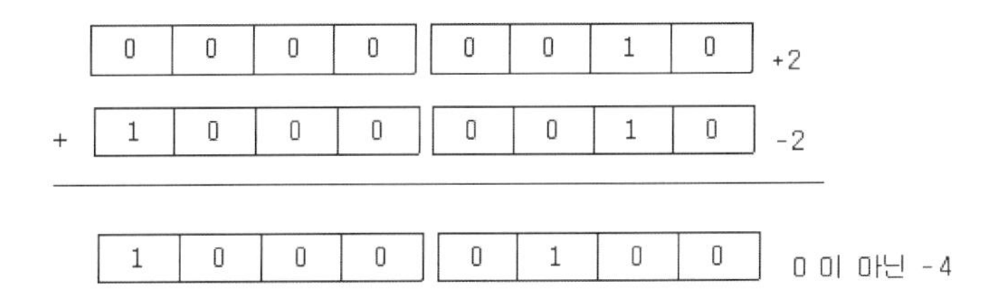

2 - 2 = 0 의 연산이 -4 라는 엉터리의 결과를 범한다.

이러한 문제를 해결하기 위해 2의 보수법을 이용한다.

3.4.2 2의 보수표현(Two's Complement Representation)

2의 보수표현을 이용함과 동시에 부호화 절대값(Signed magnitude) 방식의 부호 표현 방식을 그대로 고수하며 보완하는 방법이다. 0 에서 127 까지를 양의 정수의 범위로 두고 128 에서 255 까지는 음의 정수의 범위로 둔다. 이는 최상위 비트가 항상 1 일 경우(128 ~ 255)만 음수가 되는 것이기 때문에 부호화 절대값 방식의 부호 표현 방식을 유지할 수 있다. 또한 산술연산의 문제가 발생하지 않는다. 음수는 −1 이 255 가 되며 254 = −2, 253 = −3, … , 128 = −128 표현이 된다.

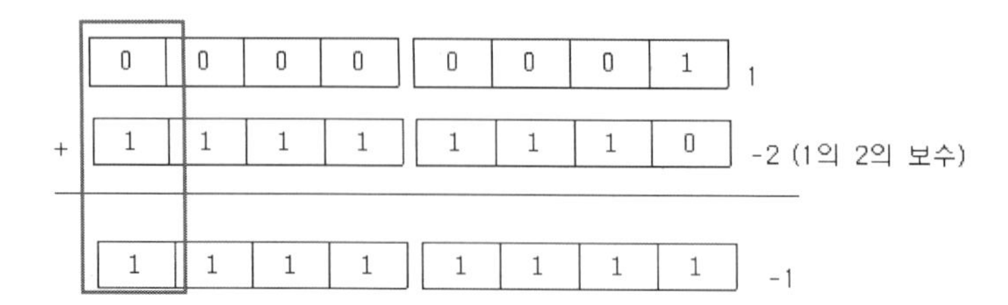

〈표 3-6〉 고정 소수점의 범위 (8비트의 경우)

8 bit 숫자	1 의 보수	2 의 보수
−128	불가능	1 0000000
−127	1 0000000	1 0000001
−126	1 0000001	1 0000010
−2	1 0000000	1 1111110
−1	1 0000000	1 1111111
−0	1 1111111	없음
+0	0 0000000	0 0000000
+1	0 0000001	0 0000001
+2	0 0000010	0 0000010
+126	0 1111110	0 1111110
+127	1 1111111	0 1111111
+128	불가능	불가능

	+0	-0
부호 절대값 표현 방식	: 0 000000	1 000000
1 의 보수 표현 방식	: 0 000000	1 111111
2 의 보수 표현 방식	: 0 000000	없음

3.5 2진수 연산(Binary Arithmetic)

2진수의 연산은 10진수를 연산하는 원리와 같으나, 자리올림(carry : 캐리)이 자주 발생한다는 점이 다르다. 2진 연산에서는 1 보다 값이 커지면 윗자리로 올라가는 자리올림이 발생하는 데 비하여 10진수의 연산에서는 9 보다 큰 값이 되면 자리올림이 발생한다.

3.5.1 덧셈(binary Addition)

- 2진수의 덧셈은 모든 자리의 합의 결과가 0 이거나 1 이 된다는 것을 제외하고는 10진수의 덧셈과 같은 규칙에 의해 계산된다.
- 1 과 1 을 더하면 윗자리로 자리올림이 발생하고 그 자리는 0 이 된다.

예 2진수 1101과 0110을 더하면

1101 + 0110 = 10011

```
 1101
+0110
─────
10011
```

3.5.2 뺄셈(Binary Subtraction)

- 2진수의 뺄셈은 모든 자리의 뺄셈의 결과가 0 이거나 1 이 된다는 것을 제외하고는 10진수의 뺄셈과 같은 규칙에 의해 계산된다.
- 대부분 보수를 사용하여 보수에 의한 뺄셈으로 처리한다.
- 1 의 보수는 각 자리의 0 은 1 로, 1 은 0 으로 바꾼다.
- 2 의 보수는 1 의 보수를 취한다음 1을 더하면 된다.
- 대부분의 컴퓨터는 2 의 보수에 의한 뺄셈 과정을 사용하여 한다.

예 11010을 1 의 보수와 2 의 보수로 변환하면

(11010) ----- 1 의 보수 : 00101(0 은 1 로, 1 은 0 으로 변환)

----- 2 의 보수 : 00110(1 의 보수에 1을 더함)

※ 2 의 보수에 의한 뺄셈

- 감수의 2 의 보수에 피감수를 더한다.
- 위의 연산결과에서 맨 윗자리에 자리올림수가 있는지 조사
- 자리올림수가 있으면 자리올림수를 버린다.

예 2 의 보수에 의한 뺄셈규칙에 따라 10101 에서 001101 을 빼면

101010

+ 110011 (001101에 대한 2 의 보수)

1 011101(자리올림수 버림)

101010 - 001101 = 011101

- 자리올림수가 없으면 뺄셈의 규칙(2의 보수에 피감수 더함)에서 얻은 연산결과를 다시 2 의 보수를 취하고 -부호를 붙인다.

예 2 의 보수에 의한 뺄셈 규칙에 따라 011011 에서 101101 을 빼면

011011 - 101101 = -010010

011011

+ 010011 (101101 에 대한 2 의 보수)

0 101110 (자리올림수가 없으므로 2 의 보수를 취함)

-010010(101110 에 대한 2 의 보수)

3.5.3 곱셈(Binary Multiplication)

- 10진수와 같은 규칙에 의해 계산되고 부분곱은 한 자리씩 왼쪽으로 이동되고 모든 부분곱을 합하면 된다.

예 2진수의 곱셈 규칙에 따라 1001 과 101 을 곱하면

1001 (피승수)

× 101 (승수)

1001 (부분곱)

0000

1001

101101 (부분곱의 합)

3.5.4 나눗셈(Binary Division)

- 10진수와 같은 규칙에 의해 계산된다.
- 제수가 0 인 경우에는 불능상태이다.

예 2진수의 나눗셈 규칙에 따라 1100 을 100 으로 나누면

```
       11
   ---------
100 1100
      100
   ---------
      100
      100
   ---------
        0
```

3.6 2진화 10진수(Binary Coded Decimal)

2진화 십진수에서는 10진수 한 자리를 4비트로 표현할 때 BCD 코드를 사용하여 표현하는데 이와 같은 데이터는 팩 형식(packed format)과 존 형식(zone format, unpack format) 중 한가지 형식의 2진수로 나타내질 수 있다.

3.6.1 팩 형식(Packed Format)

수를 나타낼 때 0 에서부터 9 까지의 10진수를 표현하려면 숫자 부분(numeric part)은 4비트만으로 여러가지로 표현이 가능하다. 그래서 숫자 부분만을 사용하는 10진수 연산에서, 8비트로 한자리 10진수를 표시하는 존(zone) 비트 10진수 형식을 그대로 사용하게 되면 처리시간이 많이 소요되고 기억장소도 낭비하는 결과가 된다. 이러한 이유로 1바이트(8비트)에 두 자리의 10진수를 기억시키는 형식을 사용한다.

이와 같이 1바이트에 두 자리의 10진수를 기억시키는 형식을 팩 10진수 형식(packed decimal number format)이라고 한다. 팩 10진수 형식에서 데이터의 부호는 [그림 3-4]에서 볼 수 있듯이 최하위 바이트(오른쪽 끝 바이트)의 하위 4비트로 나타낸다.

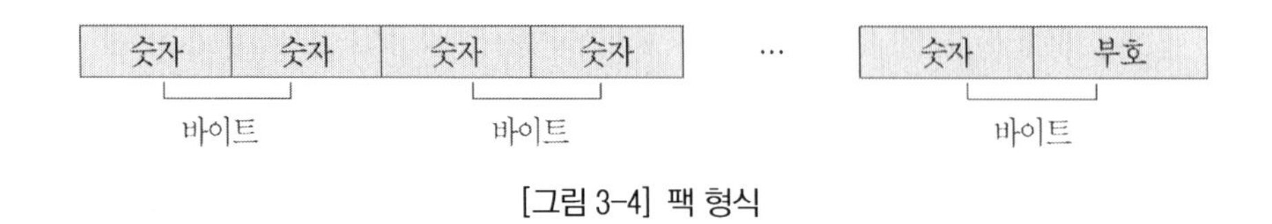

[그림 3-4] 팩 형식

3.6.2 존 형식(Zone Format, Unpack Format)

존 형식 또는, 언팩 형식은 한 바이트에 한 자리의 10진수를 표현하며, 다음과 같다. 각 데이터를 나타내는 바이트 중에 최하위 바이트의 존 비트(zone bit : 상위 4비트)가 그 데이터의 부호를 나타낸다. 즉, 존 형식 10진수의 부호는 데이터를 나타내는 최우단(최하위) 바이트의 존 비트(상위 4비트)를 이용하여 나타내는데, 양수의 데이터는 16진수 C(1100)로 나타내고 음수의 데이터를 나타낼 경우에는 16진수 D(1101)로 표현하고, 부호를 가지지 않는 데이터는 16진수 F(1111)로 나타낸다.

부호가 없는 데이터는 모두 양수로 취급된다. 그리고 존 10진수에서 최하위 바이트를 제외하고 모든 바이트의 존 부분은 1111 로 표현된다.

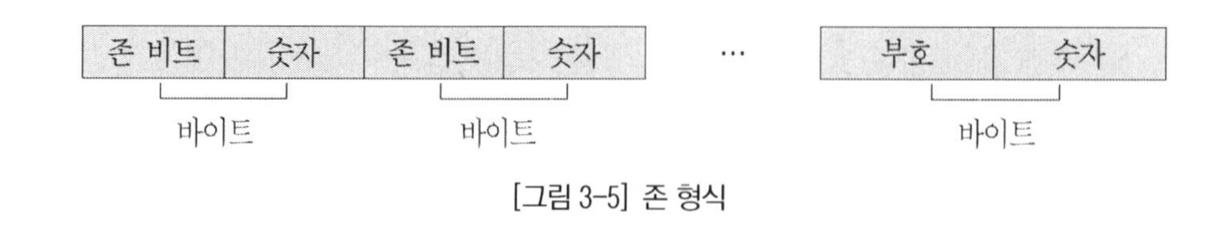

[그림 3-5] 존 형식

예제 3.2 356이라는 수가 표현되는 형태는 다음과 같다.

존 비트	숫자	존 비트	숫자	부호	숫자
1111	0011	1111	0101	1111	0110
F3		F5		F6	

+356이라는 양의 부호를 가진 수의 표현은 다음과 같다.

존 비트	숫자	존 비트	숫자	존 비트	숫자
1111	0011	1111	0101	1100	0110
F3		F5		C6	

-356이라는 음의 부호를 가진 수의 표현은 다음과 같다.

존 비트	숫자	존 비트	숫자	존 비트	숫자
1111	0011	1111	0101	1101	0110
F3		F5		D6	

예제 3.3 팩 형식으로 -1998을 존 형식과 비교해 보면 다음과 같다.

존 형식 :

존 비트	숫자	존 비트	숫자	존 비트	숫자	부호	숫자
1111	0001	1111	1001	1111	1001	1101	1000
F	1	F	9	F	9	-	8

팩 형식 :

	1	9	9	8	-
0000	0001	1001	1001	1000	1101

(1) 8421 코드

8421 코드는 10진수 한자리를 2진수 4자리로 표시하며 단지 0~9 까지만을 2진 4자리 즉 0000, 0001, 0010, 0011, 0100, 0101, 0110, 0111, 1000, 1001 만을 코드로 사용한다.

8421 코드는 부호화(encoding)하는데 용이하지만 원래의 수와 보수 사이에 상호 변환이 없다는 것이 단점이다.

예제 3.4 팩10 진수 5487 을 8421 코드로 나타내어라.

5	4	8	7	(decimal number)
↓	↓	↓	↓	
0101	0100	1000	0111	(8421 code)

(2) 2421 코드

2421 코드는 2진수의 상호 교환에 의하여 얻을 수 있는 자기 보수 코드(self complementing code)로서 각 자리의 2진수 0 을 1 로, 1 을 0 으로 바꿈으로써 얻어진다.

〈표 3-7〉 2421 코드의 예

10 진수	2421 코드	2421 코드의 보수
0	0000	1111
1	0001	1110
2	0010	1101
3	0011	1100
4	0100	1011
5	1011	0100
6	1100	0011
7	1101	0010
8	1110	0001
9	1111	0000

예제 3.5 다음의 2421 코드를 10진수로 변환하시오

(a) 1111 (b) 1101 (c) 0100

$(1111)_{2421} = 1 \times 2 + 1 \times 4 + 1 \times 2 + 1 \times 1$

$= (9)_{10}$

$(1101)_{2421} = 1 \times 2 + 1 \times 4 + 0 \times 2 + 1 \times 1$

$= (7)_{10}$

$(0100)_{2421} = 0 \times 2 + 1 \times 4 + 0 \times 2 + 0 \times 1$

$= (4)_{10}$

(3) 기타 가중 코드

현재 4비트 BCD 코드의 종류는 여러 가지가 있으나 〈표 3-8〉 에 나타난 코드는 모두 가중 코드로서 각각 그 명칭에 의해 표시되도록 되어 있다. 이들 코드들은 디지털 회로의 용도에 따라 각각 사용된다.

〈표 3-8〉 기타 가중 코드의 예

10 진수	여러 가지 코드				
	5421	5211	7421	$74\overline{21}$	51111
0	0000	0000	0000	0000	00000
1	0001	0001	0001	0111	00001
2	0010	0011	0010	0110	00011
3	0011	0101	0011	0101	00111
4	0100	0111	0100	0100	01111
5	1000	1000	0101	1010	10000
6	1001	1001	0110	1001	11000
7	1010	1011	1000	1000	11100
8	1011	1101	1001	1111	11110
9	1100	1111	1010	1110	11111

3.7 부동 소수점 표현(Floating Point Representation)

숫자는 일반적으로 부호(sign), 크기(magnitude), 소수점(point)으로 표시되는데 n 비트의 숫자를 부호 비트까지 고려하면 (n+1) 비트가 필요하다.

숫자 데이터 형식은 다시 고정 소수점(fixed point) 데이터 형식과, 부동 소수점(floating point) 데이터 형식, 그리고 10진 데이터(decimal data) 형식으로 분류한다. 수를 부동 소수점으로 나타낼 때는 두 부분의 정보가 필요한데 하나는 부호가 첨가된 고정 소수점으로 표현된 가수(mantissa : 소수 또는 정수) 부분이며, 또 하나는 지수(exponent) 부분이다.

부동 소수점(floating point) 데이터 형식은 소수점의 위치를 고정하지 않고 그 위치를 나타내는 수를 따로 적어내어 실수를 표현하는 방식으로 유효숫자를 나타내는 가수부(Mantissa part)와 소수점의 위치를 나타내는 지수부(Exponent part)로 나누어 표현합니다. 고정 소수점 방식보다 매우 큰 수와 작은 수등 넓은 범위의 수를 나타낼 수 있는 것이 큰 특징이며 기본적으로 아래와 같은 곱셈 형태로 표현합니다.

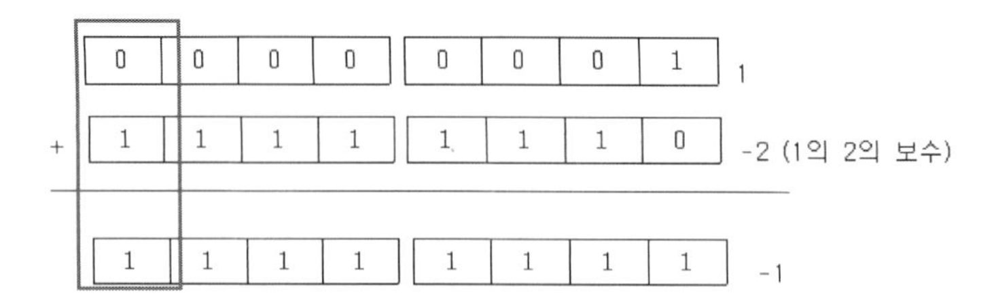

예를 들어, 10진수 +6132.789 는 다음과 같이 나타내진다.

위의 경우는 가수 부분이 소수 부분이고 가수 부분의 기수가 10 이라고 가정했지만, 일반적으로 부동 소수점 표현은 $m \times r^e$ 으로 되는데 가수 부분 m 과 e 가 실제로 표시되고 기수 r 과 가수 부분에서 소수점은 약속에 의해서 고정된다.

부동 소수점 표현 방식에서 같은 값의 수를 여러 가지로 표현할 수 있는 결점을 없애기 위하여 가수 부분의 최대 유효 숫자가 0 이 아닌 값을 갖도록 표현하는데 이를 정규화(normalized) 되었다고 한다. 가수 부분이 정규화되면 유효 숫자들이 가질 수 있는 최대의 수를 가질 수 있는 장점도 있다.

예를 들어, 5개의 10진 숫자와 부호로써 가수 부분을 표현할 때에 $+0.35746 \times 10^2 = 35.746$ 의 수는 정규화 되었다고 생각할 수 있는 데, 정규화되지 않은 형태인 $+0.00357 \times 10^4 = 35.7$ 로 표현 한다면 두 유효 숫자 4 와 6 은 표현할 수 없다.

0 은 모든 유효 숫자가 0 이므로 정규화 할 수 없는데 이런 경우 가수 부분과 지수 부분을 부호까지 포함하여 모두 0 으로 표현한다. 따라서 어떤 수가 정규화 되었는지 아닌지를 판단할 필요가 있는 경우 우선적으로 그 수가 0 인지 아닌지를 검사하여야 한다.

예를 들어 0.4 를 밑수가 10 인 부동 소수점 수로 나타내면 0.04×10^1으로 밑수가 2 인 부동 소수점 수로 나타내면 0.8×10^{-1}으로 나타낼 수 있습니다. 만약 가수부를 한자리 자연수를 갖도록 바꾸면 4×10^{-1}로 나타낼 수 있는데 이처럼 가수의 첫째 자리가 밑수보다 작은 한자리 자연수로 바꾸는 것을 정규화라고 합니다. 밑수가 2인 경우라면 1.6×10^{-2}로 정규화 할 수 있습니다.

컴퓨터에서는 이진법을 사용하여 밑수를 2로 하고 부호부, 지수부(부호가 없는 정수), 가수부(부호가 있는 정수) 세 부분의 값으로 실수를 나타냅니다. 아래는 4바이트와 8바이트 실수형에서 부호부, 지수부, 가수부의 비율을 나타내며 더 많은 바이트를 사용할 수록 더 "정확한 값에 가까운" 근사치를 저장할 수 있으며 각각을 단정도(Float), 배정도(Double) 실수형이라고 부르기도 합니다.

4 바이트(32비트) 단정도(Float) 실수형 : 부호부 1비트(bit) + 지수부 8비트(bit) + 가수부 23비트(bit)

8 바이트(64비트) 배정도(Double) 실수형 : 부호부 1비트(bit) + 지수부 11비트(bit) + 가수부 52비트(bit)

컴퓨터에서 부동소수점을 다루다 보면 14e2 과 같이 e 가 들어간 표현을 보게 됩니다. 이는 e 앞에 부분이 가수부, e 뒤에 부분이 지수부이며 밑수는 10 이라는 의미입니다. 따라서 14e2 는 14×10^{2} 이므로 1,400 이, 123e-3 이라면 $123 \times 10^{-3} = 123 \times 0.001 = 0.123$ 이 되는 것입니다.

표현되는 수를 좀더 쉽게 파악하자면 e 뒷부분인 지수부가 양수라면 소수점을 그 수만큼 오른쪽으로, 음수라면 그 수만큼 왼쪽으로 이동하면 됩니다.

★ 부동 소수점은 0.1과 0.01을 표현하지 못하는 등 실수를 "정확히 표현" 하지 못하는 문제를 가지고 있습니다. 예를 들어 행렬계산을 하다보면 0 이라고 나와야 할 곳에 -2.2204e-016, -4.4409e-016 등과 같은 값을 나타나기도 하는데, 이는 -0.0000000000000022204, -0.00000000000000404409 과 같은 값으로 결국 0 이라고 판단해도 무방한 값으로 실수를 정확히 표현할 수 없기 때문에 나타나는 값입니다.

3.7.1 고정 소수점 표현(Fixed Point Representation)

컴퓨터 내부에서는 수치에 소수점을 표시하는 부호가 없으므로 소수점의 위치를 알 수 있도록 해야 하는 데, 미리 소수점이 특정 위치에 있는 것으로 정해두는 방법을 고정 소수점 표시 방법이라 한다. 즉, 고정 소수점 표시는 소수점이 실제로 레지스터(register)에 표시되지 않고 레지스터의 맨 왼쪽밖에 소수점이 있다고 가정하여 레지스터의 내용을 정수(integer)로 취급한다. 어느 경우도 소수점은 실제로 나타나지 않으며 레지스터에 저장한 수를 정수로 취급할 것인가, 소수로 취급할 것인가에 따라 소수점의 위치가 고정되었다고 가정한다.

2진수의 음수까지 고려한 수의 고정 소수점 표현은 부호 절대값 표현(signed magnitude), 1 의 보수 표현(signed-1's complement), 2 의 보수 표현(signed-2's complement) 등 세 가지이다.소수인 경우는 그 소수에 임의의 진수를 곱하고 정수 부분만 구하는 과정을 반복한다.

고정소수점 표현형식은 소수점의 위치가 특정 위치에 고정되어 있다고 가정하고 실수를 표현하는 방식입니다. 예를 들어 1230 과 1230000 이라는 수가 있을 때 소수점의 위치가 1000이라고 하면 각각의 수는 1.23 과 1230 을 나타내게 되는 것입니다. 소수점의 위치는 데이터 형식에 따라 동일하기 때문에 계산이 용이하나 고정 소수점 형식은 매우 큰 값이나 작은 값을 표현할 수 없다는 단점을 가지고 있습니다. 일반적으로 2바이트와 4바이트 고정 소수점 형식이 자주 사용되는 데 각각 아래와 같이 1비트 부호부와 정수부를 가지고 있습니다.

2바이트(16비트) 정수형 : 부호부 1비트(bit) + 정수부 15비트(bit)
4바이트(32비트) 정수형 : 부호부 1비트(bit) + 정수부 30비트(bit)

부호부에는 양수일 경우 0 이 음수일 경우에는 1 이 들어가게 되며 정수부에는 부호를 뺀 나머지 숫자가 2진수로 표현되게 됩니다. 고정 소수점 형식의 바이트의 크기에 따라 표현할 수 있는 수의 범위가 달라지며 이는 정수부의 크기에 의존합니다.

$$-(2^{n-1}-1) \leq N \leq (2^{n-1}-1)$$

예를 들어 2바이트 정수형일 경우 정수부가 15비트이므로 표현할 수 있는 수의 범위는 아래와 같습니다.

$$-(2^{15-1}-1) \leq N \leq (2^{15-1}-1)$$

※ 고정소수점 방식은 음수를 표현하기위해 부호화 1) 절대값 방식, 2) 1 의 보수, 3) 2 의 보수 방식을 사용합니다.

3.7.2 부동 소수점 연산(Floating Point Arithmetic)

부동소수점 연산은 일반 산술 보다 더 복잡하다. 예를 들어, 5.125 + 13.625 의 계산을 단정도(single precision) 으로 계산한다고 하자. 이 숫자들이 [그림 3-6](a) 와 같이 정상화 되어 저장되었다고 가정 하자. 첫 번째 단계는 이진수의 소수점을 서로 맞추고, 지수를 서로 비교하여 작은 수를 움직여 지수가 서로 맞게 한다. [그림 3-6](b) 에서와 같이 작은 수 5.125 의 가수를 오른쪽으로 한 칸 움직여 그것의 지수가 13.625 와 같게 놓는다. 주의 할 점은 0 을 가장 중요한 비트의 위치에 집어넣는다. 같은 지수를 가지게 됐으므로 기호의 비트는 분류 되고, 가수는 [그림 3-6](c) 와 같이 더하여 진다. 결과로 8비트를 가지게 되기 때문에 비트를 한 칸 오른 쪽으로 옮겨 지수를 증가 시켜 재정상화 시킨다. 마지막으로 [그림 3-](d) 와 같이 비트를 다시 입력하고 +0.1001011 x 2^5 또는 18.95_{10} 의 합을 구한다.

부동 소수점수의 곱셈이나 나눗셈도 이와 같이 지수를 더하거나, 빼고 가수를 곱하거나 나누어 결과를 재정비하는 과정을 거친다. 이 과정은 소프트웨어를 사용하거나, FPC(Floating Point Coprocessor)를 사용한 하드웨어를 이용한다. Floating Point 나 Numeric Coprocessor 는 CPU 와 병렬로 처리되도록 허용함으로서 어플리케이션들의 강력한 계산 성능을 개선하여 준다. CPU 가 floating point 의 명령을 탐지하면 피연산자는 CPU 가 다른 일을 할 수 있도록, 산술연산을 수행하는 코프로세서(Coprocessor) 로 넘겨진다.

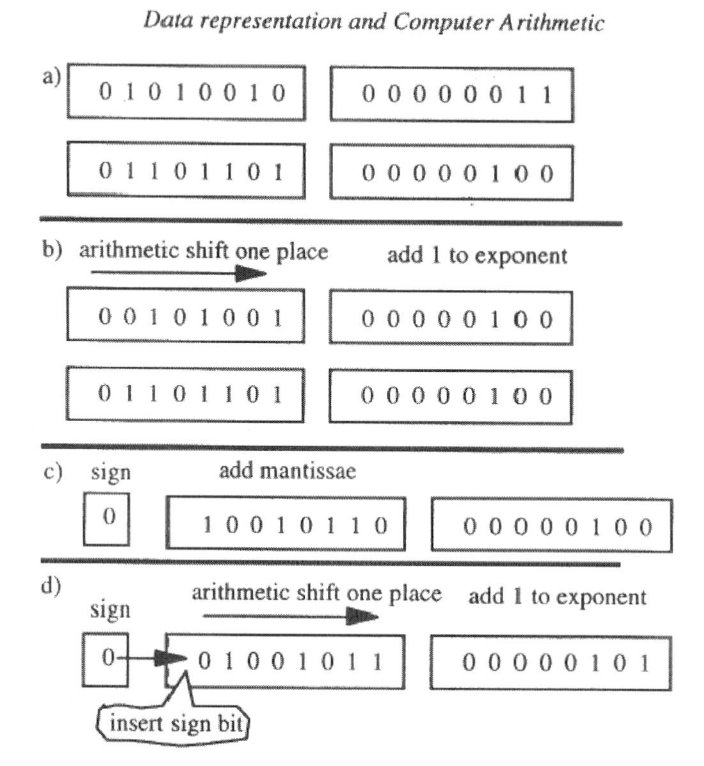

[그림 3-6] 부동 소수점 덧셈

Exercise

1. 다음의 2진수를 10진수로 변환하여라.

   (1) 110011.11

   (2) 1110001.0001

   (3) 1111111.11111

2. 다음의 10진수를 2진수로 변환하라.

   (1) 317.36

   (2) 25671.8

   (3) 15014.702

3. 다음 10진수를 16진수로 변환하라.

   (1) 1345.2345

   (2) 31458.1234

4. 다음 16진수를 2진수로 변환하라.

   (1) 459A

   (2) A014

   (3) 4B1012

   (4) FB17A

Exercise

5. 다음 2진수들을 연산하라.

(1) 1101.11 + 11.011

(2) 11.01 × 11.01

(3) 1111.0011 − 110.111

(4) 101.01 − 11.11

6. 2 의 보수를 사용하여 다음을 연산하라.

(1) 1011 − 110

(2) 10001 − 1111

7. 다음 10진수를 BCD 코드로 변환하여 연산하라.

(1) 17 + 12

(2) 28 + 23

(3) 113 + 101

(4) 295 + 157

8. 10진수 +79, −79 를 크기의 2진 형태로 부호 절대값 표현 방식, 1 의 보수, 2 의 보수 표현 방식으로 표시하라.

9. 10진수 +457523 을 팩(packed) 10진수 형식으로 표시하라.

Exercise

10. BCD 코드, EBCDIC 코드, ASCII 코드 구성 형식을 비교하여 각 코드의 장점을 열거하라.

11. JSH6 을 EBCDIC 코드와 ASCII 코드로 표시하라.

12. 32비트 부동 소수점 2진수가 부호 비트를 포함한 9비트의 지수 부분과 나머지 정규화된 소수 형태의 가수 부분으로 표시되는데, 음수는 둘 다 부호 절대값 표현 방식으로 표시될 때 0 보다 크거나 같은 수 중 가장 작은 수와 가장 큰 수를 구하라.

13. 10 진수 +19 와 -19 를 8비트 크기의 2진수 형태로 부호 절대값 표현법, 1 의 보수 표현법, 2 의 보수 표현법으로 표기하라. 단, 부호 비트는 포함한다.

14. 보수는 왜 필요하고, 2 의 보수와 1 의 보수의 형식의 차이점은 무엇인가 설명하라.

CHAPTER 4

중앙처리장치

데이터를 입력하여 컴퓨터 내부의 중앙처리장치(CPU)로 전달하고 CPU 에서 논리연산과 산술연산 등의 작업을 하여 목적한 값을 출력하는 것을 프로세스(process)라 한다. 컴퓨터에서 프로세스 동작을 하는 부분을, 특히 핵심적인 역할을 하므로 중앙처리장치(Central Processing Unit : CPU)라고 하며 줄여서 CPU 라고 부른다. CPU 는 크게 전체적인 컴퓨터의 기능을 감독, 조절하는 제어장치(Control Unit), 산술의 연산과 비교 판단 등 논리적 연산을 처리하는 산술 · 논리연산장치(Arithmetic Logic Unit : ALU), 그리고 주기억장치(Main Memory)로 구분된다. 이 장에서는 CPU 의 전체적인 구성과 산술 · 논리연산의 처리과정 및 방법을 자세하게 살펴보기로 한다.

4.1 CPU 의 구성과 기능

CPU 의 기능은 메모리에서 명령어를 인출하고 해석하여 실행하는 것이다. 이를 위해서 CPU 는 메모리의 주소를 지정하여 데이터를 전송하는 기능, 입출력 제어장치와 데이터를 전송하는 기능, 다음에 설명할 연산(산술 및 논리연산)을 행하는 기능 및 이러한 연산을 제어하는 기능을 가져야 한다. [그림 4-1]과 [그림4-3]은 CPU 의 구성요소와 단순한 CPU 의 구성을 보여준다.

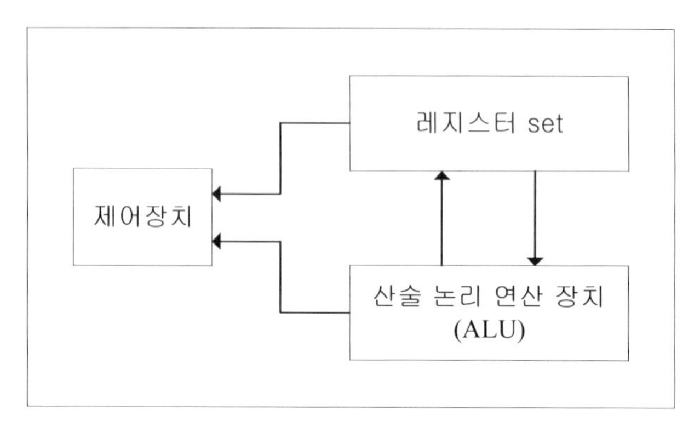

[그림 4-1] CPU 의 주요 구성요소

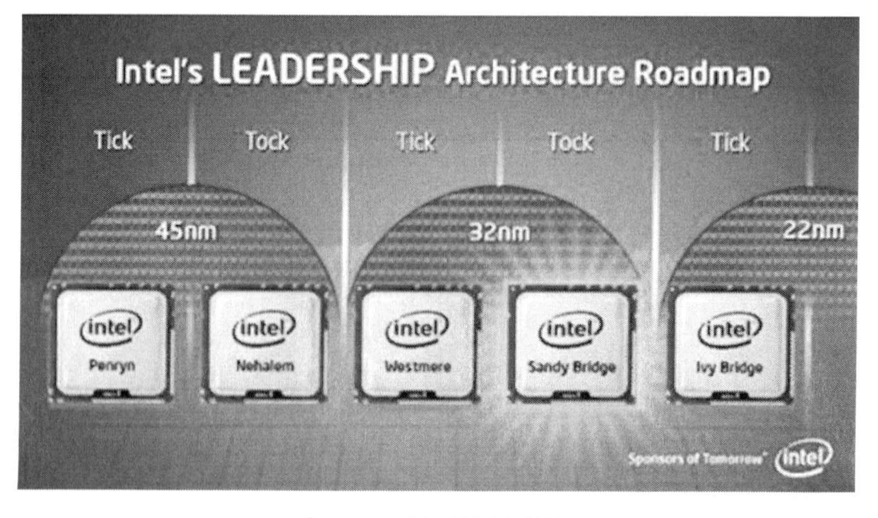

[그림 4-2] 최신 컴퓨터 CPU

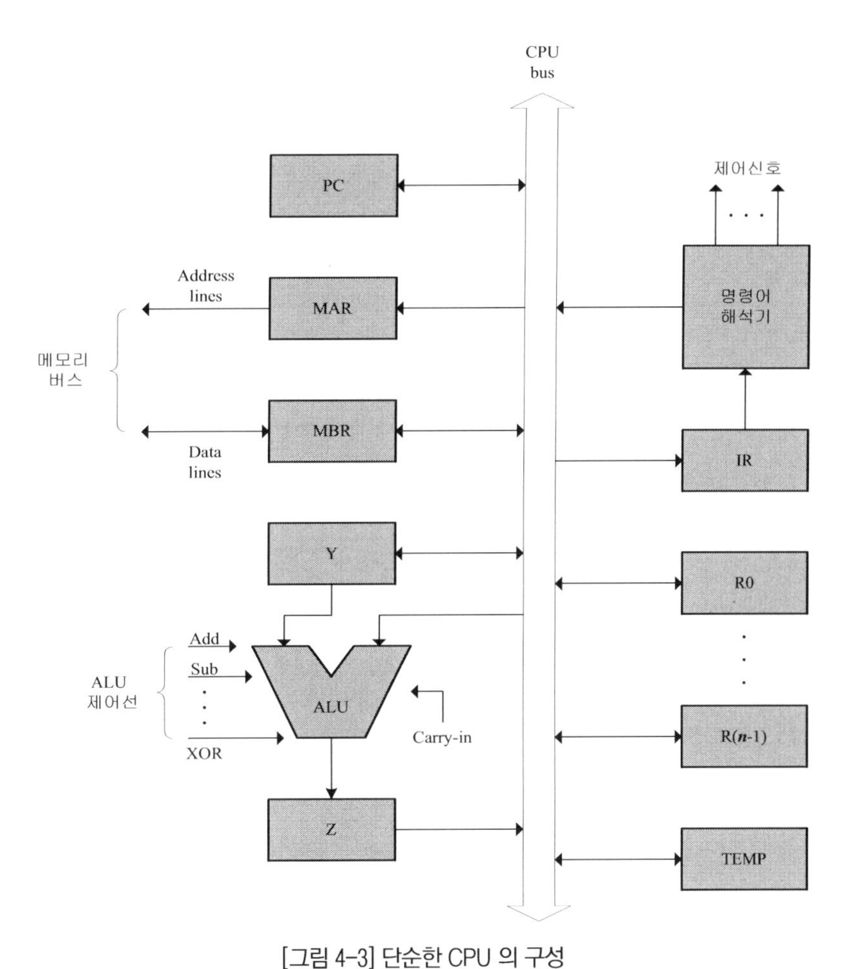

[그림 4-3] 단순한 CPU 의 구성

CPU 의 기능은 명령어들을 인출(fetch)하고 해석하여, 순서대로 실행시킴으로써 주기억장치에 저장된 프로그램을 실행시키는 것이다. CPU 는 제어장치와 레지스터 등 여러 개의 서로 다른 요소로 구성된다. 제어장치는 주기억장치에서 명령어를 인출하고 그것들의 형태를 결정짓는다. ALU 는 명령어들을 실행시키는 데 필요한 덧셈이나 논리합(Boolean AND)과 같은 연산을 실행한다. 또한 CPU 는 일시적인 결과의 어떤 제어정보를 저장하는 데 쓰이는 작고 빠른 속도의 기억장치를 갖고 있다. 이 기억장치는 몇 개의 레지스터(Register)로 구성되어 있으며, 각각의 레지스터는 특정한 기능을 가지고 있다. 가장 중요한 레지스터는 프로그램 계수기(Program Counter : PC)이다. 이것은 다음에 수행될 명령어를 가리킨다. 다음으로 중요한 레지스터는 명령어 레지스터(Instruction Register : IR) 이다. 이것은 현재 수행되고 있는 명령어나 중간 계산 내용을 저장하고 있다. CPU 에서 명령어가 처리되는 과정을 살펴보면,

① 기억장치로부터 다음 명령어를 인출하여 명령어 레지스터에 집어넣는다.
② 다음 명령어를 나타내도록 프로그램 카운터를 변화시킨다.
③ 인출된 명령어의 형태를 결정짓는다.
④ 만약에 명령어가 기억장치 안의 데이터를 필요로 하면, 그 데이터의 주소를 결정짓는다.
⑤ 데이터가 있다면 그것을 인출하여 내부의 레지스터로 옮긴다.
⑥ 명령어를 수행한다.
⑦ 결과를 적당한 장소에 기억시킨다.
⑧ 다음 명령어를 실행하기 위하여 (1) 단계로 간다.

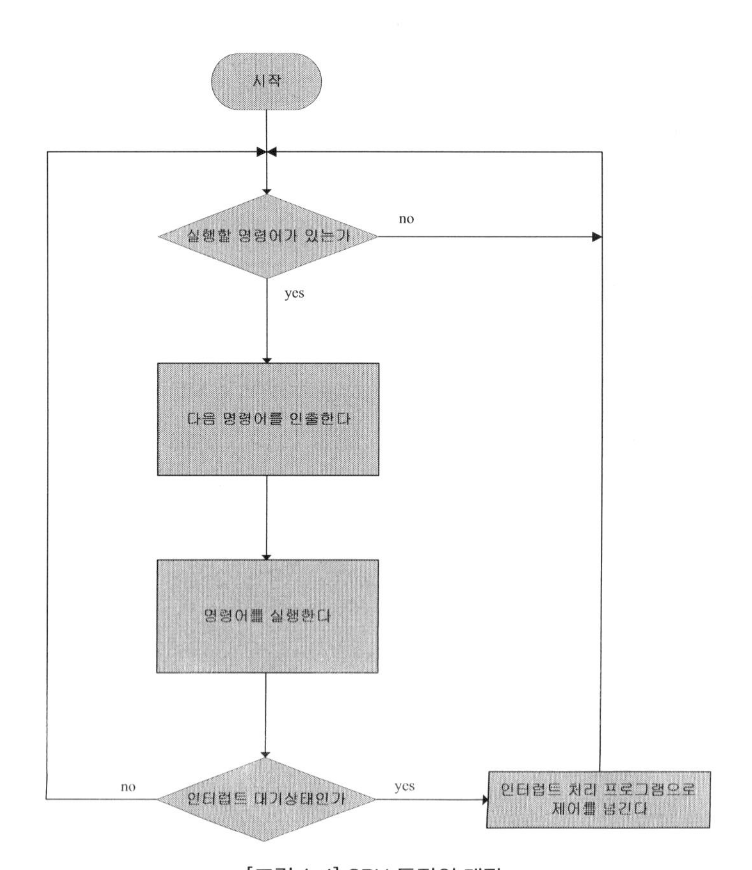

[그림 4-4] CPU 동작의 개관

이 일련의 단계는 인출 - 해석 - 수행(fetch-decode-execute) 순환이라고 한다.

4.1.1 초기의 CPU

위에서 언급한 두 가지의 전제하에 구성되는 CPU 는 초창기에는 얼마 안되는 레지스터와 간단한 명령어를 수행할 수 있는 정도였으며, 그 대표적인 형태가 CPU 에 누산기(accumulator)를 갖춘 형태이다. 누산기는 연산장치에 위치하며, 연산회로에서 계산된 결과를 일시적으로 보관하는 레지스터이다. CPU 는 이와 같이 간단한 레지스터들로 구성되는 데 각 레지스터의 종류와 기능은 다음과 같으며, [그림 4-5]가 누산기(ACC) 를 갖춘 CPU 를 보여 준다.

① 프로그램 카운터(program counter : PC) : 프로그램 명령어의 실행순서를 지정하기 위하여 다음에 실행될 명령어가 저장된 장소의 주소를 보관.

② 명령어 카운터(instruction register : IR) : 기억장치에서 가져온 명령을 일시적으로 보관하는 레지스터.

③ 명령어 해석기(instruction decoder : ID) : 명령어 레지스터에 보관된 명령어를 해석하여 적당한 신호를 발생시킴.

④ 주소 레지스터(address register : AR) : 기억장치에서 가져온 명령이나 기억장치에 저장될 명령어의 주소값을 보관하는 레지스터.

⑤ 메모리 버퍼 레지스터(memory buffer register : MBR) : 중앙처리장치와 기억장치 사이에서 버퍼 역할을 한다.

⑥ 누산기(accumulator register : ACC) : 연산장치에서 계산된 결과를 일시적으로 저장시키는 레지스터이며, 메모리 레지스터에서 입력된 값과 연산장치의 누산기에 보관한 내용을 합산하여 저장한다.

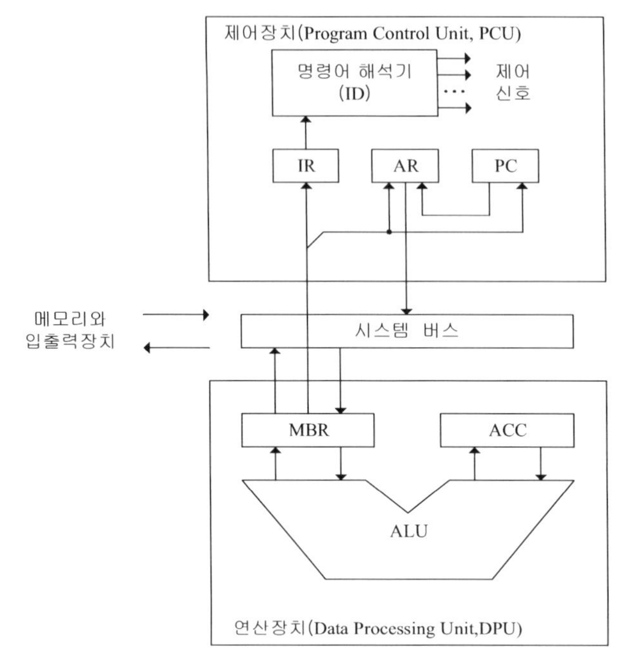

[그림 4-5] 초기의 간단한 누산기 구조의 CPU

4.1.2 진보된 CPU

진보된 형태의 CPU 는 초창기의 간단한 CPU 에서 보인 것과는 약간 다른 형태의 구조를 갖고 있다. 초기의 간단한 CPU 에서 볼 수 없었던 많은 레지스터로 구성된다. 이러한 레지스터들은 피연산자(operand)의 값들을 보관하는 데 사용할 수 있도록 하였다. 주소지정(addressing mode)의 범위를 확장하여 사용할 수 있도록 하였다. 이런 레지스터를 범용 레지스터(general register : GR)라고 하며, 인덱스 레지스터(index register : IR), 또는 기준 레지스터(base register : BR)가 사용된다. 작업 레지스터(working register : WR)는 산술연산을 실행할 수 있도록 데이터를 저장하고, 그 결과를 저장하는 레지스터이다. 작업 레지스터가 범용 레지스터와 다른 점은 산술연산장치인 ALU 에 연결되어 있다는 점이다.

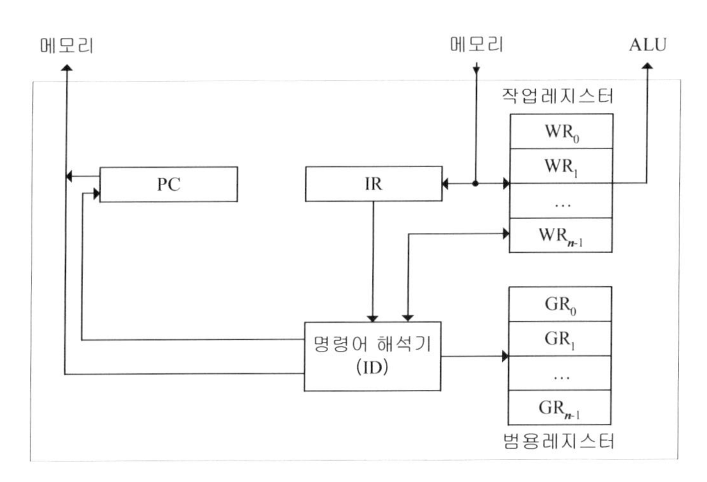

[그림 4-6] 범용 레지스터 구조의 전형적인 CPU

4.1.3 레지스터

컴퓨터 내부에서 데이터를 일정하게 정해진 절차에 따라 단계별로 처리하고, 정확한 시간에 요구되는 장치에 해당되는 결과를 전달하기 위해서는 특정한 회로가 필요한 데 레지스터가 그 역할을 담당한다. 대부분의 컴퓨터는 많은 수의 레지스터를 가지고 공통 버스를 통하여 정보를 교환한다. 데이터 이동에 필요한 레지스터의 기능을 살펴보고, 데이터가 전달되는 과정을 설명한다.

컴퓨터 내부에서는 데이터가 이동된다. 즉, 어떤 회로에서 연산된 데이터는 다음 회로로 이동되어야 그곳에서 다시 연산된다. 연산된 데이터가 이동될 때까지 대기하고, 이동된 내용이 연산될 때까지 대기시키는 역할을 수행하는 곳을 레지스터라 한다. 그러므로 레지스터는 기억기능을 수행하여야 하기 때문에 플립플롭 회로를 사용하여 만들며, 여기에 기억된 데이터는 지시신호에 의하여 이동된다. 컴퓨터 내부에서 데이터 이동은 항상 레지스터를 통하여 이루어진다. 레지스터는 이동시켜야 할 회로의 구조에 따라 플립플롭 회로의 배열을 이동 형태와 일치시켜야 한다. 컴퓨터 내부에서 데이터가 이동되는 배열 구조는 직렬이동과 병렬이동이 있다.

(1) 레지스터의 종류

레지스터는 플립플롭의 열로 구성되어 있으며 입력 단자에 주어지는 2진 데이터를 세트하거나, 모든 플립플롭을 0 으로 리세트 할 수 있다. 또 용도에 따라서는 좌우로 시프트 할 수 있는 양방향 시프트 레지스터로 되어 있는 것, 1 씩 증감할 수 있는 카운터로 되어 있는 것 등이 있다. 레지스터를 거기에 저장되는 데이터의 종류에 따라 다음과 같이 4가지로 구분할 수 있다.

① 주소를 기억하는 레지스터

엑세스하려는 메모리의 어드레스를 기억하기 위한 주소 레지스터(address register : AR), 다음에 실행할 명령어의 주소가 들어가는 프로그램 계수기(program counter : PC), 메모리상에 정의한 스택의 제일 위의 주소를 넣는 스택 포인터(stack pointer : SP), 인덱스 주소를 넣어두는 인덱스 레지스터(index register : IR), 기준주소를 넣기 위한 기준 레지스터(base register : BR) 또는 재배치 레지스터(relocation register : RR)등이다. 주소 레지스터는 주기억장치와 다른 장치간의 데이터 이동이 있을 때 주기억장치의 어느 곳인가를 지적하기 위하여 그 주소 값을 기억하는 레지스터이다

② 명령어를 기억하는 레지스터

명령어 레지스터(instruction register : IR)가 여기에 속한다. 명령어 레지스터는 명령어의 명령어 코드 부분을 기억하고, 상태 레지스터는 컴퓨터 내부에서 이루어지고 있는 각종 작업에 따른 상태를 기억하여 다음 작업에 참조할 수 있도록 한다.

③ 데이터를 기억하는 레지스터

메모리에 써넣기 위한 데이터 및 메모리에서 읽어낸 데이터를 기억하기 위한 메모리 레지스터(memory buffer register : MBR), ALU의 연산결과를 넣어두기 위한 누산기(accumulator : ACC), 연산과정에서 중간결과를 일시적으로 기억하기 위한 작업 레지스터(working register : WR) 등이다. 메모리버퍼 레지스터는 데이터 레지스터(data register : DR)로 불리는 경우가 있다. 메모리 레지스터는 주기억장치로 이동시킬 데이터나 주기

억장치에서 다른 곳으로 이동시키기 위하여 데이터가 머무르도록 하는 레지스터이다. 누산기는 연산장치의 가장 핵심적인 레지스터이며, 연산하기 전에는 피연산 데이터를 기억하고, 연산 후에는 결과를 기억한다.

④ CPU 의 제어정보를 기억하는 레지스터

ALU 가 연산을 할 때 발생하는 캐리나, 연산결과의 +, −, 0 등의 상태를 나타내는 조건코드(condition code : CC), 인터럽트의 금지, 해제를 제어하기 위한 플래그, 인터럽트 원인별로 금지/해제하기 위한 마스크 등을 일괄해서 기억하는 프로그램 상태 워드(program status word : PSW)가 있다.

(2) 레지스터의 전송방식

레지스터는 데이터의 일시 기억용으로 사용되며, 레지스터간의 데이터 전송은 직렬 또는 병렬 방식으로 구성한다. 직렬전송(serial transfer)은 한번의 클록 펄스 동안에 레지스터의 내용 중 한 비트 다른 레지스터로 전송되고, 병렬전송(parallel transfer)은 한번의 클록 펄스 동안에 레지스터의 모든 내용이 다른 레지스터로 전송된다. 속도면에서는 직렬 전송 보다 빠르지만 회로 구성이 복잡하다는 단점이 있다.

(3) 버스 전송

레지스터에서 다른 레지스터로 정보를 전송하기 위해서는 정보를 전송할 수 있는 통로가 필요하다. 이 통로를 실제는 선(lines)들로 연결되고 있다. 그러나 레지스터들의 내부 연결 회로를 단순화 시켜 레지스터간의 공통 회로를 사용하여 정보를 전달하는 데 이것을 버스라고 한다. 레지스터들은 공통 회로인 버스를 사용하므로 보내는 정보를 전부 받을 수 있으며, 지정된 레지스터간의 정보를 전송하는 방법으로 레지스터를 선택할 수 있는 레지스터 선택선(select line)을 별도로 두어 제어한다.

[그림 4-9]는 레지스터에 저장된 정보가 레지스터(A~D) 에서 레지스터(A'~D')로 버스를 통하여 전송되는 과정을 나타낸 것으로서 레지스터(A~D) 는 x, y 의 두 개의 선택선에 연결되어 있고 Z, W, E 는 버스로부터 정보를 받는 레지스터를 선택하는 제어선이다.

xy = 00 이면 버스선에는 레지스터A 의 내용이 실리게 되며, ZW = 01 이고 E = 1 일 때 레지스터B 가 버스로부터 정보를 받는다

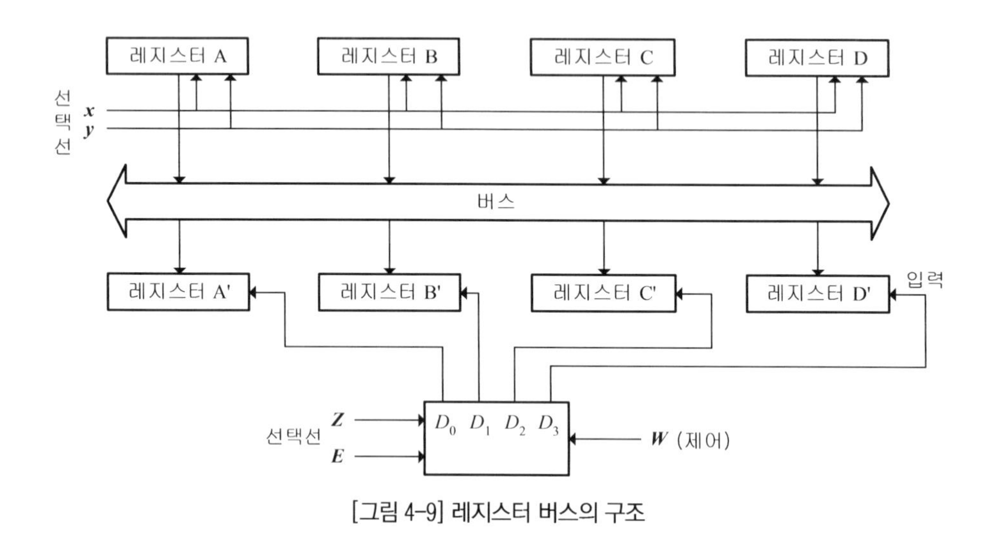

[그림 4-9] 레지스터 버스의 구조

4.1.4 스택 구조

대다수의 컴퓨터의 CPU 가 가지고 있는 매우 활용도가 높은 기법으로 스택 또는 last-in, first-out (LIFO)이라는 것이 있다. 이는 마지막에 메모리에 저장되는 내용이 먼저 꺼내지도록 하는 저장 장치(storage device)이다. 스택의 동작은 그릇을 쌓아 놓는 것에 비교할 수 있다. 맨 꼭대기 즉, 탑(top)에 놓인 그릇이 가장 먼저 꺼내지는 것과 같기 때문이다.

스택은 근본적으로는 단지 수를 세는 역할만 하는 주소 레지스터를 가진 메모리이다. 이러한 주소 레지스터를 스택 포인터(SP)라고 하는 데, 왜냐하면 이것의 값은 항상 스택의 탑의 주소를 가리키고 있기 때문이다.스택에서의 두 가지 동작은 품목을 삽입하고 삭제하는 것이다. 품목을 삽입하는 동작을 푸시(push 또는 push down)라고 하는 데, 이것은 새로운 품목을 스택의 탑에 푸시하는 것으로 생각할 수 있기 때문이다. 삭제하는 동작은 팝(pop 또는 pop up)이라고 한다. 이러한 동작들은 스택 포인터 레지스터를 하나씩 증가 또는 감소시킴으로써 상정할 수 있다.

(1) 레지스터 스택

스택은 대규모 메모리의 일부분에 놓일 수도 있고, 제한된 수의 메모리 워드나 레지스터들로 구성될 수도 있다. [그림 4-10]은 64워드의 레지스터 스택을 보여준다. 스택 포인터 레지스터 SP 는 현재 스택의 탑이 있는 워드의 주소이다. 세 개의 품목이 A, B, C 순서대로 놓여 있다. C 가 스택의 탑이라면 SP 는 3 의 값을 가지고 있다. 탑에 있는 품목을 꺼내려면(Pop) 주소 3 에 있는 값을 읽고, SP 의 값을 하나 줄이면 된다. 이렇게 하면 B 가 스택의 탑이 되고 SP 의 값은 2가 된다. 새로운 품목을 집어넣으려면(Push) SP를 하나 증가시키고 그 주소에 새로운 품목을 쓰기 하면 된다. 이전의 C 는 팝했을 때 지워지지 않았지만 문제가 되지 않는 것은 다시 새로운 품목이 푸시된다면 그 위치에 쓰기가 되기 때문이다.

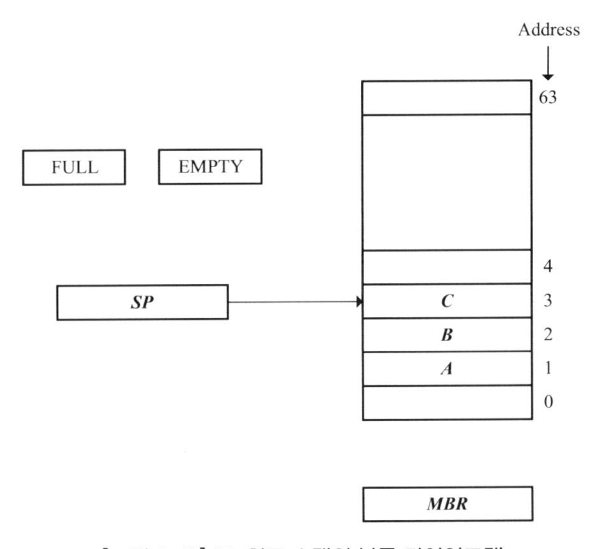

[그림 4-10] 64-워드 스택의 블록 다이어그램

64개의 워드를 가진 스택에서의 스택 포인터는 6비트를 가져야 $2^6 = 64$ 개의 주소를 다룰 수 있다. 1비트의 레지스터 FULL 과 EMPTY 는 스택이 full로 되었거나 empty가 되었을 때 세트되게 된다. MBR 은 읽혀지거나 쓰여질 정보를 저장한다.

초기 상태로 SP 는 0 이고 EMPTY 는 1이며 FULL 은 0 이다. 만약 스택이 full이 아니라면 (full = 0 이라면), 새로운 품목이 푸시 동작에 의해 스택에 삽입될 수 있다. 이 동작은 다음과 같은 일련의 마이크로 오퍼레이션에 의해 수행된다.

SP ← SP + 1	SP 의 값을 1 증가시킴
M[SP] ← MBR	탑에 품목을 씀
If (SP = 0) then (FULL ← 1)	스택이 full 인지 확인
EMPTY ← 0	스택이 empty 가 아님을 표시

스택 포인터는 품목을 쓰기 하기 위해 값이 하나 증가한다. 메모리 쓰기 마이크로 오퍼레이션은 MBR 의 한 워드를 스택의 탑에 적는 것이며, 이때 SP 가 스택의 탑 주소를 가지고 있다. M[SP] 라는 것은 SP 가 가지고 있는 주소의 기억장소를 말한다. 만약 SP 가 0 이라면 스택은 품목들로 완전히 차게 되어 FULL 이 1 이 되게 된다. 이러한 상황은 마지막 품목이 63 번지에 저장되어 있고 SP 를 하나 증가시킴으로써 발생하게 된다. 어떤 품목이 0 의 주소에 저장되게 되면 이는 empty 상태가 아니므로 EMPTY 는 0 이 된다.

만약 스택이 empty 가 아니면 한 품목이 삭제될 수 있다. 팝 동작은 다음과 같은 일련의 마이크로 오퍼레이션에 의하여 수행된다.

MBR ← M[SP]	스택에서 품목 읽기
SP ← SP − 1	SP 의 값을 1 감소시킴
If (SP = 0) then (EMPTY ← 1)	스택이 empty 인지 확인
FULL ← 0	스택이 full이 아님을 표시

스택의 탑에 있는 품목이 MBR 로 전달되어 읽혀진다. 그리고 나서 SP 는 하나 감소되고, 만약 이 값이 0 이면 스택이 empty 이므로 EMPTY 가 1 이 된다. 어떤 품목이라도 스택에서 삭제되면 full이 아니므로 FULL = 0 이 된다. 만약 SP = 0 인 경우 팝의 동작이 수행된다면 SP 의 값은 63 이 될 것이고(2진수로 모두 1), 가장 마지막으로 들어간 품목이 0 의 위치에 있게 된다. EMPTY = 1 일 때 팝 하거나 FULL = 1 일 때 푸시 하는 것은 잘못된 동작이 된다.

(2) 메모리 스택

스택은 [그림 4-10]과 같이 독립적으로 존재할 수도 있지만, CPU 에 부착시킨 RAM메모리를 이용하여 구현할 수 있다. 즉, 메모리의 일부분을 스택 동작을 위해 할당하고 프로세서 레지스터 중에서 하나를 스택 포인터로 사용한다. [그림 4-11]의 메모리는 프로그램, 데이터, 스택 등 세 개의 세그먼트(segment)로 나뉘어져 있다. 세 레지스터 PC, AR, SP 는 각각의 세그먼트에서 다음 명령어의 주소, 참조할 데이터의 주소, 스택의 탑을 가리킨다. 이들 레지스터는 모두 공통 주소버스에 연결되어 있어서 접근할 메모리의 주소를 제공한다.

[그림 4-11]에서는 SP 의 초기값이 4001일 때 스택이 주소를 감소시키면서 커가는 모양을 보여주고 있다. 즉 첫 번째 품목은 스택의 주소 4000에, 두 번째 품목은 주소 3999에 저장되어 있는 상태이고, 스택의 마지막 주소는 주소 3000임을 알 수 있다.

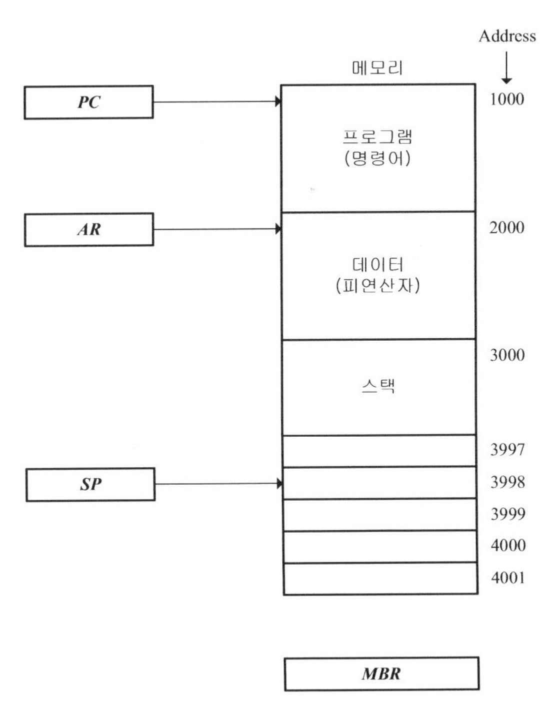

[그림 4-11] 프로그램, 데이터, 스택을 가진 컴퓨터의 메모리

스택의 품목이 데이터가 들어 있는 레지스터(MBR)와 데이터를 주고받는다면, 스택에 새로운 품목을 삽입하는 푸시 동작은 다음과 같이 나타낼 수 있다.

SP ← SP − 1

M[SP] ← MBR

스택의 다음 주소를 가리키기 위해 스택 포인터는 감소되며, MBR 의 데이터가 메모리 쓰기 동작으로 스택의 탑에 삽입된다. 한편, 스택에 새로운 품목을 지우는 팝 동작은 다음과 같이 나타낼 수 있다.

MBR ← M[SP]

SP ← SP + 1

스택의 탑에 있는 품목이 MBR 로 읽혀지고, 스택 포인터는 증가하여 스택의 다음 품목을 가리킨다.

대부분의 컴퓨터는 스택의 오버플로우(full stack)와 언더플로우(empty stack)를 검사하는 하드웨어를 갖추고 있지는 않지만, 스택의 상한(Top)과 바닥(Bottom) (이 예에서는 3000 과 4001)을 저장하는 두 개의 레지스터를 이용하여 스택의 한계를 검사할 수 있다. 즉, 푸시동작 후에는 SP 와 상한 레지스터를 비교하고, 팝동작 후에는 SP 와 바닥 레지스터를 비교하는 것이다.

(3) 역 표기법(Reverse Polish)

스택의 구조는 어떤 수식의 값을 구하는 데 있어 매우 효율적이다. 흔히 사용하는 수식 표현 방법으로 컴퓨터가 값을 구하는 데에는 많은 어려운 점이 있다. 이런 표현 방법에서는 연산자를 피연산자 사이에 놓게 되므로 중위(infix) 개념이라고 한다. 다음의 수식을 보자

A * B + C * D

* 기호(곱셈을 뜻함) 는 A와 B, 또는 C 와 D 사이에 위치해 있다. 또 + 기호는 두 개의 곱셈 사이에 위치한다. 이 수식의 값을 구하려면 A * B 의 값을 계산해서 기억시켜두고, C * D 를 계산하고, 다음에 수행될 연산을 결정하려고 수식을 앞뒤로 계속해서 찾아보아

야 한다. 폴란드의 수학자 얀 우카시예비츠(**J. Lukasiewicz,1958**)는 수식이 전위 표기법 개념으로도 나타내어질 수 있다는 것을 보여 주었다. 이러한 표현 방법은 흔히 역 표기법(reverse Polish)이라고 불리는 데 피연산자 앞에 연산자를 놓는 것이다. 다음의 예는 세 가지 표현방법을 나타낸다.

A + B	중위 표기법(infix 개념)
+ A B	전위 표기법(prefix 또는 Polish 개념)
A B +	후위 표기법 또는 역 표기법(postfix 또는 reverse Polish 개념)

역 표기법은 스택으로 처리하기에 적합한 형태이다.

A * B + C * D

는 역 표기법으로는

A B * C D * +

로 표현되며 다음과 같이 값이 구해진다. 수식을 왼쪽에서 오른쪽으로 하나씩 읽어나가면서 그것이 연산자이면 왼쪽에 있는 두 개의 피연산자에 대하여 연산을 한다. 그리고 나서 두 개의 피연산자와 연산자를 제거하고 그 위치에 연산의 결과를 놓는다. 이러한 과정을 더 이상의 연산자가 없을 때까지 모든 연산자에 대해 수행한다.

4.2 산술 · 논리연산장치(ALU)

ALU 는 프로그램에서 주어진 명령어에 의하여 각종 연산을 수행하는 장치로서 수식을 계산하는 산술연산(arithmetic expression)과 수의 크기를 비교하거나 결정하는 논리연산(logical expression)을 수행한다. 연산은 주로 가산기에서 이루어지며, CPU 에 따라 8비트 가산기, 16비트 가산기를 사용하고 있으며, 컴퓨터 하드웨어 구성 여하에 따라 감산기를 채용하기도 한다.

4.2.1 연산장치의 구성

연산장치의 구성은 덧셈을 하기 위한 가산기, 연산을 하기 위한 데이터나 결과를 잠시 보관하는 레지스터들, 보수를 만드는 보수기, 계산결과의 상태를 체크하기 위한 장치들로 구성된다. 가산기는 두 수를 더하기 위한 회로로서 주로 전가산기를 사용하며, 그 이유는 반가산기인 경우에는 두자리 이상의 연산을 할 때 자리올림이 발생하므로 그 처리가 곤란하기 때문이다. [그림 4-12]은 전가산기의 일부를 보여준다. 전가산기 내부는 플립플롭과 논리 게이트로 구성되어 있고, 전가산기에 접속된 선 중에서 A_i, B_i 는 가산이 행해지는 수의 입력이며, F_i 는 계산결과이고, C_i 는 계산 전의 캐리(carry,) C_{i+1} 은 현재 계산하여 발생된 캐리, 즉 자리 올림을 나타내고 있다.

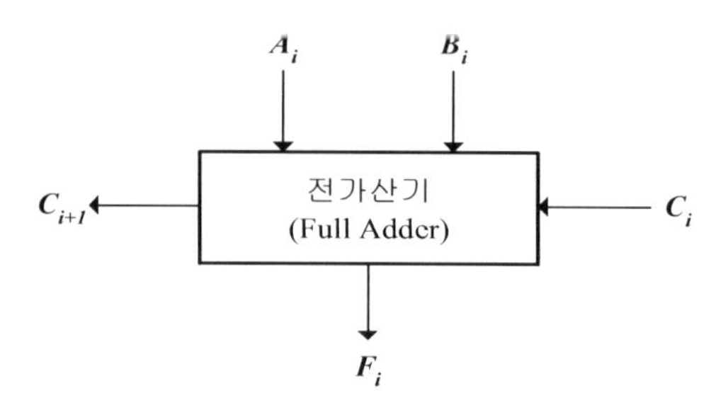

[그림 4-12] 전가산기의 구성도

[그림 4-13] 는 연산장치를 구성하는 가장 기본적인 회로인 병렬 가산기의 입력들을 조정함으로서 얻어지는 산술 마이크로 오퍼레이션(arithmetic micro operation)을 나타낸 것이다. (a) 는 입력 캐리 C_i 를 0 으로 하여 A 와 B 의 합이 F 로 구해지는 것이며, (b) 는 입력 캐리 C_i 를 1 로 하여 F = A + B + 1 을 출력으로 얻을 수 있다. 여기서, B 의 1 의 보수를 입력하여 F = A + B 가 구해진다. B 의 입력이 모두 0 인 경우 F = A 가 되어 입력을 출력에 전송하는 결과를 얻을 수 있다. (g) 의 경우 B 의 입력이 모두 1 로 되면 1 의 2 의 보수 값이 되어 감소 마이크로 오퍼레이션(decrement micro operation)이 된다.

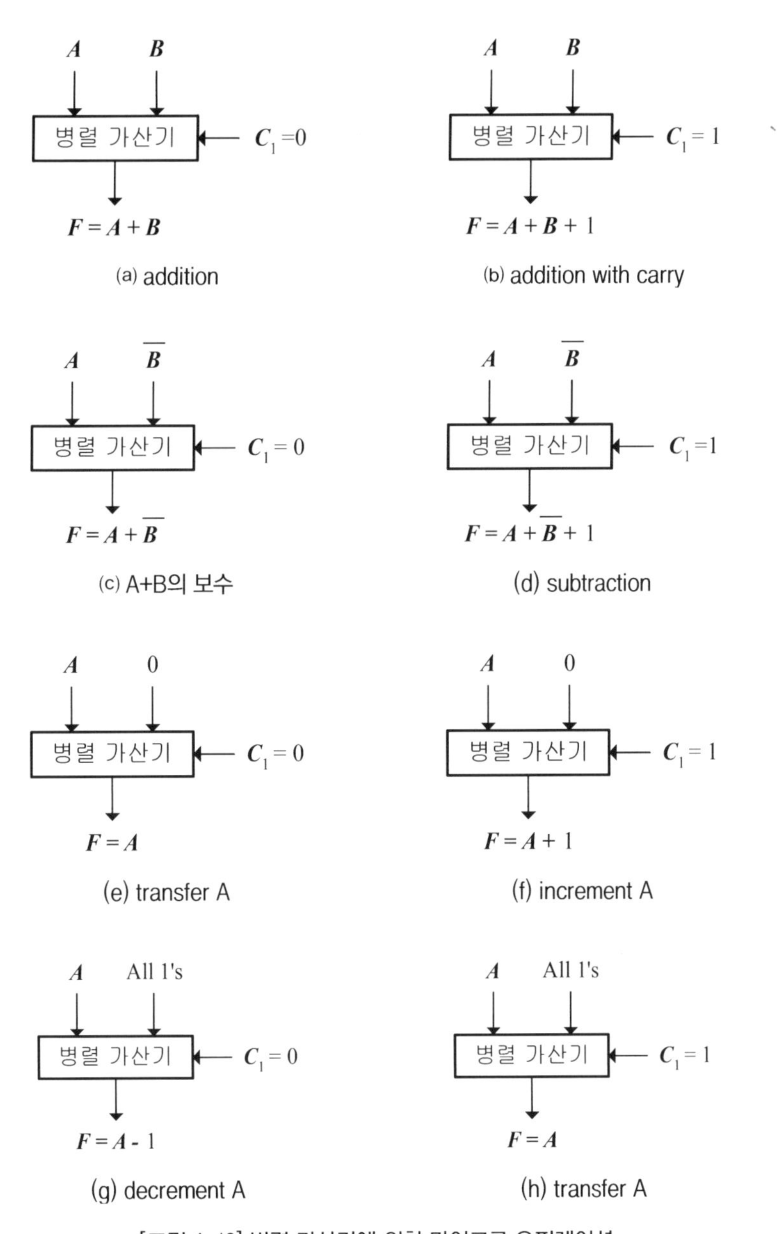

[그림 4-13] 병렬 가산기에 의한 마이크로 오퍼레이션

이상과 같은 산술 마이크로 오퍼레이션을 수행할 수 있는 연산회로를 [그림 4-14]에 나타내었다. S_1 과 S_0 가 B 단자의 입력을 조정하는 것으로서 S_1S_0 = 00 이면 전가산기의 입력이 0 이 되고, S_1S_0 = 01 이면 B_i 의 값이 입력되고, S_1S_0 = 10 이면 B_i 의 보수가 입력되며, S_1S_0 = 11 이면 항상 1 의 값이 입력된다.

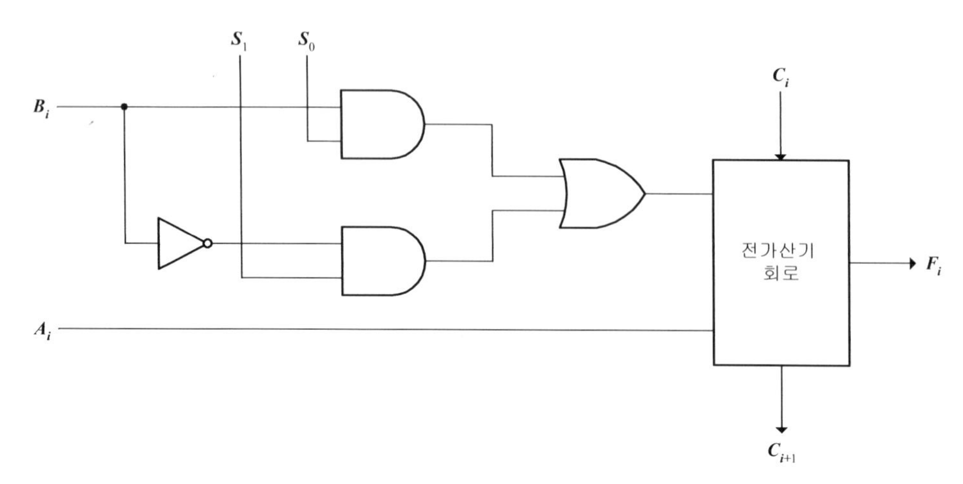

[그림 4-14] 단위 연산회로의 구성도

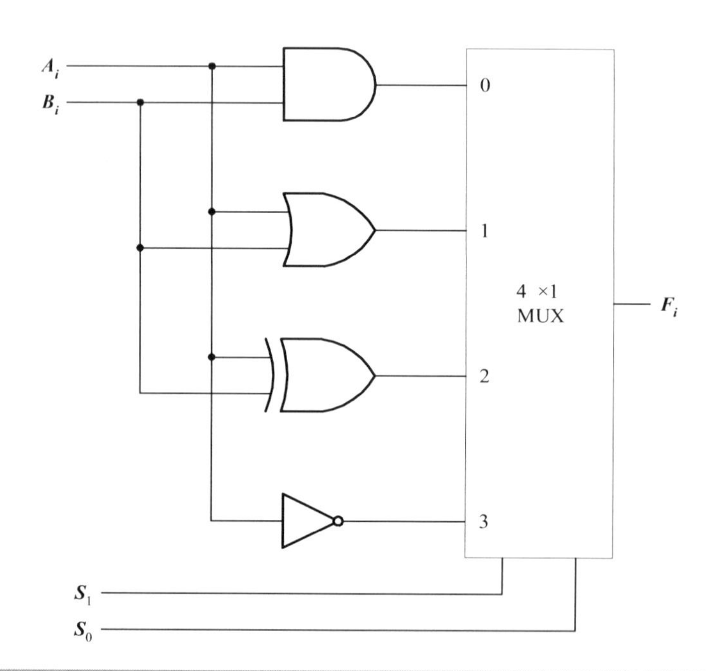

S_1	S_2	출력	마이크로 연산
0	0	$F = A \wedge B$	AND
0	1	$F = A \vee B$	OR
1	0	$F = A \oplus B$	XOR
1	1	$F = \overline{A}$	Complement

[그림 4-15] 논리연산을 위한 회로 단위의 구성도

논리연산을 위한 마이크로 오퍼레이션은 오퍼랜드의 각 비트를 2진 변수로 취급하며, [그림 4-15]에 나타낸 논리연산을 위한 하나의 회로 단위에서 볼 수 있는 것과 같이 네 개의 게이트와 멀티플렉서로 이루어지고, 게이트는 AND, OR, XOR 보수를 취하게 되며, 이것들이 요구하는 연산을 가능하게 한다. 각 게이트의 출력은 멀티플렉서의 입력이 되며, S_0, S_1 가 하나를 골라 출력하게 된다.

연산장치에서 사용되는 레지스터는 연산에 사용될 데이터를 일시 보관하는 데 사용하며, 특히 간단한 컴퓨터 구조에서는 가산기에서 계산된 결과가 전송되어 일시적으로 저장되는 레지스터를 누산기(accumulator)라고 한다. 보수기(complementary)는 뺄셈을 할 경우에 빼는 수의 보수를 취하여 가산기에 입력하여 더하면 뺄셈이 이루어지며, 이때 빼고자 하는 수를 보수값으로 바꾸는 회로가 보수기이다. 따라서, 뺄셈은 덧셈의 반복으로 수행할 수 있다.

오버플로우(overflow) 검출기는 연산결과가 레지스터에 기억될 수 없는 상태를 체크하여 컴퓨터 사용자에게 알려 줌으로써 오류 발생을 감지할 수 있도록 한다.

4.3 연산

디지털 컴퓨터에서 기본적인 연산은 두 수를 더하거나 빼는 것이다. 이러한 연산은 기계어 수준에서 제공된다. 이러한 연산들은 AND, OR, NOT, Exclusive-OR 과 같은 기본적인 논리연산과 함께 프로세서의 일부분인 ALU 안에서 구현된다. 여기서는 연산의 종류에 개하여 설명하고 특히 산술연산의 과정을 간단히 설명하고, 그리고 IEEE 에서 정한 부동소수점에 대한 설명을 추가한다.

4.3.1 연산(Operations)의 종류

연산코드(OP Codes) 들의 수는 컴퓨터에 따라 매우 다양하다. 그러나 모든 컴퓨터에서 볼 수 있는 일반적인 연산들이 있는 데, 그 연산들을 전형적인 분류하여 보면 다음과 같다.

〈표 4-1〉 일반적인 연산 명령어들

구 분	오퍼레이션 이름	명령어 내용 설명
데이터 전송 (Data Transfer)	Move(transfer)	transfer word or block from source to destination
	Store	transfer word from processor to memory
	Load(fetch)	transfer word from memory to processor
	Exchange	swap contents of source and destination
	Clear(reset)	transfer word of Os to destination
	Set	transfer word of 1s to destination
	Push	transfer word from source to top destination
	Pop	transfer word from top of stack to destination
산술연산 (Arithmetic)	Add	computer sum of two operands
	Subtract	computer difference of two operands
	Multiply	compute product of two operands
	Divide	compute quotient of two operands
	Absolute	replace operand by its absolute value
	Negate	change sign of operand
	Increment	add 1 to operand
	Decrement	subtract 1 from operand
논리연산 (Logical)	AND	perform the specified logical operation bitwise
	OR	
	NOT(complement)	
	Exclusive-OR	
	Test	test specified condition ; set flag(s) based on outcome
	Compare	make logical or arithmetic comparison of two or more operands ; set flag(s) based on outcome
	Set Control Variables	class or instructions to set controls for protection purposes, interrupt handling, timer control, etc.
	Shift	left(right) shift operand, introducing constants at end
	Rotate	left(right) shift operand, with wraparound end
제어 전송 (Transfer of Control)	Jump(brãnch)	unconditional transfer; load PC with specified address
	Jump Conditional	test specified condition; either load PC with specified address or do nothing based on condition
시스템 제어 (System Control)	OSCAL	causes an interrupt, which passes control to the operating system
제어 전송 (Transfer of Control)	Jump to Subroutine	place current program control information in known location; jump to specified address
	Return	replace contents of PC and other register from known location
	Execute	fetch operand from specified location and execute as instruction; do not modify PC
	Skip	increment PC to skip next instruction
	Skip Conditional	test specified condition; either skip or do nothing based on condition
	Halt	stop program execution
	Wait(hold)	stop program execution;test specified condition repeatedly;resume execution when condition is satisfied
	No operation	no operation is performed, but program execution is continued
입·출력 연산 (Input/Output)	Input(read)	transfer data from specified I/O port or device to destination, e.g., main memory or processor register
	Output(write)	transfer data from specified source to I/O port or device
	Start I/O	transfer instructions I/O processor to initiate I/O operation
	Test I/O	transfer status information from I/O system to specified destination
변환 (Conversion)	Translate	translate values in a section of memory based on a table of correspondences
	Convert	Convert the contents of a from one form to another (e.g., packed decimal to binary)

- 데이터 전송 연산(data transfer)
- 산술연산(arithmetic)
- 논리연산(logic)
- 변환연산(conversion)
- 입 · 출력연산(input/output)
- 시스템 제어연산(system control)
- 제어의 이동연산(transfer of control)

〈표 4-1〉은 이러한 구분에서 사용되는 명령어 형태들을 보여주고 있다. 여기서는 이러한 여러 가지 명령어 형태들에 대하여 간략히 설명하고, 특정 형태의 연산을 위하여 CPU가 수행해야 할 동작들을 살펴보고자 한다.

(1) 데이터 전송

컴퓨터 명령어들 중에서 가장 기본적인 형태는 데이터 전송 명령어이다. 데이터 전송 명령어는 반드시 몇 가지 사항들을 명시해야 한다. 첫째, 소스(source) 및 목적지 피연산자(destination operand)의 위치를 명시해야 한다. 이 위치는 기억장치, 레지스터 또는 스택의 탑이 될 수 있다. 둘째, 전송될 데이터의 길이가 명시되어야 한다. 셋째, 피연산자를 가지는 다른 모든 명령어들과 마찬가지로 각 피연산자의 주소지정 방식이 명시되어야 한다.

1. 주소지정 방식에 따라 메모리의 주소를 계산한다.
2. 주소가 가상 메모리인 경우는 주소를 실제 메모리로 변환한다.
3. 원하는 주소의 내용이 캐시 메모리에 있는 지 확인한다.
4. 캐시 메모리에 없는 경우에는 메모리 모듈로 명령을 보낸다.

〈표 4-2〉 연산을 위한 CPU 오퍼레이션들

구 분	동작 설명
데이터 전송	Transfer data from one location to another
	If memory is involved:
	• Determine memory address
	• Perform virtual to actual memory address transformation
	• Check Cache
	• Initiate Memory Read/Write
산술연산	May involve data transfer, before and/or after
	Perform function in ALU
	Set condition codes and flags
논리연산	산술연산과 동일
변환연산	Similar to arithmetic and logical. May involve special logic
	to perform conversion
제어 전송	Update program counter. For subroutine call/return, manage
	parameter passing and linkage
입 · 출력	Issue command to I/O module.
	If memory-mapped I/O, determine memory-mapped address

〈표 4-3〉 IBM S/370 의 데이터 전송 오퍼레이션의 예

오퍼레이션 (mnemonic) 코드	오퍼레이션 명	전송 비트수	설명
L	Load	32	Transfer from memory to register
LH	Load Halfword	16	Transfer from memory to register
LR	Load	32	Transfer from register to register
LER	Load(Short)	32	Transfer from floating point register to floating point register
LE	Load(Short)	32	Transfer from memory to floating point register
LDR	Load(Long)	64	Transfer from floating point register to floating point register
LD	Load(Long)	64	Transfer from memory to floating point register
ST	Store	32	Transfer from register to memory
STH	Store Halfword	16	Transfer from register to memory
STC	Store Character	8	Transfer from register to memory
STE	Store(Short)	32	Transfer from floating point register to memory
STD	Store(Long)	64	Transfer from floating point register to memory

(2) 산술연산

컴퓨터는 덧셈, 뺄셈, 곱셈 및 나눗셈과 같은 기본적인 산술연산(Arithmetic Operations) 들을 제공한다. 이 연산들은 부호를 가진 정수(고정 소수점)에 대해서는 물론이고,

부동소수점과 2진화 10진수(BCD)를 대상으로 이루어진다. 그 외의 연산들로서 다양한 유너리(Unary) 명령어들이 있다. 예를 들면,

(1) 절대값(absolute) : 피연산자의 절대값을 구한다.

(2) 음수화(negate) : 피연산자의 음수값을 구한다.

(3) 증가(increment) : 피연산자를 1 증가시킨다.

(4) 감소(decrement) : 피연산자를 1 감소시킨다.

산술 명령어의 실행에는 피연산자를 ALU 에 입력으로 데이터 전송시키는 것과 ALU 의 출력으로 데이터의 전송을 시키는 것이 포함된다. [그림 4-14]는 데이터 전송과 산술 오퍼레이션에 수반되는 이동들을 보여주고 있다. 그 외에도 CPU 의 ALU 부분은 원하는 연산을 수행한다.

(3) 논리연산

대부분의 컴퓨터는 비트 조작(bit twiddling)이라고 불리는, 한 단어내의 각 비트를 조작하는 각종 연산들을 제공한다. 이 연산들은 부울 연산(Boolean Operation)에 기반을 두고 있다. 부울(Boolean) 또는 2진 데이터에 대해 수행되는 기본적인 논리연산들을 〈표 4-4〉에 표시하였다. NOT 연산은 비트를 1 은 0 으로, 0 은 1 로 반전시킨다. AND, OR 그리고 Exclusive-OR(XOR) 2개의 피연산자를 가지는 전형적인 논리함수들이다.

〈표 4-4〉 기본적인 논리연산들

P	Q	NOT P	NOT Q	P AND Q	P OR Q	P XOR Q	P = Q
0	0	1	1	0	0	0	1
0	1	1	0	0	1	1	0
1	0	0	1	0	1	1	0
1	1	0	0	1	1	0	1

(5) 입 · 출력연산

입출력 명령어에는 프로그램된 I/O(programmed I/O), 메모리 사상 I/O(memory mapped I/O), DMA 및 I/O 프로세서의 사용 등이 있다. 대부분의 컴퓨터에서는 파라미터, 코드 또는 명령어(command words) 들에 의해 명시되는 특별한 오퍼레이션을 하기 위한 몇 가지 I/O 명령어들만 제공되고 있다.

4.3.2 산술연산

컴퓨터의 ALU 에서 이루어지는 산술연산에 필요한 데이터 형(data type)은 (1) 부호 절대값(signed magnitude)으로 표현된 고정 소수점 2진 데이터(fixed point binary data) 와 부호가 있는 2 의 보수(signed 2's complement)로 표현된 고정 소수점 2진 데이터, (3) 부동소수점 2진 데이터(floating point binary data), (4) 2진화 십진수(BCD) 데이타(binary coded decimal data) 등이 있지만, 특히 부호가 있는 2 의 보수로 표현된 고정 소수점 2진 데이터와 부동소수점 2진 데이터를 중심으로 산술연산의 알고리즘을 설명한다.

(1) 덧셈과 뺄셈

앞에서 설명한 바와 같이 고정 소수점 2진 음수를 나타내는 데에는 세 가지 방법이 있다. 대부분의 컴퓨터에서 정수에 대한 산술연산은 부호가 있는 2 의 보수 표현을 사용하고, 부동 소수점 연산은 가수(mantissa)에 대하여 부호 절대값 표현을 사용한다. 2 의 보수로 표현된 데이터에 대한 덧셈과 뺄셈 알고리즘을 제시한다.

부호가 있는 2 의 보수로 표현된 두 수의 덧셈에서 부호 비트는 다른 비트들과 동일하게 취급되어 계산된다. 이때 부호 비트에서 만들어진 캐리는 무시한다. 뺄셈에서는 감수(subtrahend)에 대해 2 의 보수를 취한 다음 이 수를 피감수(minuend)에 더해 주면 된다. n 자리의 두 수가 더해져 그 합이 n+1 자리가 될 때, 오버플로우가 발생했다고 한다. 오버플로우는 덧셈으로부터 나오는 마지막 두 캐리를 조사하여 알아낼 수 있다. 즉, 두 캐리를 Exclusive-OR 게이트에 입력시키면 오버플로우가 발생한 경우에 1을 출력한다.

부호가 있는 2 의 보수로 표현된 두 수 덧셈과 뺄셈을 위한 하드웨어의 레지스터 구성이 [그림 4-16]에 나타나 있다. 두 부호 비트는 다른 비트들과 함께 보수기와 병렬 가산기에서 계산되고, 오버플로우가 발생한 경우에는 오버플로우 플립플롭 V 가 1 로 세트된다. 그리고 이 경우에서도 출력 캐리는 무시된다.

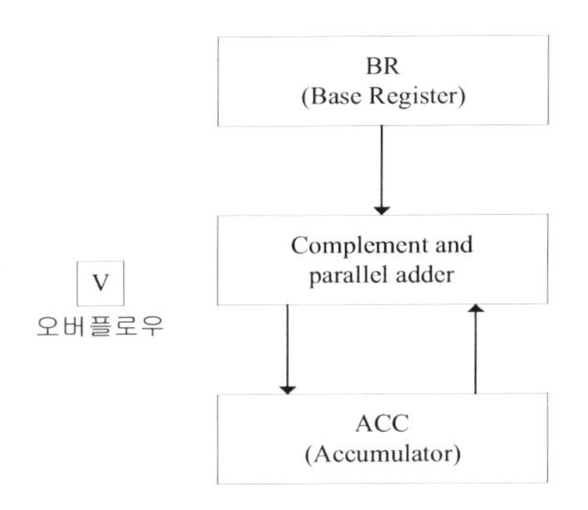

[그림 4-16] 부호가 있는 2의 보수 덧셈과 뺄셈을 위한 하드웨어 구성

부호가 있는 2 의 보수로 표시된 두 개의 2진수의 덧셈과 뺄셈을 위한 알고리즘은 [그림 4-17]에 나타나 있다. 덧셈은 ACC 와 BR 에 있는 수를 더하게 되며 뺄셈은 BR의 2 의 보수의 값을 취하여 이를 ACC 에 더하면 된다. 이 때 오버플로우가 일어날 경우에는 V 값이 1 로 된다.

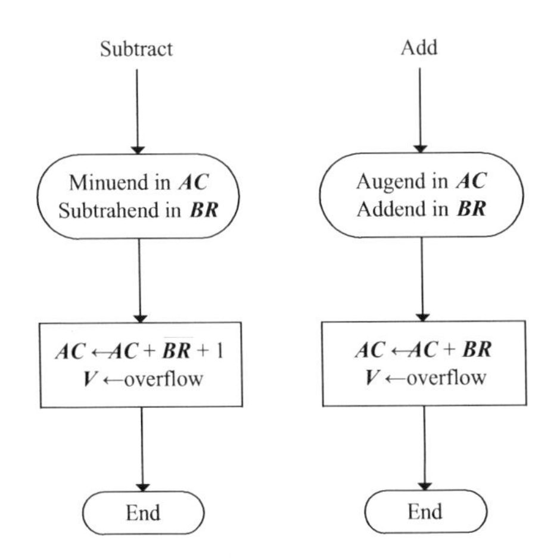

[그림 4-17] 부호가 있는 2 의 보수로 표현된 숫자의 덧셈과 뺄셈 알고리즘

이 알고리즘은 부호 절대값 표현을 이용하는 것에 비해 매우 간단하기 때문에 대부분의 컴퓨터에서는 부호가 있는 2 의 보수 표현을 사용한다.

(2) 곱셈

부호 절대값 형식으로 된 고정 소수점 2진수의 곱셈은 계속적인 시프트와 덧셈 연산을 반복 사용함으로써 얻어진다. 곱셈의 부호는 승수(multiplier)와 피승수(multiplicand)의 부호에 의하여 결정된다. 부호가 서로 같으면 곱셈의 부호는 양이며, 다르면 곱셈의 부호는 음이다.

※ 부스(Booth)의 곱셈 알고리즘

부스의 알고리즘은 부호가 있는 2 의 보수로 표현된 이진 정수에 대한 곱셈을 수행한다. 이 알고리즘에서는 곱셈을 수행할 때, 승수에서 값이 0 인 자리들에 대해서는 그 곱을 더할 필요 없이 시프트만 하면 되고, 2^k 에서 2^m 까지의 값이 1 인 자리들은 $2^{k+1} - 2^m$ 과 동등하게 취급할 수 있다는 점을 이용한다. 예를 들어 2진수 001110(+14) 는 2^3 에서 2^1 까지 (k = 3, m = 1)자리값이 1 이다. 따라서 이 숫자는 $2^{k+1} - 2^m = 2^4 - 2^1 = 16 - 2 = 14$ 로 나타낼 수 있고, 곱셈 $M \times 14$ 는 $M \times 2^4 - M \times 2^1$ 로 나타낼 수 있다. 즉, 이 연산의 곱은 이진 피승수 M을 왼쪽으로 네 번 이동한 수에서 한번 이동한 수를 빼면 얻을 수 있는 것이다.

부스의 알고리즘에서는 부호가 있는 2 의 보수로 표시된 수이면 부호에 관계없이 가능하다. 이 알고리즘에서는 시프트를 하기 이전에 다음과 같은 규칙에 의하여 피승수를 부분 곱에 더하거나 또는 빼는 작업을 한다.

(1) 승수의 1 의 스트링에서의 처음 0 을 만나게 되면 피승수를 부분 곱으로부터 뺀다.
(2) 승수의 0 의 스트링에서의 처음 0 을 만나게 되면 피승수를 부분 곱에 더한다.
(3) 승수에서 이전의 비트와 같은 비트가 나오면 부분 곱은 바뀌어지지 않는다.

이 알고리즘은 2 의 보수로 표현된 수이면 양수이든 음수이든 계산할 수 있다. 왜냐하면 음수의 승수는 1 의 스트링(string)으로 끝나며 마지막 연산은 해당 웨이트(weight)를 뺌으로써 이루어진다. 예를 들어 -14 의 값을 가진 승수는 110010 으로 표시되며 $-2^4 + 2^2 - 2^1 =$

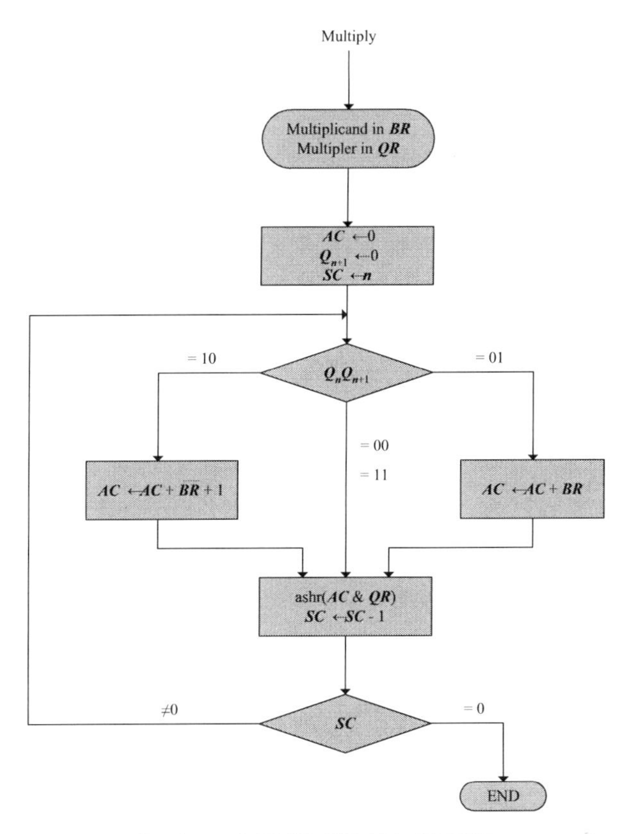

[그림 4-18] 곱셈을 위한 부스 알고리즘

-14 로 생각할 수 있다. 이것은 위의 규칙으로부터 알 수 있다. **부스**의 알고리즘을 위한 흐름도는 [그림 4-18]에 나타나 있다. ACC 와 Q_{n+1} 은 초기값 0이 저장되고 SC 는 승수의 비트 수로 저장된다. Q_n 과 Q_{n+1} 비트를 조사하여 10 이면 ACC 의 부분 곱으로부터 피승수를 빼게 되고, 01 이면 부분 곱으로부터 피승수를 더하게 되며, 만약 같으면 아무런 연산도 하지 않는다. 이러한 과정을 승수의 비트 수만큼 시행하게 된다.

(3) 나눗셈 알고리즘

두 부호 절대값 고정 소수점 2진수의 나눗셈은 수작업으로 행할 때 연속적인 비교, 시프트, 그리고 뺄셈 연산으로 이루어진다. 2진 나눗셈은 십진 나눗셈보다 간단하다. 왜냐하면 몫의 숫자는 0 이거나 1 이며 피제수(dividend) 또는 부분 나머지가 제수(divisor)의 몇 배인지를 결정할 필요가 없기 때문이다.

※ 환원 알고리즘(restoring algorithm)

[그림 4-19]의 흐름도에 환원 나눗셈 알고리즘이 나타나 있다. A 와 Q 에는 피제수, B 에는 제수가 들어있다. 결과의 부호는 A_s 로 전달되어 몫의 일부분이 된다. 순차 계수기 SC에 상수가 설정되는 데, 이는 몫에 있는 비트의 수를 나타내기 위한 것이다. 곱셈에서처럼 n 개의 비트로 이루어진 워드를 가진 메모리로부터 레지스터로 피연산자가 이동된다고 가정하자, 피연산자는 부호와 함께 저장되어야 하므로 워드의 한 비트에는 부호가, 그리고 나머지 n-1 비트에는 크기가 들어간다.

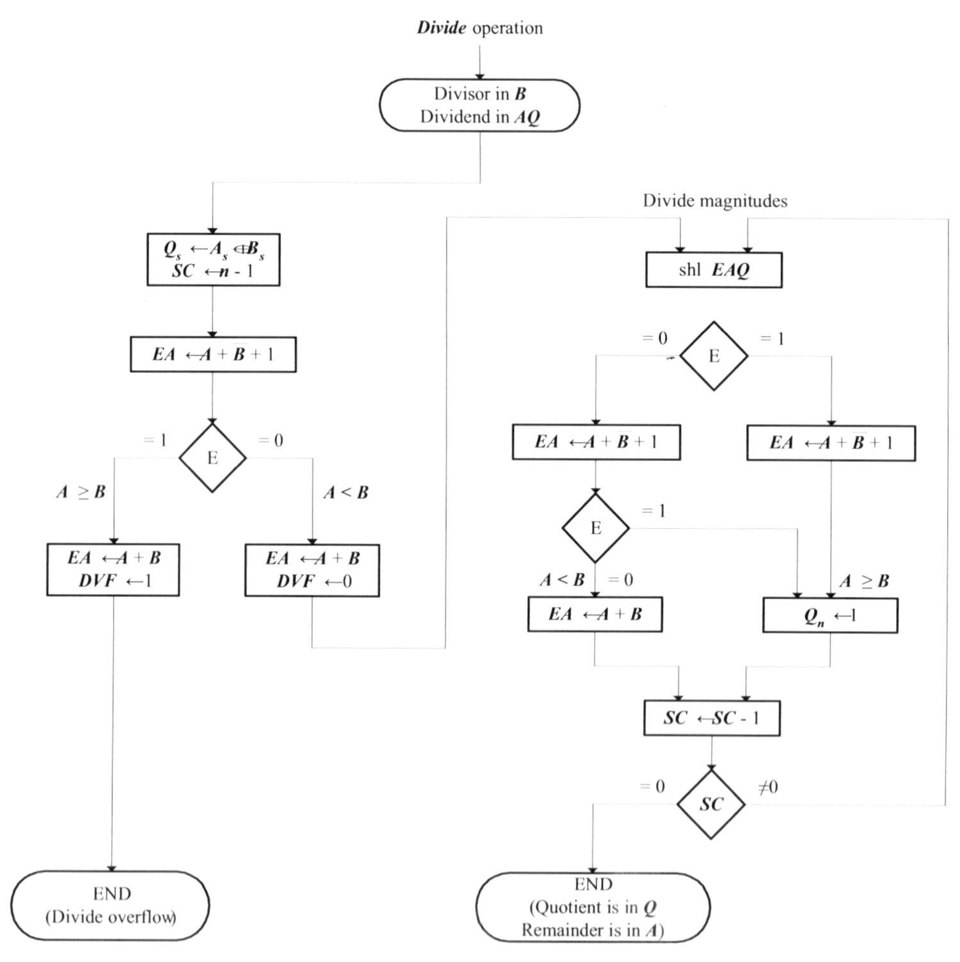

[그림 4-19] 나눗셈 연산 흐름도

A 에 저장된 피제수의 비트들의 높은 자리 반으로부터 B 에 있는 제수를 빼줌으로써 나눗셈 오버플로우 조건이 검사된다. 만일 A ≥ B 이면 나눗셈 오버플로우 플립플롭 DVF 가 세트되며 연산은 도중에 중지된다. 만일 A 〈 B 이면 나눗셈 오버플로우는 일어나지 않으며, B 에 A 를 더해줌으로써 피제수의 값이 회복된다.

크기를 나누는 것은 AQ 에 있는 피제수를 높은 자리 비트가 E 에 시프트 되도록 왼쪽으로 시프트 시켜 주는 것으로부터 시작한다. E 에 시프트 된 비트가 1이면 EA 〉 B 라는 것을 알 수 있다. 이는 B 가 n-1 비트만으로 이루어져 있는 데 EA 는 1 다음에 n-1 비트가 계속된 형태로 구성되어 있기 때문이다. 이 경우에 EA 로부터 B 를 빼주며 몫의 비트로서 Q_n 에 1 을 삽입한다. A 는 E 에 있는 피제수의 높은 자리 비트를 잃고 있기 때문에 그 값은 $EA - 2^{n-1}$ 이 된다. 이 값에 B 의 보수를 더해주면

$$(EA - 2^{n-1}) + (2^{n-1} - B) = EA - B$$

가 된다.

이 덧셈으로부터의 캐리는 E 를 1 로 두기 위해서 E 에 전달되지 않는다.

만일 왼쪽 시프트연산에 의해 E 가 0 이 들어가면 2 의 보수를 더해 줌으로써 제수를 빼주며, 캐리는 E 로 전달된다. E = 1 인 경우 A ≥ B 를 나타내며 Q_n 은 1 로 된다. E = 0 이면 A 〈 B 를 나타내며 A 에 B 를 더해서 원래의 값으로 환원되도록 한다. 이 경우 Q_n 의 0 은 그대로 둔다.(0 은 시프트 중에 삽입되었다.)

이 과정이 A 가 부분 나머지를 저장한 채로 반복된다. n-1 번의 시행 후에 Q 에는 몫의 크기가, 그리고 A 에는 나머지가 들어 있게 된다. 몫의 부호는 Q_s 에 그리고 A_s 에 있는 나머지의 부호는 피제수의 원래의 부호와 같다.

4.3.3 IEEE 부동 소수점 표준

1981년 IEEE 컴퓨터 학회는 2진 부동 소수점 연산에 대한 표준을 개발하였다. 이는 수치 관련 컴퓨터 프로그램에 대한 한 컴퓨터시스템에서 다른 시스템으로의 호환성을 증대시키고, 고성능 수치 소프트웨어의 개발을 고무시키려는 동기에서 비롯되었다.

IEEE-754 부동소수점 표준은 부동소수점 연산을 보다 용이하게 하면서 질을 향상하기 위해 제정된 것이며, 이것의 정규화 형식은 다음과 같은 형태를 갖는다.

$$1.wwwwwwwww \times 2^{xxxxxxxx}$$

여기서 맨 앞의 정수 1 은 정규화 형식에서 항상 나오는 것이므로 이를 따로 저장할 필요가 없다. IEEE=754 에서는 더 많은 유효 숫자를 지원하기 위해 이 맨 앞의 1 을 묵시적으로 가정한다. 가령, 부동소수점 수 1.0110×2^{-5} 를 저장할 때 가수 필드에 10110 이 들어가는 것이 아니라 0110 이 들어간다. 그러므로 단정도(single precision)에서는 24비트 크기의 가수부(23비트 가수 필드)를, 배정도(double precision)에서는 53비트 크기의 가수부(52비트 가수 필드)를 갖는다.

IEEE-754 에서 각 필드의 배치는 부호, 지수, 가수의 순이다. 이 배치는 정수 연산에서와 동일한 방법으로 대소 비교를 쉽게 할 수 있도록 고안된 것이다. 즉, 32비트(단정도) 또는 64비트(배정도) 데이터를 정수 데이터로 간주하고 대소 비교를 해도 올바르게 동작한다. 부호 절대값(sign-magnitude) 표현을 따르고 있으므로, 먼저 최상위 비트(MSB), 즉, 부호 비트를 검사함으로써 음, 양의 여부를 판별한다. 같은 부호를 갖는 수끼리의 절대 비교는 MSB 를 제외한 나머지 비트들(지수 필드 및 가수 필드)이 갖는 크기로 결정된다. 이것이 가능한 이유는 지수 필드가 가수 필드보다 상위에 배치되어 있기 때문이다. 예를 들어 $1.11_2\times2^3$ 과 $1.01_2\times2^5$ 의 표현을 [그림 4-20]에서와 같이 살펴보자.

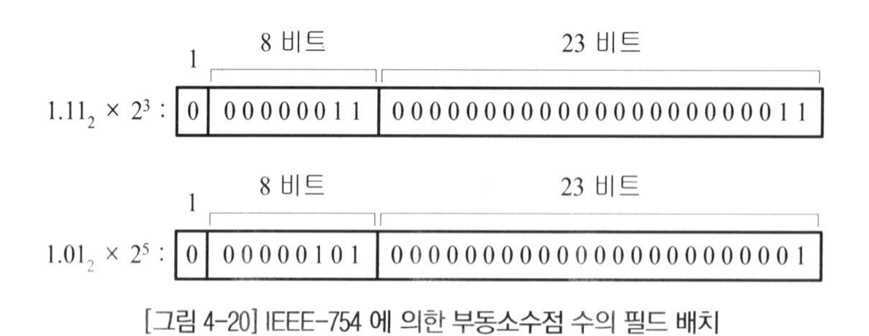

[그림 4-20] IEEE-754 에 의한 부동소수점 수의 필드 배치

가수부가 아무리 커도 지수부가 큰 수가 더 큰 수를 나타낸다. 이것이 지수부를 상위에 배치한 이유다. 위 예에서 0000 0001 1000 0000 0000 0000 0000 00112 ($1.11_2\times2^3$ =

1110_2) 과 0000 0010 1000 0000 0000 0000 0000 00012 ($1.01_2 \times 2^5 = 101000_2$) 를 정수로 간주하고 행한 대소 비교는 실제와 일치한다.

〈표 4-5〉은 IEEE-754 에서 각 필드에 사용되는 값과 그 의미를 정리한 것이다.

〈표 4-5〉 IEEE-754 부동소수점 수의 각 필드의 값과 의미

단정도		배정도		의미
지수 필드	가수 필드	지수 필드	가수 필드	
0	0	0	0	0
0	0 이 아닌 수	0	0이 아닌 수	비정규화 수
1~254	–	1~2046	–	부동소수점 수
255	0	2047	0	무한대(∞)
255	0 이 아닌 수	2047	0이 아닌 수	NaN(Not A Number)

〈표 4-5〉에서 보듯이 지수 필드가 0 일 때 가수 필드도 0 이면 0 을 의미하지만, 가수 필드가 0 이 아닌 경우 비정규화(denormalized) 수로 다루어진다. 즉, 정규화 수 중에서 제일 작은 값과 0 사이를 비워두기 보다는 지수가 0 인 경우 비정규화 수를 허용함으로써 보다 작은 수를 표현할 수 있도록 했다.

이외에 0÷0 또는 ∞－∞ 와 같은 무의미한 연산의 결과를 표시하기 위하여 NaN(Not A Number) 이라는 기호를 사용하는 데, 이를 위한 비트 패턴은 지수 필드 최대값(단정도 255, 배정도 2047)과 가수 필드로 0 이 아닌 수를 사용하고 있다.

Exercise

1. 인텔 펜티엄 프로 프로세서의 레지스터구성을 설명하라.

2. 레지스터 윈도우에서 CWP(current window pointer)와 SWP(saved window point)의 역할을 설명하라.

3. 2 진숫자 X 의 2 의 보수는 다음과 같이 정의할 수 있다.
X 의 2 의 보수 = $2^N - X$ (여기서 N 은 2 진 숫자의 자릿수) 한 숫자의 2 의 보수의 2 의 보수가 본래의 숫자가 됨을 보여라.

4. 12비트 워드를 이용하여 $-145 \div 13$ 을 2 의 보수표현으로 계산하라.

5. 다음 숫자들을 IEEE 32비트 부동 소수점 형식으로 나타내어라.
   (1) –5 (2) –7
   (3) –3.5 (4) 365
   (5) 1/16 (6) –1/32

6. 8비트 워드인 컴퓨터에서 제일 마지막에 연산된 것이 2 와 3 을 더하는 명령어였다. 이때 다음 프래그의 값들은 어떻게 되어 있는가?
   - 캐리(carry)
   - 제로(zero)
   - 오버 플로우
   - 부호(sign)
   - 짝수 패리티
   - 하프–캐리(half–carry)

   또 연산이 –1 에 1 을 더하는 것이었다면 어떻게 되는가?

CHAPTER 5

제어장치

제어장치(control unit : CU)는 CPU 가 실제로 일을 하도록 하는 CPU 의 한 구성요소로 CPU 의 외부에 제어신호를 보내어 메모리 및 입출력 모듈과 CPU 사이에 데이터를 교환할 수 있도록 하며, CPU 내부에 제어신호를 보내어 레지스터들 사이에 데이터를 이동시키게 하고, ALU 로 하여금 요구하는 기능을 수행하도록 하며 그 밖의 CPU 내부 오퍼레이션들을 조정하는 역할을 한다. 이역할은 명령어 사이클 중에 일어나는 마이크로 오퍼레이션(micro operation)이라는 일련의 아주 기본적인 오퍼레이션들을 이해하면 쉽게 알 수 있다. 그리고 마이크로 오퍼레이션이 대상이 되는 명령어와 명령어의 주소지정방식에 대하여 설명한다.

5.1 프로세서와 기억장치 상호연결

컴퓨터의 가장 중요한 부분은 CPU 와 프로세서(Processor)이다. 프로세서는 주기억장치(Main Memory)에서 명령(Instruction)을 반복적으로 인출하고 수행하는 프로그램(Program)을 동작시킨다. 이 장에서는 한 단계 한 단계씩 접근하는 방법으로 프로세서의 동작을 가장 간단히 설명하기로 한다. 컴퓨터시스템은 [그림 5-1]에서 나타난 것과 같이 프로세서가 데이터(Data), 주소(Address) 그리고 제어버스(Control Bus)에 의해 주기억장치(Main Memory)와 연결되어 있다.

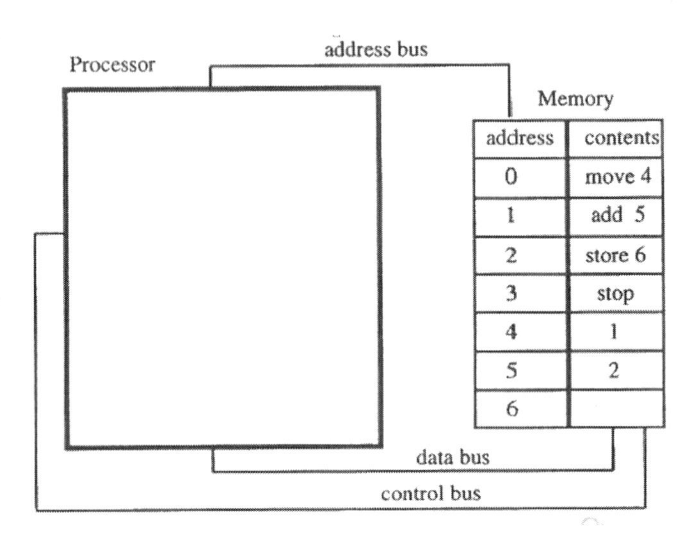

[그림 5-1] 데이터 , 주소, 주소버스의 관계 그림

프로그램은 프로세서에 의해 전달되는 일련의 명령과 동작의 연속으로 구성되어 있다. 이 동작은 데이터에 의해 이루어진다. 명령들과 데이터는 프로그램이 수행 되는 동안 주기억장치에 저장된다. [그림 5-1]에서 명령과 데이터는 특정한 주소(Address)로 구분되는 기억장치의 다양한 저장위치에 들어가 있다. CPU 와 기억장치 사이는 명령어 실행에 있어서 매우 밀접한 관계를 맺고 있다. 왜냐하면 CPU 가 프로그램을 실행하기 위해서는 명령어(instruction)와 이의 실행에 필요한 자료를 기억장치에서 읽어내야 하며 명령어 실행 결과는 다시 기억장치에 저장해야 되기 때문이다. CPU 의 속도인 마이크로

사이클과 기억장치의 속도인 기억장치 사이클을 비교해 보면 기억장치의 사이클 타임은 마이크로 사이클 타임보다 수배 정도 늦다. 그렇다고 해서 마이크로 사이클 타임에 가깝도록 기억장치 사이클 타임을 만든다는 것은 너무 값이 비싸기 때문에 현실적으로 맞지 않다. 그리고 명령어를 실행하기 위해서는 각각의 명령어를 기억장치로부터 읽어내야 하므로 최소한 한 번은 기억장치에 접근해야 된다. 물론 명령어에 따라서는 그 실행에 필요한 자료를 읽거나 실행한 결과를 기억시키기 위해서 추가로 기억장치에 접근해야 될 경우도 있다.

5.2 제어장치와 마이크로 오퍼레이션

제어장치가 무엇을 하는가? 하는 측면에서 제어장치의 동작을 살펴보기로 하는 데, 이들은 명령어 사이클 중에 일어나는 마이크로 오퍼레이션(micro operation)이라는 일련의 아주 기본적인 오퍼레이션들을 이해하면 쉽게 알 수 있다.

5.2.1 마이크로 사이클

마이크로 사이클(micro cycle)이란 마이크로 오퍼레이션을 실행하는 데 필요한 시간 즉, CPU 의 사이클 타임으로서 CPU 의 속도를 표시한다. 가능한 모든 마이크로 오퍼레이션 중 수행 시간이 가장 긴 것을 CPU 의 클록 주기(clock cycle)로 설정하여, 마이크로 오퍼레이션의 동작 시간이 모두 같다고 가정하는 동기 고정식(synchronous fixed)과 그 수행 시간이 유사한 것끼리 모아 한 개의 군(group)을 만들고, 전체 마이크로 오퍼레이션을 몇 개의 군으로 나누어 나누어진 군에 대해서 서로 다른 마이크로 사이클 타임을 주는 동기 가변식(synchronous variable)이 있다.

5.2.2 제어

(1) 제어점(control point)

버스에 연결된 각 레지스터의 출력은 그 출력단자에 연결되어 있는 레지스터의 출력게이트(out-gate)를 열어줌으로써 선택적으로 버스에 연결하도록 되어 있다. 또 이 출력버스로부터 목적하는 레지스터에 자료의 입력은 출력버스와 레지스터들의 입력단자들 사이에 있는 입력게이트(in-gate)를 열어줌으로써 이루어진다.

레지스터의 입력게이트와 출력게이트를 제어점(control point)이라 하며 서로 다른 제어신호를 가해야 되는 제어점을 독립 제어점이라 한다. 일반적으로 하나의 레지스터에는 입력과 출력단자에 각각 하나씩의 독립 제어점이 있다. 독립 제어점은 제어신호가 인가되는 지점으로써 연산기의 경우 여러 독립 제어점이 있어서 이들에 적당한 제어신호를 가함으로써 합산과 논리연산, 입력자료의 1증가, 보수연산, 시프트연산 등을 할 수 있게 된다.

(2) 제어함수(control functions)

동기식(synchronous) 디지털 시스템에 내장되어 있는 모든 레지스터의 타이밍(timing)은 마스터 클록 발생기(master clock generator)에 의해서 제어된다. 레지스터의 내용이 변화될 수 있도록 제어하는 2진 변수를 제어함수라고 한다.

다음은 제어함수가 발생하는 동작을 살펴본다. 각 컴퓨터 사이클은 일련의 마이크로오퍼레이션과 연관이 있는 데, 한 예로서 각 컴퓨터 사이클마다 T1 시간 동안 메모리로부터 한 워드를 읽는 동작은

$T_1 : MBR \leftarrow M$

와 같이 나타낼 수 있는 데 타이밍 변수 T_1 은 기억장치에 대한 리드(read) 제어입력으로써 작용한다.

$FT_1 + RT_3 : A \leftarrow B$

위의 마이크로 오퍼레이션은 T_1 시간 동안 F 가 1 이거나 T_3 시간 동안 R 이 0 일 때만 발생된다. 제어함수는 부울 함수(boolean function)이기 때문에 [그림 5-2]와 같이 논리 게이트로 발생시킬 수 있다.

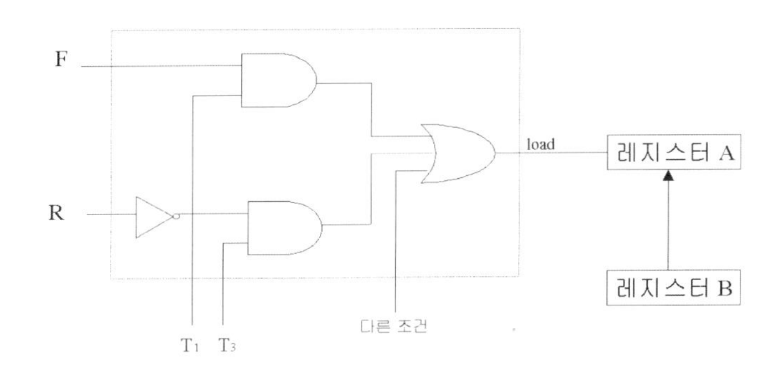

[그림 5-2] $FT_1 + \overline{R}T_3$: $A \leftarrow B$ 에서 제어함수발생

(3) 타이밍 순서(timing sequence)

컴퓨터에서 일어나는 일련의 오퍼레이션(operation)을 제어하기 위해서 타이밍 신호(timing signal)를 발생시키는 데 제어하는 방식에 따라 동기식과 비동기식으로 대별된다.

동기식은 일정 시간 간격을 가진 클록 펄스에 의해서 컴퓨터 각 장치의 동작이 규칙적으로 수행되는 방식으로서 회로 설계가 비교적 쉽기 때문에 가장 많이 이용되고 있다. 그러나 일련의 동작이 클록 펄스 또는 타이밍 펄스에 의해서 규정됨으로써 동작이 일찍 일어나도 타이밍 펄스가 발생할 때까지 다음 동작을 못하고 기다려야 하므로 시간적인 낭비가 많은 것이 단점이다. 비동기식은 하나의 동작이 완료되면 그 자리에서 곧 동작 완료의 신호를 발생하도록 하고 컴퓨터 각 장치는 이 신호를 받아서 다음 동작을 시작하는 방식이다.

컴퓨터에서는 8 에서 16개의 타이밍 신호인 타이밍 순서(sequence)를 제공하는 데 이 때의 순서가 한 번 반복하는 데 걸리는 시간을 컴퓨터 사이클(computer cycle)이라 하며 메모리 사이클과 같이 컴퓨터 사이클의 각 단계는 메모리 접근과 연관된 오퍼레이션들에 대한 제어함수를 개시시킨다. [그림 5-3(a)] 에 4개의 연속된 타이밍 신호의 발생을 4비트의 링 계수기(ring counter)를 사용하여 만든 것을 나타내었으며 (b)에 2진 계수기에 해석기를 결합하여 만든 블럭도를 나타냈다. 클록 펄스가 일정한 간격으로 발생할 때 (c)에서처럼 하나의 클록 펄스가 내려오는 시점을 기준으로 하여 타이밍 신호 T_0, T_1, T_2, T_3 가 발생한다.

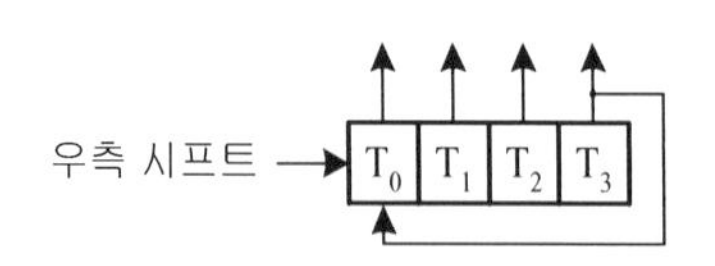

(a) 4 비트 링 계수기(초기값:T=1000)

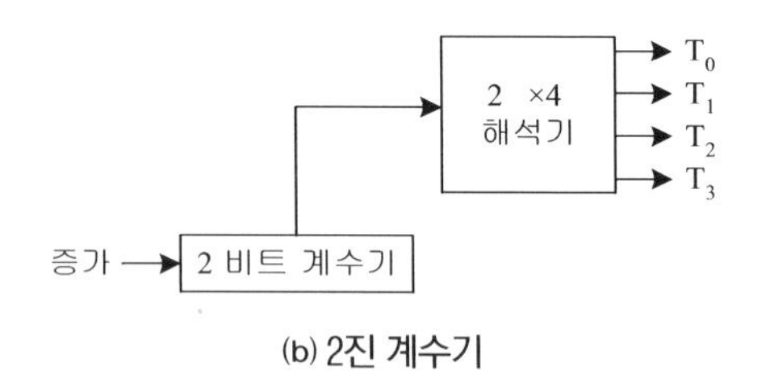

(b) 2진 계수기

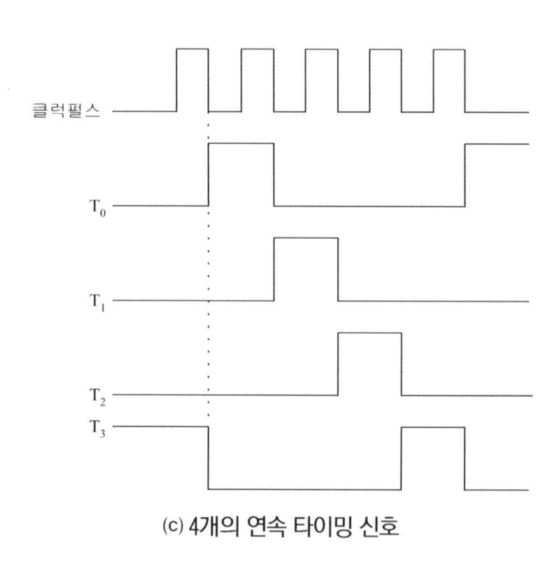

(c) 4개의 연속 타이밍 신호

[그림 5-3] 4개의 연속 타이밍 신호 발생

5.2.3 메이저 상태와 타이밍 상태

일반적으로 제어장치의 내부회로는 순서 논리회로 상태이므로 클록 펄스(clock pulse)에 동기되어 동작한다면 회로 내의 상태는 클록 펄스가 나타날 때 상태 변화가 일어나며 그 변화된 상태는 다음 클록 펄스가 나타날 때까지 유지된다. 따라서 제어장치의 상태는 시간에 관한 정보를 나타내는 상태와 CPU 가 무엇을 하고 있는가를 나타내는 상태의 두 가지가 있다. 시간에 관한 상태를 나타내기 위한 레지스터를 타이밍 상태(timing state) 레지스터라고 하며 계수기(counter)의 역할을 하므로 순서 계수기(sequence counter)라고도 한다. 또한 CPU 가 무엇을 하고 있는가를 나타내는 레지스터를 메이저 상태(major state) 레지스터라고 한다.

(1) 명령어의 실행과 메모리 접근

명령어를 실행하기 위해서는 각각의 명령어를 기억장치로부터 읽어내야 하므로 최소한 한 번은 기억장치에 접근해야 된다. 물론 명령어에 따라서는 그 실행에 필요한 자료를 읽거나 실행한 결과를 기억시키기 위해서 추가로 기억장치에 접근해야 될 경우도 있다.

〈표 5-1〉에서는 기본적인 명령어 세 가지를 실행하는 데 기억장치를 접근하는 회수의 예를 보여주고 있다.

〈표 5-1〉 명령어 실행 중 기억장치의 접근 회수

명령어의 종류	기억장치 접근 회수
JUMP A	1 회, 명령어를 위한 접근
ADD A	1 회, 명령어를 위한 접근 2 회, A에 기억된 데이터를 위한 접근
ADD A (A는 간접주소 형식)	1 회, 명령어를 위한 접근 2 회, A에 기억된 주소를 위한 접근 3 회, 데이터를 위한 접근

명령어 실행을 위해서는 최소한 한 번은 기억장치에 접근해야 한다는 것은 확실하며 기억장치의 사이클 타임은 마이크로 사이클 타임보다 느리므로 아무리 마이크로 사이클 타임이 빠른 CPU 에서 명령어 실행을 한다 할지라도 어쩔 수 없이 기억장치의 사이클 타임에 제한을 받을 수 밖에 없다.

명령어 실행을 위해서 필요한 기억장치의 접근 회수는 명령어 세트(Instruction Set), 좀 더 구체적으로 말하면 명령어(Instruction)에서 주소지정 방식과 명령어의 형식에 따라 다르다.

(2) 메이저 상태

메이저 상태(major state)란 CPU 가 무엇을 하고 있는가를 나타내는 상태로서 기억장치의 사이클을 단위로 하여 사이클 동안에 무엇을 위해 기억장치에 접근하는가를 나타내준다.

따라서 명령어 실행을 위해서 CPU 의 메이저 상태는 주기억장치를 접근할 때마다 변화한다. 이와 같이 각 메이저 상태는 기억장치의 접근과 결부되어 있기 때문에 n 사이클 명령어라고 하면 n 개의 메이저 상태를 경과해야만 한다.

그러나 반드시 메이저 상태의 네 가지 과정을 경과해서 실행되는 것은 아니다. 여기서 메이저 상태의 네 가지란 인출 사이클(fetch cycle), 간접 사이클(indirect cycle), 실행 사이클(execution cycle), 인터럽트 사이클(interrupt cycle)을 말한다.

① 인출 사이클

- 실행할 명령어를 기억장치로부터 읽어낸다.
- 명령어의 종류를 해석한다.
- 만약, 명령어가 1 사이클 명령어면 이를 실행한 후 다시 인출 사이클로 이동한다.
- 만약, 1 사이클 명령어가 아니면 유효주소를 계산한 후 간접주소이면 간접 사이클로, 아니면 실행 사이클로 이동한다.

② 간접 사이클

- 주소를 기억장치로부터 읽어낸다.
- 만약, 간접주소이면 다시 간접 사이클로 이동한다.
- 간접주소가 아닐 때 분기(branch) 명령어면 실행 후 인출 사이클로 이동하고, 분기 명령어가 아니면 실행 사이클로 이동한다.

③ 실행 사이클

- 데이터를 기억장치에서 읽어낸다.
- 실행 후에는 인출 사이클로 이동한다.

④ 인터럽트 사이클

- CPU 의 상태를 기억장치나 레지스터에 기억한다.
- 응급 처리 후 인출 사이클로 이동한다.

[그림 5-4]에서는 기본 명령어 ADD, JMP, CMA 를 중심으로 메이저 상태 변환 과정을 표시한 것이다.

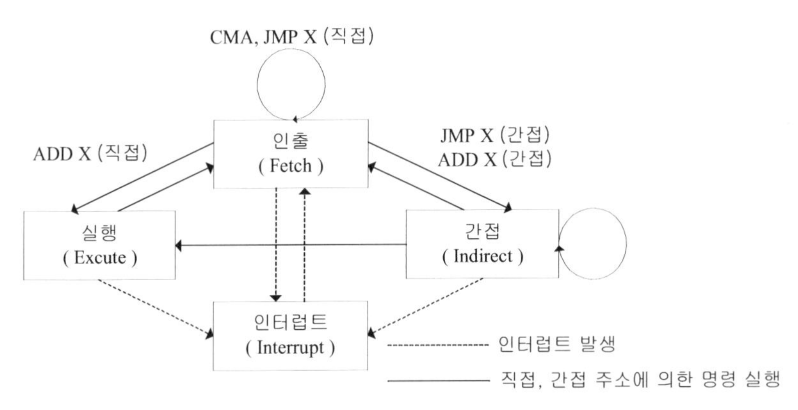

[그림 5-4] 메이저 상태의 변천도

(3) 타이밍과 제어

디지털 컴퓨터는 한 단계씩 동작하게 되는 데 각 단계마다 마이크로 오퍼레이션이 실행된다. 명령어들은 메모리로부터 읽혀져서 마이크로 오퍼레이션의 순서에 의해 레지스터에서 실행되는 데 일단, 스타트 스위치(start switch)가 가동되면 컴퓨터는 일정한 기본 패턴에 따라 동작하게 된다.

즉, 프로그램 계수기(PC)의 내용을 번지로 하는 메모리의 워드를 MBR 로 읽어 들여서 그중 오퍼레이션 레지스터(operation register : OPR)에 모드 비트(mode bit)는 I 에 놓고 OPR 의 내용은 제어장치에 의해서 해석된다. 만약 메모리 참조 명령어라면 I 를 체크해서 I = 0 이면 메모리로부터 피연산자(operand)를 직접 읽어들이고 I = 1 이면 메모리로부터 피연산자의 번지를 읽어서 다시 그 번지에 해당되는 메모리 워드를 읽은 후 그것을 피연산자의 내용으로 취한다.

메모리로부터 읽혀질 때를 명령어 인출 사이클이라고 한다. 그리고 메모리로부터 읽은 워드가 피연산자의 번지일 경우 컴퓨터는 간접 사이클에 있다고 말하며 피연산자 자체일 경우는 실행 사이클에 있다고 말한다.

제어장치는 3개의 사이클을 구별하기 위해서 2개의 플립플롭(F 와 R)을 사용하는 데 이 플립플롭에 2×4 해석기를 연결하여 네 개의 출력선으로 네 개의 사이클을 구분한다. 〈표 5-2〉는 F 와 R, 해석기 C_1 의 관계를 나타내고 있다.

〈표 5-2〉 컴퓨터 사이클 제어

플립플롭 F R	해석기 출력	컴퓨터 사이클
0 0	C_0	인출 사이클(명령어를 읽음)
0 1	C_1	간접 사이클(피연산산자의 번지를 읽음)
1 0	C_2	실행 사이클(피연산자를 읽음)
1 1	C_3	정지 사이클(응급 처리 단계)

[그림 5-5]는 기본 컴퓨터의 제어장치로서 이 컴퓨터의 타이밍은 2비트 순서 계수기(sequence counter : SC)와 2×4 해석기에 의해서 발생된다. 해석기로부터 나온 타이밍 신호를 t_0, t_1, t_2, t_3 로 나타내기로 하고 메모리 사이클은 두 클록 펄스 사이의 간격보다 짧다고 가정한다. 이러한 가정에 따라 메모리 읽기(read)와 쓰기(write) 사이클은 타이밍 변수의 폴링 에지(falling edge)에서 시작되어서 다음 클록 펄스가 도착될 때 끝나게 된다.

우선 OPR 의 명령어 코드의 오퍼레이션 부분이 8개의 출력 q_0 에서 q_7 까지로 해석되고 사이클 제어 플립플롭 F 와 R 는 4개의 출력 C_0 에서 C_3 까지로 해석된다. 제어논리 게이트들은 마이크로 오퍼레이션을 위한 여러 가지 제어함수를 발생시키고 각 제어함수는 타이밍 변수 t_i 와 사이클 C_i 를 포함하게 된다. 실행 사이클 동안 제어함수는 q_i 변수도 포함하게 되며 I 변수와 그 밖의 제어 조건들은 제어함수의 생성에 필요하게 된다.

S 플립플롭은 컴퓨터 콘솔(console)상의 스위치로부터 세트되거나 클리어(clear)되기도 하고, HLT 명령(halt의 약칭)문에 의해서 클리어될 수도 있는 데 스타트 스위치가 S 를 세트하여 S = 1 인 경우에만 모든 타이밍 신호들이 발생될 수 있다.

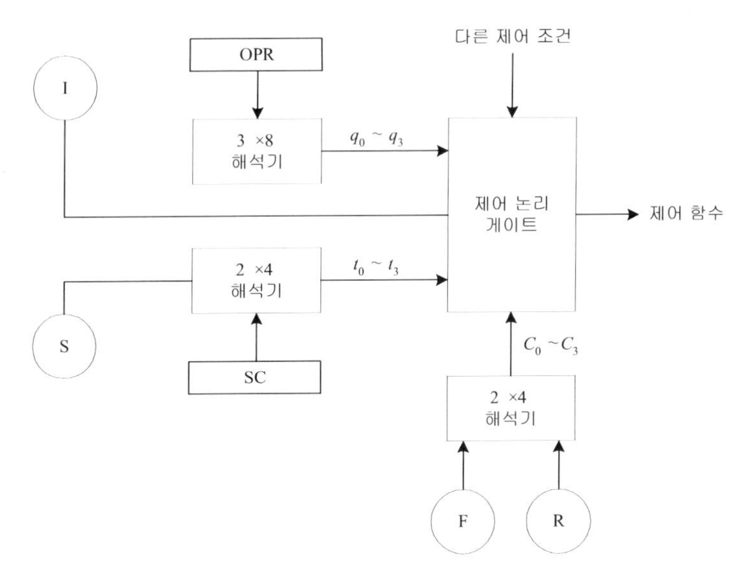

[그림 5-5] 제어장치의 구성도

5.2.4 마이크로 오퍼레이션

컴퓨터의 기능은 프로그램들을 실행하는 것인데 프로그램을 실행할 때 컴퓨터의 오퍼레이션은 한 사이클에 하나의 기계어 명령어(machine instruction)를 처리하는 식의 여러 명령어 사이클로 이루어졌다고 생각할 수 있다. 물론, 분기 명령어 때문에 반드시 기계어 명령어의 사이클의 순서가 프로그램내의 명령어의 나열 순서대로 실행되지는 않는다. 여기서 설명하고자 하는 것은 명령어들의 실행시간 순서(execution time sequence)이다.

각 명령어 사이클은 인출 사이클, 해석 사이클, 실행 사이클, 간접 사이클, 인터럽트 사이클과 같은 여러 개의 작은 단위인 서브 사이클들로 구성되어 있다고 볼 수 있다.

실제로 각 서브 사이클은 CPU 의 제어 레지스터들을 포함하는 일련의 단계들로 구성되어 있으며 이러한 단계들을 마이크로 오퍼레이션이라 부르며 이러한 마이크로 오퍼레이션을 하드웨어로 구현하느냐(hardwired/고정배선식), 소프트웨어로 구현하느냐에 따라 제어장치의 구현을 구분하는 데, 특히 소프트웨어로 구현되어 있을 때의 구현 방식을 마이크로 프로그램(micro programmed) 방식이라 한다. 하드웨어로 구현할 때에는 마이크로 오퍼레이션들이 회로로 연결되어 버리지만 소프트웨어로 구현할 때에는 이들을 하나의 명령어로 생각할 수 있기 때문에 마이크로 명령어(micro instruction)또는 마이크로 코드(micro code)라 부르는 수가 많다.

지금까지 설명한 여러 가지 개념들을 도시하면 [그림 5-6] 과 같다.

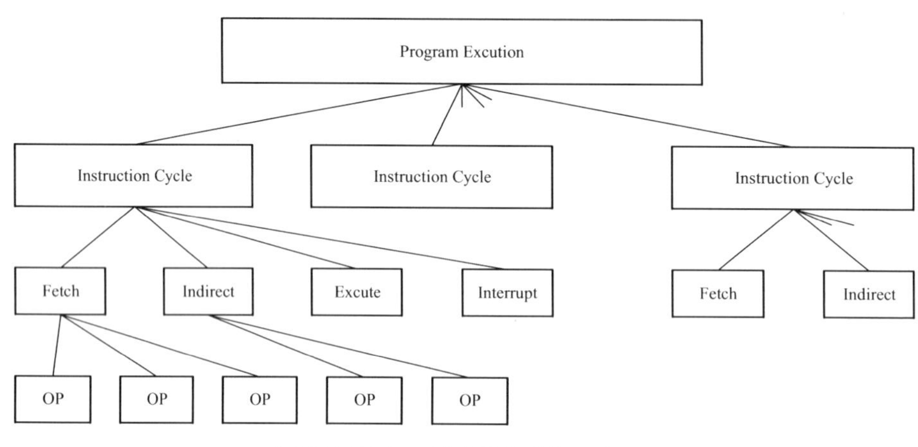

[그림 5-6] 프로그램 실행을 위한 구성요소

(1) 인출 사이클(fetch cycle)

각 명령어 사이클의 시작되는 시점에서 일어나며, 메모리에서 한 명령어를 인출하는 인출 사이클을 살펴보기로 한다. 이 설명을 위하여 [그림 5-7]에 있는 구성을 가정하며 다음과 같은 4개의 레지스터가 관련되어 있는 것으로 한다.

- 메모리 주소 레지스터(MAR) : 시스템버스의 주소선에 연결되어 있으며 read 나 write 오퍼레이션을 하기 위하여 메모리 내의 주소를 지정한다.
- 메모리 버퍼 레지스터(MBR) : 시스템버스의 데이터 선에 연결되어 있으며, 메모리에 기억될 값이나 메모리에서 읽혀진 값을 저장한다.
- 프로그램 계수기(PC) : 다음에 인출할 명령어의 주소를 갖고 있다.
- 명령어 레지스터(IR) : 인출된 명령어를 갖고 있다.

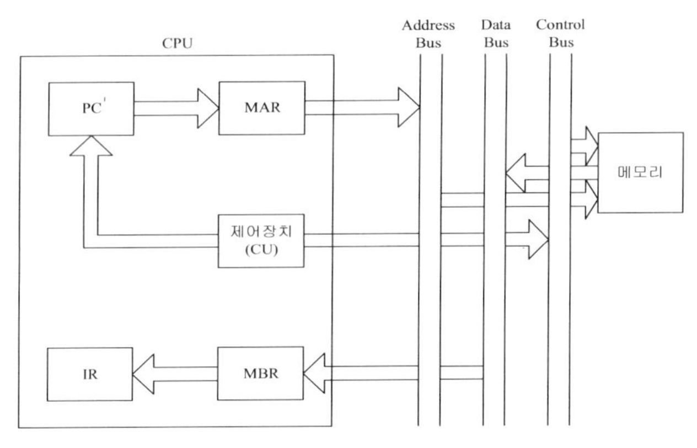

(a) 인출 사이클

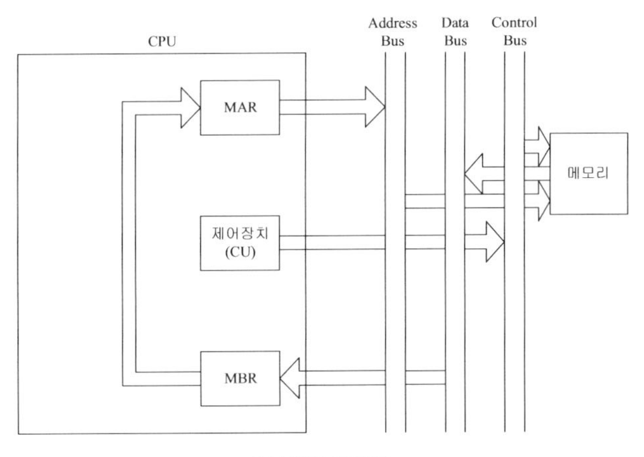

(b) 간접 사이클

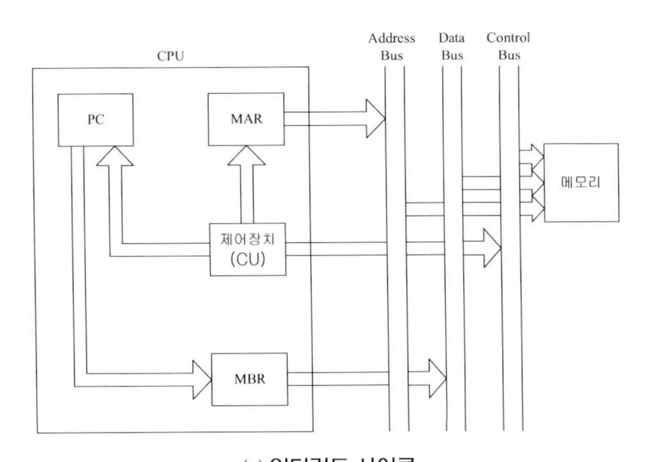

(c) 인터럽트 사이클

[그림 5-7] 명령어 사이클의 데이터의 흐름

인출 사이클 동안에 발생되는 사건들의 순서에 따라 CPU 레지스터에 미치는 영향을 [그림 5-8] 에서 볼 수 있다. 인출 사이클의 실행될 때, 다음 명령어의 주소가 PC 에 들어 있는 데 이 경우의 주소는 1100100 이다. 첫 번째 단계에서 MAR 에 이 주소를 옮긴다. 두 번째 단계에서 명령어를 가져오는 데, 원하는 주소(MAR 내에 있는)를 주소버스로 내 보내고 제어장치가 제어버스로 READ 명령어를 발생하면 결과가 데이터버스를 통하여 메모리 버퍼 레지스터(MBR)로 저장되게 된다. 다음 명령어를 준비하기 위하여 PC 는 1 이 증가된다. 이 두 개의 사건들(메모리에서의 읽기와, PC 를 1 증가시킴)은 서로 간섭하지 않으므로 시간을 절약을 위해 동시에 실행시킬 수도 있다. 세 번째 단계는 MBR 의 내용을 IR 로 이동시키는 것이다. 간접 사이클이 실행될 때를 위하여 MBR 을 비워 두기 위한 것이다. 따라서 한 인출 사이클은 3단계와 4개의 마이크로 오퍼레이션으로 구성되어 있으며 각 마이크로 오퍼레이션은 레지스터 내외로의 데이터의 이동을 포함한다. 이 데이터 이동들은 서로 간섭되지 않는 한, 이들 이동시간 단축을 위하여 하나의 단계 동안에 동시에 발생될 수 있다. 기호를 사용하여 이들 일련의 사건들을 나타내면 다음과 같다.

t_1 : MAR ← (PC)

t_2 : MBR ← 메모리

PC ← (PC) + 1

t_3 : IR ← (MBR)

여기서 몇 가지 더 설명하면, 타이밍 목적으로 클록 사용이 가능 해야하며, 클록은 규칙적인 간격을 가진 클록 펄스를 발생되어야 한다. 따라서 모든 시간 단위는 동일한 시간 간격을 갖고 있다. 각 마이크로 오퍼레이션은 하나의 시간 단위 내에 실행될 수 있다. (t_1, t_2, t_3)의 표현은 각각 연속적인 시간 단위를 나타내는 데,

- 첫 번째 시간 단위 : PC 의 내용을 MAR 로 이동.
- 두 번째 시간 단위 : MAR 에 지정된 메모리의 내용을 MBR 로 이동하고 PC 의 내용을 1 증가시킴.
- 세 번째 시간 단위 : MBR 의 내용을 IR 로 이동.

MAR	
MBR	
PC	0 0 0 0 0 0 0 0 0 1 1 0 0 1 0 0
IR	
AC	

(a) 시작

MAR	0 0 0 0 0 0 0 0 0 1 1 0 0 1 0 0
MBR	
PC	0 0 0 0 0 0 0 0 0 1 1 0 0 1 0 0
IR	
AC	

(b) 첫 단계

MAR	0 0 0 0 0 0 0 0 0 1 1 0 0 1 0 0
MBR	0 0 0 1 0 0 0 0 0 0 1 0 0 0 0 0
PC	0 0 0 0 0 0 0 0 0 1 1 0 0 1 0 1
IR	
AC	

(c) 둘째 단계

MAR	0 0 0 0 0 0 0 0 0 1 1 0 0 1 0 0
MBR	0 0 0 1 0 0 0 0 0 0 1 0 0 0 0 0
PC	0 0 0 0 0 0 0 0 0 1 1 0 0 1 0 1
IR	0 0 0 1 0 0 0 0 0 0 1 0 0 0 0 0
AC	

(d) 셋째 단계

[그림 5-8] 인출 사이클에서의 사건 발생 순서

그런데 두 번째 시간 단위 동안에 두 번째와 세 번째 마이크로 오퍼레이션이 이루어지고 있는 데, 세 번째 마이크로 오퍼레이션은 인출 오퍼레이션에 영향을 주지 않으므로 네 번째 마이크로 오퍼레이션과 동시에 실행될 수 있다.

t_1 : MAR ← (PC)

t_2 : MBR ← 메모리

t_3 : PC ← (PC) + 1

IR ← (MBR)

(2) 간접 사이클(indirect cycle)

일단 명령어가 인출되면, 그 다음 단계는 소스 피연산자들(source operands)을 인출하게 된다. 예에서는 직접, 간접주소지정이 허용되는 1-주소 명령어 형식을 사용하기로 한다. 명령어에서 간접주소지정 방식을 사용하면, 간접 사이클이 실행 사이클보다 먼저 실행되어야 한다. 데이터 흐름은 [그림 5-7](b) 와 같으며 다음과 같은 마이크로 오퍼레이션들을 포함한다.

t_1 : MAR ← (IR(주소))

t_2 : MBR ← 메모리

t_3 : IR(주소) ← (MBR(주소))

명령어의 주소필드는 MAR 로 이동되어서 피연산자의 주소를 인출하는 데 쓰이며, 마지막으로 IR 의 주소필드가 MBR 로부터 들어오는 주소로 갱신되고, 따라서 그것은 간접주소가 아닌 직접주소를 가지게 된다.

이제 IR 은 간접주소지정 방식이 사용되지 않은 것과 같은 상태가 되고, 실행 사이클을 위한 준비가 완료된다.

(3) 인터럽트 사이클(interrupt cycle)

실행 사이클이 끝난 직후에 인터럽트가 발생했는지를 검사하며, 발생하였다면 인터럽트 사이클이 시작된다. 이 사이클에서의 오퍼레이션은 컴퓨터에 따라 많이 다르다. [그림 5-7](c) 에서 설명한 것처럼 간단한 순서만을 살펴보자.

t_1 : MBR ← (PC)

t_2 : MAR ← Save-address

(PC가 저장될 위치의 주소)

PC ← Routine-address

(인터럽트 처리루틴의 주소)

t_3 : 메모리 ← (MBR)

첫 번째 단계에서 PC 의 내용이 인터럽트 실행이 끝난 후 복귀를 위해 저장되기 위하여 MBR 로 보내진다. 그 다음에 MAR 에는 PC 에 내용이 저장될 주소가 저장되고, PC 에는 인터럽트 처리루틴의 시작주소가 저장된다. 이 두 동작들은 각각 하나의 마이크로 오퍼레이션이 될 수 있지만 대 부분의 CPU 들은 여러 종류의 인터럽트를 제공하므로 각각 MAR 과 PC 에 옮겨지기 전에 저장될 주소와 돌아갈 주소를 얻기 위하여 하나 이상의 마이크로 오퍼레이션이 추가적으로 필요한 경우도 있다. 어떤 경우든 이 단계가 끝나면 마지막 단계로서 PC 의 이전 값을 갖고 있는 MBR 의 내용을 메모리에 저장한다. 이제 CPU 는 다음 명령어 사이클을 시작할 준비가 되어 있다.

(4) 실행 사이클(execution cycle)

인출, 간접, 인터럽트 사이클은 단순하기 때문에 그 사이클 동안에 일어날 오퍼레이션을 예측할 수 있다. 이들은 고정된 일련의 마이크로 오퍼레이션들로 이루어지며, 매번 동일한 마이크로 오퍼레이션들이 반복된다.

그러나 실행 사이클은 다르다. N 개의 다른 연산코드들을 갖고 있는 컴퓨터의 경우 N 개의 다른 순서로 되어 있는 마이크로 오퍼레이션이 있다. 몇 개의 예를 살펴보자.

먼저 덧셈 명령어를 생각하면,

ADD R1, X

는 X 번지의 내용을 레지스터 R1 에 더하는 것으로 다음의 마이크로 오퍼레이션이 순서대로 실행된다.

t_1 : MAR ← (IR(주소))

t_2 : MBR ← 메모리

t_3 : R1 ← (R1) + (MBR)

즉 ADD 명령어를 저장하고 있는 IR 부터 시작하여 첫 번째 단계에서 MBR 의 주소부분이 MAR 로 적재된다. 다음에 메모리로부터 데이터가 읽혀지고, 마지막으로 R1 과 MBR 의 내용이 ALU 에 의하여 더해진다.

좀 더 복잡한 두 개의 예를 살펴보자. PC 에 1 을 증가시키고, 결과가 0 이면 건너뛰는 (skip) 명령어가 있다.

ISZ X

는 X 번지의 내용을 1 증가시키고, 그 결과가 0 이면 다음 명령어를 실행하지 않고 건너뛰는 데, 이 명령어에 대한 마이크로 오퍼레이션의 순서는 다음과 같다.

t_1 : MAR ← (IR(주소))

t_2 : MBR ← 메모리

t_3 : MBR ← (MBR)+1

t_4 : 메모리 ← (MBR)

if (MBR=0) then (PC←(PC)+1).

여기에서 도입된 새로운 기능이 조건 실행이다. MBR = 0 이면 PC 가 증가된다. 이 검사와 실행 동작은 하나의 마이크로 오퍼레이션으로 실행될 수 있다. 이 마이크로 오퍼레이션은 MBR 의 갱신된 값이 메모리에 다시 저장되는 시간 단위 동안에 동시에 실행될 수 있다는 것에 주의해야 한다.

(5) 명령어 사이클(instruction cycle)

명령어 사이클의 각 단계가 마이크로 오퍼레이션이라는 기본적인 오퍼레이션들로 나누어진다는 것을 알게 되었으며, 예에서 인출, 간접, 인터럽트 사이클에 대하여 각각 하나의 마이크로 오퍼레이션의 순서가 있고, 실행 사이클에서는 각 연산코드에 대하여 각기 다른 마이크로 오퍼레이션 순서가 있다.

전체적으로 이해하기 위하여 일련의 마이크로 오퍼레이션들을 서로 연결하여 생각할 필요가 있는 데, 그 결과가 [그림 5-9]이다. 여기서 명령어 사이클 코드(instruction cycle code : ICC)라는 새로운 2비트 레지스터가 있다고 가정하자. ICC 는 CPU 가 그 사이클 중 어떤 부분에 있는지를 나타낸다.

00 : 인출

01 : 간접

10 : 실행

11 : 인터럽트

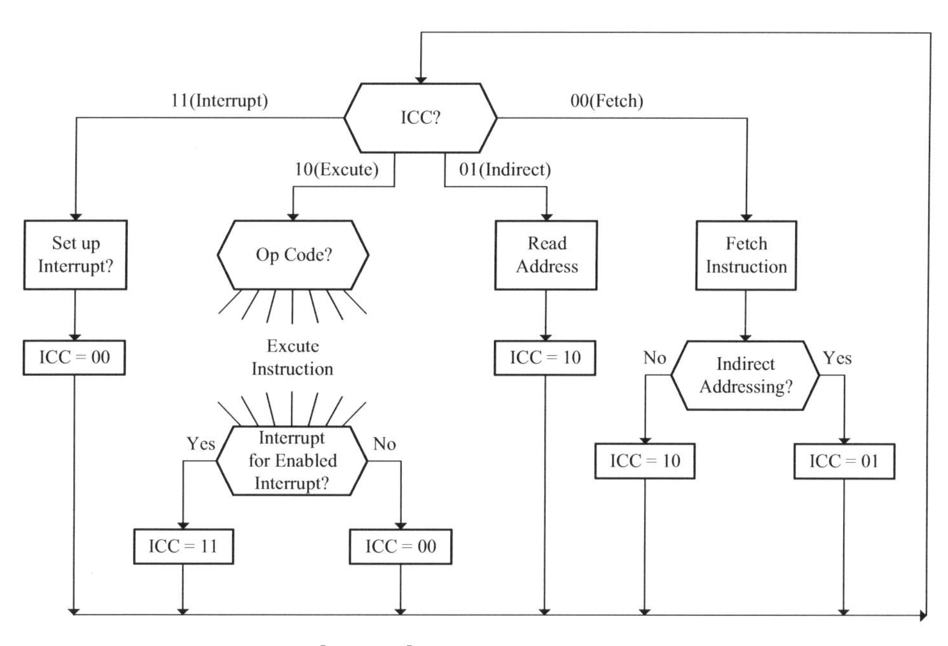

[그림 5-9] 명령어 사이클의 흐름도

각 사이클의 끝나는 시점에서 ICC 는 적절히 세트되며, 간접 사이클 다음에는 항상 실행 사이클이 있으며 인터럽트 사이클 뒤에 항상 인출 사이클이 이어진다. 실행과 인출 사이클의 다음에 오는 사이클은 시스템의 상태에 따라 달라진다.

이와 같이 [그림 5-9]의 흐름도는 명령어와 인터럽트 패턴에 따라서 일련의 완전한 마이크로 오퍼레이션을 정의하고 있는 것을 보여주고 있다.

5.3 주소지정 방식

5.3.1 주소공간과 기억공간

주소(address)는 기억장치에 기억된 정보에 부가하는 것으로서 주소를 이용하여 후에 그 정보를 읽어낼 수 있도록 하는 것이다. 프로그램이 수행되려면 주소와 기억장소와를 연결시켜야 되는 데, 이들을 연관시키는 것을 매핑함수(mapping function)라 한다. 주소와 기억장소가 별개의 개념으로서 두 개의 서로 다른 프로그램에서 어떠한 주소 X 를 사용할 때 이들이 반드시 같은 기억장소를 지정하지는 않는다.

주소공간과 기억공간의 관계는 [그림 5-10] 와 같다. 주소와 기억장소가 별개의 개념이기 때문에 컴퓨터를 생각하지 않고 일반적인 주소지정 방식에 관하여 논할 수 있는 데, 매핑 함수가 1 대 1 인 경우에는 이들을 같은 의미로 사용할 수 있다.

[그림 5-10] 주소공간과 기억공간의 관계

프로그램의 주소공간(address space)은 프로그래머가 사용할 수 있는 주소들로 구성되어 있다. 프로그램의 수행을 위해서는 주소공간은 실제 기억장치에 매핑시켜야 되는 데, 주소공간이 실제 공간보다 크기 때문에 1 대 1 매핑이 불가능하여 이들을 분리시켜서 사용해야 하는 경우 가상 기억 체계를 가진 컴퓨터라 한다. 기억장치에 기억된 정보의 주소를 지정하는 방법은 그 정보에 대하여 어떤 처리를 행할 때에도 필요한 것이다. 또한 컴퓨터 시간의 상당한 부분을 명령어나 데이터를 기억장치로부터 CPU 로 읽어내는 데 사용되기 때문에 효율적인 주소지정 방식을 사용해서 컴퓨터의 능률을 개선 할 수 있다.

특히, 프로그램 내장형 컴퓨터에서는 명령어를 취급하는 데이터의 주소를 명령어에 표시하기 때문에 주소를 간단하게 표시할 수 있으면 명령어를 표시하기 위한 비트 수가 적어지며, 따라서 기억장치의 밴드 폭을 효율적으로 사용할 수 있다.

어떤 컴퓨터는 1비트에 해당하는 정보를 주소로 지정할 수 있어서 자료 처리에 융통성을 발휘할 수 있도록 되어 있는 경우도 있다. 그러나 대부분의 경우, 하나의 주소로 지정할 수 있는 정보량의 최대값은 하드웨어적인 한계 때문에 기억장치의 한 단어 혹은 두 개의 단어 정도로 제한되어 있다. 다중 프로그램의 경우, 사용자의 프로그램의 보호와 특수 프로그램의 공동 이용의 편의를 제공할 수 있는 것도 또한 주소지정 방식에 따라 좌우된다.

5.3.2 지정 방식

주소는 그것으로 지정한 정보에 접근하는 방법에 의하여 직접주소, 간접주소, 계산에 의한 주소, 그리고 정보자신이 있다. 직접주소는 정보가 기억된 장소에 직접 매핑시킬 수 있는 주소를 의미하며, 간접주소는 정보가 기억된 장소에 직접 혹은 간접으로 매핑시킬 수 있는 주소가 기억된 장소에 매핑시킬 수 있는 주소를 의미한다.

주소지정 방식에서 기억장치에 적용할 수 있는 유효주소(effective address)를 구하는 과정은 [그림 5-11]과 같다. ACC 에 150 이라는 수가 기억되어 있을 때 ADD 51 과 같은 명령어에서 51 이 서로 다른 주소지정 방식일 때, 그 명령어가 수행된 후의 결과를 보여준다.

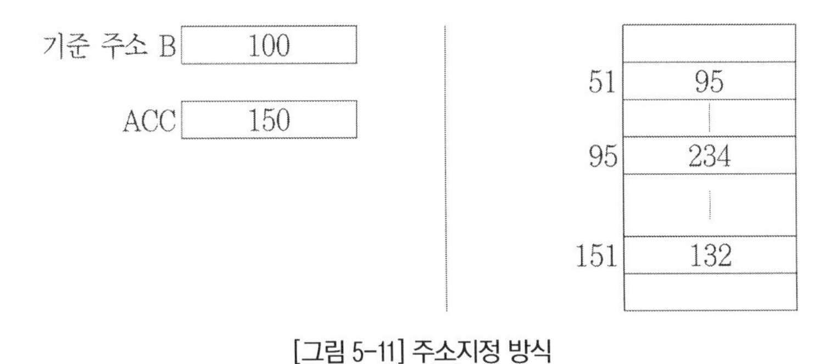

[그림 5-11] 주소지정 방식

[그림 5-11]에서,

51 이 직접주소이면 유효주소는 51 이며, 수행 결과는 245,

51 이 간접주소이면 유효주소는 95 이며, 수행결과는 384,

51 이 계산에 의한 주소이면 유효주소는 151 이며, 수행결과는 282,

51 이 정보자신이면, 수행결과는 201 이 된다.

간접주소에서는 기억된 주소에 플래그(flag : 보통 MSB) 를 두어서 읽어낸 주소가 직접 주소인지 혹은 간접주소인지를 결정한다. 예를 들면, 플래그가 1 이면 간접주소, 그리고 0 이면 직접주소를 나타내게 할 수 있다.

계산에 의한 주소는 주어진 주소에 상수 혹은 별도로 특정 레지스터에 기억된 주소의 일부분을 접속, 합산 또는 감산하여 정보가 기억된 장소에 매핑시킬 수 있는 유효주소를 구할 수 있는 주소를 의미한다. 인스트럭션 내에 데이터 자신을 나타내면 데이터를 기억장치에서 읽어야 할 필요가 없으므로 다른 주소 방식들보다 신속하다.

계산에 의한 주소방식은 최소한 CPU 내의 레지스터의 내용을 읽어서 계산해야 하므로 직접주소 방식보다 시간이 더 걸리는 반면에 주소를 나타내는 비트 수가 적게 필요하여 명령어의 길이를 짧게 할 수 있다.

간접주소 방식을 이용하여 추가로 최소한 한 번 기억장치를 접근하여야 되지만 계산에 의한 주소 방식과 더불어 짧은 길이의 명령어 내에서 상당히 큰 용량을 가진 기억장치의 주소를 나타내는 데 적합하다.

5.3.3 표현 방식

주소는 데이터의 주소를 표현하는 방식에 따라 완전주소, 약식주소, 생략주소, 데이터 자신이 있다.

완전주소라 함은 정보가 주소이든지 데이터이든지간에 그 기억된 장소에 직접 매핑시킬 수 있는 완전한 주소를 의미하고, 약식주소는 주소의 일부분을 생략한 것을 의미하며, 계산에 의한 주소는 대부분 약식주소이다. 생략주소는 주소를 구체적으로 나타내지 않아도 원하는 정보가 기억된 곳을 알 수 있을 경우에 사용된다. 하나의 AC 를 가진 컴퓨터에서는 AC 를 항상 연산에 사용하여야 되는 데 구태여 이를 주소를 사용하여 지정할 필요가 없으므로 생략한다. 마찬가지로 스택을 이용한 연산에서도 주소를 생략할 수 있다. 생략주소는 명령어의 길이를 단축하는 데 가장 큰 기여를 한다. 데이터 자신을 표시할 경우, 주소를 위하여 별도의 비트가 필요 없으나 데이터 자신을 위하여 상당한 수의 비트가 필요하다.

약식주소는 분명히 완전주소보다 적은 수의 비트를 필요로 하지만 CPU 내의 레지스터를 이용하여야 되며, 완전주소는 주소를 표시하는 방법 중 가장 많은 비트 수를 필요로 하는 방식으로서 기억장치의 용량이 2^n 단어일 때 n 비트를 필요로 한다.

5.3.4 주소와 기억공간

주소를 실제 기억공간과 연관시키는 방법에 따라 주소는 절대주소와 상대주소가 있다. 절대주소라 함은 그 주소를 가지고 직접 앞서 소개한 데이터에 접근하는 방식에 따라 접근할 수 있는 것이고, 상대주소는 절대주소로 변환하여야 되며, 그 주소로는 직접 데이터에 접근할 수 없고, 모든 주소는 기준주소(base address)에 상대적으로 표시되므로 절대주소를 구하기 위해서는 상대주소와 기본 주소를 이용한 계산이 필요하다. 상대주소로부터 유효주소를 구하는 방법은 [그림 5-12]와 같다. 프로그램과 데이터를 기억장치 내에서 변위가 가능하게 하기 위해서는 사용되는 주소가 어느 기본 주소에 대하여 상대주소이어야 된다.

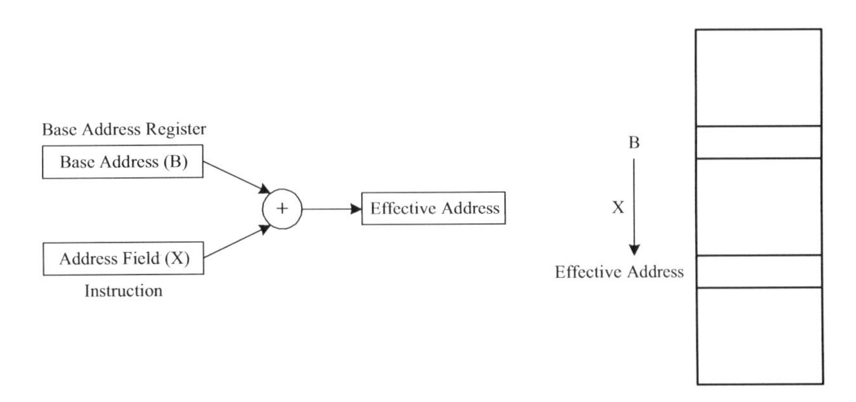

[그림 5-12] 상대주소에 의한 주소지정 방식

5.4 명령어 형식

명령어란 CPU 에서 실행되는 연산(operation)의 종류와 연산에 사용되는 피연산자(operand) 또는 데이터의 위치를 지정하며, 여기서 데이터란 레지스터, 주기억장치, 스택 또는 I/O 장치로부터의 입력 데이터 또는 연산결과의 데이터 등을 의미한다.

5.4.1 명령어의 구조

명령어는 일반적으로 연산의 종류를 나타내는 연산자(operation code : OP code)와 데이터의 주소를 나타내는 주소부분으로 구분된다. 연산자 부분은 컴퓨터가 실행하는 ADD, SUB, MUL 과 DIV 등과 같은 연산자를 의미하며, 연산자는 어떤 기능을 수행할 것인가를 나타내는 것 이외에도 연산자의 수행에 필요한 피연산자의 출처가 레지스터, 기억장치, 스택 중에서 어느 것인가를 나타낼 수도 있으며, 또 피연산자의 종류가 글자, 고정소수점 혹은 부동소수점으로 나타낸 수 중에서 어떠한 것인가를 나타낼 수도 있다. 또 연산에 필요한 피연산자의 주소는 피연산자가 기억된 곳이나 기억시킨 곳이 어디인가에 따라 기억장치의 주소 혹은 CPU 내의 ACC, 인덱스 레지스터, 스택, 범용 레지스터 중의 하나를 지정한다.

컴퓨터의 연산에 필요한 데이터는 2개(바이너리 연산: binary 연산)[예를 들면, 4칙 연산] 정도이고, 경우에 따라서는 1개(유너리 연산 : unary연산)[예를 들면, complement] 인 경우도 있지만, 계산결과는 반드시 하나이다 [다중 처리의 경우는 예외] . 따라서, 일반적으로 명령어에는 연산자 그리고 최대한 2개의 피연산자와 연산결과의 주소를 나타낼 수 있다. 물론 데이터 부분이 없는 명령어들도 있으며, 이를 0-주소 명령어라 부르기도 한다. 명령어의 형식은 CPU 의 기종에 따라 크게 다르며, 명령어는 바이트 단위로 이루어진다. 인텔 계열의 80×86 프로세서들의 명령어들은 가변길이 명령어로서 명령어의 길이가 1개 바이트부터 17바이트로 구성되어 있다. [그림 5-13]에 80×86 마이크로프로세서와 같은 전형적인 CISC 프로세서들의 다양한 명령어의 형태를 나타내었다.

OP code		(a)
OP code	데이터	(b) 즉치 데이터
OP code	데이터의 주소 또는 특정 레지스터를 지정	(c) 직접 주소

[그림 5-13] 명령어의 구조

[그림 5-13]에 나타낸 바와 같이 프로세서가 주기억장치로부터 인출한 명령어의 한 부분인 연산자는 ALU 에서 실행할 연산의 종류를 나타내는 부호가 없는 2진수로서 보통 1개 바이트로 이루어지며, 프로세서에 의해 직접 실행되는 명령어 자체를 의미한다. 명령어의 종류를 나타내는 연산자 세트는 컴퓨터 명령어 세트 또는 기계어 명령어 세트라 부른다.

5.4.2 3-주소 명령어 형식

3-주소 명령어(three address instruction)는 한 개의 명령어에 연산자와 명령어를 실행하기 위한 두 개의 원시 데이터를 판독하기 위한 주기억장치 위치(Location)의 주소와 연산결과를 저장하기 위한 주소를 포함하여 3개 주소로 구성된 명령어의 구조를 의미한다. 특히 RISC 프로세서들은 몇 개의 명령어를 제외하고는 언제나 레지스터들만으로 나타낸다. 3-주소 명령어 형식은 [그림 5-14]와 같이 나타낼 수 있다.

(1) 명령어의 실행을 위한 피연산자-1의 주기억장치 주소 또는 레지스터
(2) 명령어의 실행을 위한 피연산자-2의 주기억장치 주소 또는 레지스터
(3) 연산결과의 데이터가 저장될 주기억장치의 목적지 주소 또는 레지스터

OP code	피연산자-1 주소	피연산자-2 주소	결과 주소

[그림 5-14] 3-주소 명령어의 형식

예 식 A = B * C + D 를 3-주소 명령어로 표현해보자.

MUL : 연산자(multiply), ADD : 연산자(addition), A : 피연산자 A의 주소

B : 피연산자 B의 주소, C : 피연산자 C의 주소, D : 피연산자 D의 주소,

T : 중간 계산결과 B * C 의 주소라고 하면,

MUL B, C, T

ADD T, D, A 로 나타낼 수 있다.

5.4.3 2-주소 명령어 형식

2-주소 명령어(two address instruction)는 한 개의 명령어에 두 개의 주기억장치 주소 또는 두 개의 특정 레지스터를 나타내는 구조이다. 3-주소 명령어에서 연산 후에 피연산자 보존의 필요성이 없으면 연산결과를 2개의 피연산자가 있던 곳에 기억시킬 수 있다. 물론 두 개의 주소가 각기 주기억장치의 주소와 특정 레지스터를 가리킬 수도 있다. 2-주소 명령어의 가장 일반적인 명령어로는 데이터 전송 명령어인 MOVE 명령어이다. 그러나 명령어의 길이가 짧아 데이터버스의 길이가 작은 컴퓨터에 자주 사용되고 있는 명령어의 형식이다. [그림 5-15]에 2-주소 명령어의 구조를 나타내었다.

(1) 명령어의 실행을 의한 피연산자-1의 주소치 주소

(2) 명령어의 실행을 위한 피연산자-2의 주소이며 결과의 목적지주소

OP code	피연산자-1 의 주소	피연산자-2의 주소 = 결과 주소

[그림 5-15] 2-주소 명령어의 형식

초기에는 2-주소 방식의 명령어는 결과를 저장할 기억장치 위치의 주소를 별도로 지정하지 않지만 연산결과는 고정된 위치에 자동적으로 저장되었다. 그러나 현재 모든 2-주소 방식을 사용하는 컴퓨터에서 계산결과의 주소는 좌측 또는 우측 데이터의 주소로 사용하고 있다. 인텔 80×86 프로세서 계열의 경우에서와 같이 좌측 데이터의 주소가 결과의 주

소로 사용되고 있다.

5.4.4 1-주소 명령어 형식

각 명령어에 한 개 주소만을 포함하는 1-주소 명령어(one address instruction)는 연산자에 이어서 단지 한 개의 주소부분만이 존재하는 명령어 형식이다. 1-주소 명령어는 두 개의 데이터 가운데 한 개의 데이터는 이미 누산기 레지스터인 ACC 에 적재되어 있으며, 나머지 한 개의 데이터는 주기억장치의 특정주소 또는 레지스터에 저장되어 있는 명령어 형식을 나타낸다. 따라서 1-주소 명령어는 언제나 ACC 를 사용하여 명령어의 실행이 이루어지며, 명령어의 주소부분은 바로 두 번째 원시 데이터가 저장되어 있는 주기억장치의 주소위치 또는 레지스터를 가리키게 된다. 또한 1-주소 명령어의 실행 결과는 자동적으로 ACC 에 저장된다. [그림 5-16]에 1-주소 명령어의 형식을 나타내었으며, 1-주소 명령어의 구조는 명령어의 길이가 매우 짧다는 장점을 보유하고 있지만 프로그램의 길이가 다소 길어진다는 단점을 갖고 있다.

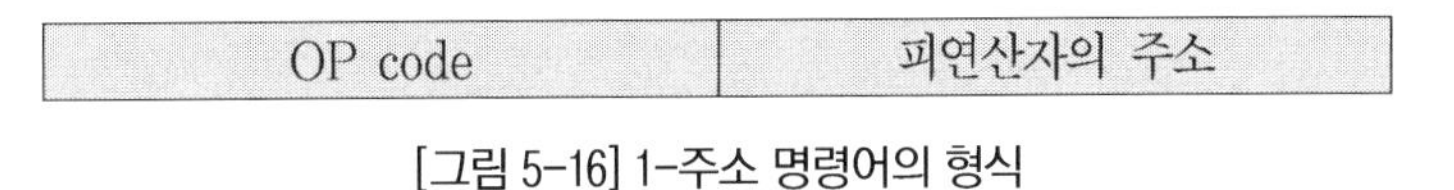

[그림 5-16] 1-주소 명령어의 형식

5.4.5 0-주소 명령어 형식

명령어의 구조 가운데 가장 짧은 길이의 명령어로 구성된 명령어 형식을 0-주소 명령어(zero address instruction)라 부르며, 명령어 내에 주소부분이 없는 명령어를 의미한다. 따라서 0-주소 명령어는 연산을 실행하기 위한 데이터의 인출과 결과의 저장을 위해 기억장치 위치나 프로세서 내의 레지스터를 전혀 참조할 수 없음을 나타낸다. 그러므로 0-주소 명령어는 연산의 실행에 필요한 원시 데이터와 결과의 저장은 스택(stack)에 접근하여 각각 인출되고 또한 저장된다. 0-주소 형식은 연산의 실행을 위해 언제나 스택에 접근해야 한다.

스택 구조를 갖는 0 주소 명령어에서 ADD 와 MUL 연산과 같은 명령어는 주소부분을 전혀 나타낼 수 없지만 푸시(Push)와 팝(Pop) 명령어는 주소부분을 보유하여야 한다. 따라서 ADD 와 MUL 과 같은 명령어는 연산을 실행하기에 앞서서 프로세서 내의 스택 포인터(SP)가 가리키는 스택의 탑으로부터 두 개의 데이터를 인출하여 연산을 실행한 다음 결과를 다시 SP 가 가리키는 스택의 탑에 자동적으로 저장하게 된다. 이와 같이 스택을 이용한 데이터 처리에서 필요한 탑(Top)의 내용 변경은 프로그래머가 관여할 일이 아니며, 구조상의 기능이 자동으로 이루어진다.

5.5 마이크로 프로세서(Micro Processor)

1950년부터 개발되기 시작한 집적회로의 발전에 힘입어 현재의 집적회로의 설계, 제작기술은 경이적이라 할 수 있다. 집적회로의 제조기술의 발전의 결과로서 컴퓨터의 소형화, 고성능화 및 저가화를 이룰 수 있는 근간이 되고 있다. 따라서 집적회로의 발전과 더불어 등장한 마이크로 프로세서가 현재의 컴퓨터시스템에서 CPU 로 사용되고 있으며 이 경향은 앞으로 가속되리라 예측된다. CPU 로 사용되는 마이크로 프로세서를 설명하기로 한다.

5.5.1 마이크로 프로세서의 개념과 발전 과정

마이크로 프로세서의 성능은 명령어 집합의 복잡도, 클록의 속도, 하나의 명령어를 실행하는 데 소요되는 클록의 개수 등의 세 가지 요소에 의해 결정된다.

이러한 마이크로 프로세서의 구현방법에 따라 성능을 향상시키는 방법에는 여러 가지가 있을 수 있다.

첫 번째, 신호의 전달지연을 방지하는 것이고,

두 번째, 클록의 속도를 향상시키는 것이다. 클록의 속도를 높이면 당연히 처리속도는 향상된다. 현재에도 PC 의 처리속도는 클록의 속도에 개략적으로 비례하고 있다.

세 번째, CPU 와 ALU 를 일체화하는 것이다. i80486 에서와 같이 ALU 를 내장하여 실수 연산에 대한 처리속도를 향상시킬 수 있다.

네 번째, 파이프라인 기법의 채택이다. 파이프라인 구조는 다수의 명령들을 병렬로 실행시킴으로 성능을 향상시킨다.

다섯째, 캐시 메모리를 내장시키는 것이다. 내장된 캐시를 이용하여 가급적 외부의 메모리를 참조하지 않고 대부분의 명령어 수행을 마이크로 프로세서 내부에서 실행하도록 한다.

여섯째, 레지스터의 수를 증가시켜 메모리에 대한 접근 횟수를 줄이는 것이다. 그러나 너무 증가시키면 회로가 복잡해지는 원인이 되는 문제점이 있다.

일곱째, 버스의 폭을 넓히는 것이다. 일부의 마이크로 프로세서의 내부 버스는 64비트 또는 128비트로 되어 있다.

여덟째, 이러한 CISC 마이크로 프로세서의 성능향상과 고속화 방법도 일정한 한계가 있기 때문에 보다 나은 성능을 실현하기 위해서는 RISC 기술의 도입이 필요하다.

마이크로 프로세서는 일반적으로 취급하는 데이터버스의 비트 수, 주소버스의 비트 수, 명령어 코드의 비트 수, 연산용 레지스터와 내부 버스의 비트 수, 그리고 가상주소의 비트 수 등의 크기에 따라 몇 비트 마이크로 프로세서라고 구분할 수 있다. 인텔의 마이크로 프로세서는 〈표 5-3〉에 나타낸 바와 같이 4, 8, 16, 32, 64 비트로 지속적으로 발전하였다. 비트 수의 차이는 처리속도뿐만 아니라 내부 구조 및 사용하는 용도에도 많은 변화를 가져왔다.

〈표 5-3〉 1980년대 이후 INTEL CPU 의 특징과 발전과정

CPU(코드명)	발표 시기	연산 단위	집적도 pin(소켓) 제조공정 동작전압	특 징
XT(8088)	1979.6	16	29,000	5MHz, IBM PC 에 장착됨
Pentium(P54C)	1993.3	32	320만 273 pin 5V	60~200MHz 병렬처리기능, databus폭 64bit
Celeron (SandyBridge)	2011.9	32 64	LGA1155 32nm 65W	-듀얼코어(Dual Core) 기술 -Sandy Bridge아키텍쳐 -듀얼채널 DDR3(1066MHz) 메모리 컨트롤러 내장 -L1 32KB*2(2), L2 256kB*2(2), L3 2MB -Intel HD Graphics,코어클록850MHz G530(2.4GHz)
Pentium (SandyBridge)	2011년	64 32	LGA1155 32nm 65W	-듀얼코어(Dual Core) 기술 -Sandy Bridge아키텍쳐 -듀얼채널 DDR3(1333MHz) 메모리 컨트롤러 내장 -L1 32KB*2(2), L2 256kB*2(2), L3 3MB -Intel HD Graphics,코어클록850MHz G630(2.7GHz), G840(2.8GHz) G850(2.9GHz),G860(3.0GHz)
Pentium IV (Willamette)	2000.10	32	4200만개 소켓423 /478pin 0.18u 1.75V	-Netburst Microarchitecture -1.4GHz, 1.5GHz(L1 cache : 8kB L2캐시 : 256KB on-die, 400MHz FSB) -1.7GHz ,1.8GHz(2001.7.4) ,1.9MHz -2.0GHz (2001년 3/4분기)
Core 2 Duo (Woolfdale)	2008.1	64 32	LGA775 45nm 0.85V~ 1.36V	-듀얼코어(Dual Core) 기술 -EM64T지원 -코어™ 마이크로아키텍쳐 (Core™ MicroArchitecture)" -L1 32KB, L2 3MB/6MB(Shared) -1,066MB(266MHz QUAD) FSB E7200(2.53GHz),E7300(2.66GHz) E7400(2.8GHz), E7500(2.93GHz) E7600(3.06GHz) -1,333MB(333MHz QUAD) FSB E8200(2.66GHz),E8400(3.0GHz), E8500(3.16GHz),E8500(3.16GHz)
Core 2 Quad (Yorkfield)	2008.2	64 32	LGA775 45nm 0.85V~ 1.36V	-쿼드코어(Quad Core) 기술 -코어™ 마이크로아키텍쳐 -1,333MB(333MHz QUAD) FSB -L1 16KB*4, L2 2MB/6MB(Shared)*2 Q8200(2.33GHz),Q8300(2.5GHz) Q8400(2.66GHz) Q9300(2.5GHz), Q9400(2.66GHz) Q9550(2.83GHz), Q9650(3GHz)
Core i7 1세대 (Bloomfield)	2008.11	64 32	7억 3100만개 LGA1366 45nm 0.80V~ 1.375V 130W	-쿼드코어(Quad Core) 기술 -네할렘 코어™ 마이크로아키텍처 (Nehalem Core™ MicroArchitecture) -Hyper Threading -Turbo Boost -3채널 DDR3(1066MHz) 메모리 컨트롤러 내장

CPU(코드명)	발표 시기	연산 단위	집적도 pin(소켓) 제조공정 동작전압	특 징
				-L1 32KB*4, L2 256kB*4, L3 Smart Cache 8MB(Shared) -QPI(QuickPath Interconnect) -4.8GT/s,6.4GT/s 920(2.66GHz),940(2.93GHz), 950(3.06GHz),960(3.2GHz),975(3.33GHz)
Core i7 Core i5 1세대 (Lynnfield)	2009.8	64 32	LGA1156 45nm 0.65V~ 1.40V 95W	-쿼드코어(Quad Core) 기술 -네할렘 코어™ 마이크로아키텍쳐 (Nehalem Core™ MicroArchitecture) -Hyper Threading (Core i7) -Turbo Boost -듀얼채널 DDR3(1333MHz) 메모리 컨트롤러 내장 -L1 32KB*4, L2 256kB*4, L3 Smart Cache 8MB(Shared) -DMI(Direct Media Interface) 2.5GT/s 750(2.66GHz), 860(2.8GHz), 870(2.93GHz)
Core i3 Core i5 1세대 (Clarkdale)	2009.12	64 32	LGA1156 32nm 73W	-듀얼코어(Dual Core) 기술 -Turbo Boost(Core i5) -듀얼채널 DDR3(1333MHz) 메모리 컨트롤러 내장 -인텔 GMA HD내장 -L1 32KB*2, L2 256kB*2, L3 Smart Cache 4MB(Shared) -DMI(Digital Media Interface) 2.5GT/s 530(2.93GHz),540(3.06GHz),550(3.2GHz) 650(3.2GHz), 660(3.33GHz),670(3.46MHz)
Core i7 Core i5 Core i3 2세대 (SandyBridge)	2011.1	64 32	LGA1155 32nm 95W 65W	-쿼드코어(Quad Core) 기술 -Sandy Bridge아키텍쳐 -Hyper Threading (Core i7) -Turbo Boost 2.0 -듀얼채널 DDR3(1333MHz) 메모리 컨트롤러 내장 -L1 32KB*4(2), L2 256kB*4(2), Last level Cache 8MB(6MB)(3MB) -Intel HD Graphics HD2000(K는 HD3000), 코어클록850MHz 2100(3.1GHz), 2500(3.3GHz),2400(3.1GHz), 2300(2.8GHz), 2600(3.4GHz), 2700(3.5GHz)

1993년에 발표된 펜티엄(pentium) 프로세서는 수퍼 스칼라 구조와 이중 파이프라인으로 명령어들을 처리할 수 있기 때문에 i80486 의 단일 파이프라인 처리보다 그만큼 처리속도가 빨라지고, 8단계의 파이프라인으로 동작하는 고성능의 실수 연산장치, 각각 분리된 8KB 의 데이터 캐시와 명령어 캐시, 64비트 데이터버스, 그리고 분기 예측(branch prediction)을 위해 분기 목표 버퍼(branch target buffer)라는 소형 캐시를 사용함으로써 성능을 크게 향상시켰다. 1995년 인텔은 차세대 마이크로 프로세서인 펜티엄 프로(pentium pro) 프로세서를 발표했다. 펜티엄 프로는 명령어들을 동적으로 실행하는 기술을 기반으로 무순서 실행(out of order execution), 레지스터 재명명(register renaming), 분기 예측, 추측 실행(speculative execution)등을 지원하는 12단계의 수퍼 파이프라인 구조와 5개의 명령어들을 동시에 실행할 수 있는 수퍼 스칼라 구조를 채택하고 있다. 또한 비블록킹 캐시 구조로 동작하는 16KB 1차 캐시와 256KB 또는 512KB 의 2차 캐시를 내장하고 있다. 1997년 5월, 인텔은 펜티엄 프로의 후속 마이크로 프로세서인 펜티엄 II 를 발표하였다. 펜티엄 II 는 기본적으로 펜티엄 프로와 동일한 구조로 되어 있으며, 펜티엄 프로에 비해 추가된 주요 기능에는 MMX(multimedia extension)기술, SEC(single edge contact) 카트리지 패키징 기술 그리고 DIB(dual independent bus) 등이 있다.

MMX 는 오디오, 비디오, 그래픽 데이터 등을 효율적으로 처리하기 위해 특별하게 고안된 57개의 강력한 명령어를 근간으로, 1997년 1월 발표한 펜티엄 MMX 기술은 SIMD(single instruction multi data stream) 구조를 기반으로 하고 있으며, 이는 하나의 명령어로 여러 개의 데이터를 동시에 처리하는 기법이다. 이러한 SIMD 기법은 휴렛팩커드의 PA- 7100LC 와 선의 울트라 스파크(UltraSPARC)프로세서에도 적용되고 있다. DIB 는 펜티엄 프로에 처음 구현된 이후, 펜티엄 II 에 본격적으로 채택된 버스로서 단일 버스 구조로 이루어진 기존 프로세서와 외부 시스템간에 새로운 2차 캐시(L2 cache)를 위한 전용 버스(dedicated bus)를 추가한 구조이다. 이에 따라 마이크로 프로세서는 2차 캐시를 내장하고 있는 펜티엄 프로와는 달리, 2차 캐시는 프로세서 외부에 위치하며 프로세서와 함께 하나의 카트리지에 완전히 쌓이는 형태로 장착 방식이 바뀌었다. 이러한 SEC 카트리지 패키진 기술을 이용한 펜티엄 II 는 주 시스템 포드에 위치한 242핀의 슬롯 1 커넥터(slot 1 connector)에 장착된다. 이에 따라 기존 펜티엄 프로에서는 내장된 2차 캐시가 프로세서와 동일한 클록 속도로 동작하기 때문에 클록사이클을 어느 한계 이상으로 높일 수 없다는 제약점을 지니고 있으나, 펜티엄 II 에서는 2차 캐시가 외부에 위치하고 프로세서의 $\frac{1}{2}$ 클록으로 동작하기 때문에 450MHz 이상의 높은 클록사이클에도 동작이 가능하다. 또한 펜티엄 II 에서는 내부의 1차 캐시를 32 KB 로 확장하였으며, 2차 캐시의 크기는 펜티엄 프로와 동일한 512 KB 로 구성되어 있다. 〈표 5-3〉에 1980년대 이후 인텔 마이크로 프로세서의 특징과 발전 과정을 설명하였다.

- FC-PGA(Flip Chip Pin Grid Array) 소켓방식
- SIMD(Single Instruction Multiple Data) : 하나의 명령으로 여러개의 데이터를 처리
- FSB(Front Side Bus) : CPU 가 램 등의 주변장치와 데이터를 주고 받는 통로
- SSE(Streaming SIMD Extensions) : 실수연산에 최적화되어 멀티미디어 처리에 탁월
- SECC(Single Edge Contact Cartridge)
- μ(미크론) : 백만분의 1m
- nm(nanometer) : 10억분의 1m
- Hyper-Threading : 1개의 CPU 를 2개의 CPU 가 장착된 것 처럼 인식하게하여 작업 속도를 향상시키는 기술, 일반 CPU 보다 대략 25% 성능향상
- EM64T(Enhanced Memory 64bit Technology) : 인텔의 64비트 어플리케이션 및 OS 를 지원하기 위해 개발된 기술
- 64bit : 주소의 표현범위를 16EB(2^{64})까지 나타냄
- LGA(Land Grid Array)
- 듀얼코어(Dual Core) : Intel 의 새로운 멀티테스킹 및 멀티유저를 고려한 신기술로, 하드웨어적으로 모든 처리기반이 독립되어 2개의 CPU 가 존재하는 것과 동일한 개념의 CPU
- VT(Virtualization Technology) : 여러 운영체제를 운용할 수 있도록 하는 인텔의 가상화 기술

  코어 마이크로아키텍처(CoreTM MicroArchitecture)

  넓어진 동적 실행능력 (Wide Dynamic Execution) : 파이프라인을 3개에서 4개로

  발전된 캐시관리 (Advanced Smart Cache)

  진보된 메모리 접근(Smart Memory Access)

  향상된 디지털미디어 처리 성능(Advanced Digital Media Boost)

  지능적인 전력 관리(Intelligent Power Capability)

5.5.2 펜티엄(Pentium)

(1) 성능 요약

1993년 발표된 펜티엄 프로세서는 2.6 인치에 310만 개의 트랜지스터를 집적한 칩으로 273핀 PGA(pin grid array) 패키지로 제조되었고, 인텔의 0.8 마이크론 BiCMOS 공정으로 제작되었다. 기존의 i80486 에 비해 크게 성능과 신뢰성이 향상되었고, i80486 과는 다른 여러 가지의 기술적 특징을 가지고 있다. 프로세서의 성능과 신뢰성을 향상하기 위해 추가된 기능을 살펴보면,

① 수퍼 스칼라 구조와 이중 파이프라인으로 명령어가 처리되므로 i80486 의 단일 파이프라인 처리보다 그만큼 처리속도가 빨라졌으며,

② 개선된 FPU 는 8단계의 파이프라인 구조로 동작함으로써 복잡한 연산을 요구하는 응용 프로그램의 처리속도를 높여준다.

③ 캐시 메모리는 16KB 로 증가하였으며, 8KB 코드 캐시와 8KB 데이터 캐시로 분리시켜 연산장치간의 캐시 충돌의 문제를 해결함으로써 성능을 향상시켰다. 그리고 데이터 캐시는 나중 쓰기(write-back) 방식, 2-가지 집합 연산(two-way sets associative) 구조, 32바이트의 라인 크기로 구성되어 있으며, 다중 프로세서 시스템을 지원하기 위하여 MESI 프로토콜을 지원한다.

④ 분기 예측을 위해 분기 목표 버퍼(branch target buffer) 라는 소형 캐시를 사용함으로써 파이프라인의 성능을 크게 향상시켰다.

⑤ 클록사이클의 증가이다. 펜티엄은 BiCMOS(Bipolar Complementary Metal Oxide Semiconductor) 기술로 집적되어 최대 266 MHz 까지 동작할 수 있다. 따라서 펜티엄은 빠른 주파수로 인해 i80486 보다 높은 성능을 발휘한다. BiCMOS 집적 기술은 양극성과 CMOS 의 공정을 결합한 것으로 펜티엄에서는 빠른 속도가 필요한 부분은 양극성으로, 저 전력 소비와 고집적도가 요구되는 부분은 CMOS 공정으로 집적되었다.

⑥ 펜티엄은 간단하면서 자주 사용되는 명령어들을 마이크로 코드를 사용하지 않고,

고정배선(hardwired)방식으로 수행하도록 설계함으로써 호환성을 유지하면서도 명령어들을 고속으로 수행할 수 있도록 하였다.

⑦ 마이크로 코드의 처리속도를 향상시킴으로써 대부분의 복잡한 명령어들은 두 개의 명령어 파이프라인을 사용하여 i80486 보다 빨리 수행된다.

⑧ 펜티엄은 전통적인 메모리 페이지 크기인 4KB 를 지원할 뿐만 아니라 4MB 까지 지원할 수 있도록 선택할 수 있다. 이러한 선택 기능은 복잡한 그래픽 응용 프로그램이나 실시간으로 동화상을 처리하기 위한 응용 프로그램 등에서 페이지 교체빈도를 줄이기 위해 특히 유용하다.

⑨ 펜티엄의 데이터버스는 내부적으로 i80486 과 같이 32비트로 동작하지만, 외부 데이터버스는 64비트로 데이터를 전송하므로 단일 버스 주기로 전송되는 데이터 양이 두 배로 늘어나게 된다.

⑩ 펜티엄은 신뢰성 있는 데이터를 처리하기 위해 내부 및 외부 접속에서 오류 검증을 할 수 있는 여러 기능을 가지고 있는 데, 오류 검출과 기능적 중복 점검(functional redundancy checking : FRC) 등이 있다. 오류 검출은 내부의 오류 검출 회로가 코드 및 데이터 캐시, TLB, 마이크로 코드, 그리고 분기 목표 버퍼에 부가하는 패리티 비트(parity bit)를 이용한다. 또한 펜티엄은 기능적 중복점검을 지원함으로써 프로세서와 외부의 오류를 되대한 점검할 수 있도록 했다. FRC 기능을 사용할 때 동일한 버전의 펜티엄 두 개가 사용된다. 한 개는 체커(checker)로 사용되며, 체커는 매 클록마다 마스터의 출력 신호를 비교하여 신뢰성을 검증한다.

(2) 펜티엄의 내부 구조

펜티엄은 [그림 5-17]과 같이 버스 접속장치, 명령어 사전 인출기, 분기목표 버퍼, 사전 인출 버퍼, 명령어 해석기, 실행장치, FPU, 메모리 관리장치, 그리고 코드캐시 및 데이터 캐시 등 8개의 기능장치와 두 개의 파이프라인을 가진 수퍼 스칼라 구조로 되어 있다.

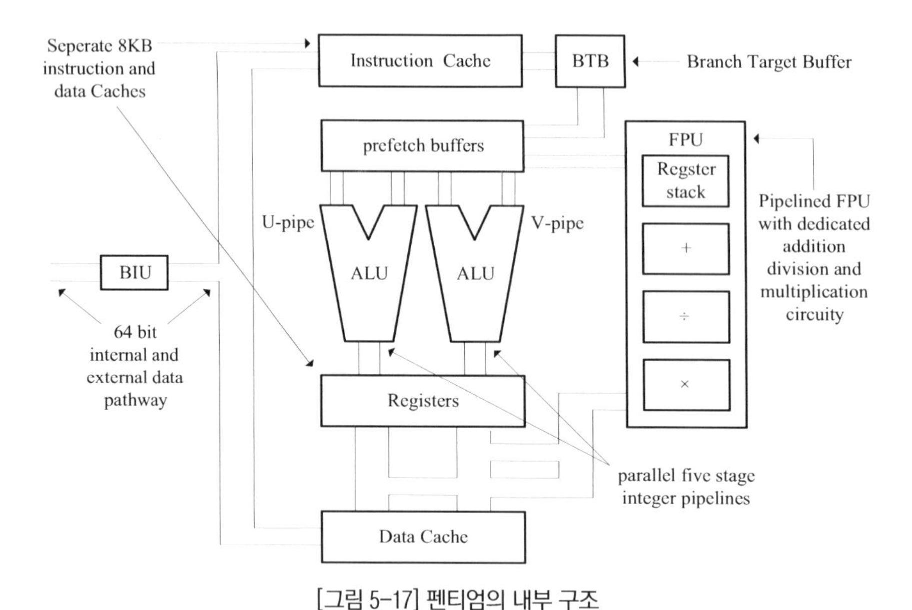

[그림 5-17] 펜티엄의 내부 구조

5.5.3 펜티엄 프로(Pentium Pro)

(1) 성능 요약

펜티엄프로 프로세서는 150MHz, 166MHz, 180MHz, 200MHz의 4종류로 1995년 11월 발표되었다. 펜티엄 프로세서 보다 2배 이상의 성능을 발휘하는 것을 목표로 하였다. 0.6 미크론 BiCMOS 공정으로 제작된 펜티엄 프로 프로세서는 2차 캐시를 내장하고, 두 개의 다이(die)를 387핀의 1패키지(dual cavity package)에 집적하였다. 펜티엄 프로의 두 다이는 16KB의 1차 캐시를 포함한 CPU 와 2차 캐시로 구성된다. 2차 캐시의 다이는 1,550만 개의 트랜지스터로 집적되고, 또 하나의 다른 다이는 550만 개의 트랜지스터로 집적되었는 데, 그 중 450만 개는 CPU 에, 100만 개는 16KB의 1차 캐시로 사용되었다. 펜티엄 프로는 명령어들의 동적 실행을 기반으로 무순서 실행, 레지스터 재명명, 분기 예측, 추측 실행(speculative execution) 등을 지원하는 L2단계의 수퍼 스칼라 파이프라인 구조를 채택하고 있다. 그리고 16KB 1차 캐시와 256KB 또는 512KB 2차 캐시를 내장하고 있다. 또한 펜티엄 프로는 분리 트랜잭션 버스와 개선된 우선순위 인터럽트 제어기(advanced priority interrupt controller : APIC)를 포함하여 다중 프로세서 시스템에 적합하도록 설계되었고, 이에 따라 주변 회로의 추가 없이 최대 4개의 펜티엄 프로를 클러스터(cluster) 단위로 연결한 대규모 병렬 프로세서(massively parallel processor) 시스템을 보다 용이하게 구축할 수 있었다.

펜티엄 프로 마이크로 프로세서는 일반에 알려진 것처럼 본격 64비트 구조는 아니다. 펜티엄과 마찬가지로 32비트이며 소프트웨어로 64비트를 처리하는 구조를 채택하고 있다. 그러나 명령어 처리를 다중화 함으로써 펜티엄에 비해 2배 이상 뛰어난 성능을 발휘한다. 펜티엄 프로의 경쟁 제품은 모두 RISC 방식이며 본격 64비트 프로세서이다. 반면 펜티엄 프로는 CISC 와 RISC 를 혼합한 32비트 프로세서이다. 펜티엄 프로는 486 및 펜티엄의 연장선상에 놓여 있다는 점에서 PC 용 소프트웨어와 큰 폭으로 호환된다. 그러한 배경아래 유닉스 운영체계까지 포괄한다는 점이 가장 강점인 요인이었다.

펜티엄 프로 82450GX 와 82450KX 모델의 비교표가 〈표 5-4〉이다. 〈표 5-5〉는 Sysmark를 이용한 윈도우즈 NT 와 다른 어플리케이션 레벨의 벤치마크 테스트에서 펜티엄 프로의 시스템 레벨 벤치마크 결과를 요약한 것이다.

〈표 5-4〉 펜티엄 프로의 기능

기 능	82450GX 모델	82450KX 모델
최대 장착 가능수	4개 병렬연결	2개 병렬연결
명령어 처리	32비트	32비트
최대 메모리	1 기가 바이트	256 메가 바이트
메모리 구성	1, 2, 4 통로	1, 2 통로
오류 체크 및 수정	버스 + 메모리	메모리
입출력	PCI 2 개	PCI 1 개
2 차 확장버스	EISA 및 ISA	ISA
패키지	BGA 또는 PQFP	BGA 또는 PQFP

〈표 5-5〉 System Level 벤치마크 결과 (SYSmark)

System-Level Benchmarks	Intel Pentium Pro processor (200 MHZ)	Intel Pentium Pro processor (180 MHZ)	Intel Pentium Pro processor (166 MHZ)	Intel Pentium Pro processor (150 MHZ)	Intel Pentium processor (133 MHZ)
SYSmark/NT					
Total(rating)	648	596	590	509	323
Spreadsheet(rating)	561	530	542	460	298
Project Management(rating)	819	753	715	633	286
Word Processing(rating)	599	556	573	485	335
Presentation(rating)	692	623	623	534	377
CAD(rating)	601	542	515	454	328
32-bit Apps/Windows NT					
Elastic Reality(sec)	66.90	72.50	75.40	82.30	119.53
Extreme 3D(sec)	93.73	103.76	109.51	122.37	204.82
Photoshop(sec)	23.92	174.31	183.83	203.65	323.11
Pixar Typestry(sec)	171.27	190.32	195.02	224.31	353.11
VistaPro(sec)	84.09	93.46	1090.97	112.39	169.00
MathCAD(sec)	23.92	26.63	28.08	30.70	47.12
32-bit Apps/Windows 95					
Excel(sec)	118.5	131.5	Not Tested	150.1	172.3
Word(sec)	90.2	97.1	Not Tested	106.7	137.4
Powerpoint(sec)	97.8	109.5	Not Tested	123.0	149.0
Freelance(sec)	102.1	113.3	Not Tested	130.4	149.9

(2) 펜티엄 프로의 구조

펜티엄 프로는 [그림 5-18]과 같이 크게 정순서(in-of-order) 장치, 무순서(out-of-order) 장치, 버스 접속장치(bus interface unit), 1차 캐시, 그리고 2차 캐시로 구성되고, 5개의 명령어를 동시에 실행할 수 있는 수퍼 스칼라 구조를 채택하였다.

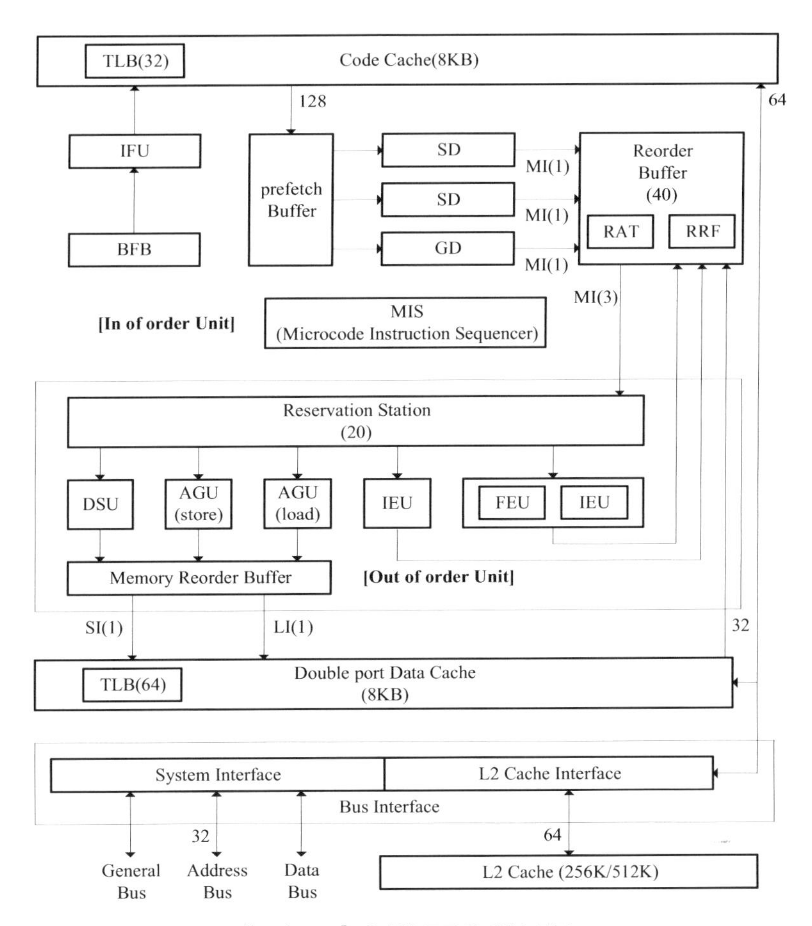

[그림 5-18] 펜티엄 프로의 내부 구조

5.5.5 Intel Sandy Bridge

2011년 인텔사는 네할렘 마이크로아키텍처를 발표한지 2년 만에 샌디브릿지(Sandy Bridge)라는 [그림 5-19]과 같은 새로운 아키텍처를 발표합니다. 샌디브릿지의 백엔드는 코어/네할렘과 거의 동일하지만 AVX 라는 새로운 벡터 유닛이 추가되었다. AVX 는 AMD가 개발한 FMA4 / XOP / CVT16 이란 명령어 세트와 인텔이 개발한 FMA3 를 망라한 것으로 그 중 애초 AMD 사의 XOP 는 SSE5 라는 이름으로 K10 이후 개발될 아키텍처에 적용될 예정이었으나 K10 이후 AMD 사에서 새로운 CPU 아키텍처의 개발이 없었고, 인텔이 여기에 256bit 데이터 확장을 제안하며 2008년까지 양사에 의해 최종적으로 개발이 완료, AVX 란 이름으로 발표되었다. SSE5 의 특징은 기존 x86 명령어와 달리 3~4 피연산자를 지원한다는 점인데, 기존엔 여러 사이클이 걸리던 곱셈-덧셈 혼합 연산(Fused Multiply-Add)을 한 사이클 만에 완료할 수 있게 하는 중대한 변화입니다.(FMA3, FMA4 역시 이름에서 알 수 있듯 Fused Multiply-Add 에 관한 명령어 확장입니다) 이러한 3~4피연산자 지원은 x86 명령어 세트로서는 XOP 에서 처음 도입되었지만 RISC 에선 이미 쓰여왔는데, 이 개념을 최초로 도입한 곳은 다름 아닌 모토롤라사였다.(AMD와 K7 개발을 위해 제휴했던 회사임) 90년대 중반 모토롤라-IBM-Apple 3사는 RISC CPU 의 개발을 위한 카르텔인 AIM Alliances 를 결성하였고 이들의 CPU 인 POWER-6, G4, G5 에 적용된 벡터 확장 명령어 세트인 Altivec 이 3~4피연산자를 지원했었다.

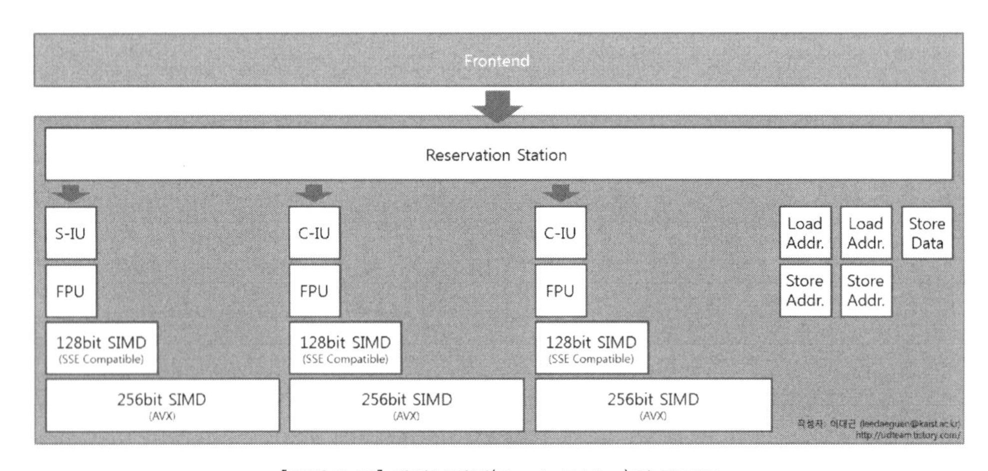

[그림 5-19] 샌디브릿지(Sandy Bridge)의 구조도

아직까지는 AVX 를 지원하는 어플리케이션이 거의 없어 전세대 CPU 와 큰 성능 차를 보이고 있지는 않지만 향후 최적화가 이뤄짐에 따라 과거 펜티엄 II → 펜티엄 III 만큼의 성능 차를 보일 것으로 전망된다.

5.5.6 AMD Bulldozer

새로운 아키텍처를 도입한 인텔사와 달리 AMD 사는 K10 이후 4년 간 새로운 CPU 의 발표가 없었던 AMD 사는 2011년 차세대 아키텍처로 저전력에 주안점을 둔 Bobcat 와 퍼포먼스 용의 Bulldozer 를 개발 발표하였다.

이 중 AMD 사의 [그림5-20]에 도시한 차기 불도저 아키텍처(Bulldozer Architecture)에 대해 알아본다. 우선 불도저는 기존의 CPU 와 달리 칩 단위, 또는 코어 단위로 세는 것이 애매합니다. 불도저 CPU 의 최소 단위는 '모듈'로, 1 불도저 모듈은 1 코어로 볼 수도, 2 코어로 볼 수도 있는 구조입니다. 구체적으로 프론트엔드는 1 코어, 백엔드는 불완전-2 코어로 볼 여지가 있으나 종합적으로 1 코어에 가깝습니다. 다만 제조사에서는 1 불도저 모듈을 2 코어로 홍보하고 있어 향후 이론의 여지가 발생할 수 있습니다.

불도저의 백엔드 구조를 자세히 들여다보면 아래와 같습니다.

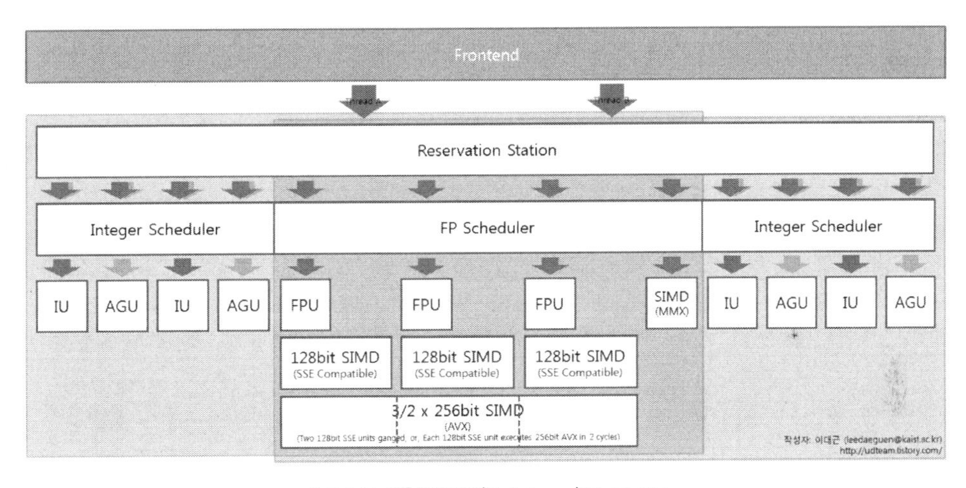

[그림 5-20] 불도저(Bulldozer)의 구조도

단일 프론트엔드(Front-End)에서 백엔드(Back-End)로 이어지는 포트는 12개로 사이클당 최대 12개의 명령어를 공급할 수 있으며 이 중 4개는 공유 부동소수점 스케줄러로, 나머지 8개는 각각 4개씩 따로 분화된 정수 스케줄러로 보내진다. 이 분화된 정수 스케줄러 및 정수/메모리 유닛이 불도저 모듈 내부의 "독립된 코어"를 구성하는 단위가 됩니다. 각 "코어"는 정수 스케줄러로부터 4개의 명령어를 공급받으며 각각 2개의 정수 유닛/주소 생성 유닛을 가지는데 기존의 K7 ~ K10 까지의 설계와 비교하면 수행 유닛 수 대비 공급되는 명령어 개수가 두 배로 늘어 났다.(기존은 3-이슈 정수 스케줄러에 각각 3개씩의 정수 유닛/주소 생성 유닛이 연결되어 있었다) 기존 아키텍처의 철학은 스케줄러에 명령어가

갑자기 몰릴 것을 대비해 수행 유닛을 넉넉히 두는 것인데, 불도저에서는 극한 상황에서의 성능 피크(Peak)치를 희생하는 것을 감수하고, 그 외 일반적인 경우에 한 사이클 당 더 많은 명령어를 처리해 내는 것(즉, 높은 연산량(스루풋: throughput))을 목표로 했다고 할 수 있다.

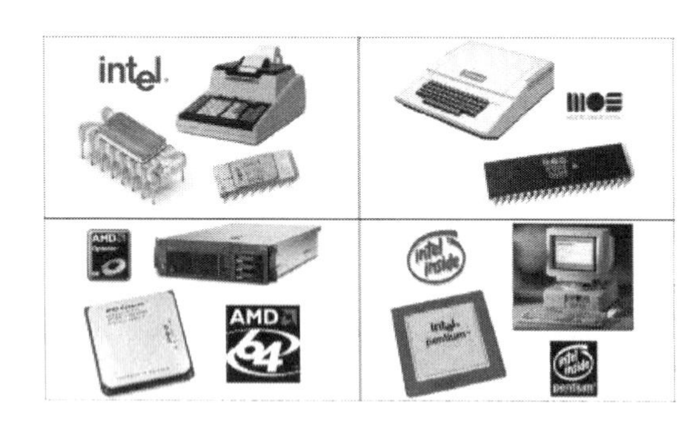

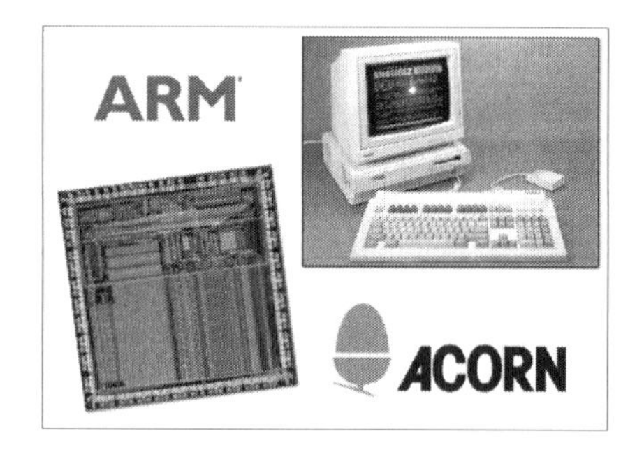

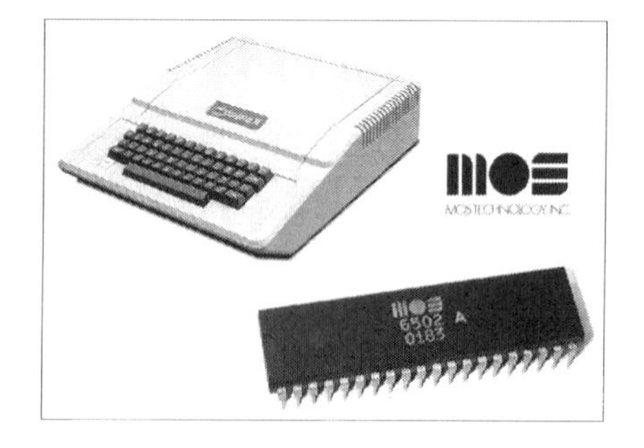

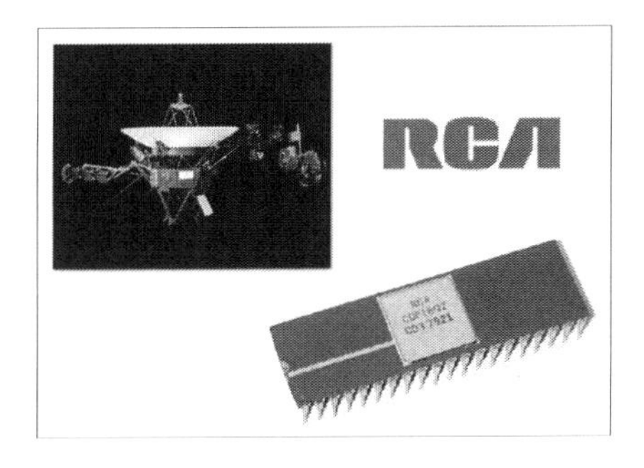

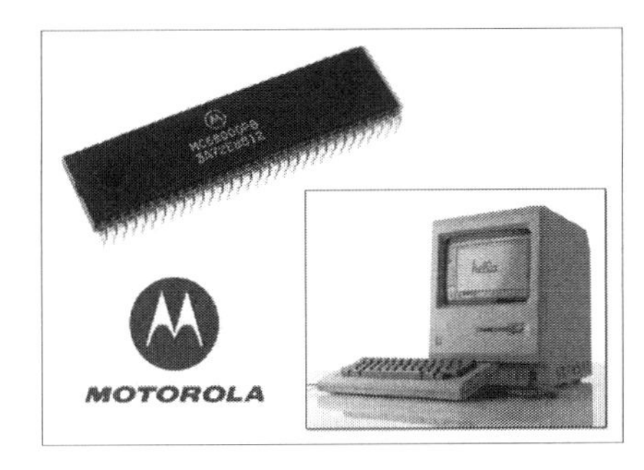

출처 : http://gigazine.net/news/20140109-most-influential-cpu/

[그림 5-21] 역사상 가장 영향을 미친 마이크로 프로세서 11가지

Exercise

1. 제어장치(CU)의 구조와 PC, MAR, MBR 레지스터들의 역할을 비교하라

2. 마이크로프로그래밍 언어와 명령어는 어떤 관계에 있는가?

3. 컴퓨터의 설계나 선택 과정에서 명령어 세트는 컴퓨터의 효율을 결정하는 중요한 요소이다. 명령어 세트의 다음 (1), (2), (3)과 같은 특성이 컴퓨터의 효율에 미치는 영향을 설명하라.

   (1) 명령어 세트 내에 포함된 명령어 (연산자의) 종류

   (2) 명령어의 수행에 필요한 데이터의 주소지정 방식

   (3) 명령어의 형식

4. 고성능 명령어란 무엇인가를 설명하고, 그 예를 들라.

5. 주소지정 방식을 지정한 정보에 접근하는 방식에 따라 분류하고 간단히 설명하라.

6. 프로그램에서 주소가 사용되는 형태의 특성에 대해 세 종류만 설명하라.

7. 명령어의 형식을 주소 표현 방식으로 분류하고 그 장단점을 논하라.

Exercise

8. 멀티프로그래밍을 하는 컴퓨터에서 주기억장치 내에서 프로그램의 변위는 필수적이라고 할 수 있다. 프로그램의 변위를 용이하게 하는 주소지정 방식은 무엇이며 그 이유를 설명하라.

9. 명령어에 나타낼 피연산자의 주소가 명령어 내에 피연산자의 주소를 위하여 할당된 비트 수로 나타낼 수 없을 때에 사용하는 피연산자의 주소지정 방식을 세 가지만 기술하라.

CHAPTER 6

컴퓨터 기억장치

기억장치(메모리)는 CPU 의 요구에 따라 데이터와 프로그램을 저장하거나 제공하는 일을 담당하고 있는 장치이다. 기억장치는 크게 주기억장치와 보조 기억장치로 분류하지만, 최근 CPU 와 기억장치들간의 속도차이가 커지고 저장 용량이 증가하면서, 컴퓨터시스템의 성능/가격을 개선하기 위해 다양한 기억장치들이 개발되고 있다. 컴퓨터에 의하여 처리나 저장하는 데이터는 입력장치를 통하여 기억장치에 저장시켜 놓아야 되며, 컴퓨터에 의하여 처리된 정보를 출력장치를 통하여 출력시키려면 기억장치를 통하여 출력하게 된다. 주기억장치는 CPU 와 직접 정보를 교환할 수 있는 기억장치이며, 보조 기억장치는 CPU 와 직접 정보를 교환할 수는 없고, 주기억장치를 통해서만 정보의 교환이 가능한 기억장치이다.

6.1 기억장치의 개요 및 성능

컴퓨터의 성능에 가장 중요한 요소는 CPU 이다. 그러나 CPU 가 빠르더라도 기억장치가 느리다면 CPU 는 명령어나 데이터를 액세스하는 과정에서 많은 시간이 지연되어 시스템 성능이 저하될 수밖에 없다. 기억장치에서 고려해야 할 주요 성능은 액세스 속도와 용량(capacity)이다. 일반적으로 기억장치의 속도는 CPU 에 비해 느리지만, 최적의 설계를 통해 속도의 차이를 보완할 수 있다. 이를 위한 가장 효율적인 방법은 기억장치 내에 데이터를 연속적으로 저장하고, CPU 는 자기가 원하는 데이터 위치 즉, 기억장치 내에서의 주소를 지정하는 것이다. 기억장치와 CPU 의 상호연결 관계를 [그림 6-1]에 도시하였다.

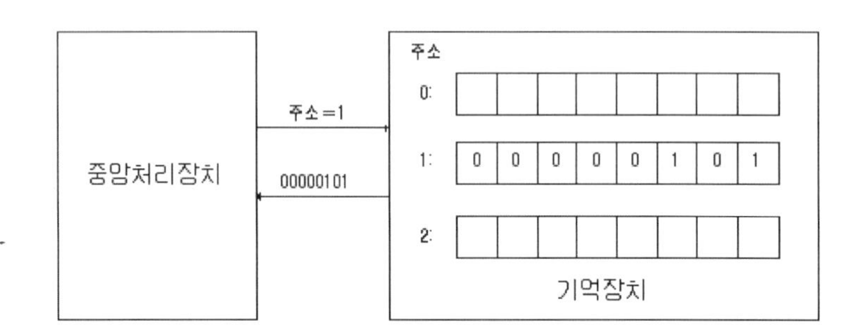

[그림 6-1] 기억장치와 CPU 의 상호작용

6.1.1 액세스 방법

CPU 가 해당 정보를 참조하기 위해 기억장치에 접근하는 방법은 다음과 같이 순차접근, 직접접근, 임의접근의 세 가지가 있다. 다음에 이들에 대해 알아본다.

(1) 순차접근(Sequential Access)

순차접근 기억장치는 앞에서부터 순서대로 처리하여 원하는 위치의 내용에 접근하는 방식이다. 이것은 기억장치 내에 존재하는 정보에 접근하는 시간이 정보가 기록된 기억장치에서의 물리적인 위치에 따라 결정된다. 예 자기테이프(Magnetic Tape) 장치

(2) 직접접근(Direct Access)

직접접근 기억장치는 원하는 위치에 있는 내용만을 직접적으로 접근하는 방식이다. 이 방식에서 각 정보는 물리적인 위치를 기준으로 고유의 주소를 가지며, 접근시간은 해당 정보가 있는 곳까지 찾아가는데 소요되는 탐색시간과 이후 수반되는 순차접근 시간의 합으로 결정된다. 예 하드디스크(Hard Disk) 장치

(3) 임의접근(Random Access)

임의접근 기억장치는 바이트나 워드를 단위로 고유한 주소가 부여되며, 이를 이용해서 원하는 정보에 접근한다. 필요한 정보에 접근하기 위해 주어진 주소가 디코더에 의해 해석되는데 소요되는 시간은 주소 값과 무관하다. 예 RAM, ROM, USB 액세스속도는 단위 시간당 얼마나 많은 데이터를 기억장치로부터 읽고 쓸 수 있는가를 나타낸다.

6.1.2 액세스 속도(Access Speed)

기억장치의 액세스 속도와 관련된 요소에는 액세스 시간, 메모리 사이클 시간 및 전송률의 세 가지가 있다.

① 액세스 시간(access time) : CPU 가 주소 내용을 주고, 내용을 읽어오는데 걸리는 시간이다. 보조 기억장치의 경우 액세스 시간은 다음과 같이 계산된다.

액세스 시간 = 탐색시간 + 전송 시간

여기서 탐색시간(seek time)은 read-write head가 해당 위치까지 옮기는 시간이고, 전송시간(transfer time)은 탐색이 완료된 상태에서, 데이터를 주고받는데 걸리는 시간을 말한다.

② 메모리 사이클 시간(memory cycle time) : 이것은 액세스 시간과 다음 액세스를 시작하기 위해 필요한 동작에 걸리는 추가적인 시간을 합한 시간이다. 여기서 추가적인 시간이란 읽기 동작 후에 정보가 파괴되는 동적 메모리(dynamic memory)의 경

우 그것을 복원시키는 데 걸리는 시간(refresh time)을 말한다.

③ 전송률(bandwidth) : 전송률은 CPU 의 기억장치 액세스에 의해 단위시간당 전송되는 문자 혹은 워드의 수이다. 전송률이 R [bps]인 경우, N 비트를 읽거나 쓰는데 걸리는 평균시간 T 는 다음과 같다.

$$T = T_A + (N/R) \quad 식(6.1)$$

여기서 T_A 는 평균 액세스 시간이다.

6.1.3 기억용량

기억장치가 저장할 수 있는 최대의 데이터 양을 말한다. 기억용량의 단위는 주기억장치의 경우 바이트(byte) 혹은 워드(word)를 사용하고, 보조 기억장치의 용량은 바이트로 표현된다. 워드는 CPU 에 의해 한번에 처리할 수 있는 데이터의 비트 수로서 일반적으로 8, 16, 32 혹은 64비트이다. 한편 전송단위는 CPU 가 한번의 기억장치 액세스에 의해 읽거나 쓸 수 있는 비트 수이다. 내부 기억장치에 있어서 전송단위는 기억장치 모듈로 들어가고 나오는 데이터 선들의 수와 같다. 외부 기억장치에서는 데이터가 단어보다 훨씬 더 큰 단위로 전송되기도 하는데, 그 단위를 블록(block)라고 한다. 블록의 크기는 일반적으로 512바이트 혹은 1K 바이트이다.

가장 바람직한 기억장치는 기억용량이 크고 접근속도가 빠른 것이나, 접근시간이 빠른 기억장치로 대용량을 구성하는데는 많은 비용이 필요하므로, 어떤 장치를 기억장치로 사용할 것인가 하는 문제는 그 기억장치의 용도를 고려하여 결정해야 한다.

6.2 기억장치 계층

6.2.1 기억장치 계층(Memory Hierarchy)

기억장치 계층구조 설계의 목표는 가장 액세스가 빠른 M_1 의 액세스 속도와 가장 값 싼 M_n 의 비트당 가격과 근접하는 성능을 얻는 것이다. 기억장치 계층구조의 성능은 여러 요인들에 의존하고, 그러한 요인들은 복잡한 방법으로 연관되어 있다. 이러한 요인들 중에서 가장 중요한 몇 가지들은 다음과 같다.

① 주소 참조의 통제량(즉, 기억장치 계층구조를 사용하는 프로그램에 의해 생성되는 논리적 주소들의 순서와 빈도)

② CPU 에 대한 각 계층 M_i 의 액세스 타임

③ 각 계층의 저장 용량

④ 인접한 계층들 간에 전송되는 정보들의 블록의 크기

⑤ 정보 블록이 교환 프로세서에 의해 기억장치의 어떤 영역으로 전송되어 지는 가를 결정하는 데 사용되는 배치 알고리즘.기억장치 계층은 용량은 작으나 고속도의 프로세서에 액세스 할 수 있는 빠른 버퍼 기억장치로부터 비교적 속도가 빠른 주기억장치, 속도는 느리나 용량이 큰 보조 기억장치 등의 기억장치로 구성된다.

기억장치 계층은 [그림 6-2], [그림 6-3]에서 도시한 것처럼 크게 3단계에서 5단계로 구분하여 볼 수가 있다.

① 프로세서간의 기억장치로서 프로세서와 속도가 비슷한 오퍼레이션 레지스터(operation register), 즉 플립플롭으로 이루어진 레지스터들을 말하며, 명령이나 데이터들이 일시적인 저장 역할을 한다. 이들을 버퍼(buffer) 또는 캐시(cache) 기억장치라고도 한다.

② 주기억장치(main 또는 primary memory)로 컴퓨터가 동작하는 동안 프로세서가 필요로 하는 빈도수가 높은 프로그램들과 데이터를 저장하고 있다. 비교적 용량이 크

고 속도가 빠르다. 이 장치의 특징은 CPU 명령에 의하여 기억된 장소에 직접 액세스(random access)할 수 있다. 여기에는 IC 기억장치와 자기 코어(ferrite core)기억장치가 있다.

③ 보조 기억장치(secondary, auxiliary 또는 backing memory)로 용량면에서는 크나 속도는 아주 느리다. 주기억장치에 다 저장할 수 없는 것들이나, CPU 에서 계속적으로 필요로 하지 않는 시스템 프로그램들이나 대량의 데이터 파일(file) 등을 저장한다. 대표적인 것으로는 자기드럼, 자기디스크와 자기테이프 등이 있다. 전형적인 기억장치 내의 여러 주요한 단위들은 (M_1, M_2,…, M_n)의 기억장치 계층구조를 갖고, 어떤 의미에서 각 계층 M_i 는 그보다 바로 다음으로 높은 계층인 M_{i-1} 에 종속된다. CPU 와 다른 프로세서들은 M_1 과 직접 통신하고 M_1 이 M_2 와 직접 통신하는 그런 형태가 M_{n-1} 과 M_n 까지 계속된다. C_i, t_{Ai}, S_i 가 각각 비트당 비용, 액세스 타임, 기억장치 용량이라고 하자. 그러면 일반적으로 M_i 와 M_{i+1} 간에 다음과 같은 관계가 성립한다.

$$C_i > C_{i+1}$$

$$t_{Ai} < t_{Ai+1}$$

$$S_i < S_{i+1}$$

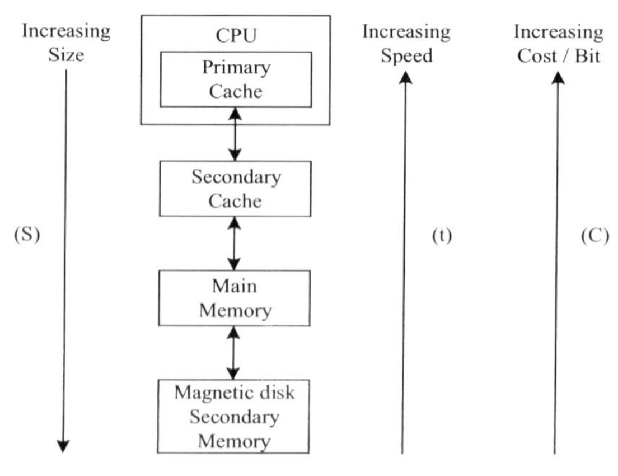

[그림 6-2] 일반적인 기억장치 계층구조

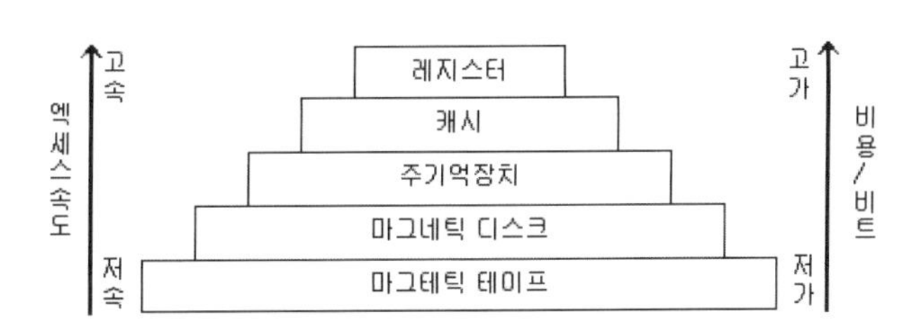

[그림 6-3] 기억장치의 계층

프로그램의 실행 동안, CPU 는 연속적으로 논리적 기억장치 주소들을 생성한다. 그리고 언제나 이러한 주소들은 기억장치 계층을 통해 어떤 형태로 분산된다. 만약 $M_i(i \neq 1)$에 배치된 주소가 생성되면, 그 주소는 CPU 가 직접 통신할 수 있는 유일한 계층인 M_i에 재배치되어져야만 한다. 이러한 논리적 주소들의 재배치(Relocation)는 일반적으로 M_i 와 M_1 계층간의 정보의 전송을 요구하는 데, 그러한 작업은 비교적 느리다. 그래서 기억장치 계층구조가 효율적으로 작동하도록 하기 위해서, CPU 에 의해 생성된 주소들이 가능한 한 자주 M_1 에서 발견되어져야 한다.

이것은 앞으로 생성될 주소들이 어느 정도 예측 가능해서, 그것이 실제적으로 CPU 에 의해 생성되기 전에 그것과 관련된 정보가 M_1 에 전송될 수 있을 것을 요구한다. 만약 요구된 정보가 M_1 에 없다면, 그때 그러한 기억장치 요구를 한 프로그램은 적절한 저장 장소에 재배치가 이루어질 때까지 중지되어져야 한다.

6.2.2 참조의 지역성(Locality of Reference)

기억장치 계층구조를 성공적으로 작동시키는 데 필수적인 논리적 기억장치 주소들의 예측은 참조의 지역성(Locality of Reference)이라 불리는 컴퓨터 프로그램들의 공통적인 성질에 기초한다. 이것은 짧은 기간에 대해 전형적인 프로그램에 의해 생성되는 주소들이 그 프로그램의 논리적 주소공간의 적은 영역에 국한되는 경향이 있다는 사실이다. 이는 [그림 6-4]에 나타나 있다.

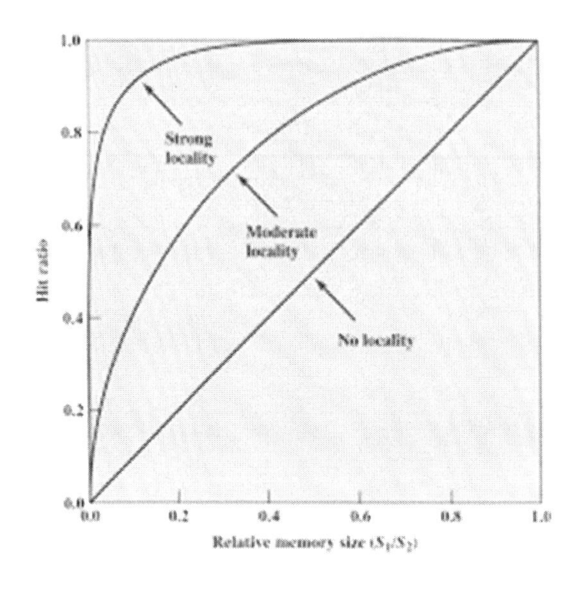

[그림 6-4] 참조의 지역성

참조의 지역성에의 한 가지 이유는 명령어들과 데이터들이 프로그램 실행 동안 요구되는 순서와 컴퓨터의 기억장치 내에 연속적으로 내려져 가는 순서가 매우 유사하다는 것이다. 명령어 I 를 포함하는 주소 A 에 대한 요구가 있고, 이 주소가 지금 $M_i(i \neq 1)$에 배치되어 있다고 가정하자. 그 때 CPU 에 의해 가장 다음으로 요구될 가능성이 높은 명령어는 I 바로 뒤의 주소 A+1 에 있는 명령어가 될 것이다. 그래서 단순히 명령어 I 만 M_1 에 옮길 것이 아니라, I 를 포함하는 연속적인 워드로 구성된 한 블록을 옮기는 것이 바람직할 것이다. 이것을 구현하는 일반적인 방법은 M_i 에 저장된 정보들을 연속적인 S_{pi} 개의 워드를 포함하는 페이지들로 나누어, 정보가 M_{i+1} 계층간에 한 번에 한 페이지 혹은 S_{pi} 만큼씩 옮기는 것이다. 그래서 만약 CPU 가 M_i 계층 내의 워드 I 를 요구하면, I 를 포함하는 M_i 계층 내의 S_{pi-1} 개의 워드로 구성된 페이지가 M_{i-1} 로 전송되고, 유사한 방법으로 두 계층간의 전송이 이루어지게 되어, 마침내 I 를 포함하는 S_{p1} 개의 워드로 구성된 페이지 P 가 M_1 에 전송되고, 그것이 CPU 에 의해 액세스 된다.

참조의 지역성의 두 번째 요인은 프로그램 루프에 기인한다. 한 루프 내의 문장들은 반복적으로 수행되는 동안 가능한 한 루프 전체를 M_1 에 저장하는 것이 바람직하다.

결론적으로 메모리를 계층구조 형태로 구성할 수 있는 근본적인 이유는 컴퓨터시스템에서 사용하는 각종 자료(프로그램 및 데이터)의 접근빈도가 다르기 때문이다. [그림 6-5] 에서 메모리 계층구조 의 일반적인 연결 관계를 알 수 있다.

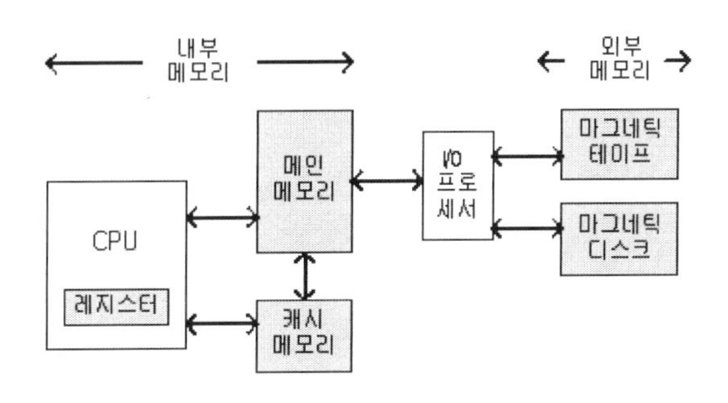

[그림 6-5] 메모리 계층구조의 연결 관계

그림에서 CPU 가 명령에 대한 빠른 처리를 하기 위해서는 CPU 와 물리적으로 가까운 곳에는 빠른 접근시간을 갖는 캐시 메모리를 배치하고, 다음 단계에 캐시 메모리보다 용량 면에서는 크지만 접근속도가 늦은 메인 메모리를 배치하고, 그 다음에는 대용량을 가지면서 접근속도가 늦은 보조 기억장치(마그네틱 디스크, 마크네틱 테이프)를 I/O 프로세서를 통해 연결한다. 계층구조 메모리에서는 보조 메모리와 메인 메모리 사이의 정보의 흐름을 관리하기 위해 메모리 관리시스템이 필요하다. 각 메모리의 특징을 〈표 6-1〉에서 볼 수 있다.

〈표 6-1〉 메모리의 특징

구분	캐시	메인	보조
비용/비트	고가	중간	저가
액세스시간	고속	중간	저속
저장용량	소용량	중용량	대용량

6.3 반도체 기억장치

반도체 기억장치(Semiconductor Memory)는 플립플롭(Flip-Flop)을 집적(IC)화한 것이다. 고속이고 작은 용량의 것에는 양극형(Bipolar) 메모리가 있고, 저속이고 대용량의 것에는 MOS(Metal Oxide Semiconductor) 메모리가 사용된다. 반도체 메모리는 모든 종류의 컴퓨터에 필수적으로 사용되고 있는 기억장치로서 무게, 부피와 소비 전력 등에 있어서 매우 우수한 특성을 보유하고 있다. 반도체 메모리는 흔히 칩(Chip) 메모리라 부르기도 하며, 양극형 트랜지스터와 단극형 트랜지스터를 사용하여 제조되고 서로 다른 동작 특성을 갖고 있다. 또한 반도체 메모리는 내부 구조상 또는 어떠한 목적으로 이용되는가에 따라 몇 가지 종류로 구분될 수 있으며, 실제로 이들은 크게 두 가지 부류로 나눌 수 있다. 이들을 분류하는 것은 메모리에서 수행되는 기본 동작인 판독과 기록 동작에 근거를 두고 있다.

6.3.1 양극형 메모리와 MOS 메모리

양극형(bipolar) 메모리는 IC 칩의 메모리 회로에 저항, 다이오드와 커패시터 같은 수동 소자와 능동 소자인 양극형 트랜지스터를 사용하여 구성되기 때문에 회로가 복잡하다. 또한 전력 소모가 ㎽ 단위로 다소 높고, 한 개의 비트를 저장하는 데 약 4개의 트랜지스터가 필요하여 칩 소요 면적이 단극형의 경우보다 약 4배가 크기 때문에 가장 낮은 기억용량으로 집적되는 것이 일반적이다. [그림 6-6]에서와 같이 반도체 제조기술에 따라 양극형 메모리에는 TTL메모리, S-TTL 메모리 그리고 ECL 메모리가 있다. TTL 메모리의 기본적인 특성은 프로세서가 메모리의 특정 로케이션에 대한 액세스가 고속으로 이루어진다는 점이다. 즉 TTL 메모리가 고속으로 동작된다는 장점을 갖고 있지만 전력 소비가 크다는 단점을 갖고 있다. 또한 TTL 메모리는 단극형 기억 소자에 비해 고가로 판매되고 있으며, 낮은 잡음 여유도를 갖고 있다. 잡음 여유도(noise margin : NM)란 디지털 논리회로에서 누선 전류와 같은 외부 잡음 등이 직류 전압으로 활성화될 경우 허용될 수 있는 전압을 말한다. 양극형 메모리 가운데 ECL 메모리는 프로세서가 가장 고속으로 액세스할 수 있는 기억 소자이지만 수십 ㎽ 에 달하는 매우 높은 전력을 소모할 뿐만 아니라 잡음 여유도가 낮고, 또한 가격이 매우 비싸다는 단점을 갖고 있다. 양극형 메모리의 특성을 다음과 같이 4가지 점으로 요약할 수 있다.

① 메모리의 액세스 속도가 빠르다.

② 소비 전력이 크다.

③ 가격이 고가이다.

④ 잡음 여유도가 낮다.

양극형 메모리에 비해 단극형(unipolar) 트랜지스터를 사용하고 있는 단극형 메모리들은 동작 속도는 느리지만 실리콘 칩에 매우 높은 밀도로 집적시킬 수 있기 때문에 대용량의 메모리를 설계할 수 있다는 장점을 갖고 있을 뿐만 아니라 소비 전력 또한 ㎼ 정도로 매우 낮은 특징을 갖고 있다. 또한 〈표 6-2〉에 메모리 칩의 제조기술에 따른 기억 소자들의 특성을 비교하였다.

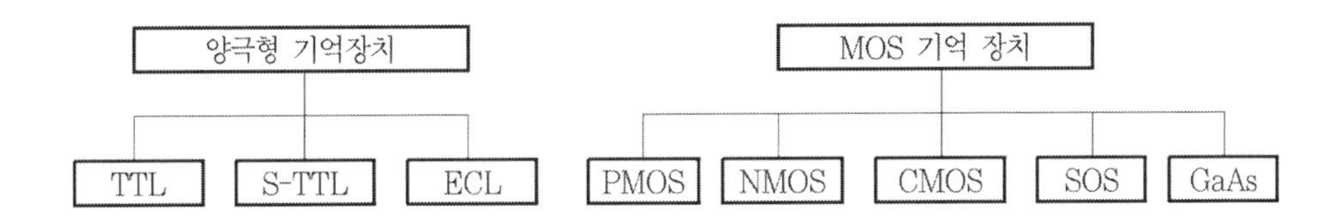

[그림 6-6] 반도체 메모리 제조기술

〈표 6-2〉 반도체 메모리 제조기술의 특성 비교

제조기술	동작 속도	소비 전력	집적도	잡음 여유도
TTL/S-TTL	빠르다	크다(㎽)	낮다	낮다
ECL	가장 빠르다	가장 크다	가장 낮다	가장 낮다
NMOS	느리다	낮다(㎼)	가장 높다	크다
PMOS	느리다	중간	높다	크다
GaAs	빠르다	크다	높다	중간
CMOS/SOS	가장 느리다	가장 낮다	높다	가장 크다

6.3.2 RAM

메모리로부터 데이터를 판독하거나 기록 동작 모두를 수행할 수 있는 메모리를 판독/기록 메모리(read/write Memory : RWM) 또는 랜덤 액세스 메모리(Random Access

Memory : RAM)라 부른다. RAM 은 일반 데이터는 물론 프로그래머가 작성한 명령어 세트들의 집합인 프로그램과 중간결과 및 최종 결과 등을 저장하게 된다. RAM 은 데이터의 저장 위치에 순차적으로 액세스할 수 있음은 물론, 어떠한 데이터의 저장 위치에도 직접 액세스가 가능한 메모리이다. 또한 RAM 은 CPU 가 어떠한 메모리의 저장 위치에 액세스하더라도 소요되는 시간, 즉 메모리의 액세스 타임(access time)이 일정한 특성을 갖는 메모리이다. RAM 의 중요한 단점은 휘발성(volatile)이라는 점이며, 휘발성이란 메모리로부터 전원을 제거할 경우 RAM 에 저장되었던 정보를 모두 잃어버리게 됨을 의미한다. 또한 RAM 은 비파괴적(non-destructive)인 메모리로서, 전원이 공급되는 한, CPU 에서 메모리 내의 데이터를 몇 회라도 판독하여도 저장된 내용이 그대로 유지되는 기억 소자를 말한다. 따라서 반도체 RAM 은 휘발성이자 비파괴적인 기억 소자이다. 이와 같은 RAM 의 종류에는 사용된 트랜지스터의 종류에 따라 앞에서 설명한 바와 같이 SRAM 과 DRAM 으로 구분되며, 이 밖에 특수한 기억 소자로서 QUASI-RAM 이라는 IC 메모리도 있다. SRAM 과 DRAM, 그리고 QUASI-RAM 의 특성에 대해 자세하게 설명하기로 하겠다.

(1) SRAM

SRAM 은 한 개의 2진 비트를 저장하기 의한 메모리 셀(CELL)로서 플립플롭(Flip-Flop) 회로가 기본적으로 사용되고 양극형과 MOS 기술로 제조가 가능하지만, 집적도를 높이기 위해 일반적으로 양극형보다는 MOS 기술로 제조되고 있다. MOS 기술 가운데에서도 NMOS 또는 CMOS RAM 을 가장 많이 이용하고 있다. 양극형 메모리의 장점은 고속으로 동작한다는 점이고 CMOS 메모리의 장점은 고밀도로 집적이 가능하다는 점이다.

[그림 6-7]에 16 K×8비트 SRAM 즉, 128 Kb의 2진 정보를 저장할 수 있는 SRAM 의 블록도를 나타내었다. SRAM 칩에서 대표적인 43256A 메모리 칩은 32K×8비트 메모리 칩으로서, [그림 6-8]에 256Kb CMOS 메모리 칩인 43256A 칩의 핀 배열도를 나타내었으며, 데이터 비트 핀은 메모리 칩에 데이터의 입출력을 공통으로 하기 위해 I/O 핀으로 나타내었다.

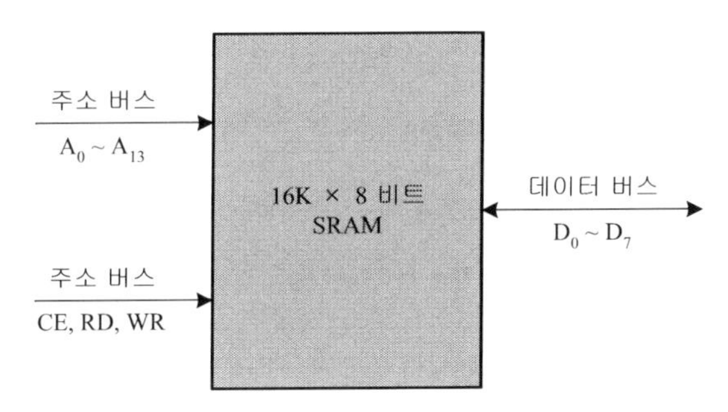

[그림 6-7] 16 K×8비트 SRAM 칩의 블록도

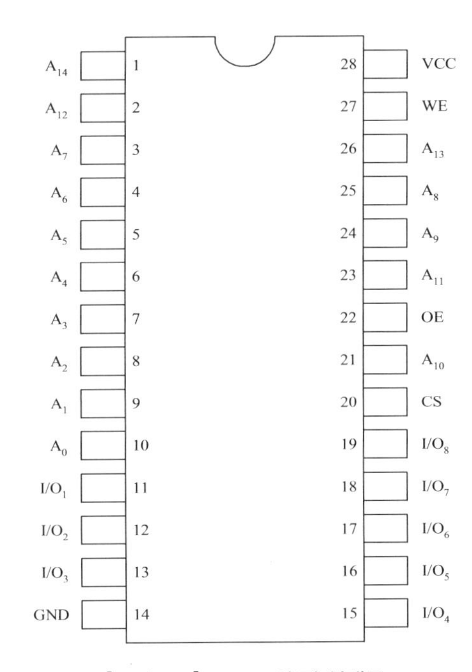

[그림 6-8] SRAM 의 핀 실태도

(2) DRAM

SRAM 과 DRAM 의 중요한 차이점은 SRAM 은 앞에서 설명한 것과 같이 전원이 공급되는 한은 저장된 정보들이 그대로 유지되지만 DRAM 셀은 저장된 데이터를 단지 제한된 시간 동안만, 즉 대략 2 ms 정도만 저장된다는 점이다. 따라서 DRAM 은 2 ms 시간이 경과한 후에는 전원이 제거되지 않더라도 DRAM 에 저장되었던 데이터가 자연적으로 소멸되는 메모리 셀이다. DRAM 의 이와 같은 특성은 커패시터에 저장되는 전하의 존재 유무에 따라 논리 0 과 1 을 나타내게 되지만, 커패시터에 저장된 전하는 2 ms 의 짧은 시간 내에 스스로 방전되기 때문이다. 따라서 DRAM 은 주기억장치로서 올바르게 데이터를 저장하기 위해서는 일정한 시간 간격(2 ms 이하)을 두고 저장된 2진 데이터에 대해 재생(refresh) 해 주어야만 한다. DRAM 의 장점은 전력 소모가 낮고, 가격이 저가라는 점과 집적 밀도가 매우 높아 대용량의 메모리라는 점이다. 일반적으로 DRAM 은 [그림 6-9]에 나타낸바와 같이 한 개의 2진 비트를 저장하기 위해 한 개의 MOSFET 와 한 개의 MOS 커패시터를 필요로 한다. [그림 6-9]에 나타낸 바와 같이 DRAM 은 구조가 매우 간단하기 때문에 SRAM 에 비해 대용량으로 설계가 가능하며, 또한 다음에 설명하겠지만 주소 핀의 수가 거의 1/2 로 감소시킬 수 있을 뿐만 아니라 비트 당 가격이 매우 저렴하다. DRAM 의 특징은 다음과 같이 나타낼 수 있다. (1) 대용량, (2) 낮은 전력 소모, (3) 핀의 수 감소와 (4) 가격이 저렴한 것 등이다.

DRAM 은 일반적으로 한 개의 주소위치에 한 개의 비트만을 저장하기 때문에 DRAM 은 바이트 정보의 저장과 판독을 위해 8 개의 DRAM 을 한 개의 모듈로 구성하고 있다. 그러나 프로세서에서 16(32) 비트 워드(더블 워드)의 경우는 일반적으로 한 번에 2개 또는 4 개의 연속된 주소위치에 액세스하여 판독 또는 기록하게 된다.

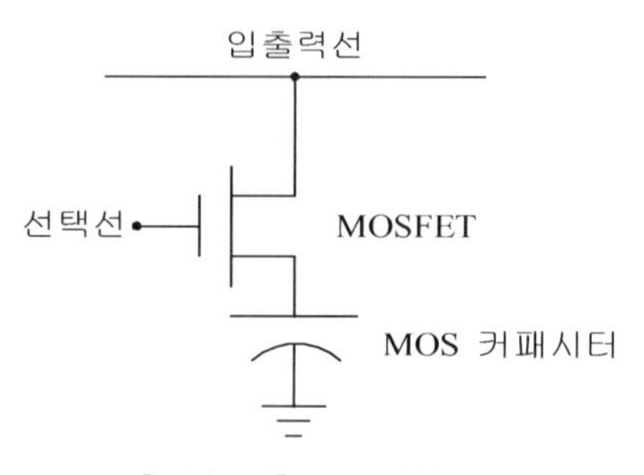

[그림 6-9] DRAM의 구조

예제 6.1 8개의 128 K×1 DRAM칩을 사용하여 메모리를 구성할 경우 인텔 80×86 프로세서들이 지정할 수 있는 주소공간과 메모리 위치 전체를 몇 회에 걸쳐 액세스 할 수 있는가를 나타내라.

해설 8 개의 128 K×1비트 DRAM 칩을 한 개의 모듈로 구성할 경우 전체적으로 128K개의 주소위치를 구성할 수 있기 때문에 16 비트 프로세서인 8086 과 80286 프로세서들은 한 번에 최대 2 개 주소위치에 액세스할 수 있으므로 65536 회에 걸쳐 전체를 액세스할 수 있다.

※ 펜티엄 프로세서는 한 번에 최대 64 비트의 데이터를 인출 할 수 있기 때문에 16384 회에 걸쳐 메모리의 전체 공간을 액세스할 수 있다.

[그림 6-10]에 64 Kb(64 K×1 비트)의 저장 용량을 갖고 있는 5164 CMOS DRAM 칩의 블록도를 나타내었으며, 5164 IC 칩의 주소 핀은 SRAM 의 경우와는 달리 주소 핀의 수는 1/2 로 가능하다. 이와 같이 DRAM 칩의 경우 주소 핀의 수가 1/2 로 줄어든 이유는 주소 제어입력으로서 각기 행 주소 스트로브(row address strobe : RAS) 제어신호 단자와 열 주소 스트로브(column address strobe : CAS) 제어신호 단자가 있기 때문이다. 따라서 5164 DRAM 칩의 주소핀은 $A_0 \sim A_7$ 로 8개 핀만으로 64K 의 메모리 위치 주소에 액세스할 수 있다. 또한 [그림 6-10]에 나타낸 바와 같이 다른 제어신호로서 기록 가능(write enable : WE) 제어 단자가 있으며, 데이터 입력 핀 DI 와 데이터 출력 핀 DO 로 구성되어 있음을 알 수 있다.

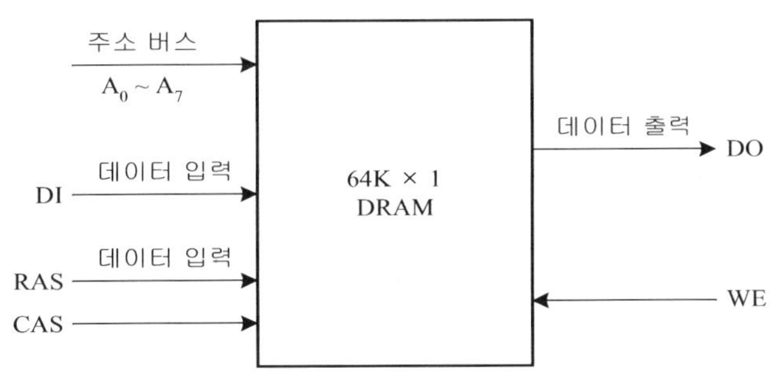

[그림 6-10] 5164 DRAM 칩의 블록도

대부분의 DRAM 칩은 매트릭스 배열로 구성되어 있으며, 이는 256×256 매트릭스 배열의 64K×1 개의 비트셀로 이루어져 있다. 다음 [그림 6-11]에 5164 DRAM(64K×1)의 핀 실체도를 나타내었다.

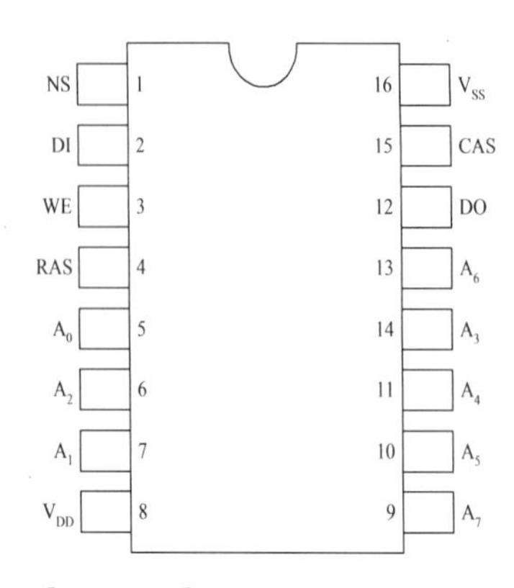

[그림 6-11] DRAM 칩의 핀 실체도

예제 6.2 인텔 2164 메모리 칩은 64K×1 비트 DRAM 이다. 주소 다중화 방식을 사용할 경우 핀의 수를 얼마나 줄일 수 있는가를 설명하라.

해설 $64 \times 1024 = 65536 = 2^{16}$ 이므로 메모리 칩의 특정주소를 선택하기 위해서는 16개의 주소 핀이 필요하지만, 주소 다중화 방식을 채택할 경우에는 주소버스 핀의 수는 1/2 로 줄일 수 있게 되므로 8개의 주소 핀만이 필요하다. 그러나 행과 열 주소 제어입력인 RAS 와 CAS 제어 단자가 추가되기 때문에 실제로 감소되는 핀의 수는 6개다.

※ 1974년 한국반도체를 인수한 삼성전자는 초기에는 아날로그 시계, TV, 오디오 등 소비용 제품을 생산하는 데 주력했다. 그로부터 10여 년 뒤인 83년 64Kb DRAM(PC에 주로 쓰이는 반도체) 개발에 성공한 이후 세계 시장을 주도하게 되면서, 2014년 최초로 8Gb LPDDR4 모바일 DRAM의 대량 생산을 시작하였는 데 이것은 삼성전자의 최신 20nm 공정에서 제작되며, LPDDR 메모리는 모바일 디바이스에 많이 장착됩니다. 새로운 20nm 8Gb LPDDR4는 4Gb LPDDR3에 비해 성능도 2배, 집적도도 2배 향상되었으며, 새로운 8Gb LPDDR4 칩은 4GB LPDDR4 패키지를 구성할 수 있습니다.

(3) Quasi-RAM

Quasi-RAM 은 한 개의 집적회로 메모리 칩에 완전한 DRAM 을 갖춘 칩으로서, 칩 내에 메모리 셀 Array 는 물론, 재생 제어논리회로를 갖춘 형태의 메모리 칩으로서 통합 RAM(integrated RAM : iRAM)이라 부르기도 한다. Quasi-RAM 은 사용이 간단한 SRAM 의 장점과 DRAM 의 저장 밀도, 가격과 소비 전력의 모든 장점을 갖춘 새로운 종류의 메모리 칩이다.

예제 6.3 어느 반도체 칩 기억 소자의 기억용량이 2K×8비트로 이루어졌다고 하자. 이 메모리 칩으로 80486 프로세서의 경우 몇 개의 정보를 저장 할 수 있으며, 칩의 실제 저장 비트는 총 몇 개 비트로 설계되어 있는가?

해설 인텔 계열 프로세서의 워드 정보는 16개 비트로 이루어지므로 80486 칩의 경우도 총 1 K 개의 워드를 저장할 수 있는 메모리 칩임을 알 수 있으며, 1 K 란 실제로는 1024 를 의미하므로 문제의 메모리 칩은 1024개 워드를 저장할 수 있다. 또한 메모리 칩의 저장 총 비트는 1024×2×8 = 16384개 비트임을 알 수 있다.

6.3.3 ROM

ROM(Read Only Memory)은 데이터의 판독만을 전담하여 설계된 메모리 소자들을 총칭하여 붙여진 이름이며, ROM 에는 어떠한 경우라도 새로운 데이터를 기억 소자에 전혀 기록할 수 없는 메모리이다. 그러나 특수한 종류의 ROM 의 경우는 1회에 한해 새로운 데이터를 기록할 수 있는 ROM 도 있으며, 또한 몇 번이고 요구하는대로 새로운 데이터를 기록할 수 있는 판독 전용 메모리도 있지만 이와 같은 ROM 의 제조 공정은 간단한 일이 아니다. ROM 은 이미 저장된 데이터들이 변화되어서는 안되는 특수한 데이터들을 저장하는 데 사용되며, 일반적으로 컴퓨터 제조 회사에서 제공되는 특수한 프로그램과 데이터 등을 저장하게 된다. 일반적인 ROM 에 저장된 2진 정보들은 제조 회사에서 ROM 칩 제조 시에 저장되며, 저장된 데이터들은 전원이 제거되더라도 데이터가 소멸되지 않는 비휘발성(non-volatile) 메모리이다.

ROM 에는 몇 가지 종류가 있으며, 데이터가 어떻게 기록되고 프로그램 되느냐에 따라서 분류되고 있다. ROM 의 종류에는 마스크 ROM 과 PROM, 그리고 EPROM 등이 있다.

(1) 마스크 ROM

마스크 ROM(mask ROM)이란 메모리 칩을 제조하는 생산 회사들에 의해 사전에 특수한 2진 데이터가 저장된 메모리 소자로서 사용자가 임으로 새로운 데이터를 기억시킬 수 없는 판독 전용 기억 소자이다. 이러한 ROM 에 저장되는 데이터는 흔히 로그 함수, 제곱근, 삼각 함수, 곱셈, 나눗셈 연산과 같은 수학적인 표와 CRT 에 문자를 표시하기 위한 문자 발생 코드와 같은 어떠한 경우에도 메모리에 저장되어 있는 데이터가 파괴되어서는 안되는 중요한 데이터들을 저장하게 된다. 물론 다른 문자 발생 코드로 컴퓨터를 동작시키는 경우에는 다른 제조 회사로부터 시판되는 문자 발생 코드 ROM 을 구입하여 CRT 에 해당 코드의 문자를 표시하게 된다. ROM 의 결점은 ROM 의 마스크 제조시 비용이 많이 소요된다는 것이지만, 대량 생산이 가능하여 1개당 가격은 매우 저렴하게 공급될 수 있다. [그림 6-12]에 일반적인 ROM 칩에 대한 블록도를 나타내었으며, 블록도의 ROM 은 32 K×8비트 메모리 칩으로서 32768×8 = 2621448 개의 2진 비트 정보를 저장할 수 있는 메모리 칩으로서 총 32 K 개의 메모리 주소위치를 지정하기 위해 프로세서의 주소버스에 연결하기 위한 주소 핀은 $A_0 \sim A_{14}$ 의 15개이다. ROM의 출력으로 데이터버스에 연결되는 데이터 출력 $D_0 \sim D_7$ 의 8 개 데이터 핀이 있으며, 제어 핀으로는 다수의 ROM 칩으로부터 해당 ROM 칩을 선택하기 위한 칩 선택 단자인 CE(chip enable)와 출력 데이터 핀을 활성화시키는 OE(output enable)제어 단자 핀이 있다.

[그림 6-12]에 나타낸 ROM 의 주소위치는 0000_H 부터 $FFFF_H$ 까지로 지정된다.

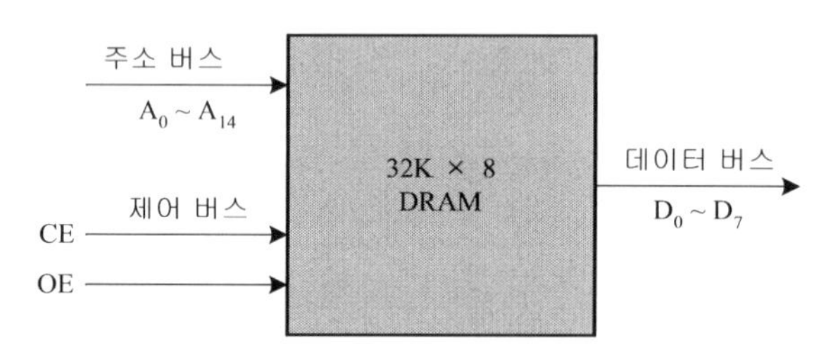

[그림 6-12] ROM 칩의 블록도

(2) PROM

PROM(programmable ROM)은 회사에서 제조시 모든 주소의 내용을 논리 0 또는 논리 1 로 프로그램하여 출하되는 ROM 의 한 종류로서 PROM 칩을 구입한 사용자는 PROM 라이터(writer)를 사용하여 응용분야에 맞도록 1회에 한하여 자신이 원하는 프로그램 데이터를 기억시킬 수 있는 특수한 ROM 이다.

(3) EPROM

EPROM(erasable PROM) 칩은 PROM 칩과 마찬가지로 사용자에 위해 새로운 내용을 반영구적으로 프로그램할 수 있는 기억 소자이며, EPROM 칩의 특징은 저장된 내용을 삭제하여 다시 새로운 내용으로 프로그램할 수 있는 메모리 칩이다. 따라서 EPROM 칩은 저장된 데이터를 무기한으로 기억할 수 있는 비휘발성 기억 소자인 동시에 EPROM 칩 의 핀에 펄스를 입력시켜 새로운 데이터의 기록이 가능한 기억 소자이다. EPROM 칩은 PROM 칩의 경우보다 동작 특성이 훨씬 유연하기 때문에 고가로 시판되고 있다. 현재 사용되는 EPROM 칩에 저장된 정보를 새로운 데이터로 프로그램하는 방법에 따라 두 종류로 구분하고 있으며, 한 가지 방법으로는 EPROM writer 로 EPROM 칩의 수정 유리판을 통하여 강력한 자외선을 투과하여 삭제 또는 기록하는 방법과 EPROM 칩 핀에 전기적인 펄스를 전송하는 방법이 있으며, 전자와 같은 삭제 가능 PROM 칩을 EPROM 칩이라 하고, 후자의 경우를 EEROM(electrically erasable ROM)이라 부른다. 삭제 가능 ROM 들은 시스템의 개발 단계에서 매우 유용하게 이용된다.

※ ROM 은 제조할 때에 한번 내용이 기록되면 이후에 그 내용을 바꾸는 것이 전혀 불가능하다. RMM(Read Mostly Moemory) 은 다시 지우고 기록할 수는 있으나, 재 기록시 동작은 판독 동작에 비하여 매우 느리다. 저장된 내용이 거의 변형되지 않기 때문에 컴퓨터 작동시 똑같은 과정의 동작을 필요로 하는 제어를 이러한 ROM 이나 RMM 에 저장하여 사용한다. 특히 RMM 은 PROM 과 EPROM 으로 구분할 수 있는 데, 사용자에게 여러 가지 응용을 제공하기 때문에, 마이크로 프로세서나 마이크로 컴퓨터 등에 널리 사용되고 있다.

[그림 6-13] 삼성전자의 64Kb DRAM, 1984

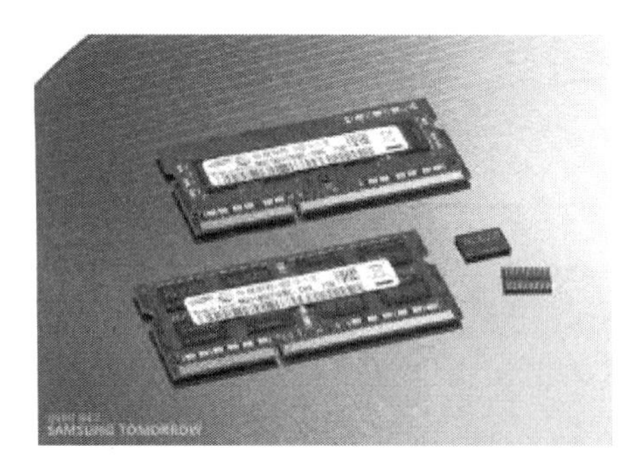

[그림 6-14] 20n DDR DRAM(삼성전자, 2014)

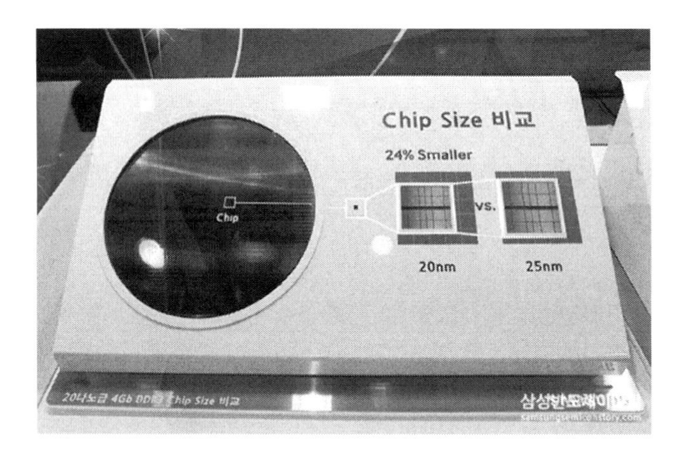

[그림 6-15] 20n DRAM 4GB DDR(삼성전자, 2014)

6.3.4 미래의 기억소자

조셉슨 소자(Josephson device)는 현재 사용되고 있는 기억 소자보다 비트 변환 속도가 10배 이상 빠른 것으로 추산된다. 비트 1 의 상태에서 0 의 상태로의 변환 속도를 가속화하는 데는 소자를 만들기 위한 환경과 조건이 매우 까다로워 생산 및 가격에 아직도 해결할 문제가 많이 있다.

조셉슨 소자는 영국의 노벨상 수상자 브라이언 조셉슨(Brian Josephson)에 의해 붙여진 이름이며 앞으로 어떠한 기억장치보다도 소형화, 고속화, 실용화가 될 수 있도록 많은 연구가 뒤따를 것이다.

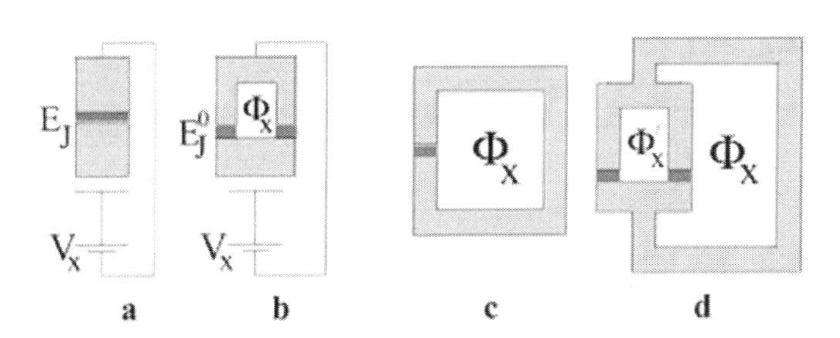

[그림 6-16] 초전도체 죠셉슨 접합을 이용한 여러가지 Qubit 구도도

6.3.5 IC 와 LSI

집적회로(Integrated Circuit : IC)는 트랜지스터나 다이오드와 저항이나 콘덴서 등의 각 부품들을 각 부품의 기능이 하나의 반도체 기판 위에서 활용될 수 있도록 내부적인 회로를 구성함으로써 독립된 하나의 회로 기능을 갖는다. 즉, 부품과 회로가 단일 소자로서 기능을 갖도록 되어있다.

일반적으로 집적회로를 IC 라고 부르며 [그림 6-17]과 같이 제조 방식에 따라 모놀리틱(monolithic) IC 와 하이브리드(hybrid) IC 로 나눈다. 한편 하이브리드 IC 는 박막 하이브리드 IC 와 후막 하이브리드 IC 로 구분된다.

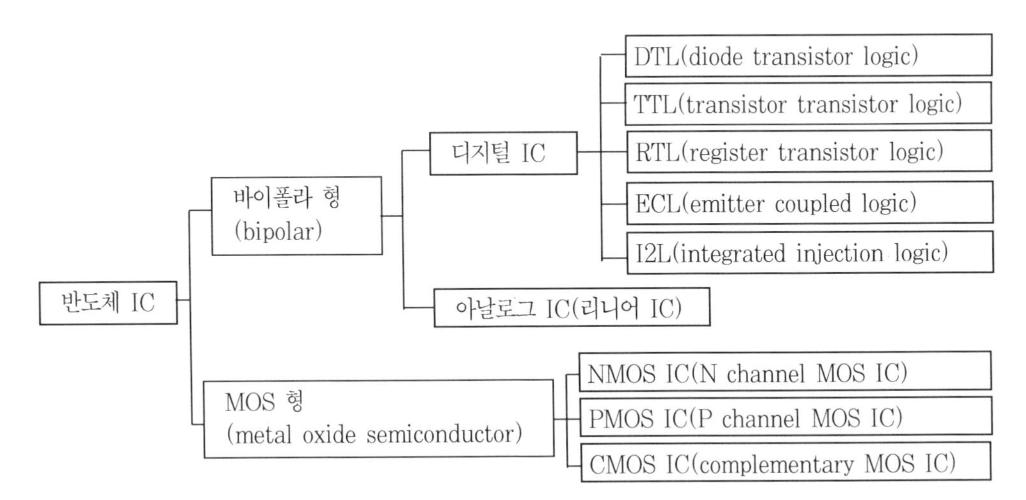

[그림 6-17] 제조기술에 따른 집적회로의 분류

한편 집적회로의 특징으로는 다음과 같은 몇 가지 예를 들 수 있다.

① 소형의 반도체 상에 수십만 개에서 수백만 개 이상의 트랜지스터, 다이오드, 저항, 콘덴서의 기능을 가진 소자를 집어 넣을 수 있기 때문에 크기가 작고 가볍다.
② 집적회로의 제조 공정으로 수천, 수만 개의 부품을 만들 수 있고, 부품 상호간에 접속 부분이 적기 때문에 신뢰성이 크다.
③ 대량 생산이 가능하므로 가격이 저렴하다.
④ 컴퓨터에서 처리속도의 고속화를 필요로 한 만큼 10^{-9}초(ns)에서 10^{-12}초(ps)단위로 처리할 수 있다.
⑤ 외부 배선이 적어 전력 소비가 적다.

집적회로는 부품을 집적하여 회로의 단위로 소형화한 것인데, 이것이 기술의 향상과 더불어 회로의 단위로 생각하고 있던 소형화를 한 걸음 더 나아가서 회로의 집합체인 서브시스템(sub-system)의 단위로 소형화시켜 하나의 기판위에 실을 수 있는 소자 수를 기하급수적으로 증가시킨 것이 LSI 이다. 이것을 4(㎜) 평방의 초소형 기판(chip) 위에 수십만 개에서 수백만 개의 트랜지스터 등을 수용할 수 있다고 한다.

한편 집적회로의 집적도에 따라 좀더 자세히 설명하면 [그림 6-18]과 같다.

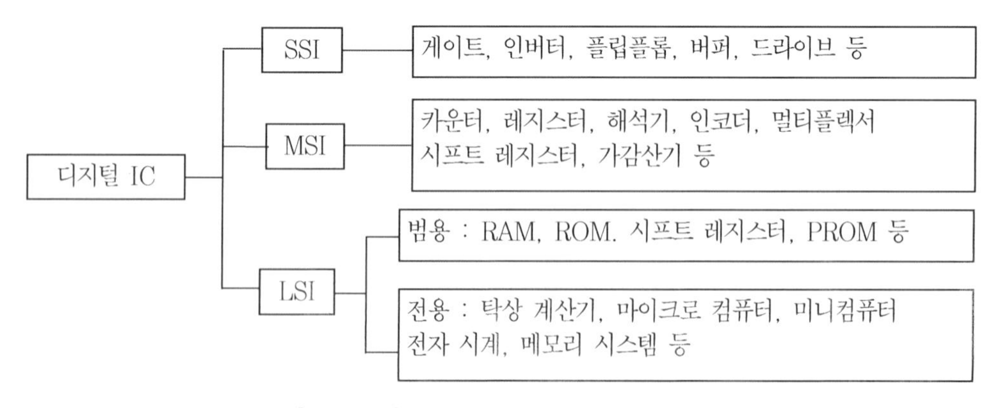

[그림 6-18] IC 의 집적도에 의한 분류와 용도

SSI(small scale integration)는 10개 이하의 게이트를 하나의 칩에 집적시킨 회로를 의미하며 한 패키지(one package)내에 여러 개의 게이트 혹은 플립플롭을 포함할 수 있고, MSI(medium scale integration)는 10개에서 100개 정도의 게이트를 집적시킨 회로로서 레지스터, 카운터, 해석기 등과 같은 초보적인 논리기능을 가진 집적회로에 쓰인다. 그리고 LSI(large scale integration)는 수백 개의 게이트로 구성되며 큰 기억장치 마이크로 프로세서 및 휴대용 계산기 칩(chip)에 쓰인다. 또 VLSI(very large scale integration)는 수천 개의 게이트로 이루어져 있고 대형 기억장치, 복잡한 마이크로 프로세서의 및 마이크로 컴퓨터 칩으로 이용되고 있다.

〈표 6-3〉 대표적인 기억장치 제조기술의 특성

제조기술	경비 $/비트	액세스 타임(초)	액세스 방법	판독/기록	보존성	물리적 기억장치 매체
양극 반도체	10^{-1}	10^{-8}	직접	판독/기록	NDRO 소멸성	전자적
MOS 반도체	10^{-2}	10^{-7}	직접	판독/기록	DRO/NDRO 소멸성	전자적
자기 코어	10^{-2}	10^{-6}	직접	판독/기록	DRO 비소멸성	자기적
자기드럼과 자기디스크	10^{-4}	10^{-2}	직접 or 반직접	판독/기록	NDRO비소멸성	자기적
자기테이프	10^{-5}	10^{-1}	직렬	판독/기록	NDRO 비소멸성	자기적
천공 카드와 종이 테이프	10^{-6}	10	직렬	판독/기록	NDRO 비소멸성	기계적

6.4 프로세서와 메모리버스

주기억장치는 CPU 와 입출력 프로세서를 통한 입출력 장치와 직접 통신하기 위하여 CPU 의 내부 중앙에 위치하고 있으며, 주기억장치에 저장되어 있지 않은 프로그램이 CPU 에 필요한 경우에는 보조 기억장치로부터 가져오고 필요 없는 프로그램은 보조 기억장치로 옮겨져, 현재 시행되는 프로그램과 데이터를 위한 공간을 제공한다.

6.4.1 프로세서와 기억장치의 데이터 교환

프로그램이 수행되는 동안, 프로그램과 데이터는 주기억장치에 적재된다. 주기억장치는 워드 단위로 저장되고 검색하도록 설계되며, 주기억장치와 CPU 간의 데이터 전송은 [그림 6-19]에 나타내었으며, 데이터 전송은 기억장치 주소 레지스터(MAR) 와 기억장치 데이터 레지스터(MBR)의 CPU 내의 두 레지스터를 통해서 일어난다. MAR 의 크기는 k 비트이고 MBR 이 n 비트이면 주기억장치는 2^k 비트의 주소공간을 가지고 있다. 기억장치 사이클(memory cycle) 동안에 주기억장치와 CPU 간의 n 비트의 데이터가 전송된다.

이와 같이 프로세서와 메모리가 서로 데이터를 교환하기 위해 몇 가지 단계를 거쳐야만 이루어지며, 데이터 교환에 소요되는 시간은 프로세서 내에서 처리되는 시간에 비해 매우 긴 시간이다. 또한 주기억장치에 사용되고 있는 DRAM 은 일반적으로 액세스 타임이 느리기 때문에 실제로 프로세서는 명령어를 실행하는 데 소요되는 시간의 대부분을 메모리와의 데이터 통신에 소요하고 있다고 말할 수 있다. 따라서 컴퓨터 설계자들은 보다 고속으로 동작하는 메모리를 선택하는 데 매우 고심하고 있으며, 일반적으로 메모리를 선택하는 기준은 동작(판독과 기록) 속도 즉, 메모리의 액세스 타임(access time) t_a 와 사이클 타임(cycle time) t_c 에 따라 선택된다.

프로세서가 메모리에 접근하는 데 소요되는 액세스 타임이란 프로세서로부터 출력되는 주소 데이터가 주소버스에 적재된 후 메모리에 저장되어 있는 데이터가 데이터버스에

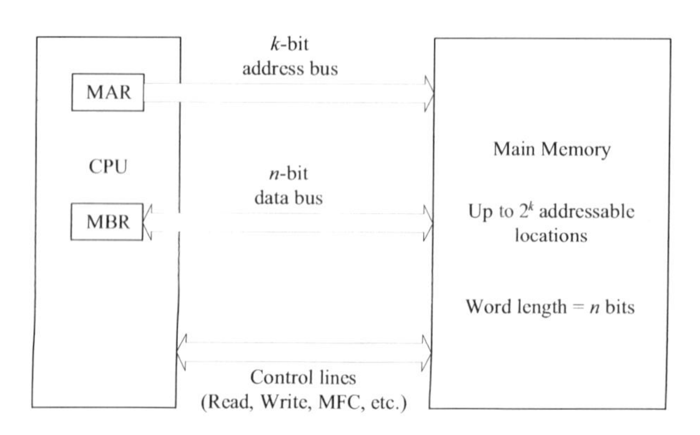

[그림 6-19] 메모리와 CPU 의 연결도

적재될 때까지 걸리는 시간을 말한다. 또한 사이클 타임이란 메모리의 액세스 타임과 동일한 의미로 사용될 수도 있지만 DRAM 또는 2세대 메모리인 자기 코어와 같은 메모리들은 데이터를 판독한 후 해당 메모리 위치를 다시 원래의 상태로 복원해야 하며, 따라서 사이클 타임은 다음과 같이 메모리의 순수한 액세스 타임 t_a 와 복원 시간 t_r 을 더한 시간을 의미한다.

$$t_c = t_a + t_r \qquad \text{식}(6.2)$$

예로서 반도체 메모리의 한 개 주소에 16비트의 데이터를 저장하고, 사이클 타임이 1㎲이며, 데이터버스가 32비트일 경우 프로세서와 메모리 사이의 데이터 전송은 한 번에 연속된 2개 주소에 저장되어 있는 32비트의 데이터 워드 (80×86 계열의 경우 더블 워드)를 1 초에 1 백만 개의 데이터 워드를 즉, 1초에 4MB 를 전송할 수 있음을 의미한다. 어떤 프로세서의 연산 속도가 기본적인 연산의 경우 0.1 ㎲ 가 소요되는 경우 메모리가 1초에 1 백만 개의 32비트 데이터 워드를 프로세서에 전송한다는 것은 매우 느린 데이터 전송률이 된다. 따라서 프로세서는 연산에 필요한 자료를 얻기 위해 프로세서 처리시간의 약 90 % 를 대기상태로 있어야만 하는 결과를 초래한다. 프로세서가 메모리에 저장되어 있는 데이터를 판독하기 위해 처리시간의 90 % 를 대기한다는 것은 귀중한 고가의 프로세서 자원을 크게 허비하는 것이다. 결과로서 컴퓨터 설계자들은 메모리와 프로세서 사이의 데이터 전송속도를 향상시키는 방안을 개발하기 위하여 현재에도 계속하여 정진하고 있다.

6.4.2 데이터의 판독과 기록

메모리는 일반적으로 한 개의 주소에 1바이트의 데이터를 저장하며, 한 개의 워드(16비트)는 주기억장치의 연속된 2개의 주소위치에 저장된다. 메모리에 저장되는 데이터는 피연산자(operand), 명령어, 알파뉴메릭 문자와 2진 코드 정보 등을 포함하고 있다.

메모리와 프로세서 또는 입출력 장치 사이의 통신은 기본적으로 두 개의 제어신호와 두 개의 외부 레지스터, 그리고 주소 해석기를 통해 이루어지며, 프로세서로부터 메모리에 전송되는 제어신호는 데이터의 전송 방향을 지정하게 된다.

메모리와 프로세서 또는 DMA 제어기와 같은 외부장치 사이의 통신에 이용되는 레지스터와 제어신호를 [그림 6-20] 에 나타내었다. [그림 6-20]에 나타낸 바와 같이 메모리와 외부장치 사이의 통신에 사용되는 레지스터로는 MAR 와 MBR 이 있으며, MAR 은 메모리의 특정 위치에 저장된 메모리 워드를 선택하도록 메모리 위치의 주소를 보유하게 된다. MAR 에 적재되어 있는 주소정보는 주소버스를 거쳐 주소 해석기에 전송된 후, 해석기에서 해석된 주소위치에 액세스하게 된다. 따라서서 메모리 위치의 주소공간은 MAR 의 비트수에 따라서 결정되며, MAR 이 n 비트로 구성될 경우 주소공간은 최대 n개로서 0 번지부터 2^{n-1} 번지까지 지정할 수 있다. 예로서 MAR 이 16개 비트로 구성될 경우, 컴퓨터의 주기억장치는 총 65536(64 K) 개 번지에 데이터를 저장할 수 있게 된다.

[그림 6-20]에 나타낸 프로세서로부터 메모리에 전송되는 두 개의 제어신호로는 판독 제어신호 RD 와 기록 제어신호 WR 이며, 기록 제어신호는 프로세서로부터 메모리에 새로운 데이터를 저장할 경우 발생되는 제어신호이고, 판독 제어신호는 메모리로부터 명령 또는 자료 등을 인출하기 위한 제어신호이다.

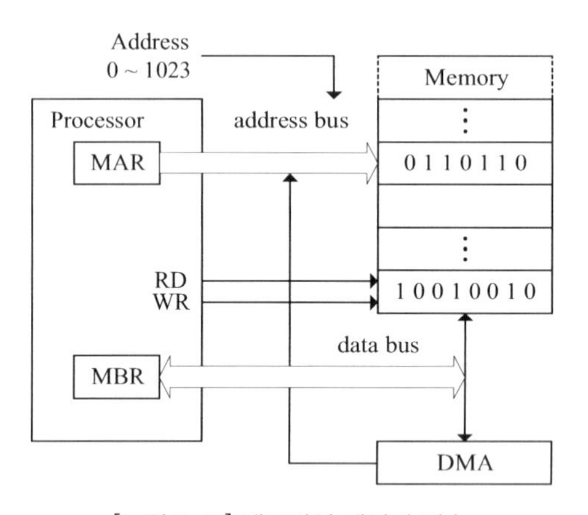

[그림 6-20] 메모리의 데이터 전송

RD 와 WR 제어신호는 [그림 6-20]와 같이 독립된 제어 핀으로 활성화될 수도 있지만 한 개의 공통선 RD/WR 로 전송되기도 한다. 메모리와 프로세서 사이는 물론 DMA 제어기 같은 주변장치로의 데이터 전송도 앞에서 설명한 바와 같이 MBR 을 거쳐 데이터를 전송한다. 보다 정확한 표현으로는 MBR 은 프로세서 내에 존재하고 외부에는 즉, 메모리와 프로세서 사이에는 트랜시버(transceiver)라는 버퍼 레지스터를 통해 데이터를 주고받게 된다. 따라서 메모리가 프로세서로부터 기록 제어신호를 전송 받을 경우 MBR 에 저장된 주소 데이터는 주소버스에 적재되고, 이어서 주소 해석기 의해서 지정된 주소위치로 MBR 에 저장되어 있는 2진 정보가 데이터버스를 통해 전송되며, 판독 제어신호를 전송 받을 경우는 MAR 이 지정한 주소위치에 저장되어 있는 2진 정보가 MBR 로 전송된다.

메모리의 데이터 전송에 대한 설명을 간단히 하기 위해 메모리의 저장 공간이 1024개의 주소만을 보유하고, 한 개의 주소공간에 16비트의 데이터를 저장할 수 있는 컴퓨터가 있다고 할 경우, 우선 1024개의 기억공간을 지정하기 위해서는 10비트의 주소정보를 저장할 수 있는 MAR 이 있어야 한다. 또한 프로세서와 메모리 사이의 데이터의 전송은 16비트 단위이어야 하기 때문에 16비트의 MBR 이 있어야 한다.

따라서 메모리 시스템을 구현하기 위해서는 MAR 에 저장되어 있는 10비트의 주소 데이터가 이동되기 위한 10비트의 주소버스와 주소 데이터를 해석하기 위한 10-to-1024 주소 해석기, 그리고 MBR 에 저장되어 있는 16비트의 데이터가 이동되기 위한 16비트 데이터버스 및 주기억장치에(로부터) 기록(판독)될 데이터를 일시적으로 저장하는 16비트 데이터 트랜시버에 전송되고, 이어서 데이터버스를 통해 MBR 로 전송되어 데이터의 판독은 종료된다. 따라서 프로세서가 특정 메모리 위치에 저장되어 있는 2진 데이터를 판독하기 위한 동작 순서는 다음과 같다.

① 프로세서의 제어장치는 메모리의 특정 위치를 지정하기 위해 주소정보를 MAR 에 전송된다.
② 버스 제어장치는 MAR 에 저장되어 있는 주소정보를 주소버스에 적재한다.
③ 주소버스에 적재된 2진 주소정보는 주소 해석기에 보내진다.
④ 프로세서는 제어버스를 통해 판독 제어신호 RD 를 논리 1 로 메모리에 전송된다.
⑤ 메모리의 해당 위치에 저장되어 있는 2진 데이터가 데이터 트랜시버로 전송된다.
⑥ 데이터 트랜시버에 저장되어 있는 데이터는 데이터버스를 통해 MBR 로 전송된다.

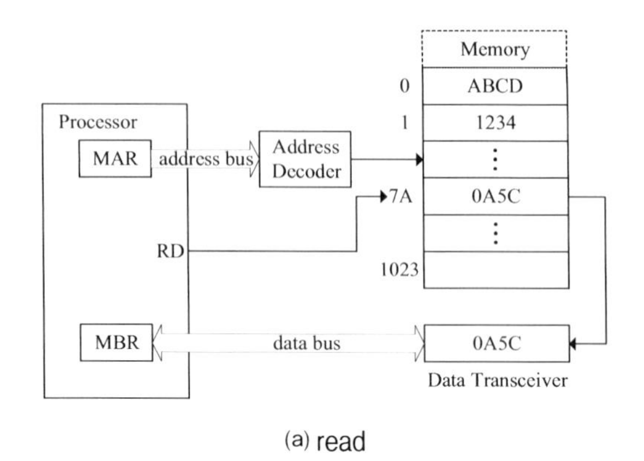

(a) read

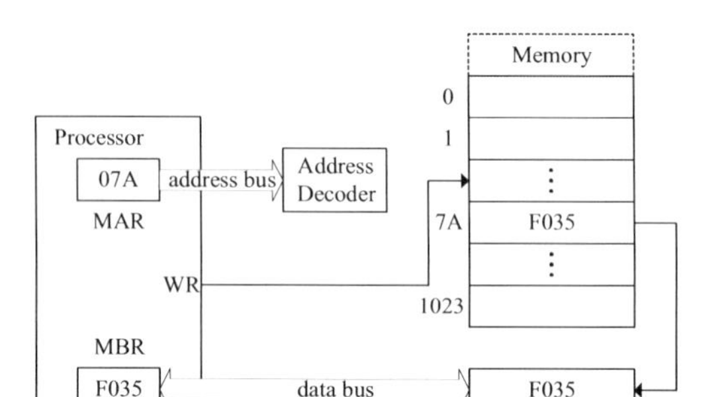

(b) write

[그림 6-21] 판독/기록 동작시 데이터의 전송

특정 메모리 위치에 새로운 2진 데이터를 저장하기 위해 요구되는 기록 동작의 순서는 다음과 같이 나타낼 수 있으며, 기록 동작의 결과를 [그림 6-21](b) 에 나타내었다.

① 메모리의 특정주소위치를 지정하기 위해 제어장치는 주소정보를 MAR 로 전송한다.

② 버스 제어장치는 MAR 에 저장되어 있는 주소정보를 주소버스에 적재한다.

③ 주소버스에 적재된 2진 주소정보는 주소 해석기에 보내진다.

④ 제어장치는 기록 제어신호 WR 을 논리 1 로 활성화 시켜 메모리에 전송한다.

⑤ 프로세서는 MBR 에 저장되어 있는 2진 데이터를 데이터버스상에 적재시킨다.

⑥ 데이터버스 상의 2진 데이터가 데이터 트랜시버에 전송된다.

⑦ 데이터 트랜시버로 전송된 2진 데이터가 메모리의 해당 위치에 전송된다.

6.4.3 메모리 뱅크와 인터리브

메모리의 대역폭 BW 를 개선하는 방법 가운데 메모리의 인터페이스 기법을 변화시키는 방법의 하나로서 뱅크(bank) 구조 메모리와 인터리브(interleave) 구조의 메모리에 대해 설명하기로 하겠다. 메모리 BW 를 개선시키기 위해 메모리로부터 한 번에 한 개 이상의 데이터 워드를 전송시킬 수 있도록 설계하는 즉, 메모리를 [그림 6-22] 과 같이 병렬 구조로 설계하는 것이 한 방법이다. 병렬 구조를 갖는 메모리의 구조는 두 종류의 기본적인 방법이 있으며, 이들은 뱅크구조의 메모리와 인터리브 구조의 메모리이다.

(1) 메모리 뱅크

주기억장치는 최근에는 전형적으로 모듈 형의 메모리 뱅크(memory bank) 또는 메모리 모듈(memory module)로 구성되며 이들은 [그림 6-21](a) 와 같이 CPU 에서 나오는 메모리버스에 접속된다. 각 메모리 뱅크에는 각각 상이한 범위의 어드레스가 배치된다.

메모리버스(memory bus)는 [그림 6-22](b) 에서 보는 바와 같이 주소버스, 데이터버스 및 제어버스로 구성되어 있으며 주소버스는 CPU 의 MAR, 데이터버스는 CPU 의 MBR 에서 나오는 신호선이다. 또 제어버스는 CPU 의 연산 제어회로에서 나오며 읽기/쓰기 제어신호, 개시신호, 종료신호 등의 신호선으로 되어 있다. 메모리 컨트롤러(memory controller)는 뱅크 해석기, 주소버퍼, 쓰기(write) 데이터버퍼, 읽기(read) 데이터버퍼 및 제어회로로 구성되어있다. 주소버스에는 CPU 가 액세스하려고 하는 메모리의 주소가 출력되는 데, 그 상위의 수 비트가 뱅크 해석기에, 나머지 하위 비트가 어드레스 버퍼에 전송된다. 그리고 뱅크 해석기에 의해서 선택된 메모리 뱅크의 제어회로가 동작된다.

뱅크구조 메모리는 [그림 6-23]에 나타낸 바와 같이 주기억장치를 몇 개의 독립된 블록인 뱅크로 구분하여, 프로세서는 물론 동시에 다수의 직접 메모리 액세스(direct memory access : DMA) 제어기들이 메모리 인터페이스 회로를 거쳐 메모리의 각 뱅크에 접근할 수 있는 메모리 구조의 한 방법으로 사용되고 있다.

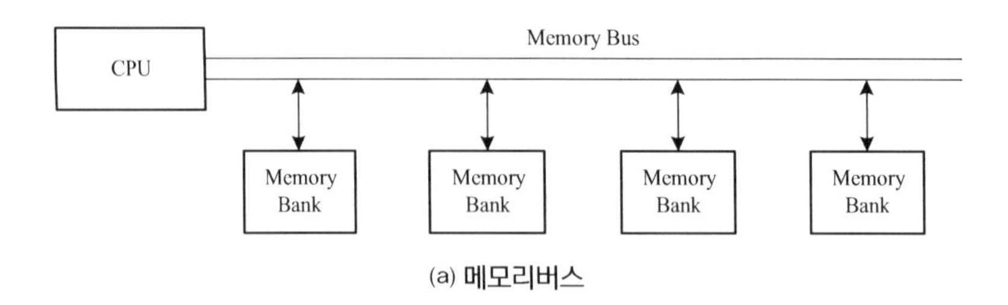

(a) 메모리버스

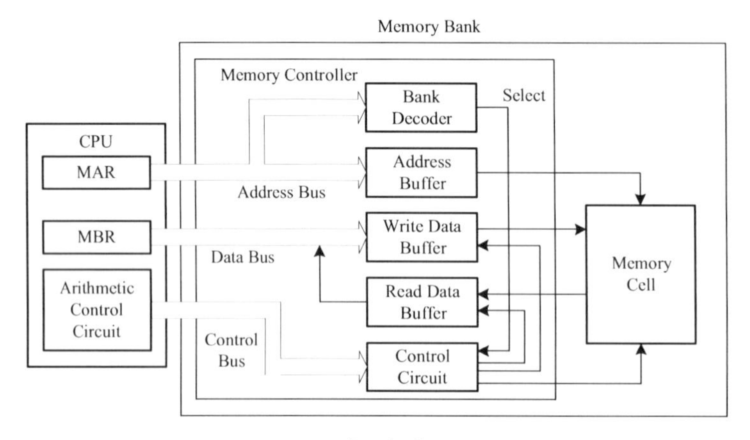

(b) 메모리 뱅크

[그림 6-22] CPU 와 메모리 뱅크의 구성도

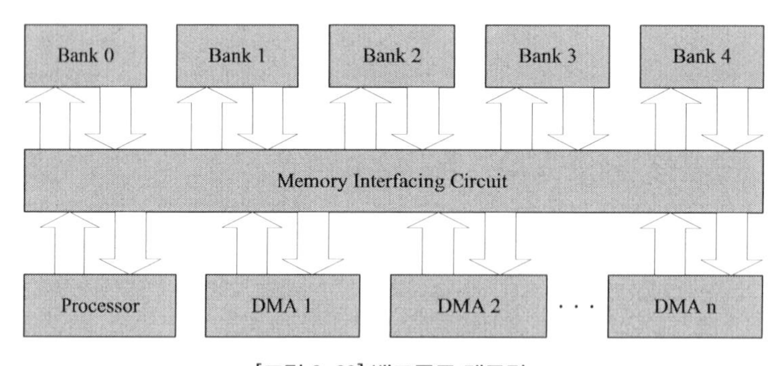

[그림 6-23] 뱅크구조 메모리

따라서 뱅크구조 메모리는 [그림 6-23]와 같이 각 뱅크에 주소를 지정하고, 판독 또는 기록되는 데이터를 일단 저장하기 위한 주소 레지스터와 데이터 레지스터인 MAR 과 MBR 을 두는 방법으로서 프로세서가 메모리의 뱅크-0 에 저장되어 있는 명령어나 데이터를 판독하는 동안, 프로세서의 개입없이 직접 메모리에 접근할 수 있는 DMA 제어기-1 은 다른 뱅크인 뱅크-2 로부터, 그리고 DMA 제어기-2 는 뱅크-4 로부터 데이터를 판독할 수 있는 구조를 갖춘 병렬 구조의 메모리를 말한다. 따라서 뱅크구조의 메모리에서 DMA 제어기-1 과 DMA 제어기-2 는 프로세서가 접근 중인 뱅크-0 이 데이터 전송을 완전히 종료할 때까지 대기함이 없이 뱅크-2 와 뱅크-4 에 저장되어 있는 데이터를 DMA 장치에 전송할 수 있는 것이다. 즉, 메모리에서 전송할 데이터를 한 뱅크에서 찾고 있는 동시에 프로세서 또는 DMA 제어기는 이미 준비된 데이터를 전송할 수 있다는 것을 나타낸다. 따라서 뱅크구조의 메모리는 지정된 메모리 사이클보다 고속으로 동작이 가능하다. 그러나 각 장치에서 판독하려는 데이터가 동일한 뱅크 내에 저장되어 있을 경우에는 속도 면에서 장점은 없으며, 그 이유는 한 번에 한 개의 뱅크에서 인출될 수 있는 데이터는 한 개 워드로 제한되기 때문이다.

(2) 메모리 인터리브

어드레스의 상위 대신 하위의 k 비트를 뱅크 해석기에 인가하고, 나머지 상위 비트를 어드레스 버퍼에 인가하도록 한다. [그림 6-24](a) 에서와 같이 하나의 메모리 뱅크에 배치할 수 있는 어드레스가 2^k 씩 간격을 띄게 되는 데 이것을 메모리 인터리브(memory interleave)라 한다.

메모리버스를 통해서 메모리 뱅크에 어드레스와 읽기 제어신호가 전송되면 모든 메모리 뱅크의 어드레스 버퍼의 내용이 어드레스의 상위 비트와 비교되며, 일치하는 경우에는 그 값을 어드레스 버퍼에 넣고 그 어드레스의 데이터가 각 읽기 버퍼에 호출된다. 만일 어드레스 버퍼의 내용이 어드레스의 상위 비트와 일치하지 않으면 이 프로세스는 생략된다. 그리고 뱅크 해석기에서 선택된 뱅크의 읽기 버퍼의 내용이 CPU 로 전송된다.

데이터를 기억장소로부터 읽기 버퍼로 호출하는 데 걸리는 시간을 t_1, 읽기 버퍼로부터 CPU 로 전송하는 데 걸리는 시간을 t_2 라 하면, 연속되는 어드레스로부터 데이터를 호출하는 모양은 [그림 6-24](b)와 같이 된다. n 개의 메모리 뱅크를 사용한 n-웨이 인터리브방식에서 연속된 어드레스에 순차로 액세스할 경우 1 데이터 당 액세스 시간은

$$t_1/n + t_2$$

가 된다.

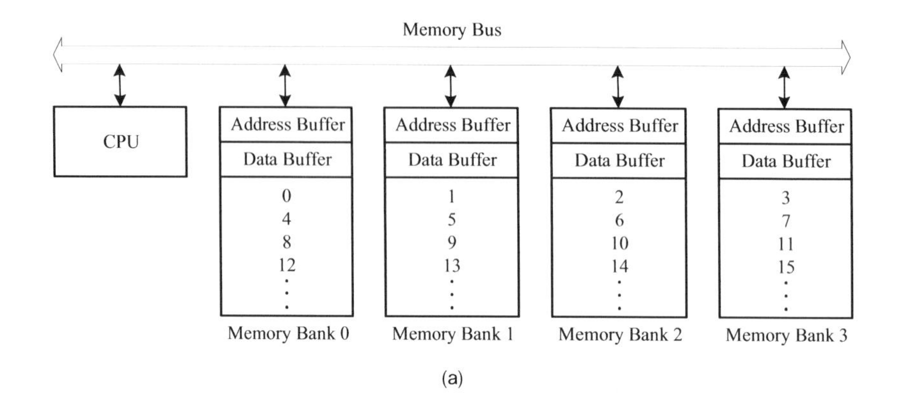

(a)

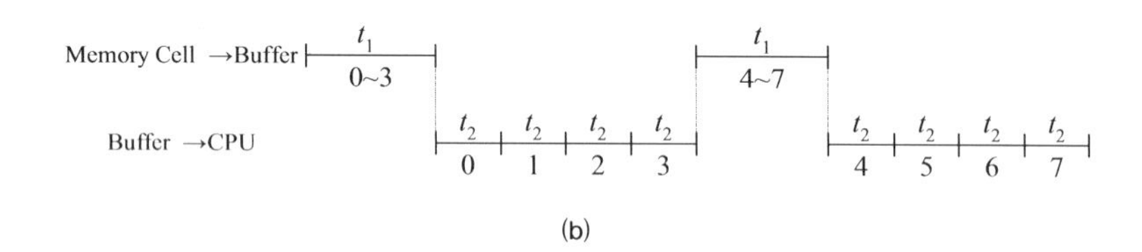

(b)

[그림 6-24] 메모리 인터리브 방식

일반적으로 $t_1 \gg t_2$ 이므로 액세스 시간은 대략 1/n 이 된다고 생각할 수 있다.

[그림 6-25]에 나타낸 4 개의 256KB 메모리 칩으로 1KB 의 주소공간을 갖는 뱅크-0 에서 뱅크-3 까지 4 뱅크로 구성된 메모리 내의 각 주소위치에 8비트의 데이터를 저장하고 있을 경우 프로세서로부터 전송되는 주소 비트는 10비트이며, 각 뱅크의 주소위치를 지정하기 위해서는 8비트의 주소 비트만으로 각 뱅크에 접근할 수 있다. 따라서 10비트의 주소 데이터 가운데 상위 2비트는 메모리 뱅크를 활성화시키기 위한 주소 해석기의 입력으로 전송됨을 알 수 있다. 결과적으로 뱅크 0 의 주소공간은 0 ~ 255 번지이고 뱅크-1 은 256 ~ 511, 뱅크-2 는 512 ~ 767, 그리고 뱅크=3 은 768 ~ 1023 번지의 주소 번지를 갖게 된다.

따라서 [그림 6-25]의 뱅크 메모리 구조는 주소 비트의 상위 2 비트로 뱅크를 선택하고, 나머지 하위 8비트로 특정주소를 지정하기 때문에 "상위 인터리브" 구조의 메모리 구조라 부르기도 한다.

기억장치 성능을 개선하는 또 다른 방식으로 사용되는 하위 인터리브 구조의 메모리는 [그림 6-26]에 도시한 바와 같이 뱅크로 이루어진 상위 인터리브 구조 메모리의 문제점을 해결하는 구조이다.

하위 인터리브 구조와 상위 인터리브(뱅크) 구조 메모리의 유일한 차이점은 순차적인 주소들이 뱅크구조 메모리의 경계를 넘어설 수 있다는 점이며, 예로서 하위 인터리브 구조 메모리는 메모리 위치 주소 2, 3 과 4 및 5 번지에 저장되어 있는 순차적인 워드 정보들을 한 개의 메모리 사이클로 접근이 가능하다. 뱅크구조 메모리의 경우 연속적인 주소위치에 저장되어 있는 4개 데이터 워드를 인출하려 할 경우 4개의 메모리 사이클을 필요로 하지만, [그림 6-26]에 나타낸 바와 같이 하위 인터리브 구조의 경우 한 개의 메모리버스 사이클로 4개 데이터 워드를 인출할 수 있음을 알 수 있다.

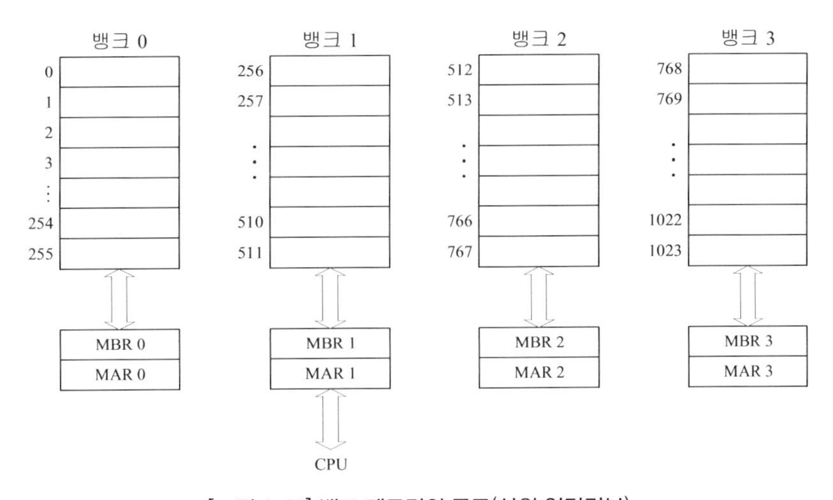

[그림 6-25] 뱅크 메모리의 구조(상위 인터리브)

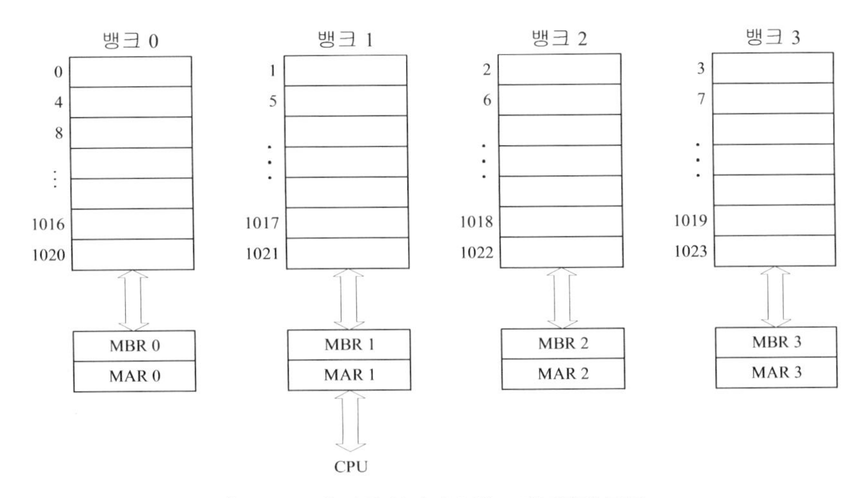

[그림 6-26] 하위 인터리브 뱅크 메모리의 구조

따라서 하위 인터리브 메모리 구조를 갖춘 컴퓨터에서의 주소지정은 [그림 6-24]의 상위 인터리브 구조의 경우와는 반대로 10비트의 주소 데이터 가운데 하위 2비트를 뱅크를 활성화시키는 주소 해석기 회로에 전송하고, 나머지 상위 8비트를 사용하여 각 뱅크의 특정주소위치에 접근하게 된다.

그러나 하위 인터리브 구조의 메모리도 [그림 6-26]의 상위 인터리브 구조의 경우와 같이 동일 뱅크 내의 다른 주소위치에는 동시에 접근할 수 없다. 펜티엄 프로를 포함하는 인텔 80×86 프로세서들은 [그림 6-26]와 비슷한 구조로 메모리 시스템을 구성하고 있다.

6.5 보조 기억장치

일반적으로 과거에는 보조 기억장치로 자기드럼(magnetic drum), 자기디스크(magnetic disk), 자기테이프(magnetic tape) 등이 많이 사용되었는 데, 최근에는 자기디스크와 카트리지 테이프(cartridge tape) 그리고 CD(compact disk)를 중심으로한 광 디스크(optical disk) 위주로 보조 기억장치가 통용되고 있다. 비록 이러한 기억장치들의 실제적 성질은 매우 복잡하지만, 그들의 논리적 성격으로 구분하여 몇 가지 특성과 매개변수로서 비교하여 볼 수 있다. 중요한 특성으로는 액세스 방법(access mode), 액세스 타임, 전송속도, 용량과 비용 등을 생각할 수 있다.

액세스 타임은 기억장치 내의 기억장소에 도달하여 그 내용을 얻는 데 요구되는 평균시간을 말한다. 보조 기억장치들은 순차 액세스 방법으로 구성되었기 때문에 액세스 타임은 판독/기록 헤드를 원하는 기억장소에 도달하는 데 요구되는 탐지시간과 회전지연시간으로 이루어진다. 보통 탐지시간이 전송 시간보다 길기 때문에, 탐지횟수를 가능한 줄이기 위하여 기억장소를 블록(block) 또는 물리적 레코드(physical record) 단위로 구성한다.

6.5.1 보조 기억장치의 종류

보조 기억장치는 외부 기억장치라고도 하며 주기억장치에 비해 액세스 속도가 느리지만 전원이 차단되어도 내용이 그대로 유지되고, 저장 용량이 큰 장점이 있다. 보조 기억장치의 종류로는 가장 많이 이용하고 있는 HDD(하드디스크) 이외에 이동식 보조 기억장치로 CD 와 같은 광디스크, USB 메모리 등이 있으며 지금은 잘 사용하지 않는 플로피디스크, 자기테이프 등이 있다. 보조 기억장치별 특성을 살펴보면 다음과 같다.

(1) HDD(Hard Disk Drive)

HDD 라고 부르는 자기디스크는 자성 물질을 입힌 금속 원판을 여러 장 겹쳐서 만든 기억 매체로, 용량이 크고 주기억장치에 비해 속도가 느리지만 액세스 속도가 빠르며 순차 또는 비순차(직접)처리가 가능하여 프로그램과 데이터를 저장해 두는 주된 보조 기억장치이다. 본체에 부착시켜 사용하기 때문에 고정디스크라고도 하며, 1980년대 초 PC XT 가 나올 당시 20MB 정도 크기였으나 지금은 140GB 이상의 큰 용량이 사용되고 있다. 대용량인 HDD 인 경우 바이러스 침투 등에 의한 피해방지를 위하여 C 디스크, D 디스크와 같이 나누어 사용하기도 하는데 이때 프로그램은 반드시 C 드라이브에 저장하여야 하며, 자료는 D 드라이브에 저장해 두면 바이러스 침투로부터 보호받을 수 있다. 어느 정도 사용하다가 HDD 용량이 부족하면 증설도 가능하지만 외장하드를 이용하는 등 대체 방안도 있다.

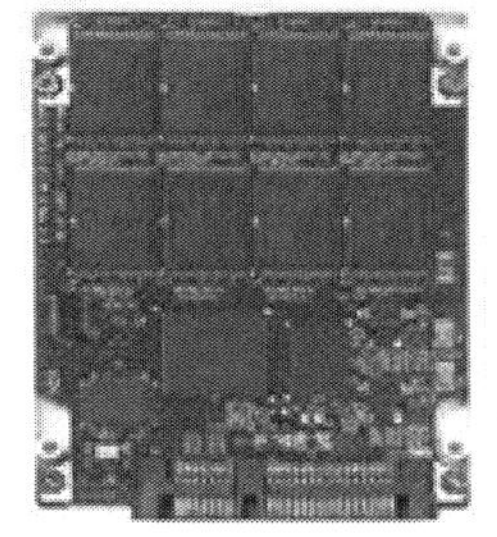

(2) CD(Compact Disk)

원판의 표면에 레이저 광선을 이용하여 정보를 기록해 두는 광디스크로 원래 소리정보를 담기 위한 매체였지만 후에 PC 정보를 저장하는 매체로도 사용하게 되었다. 대부분 읽기만 가능한 CD-R 이지만 반복하여 읽기/쓰기가 가능한 CD-RW 도 있다. CD 1장의 용량은 800MB이며 500원 정도로 가격이 저렴하여 HDD 데이터 백업용 또는 자료 배포용으로 주로 사용되고 있다

(3) DVD(Digital Video Disk)

CD 와 같은 형태와 원리로 만들어진 광디스크 이지만 CD 에 비하여 용량이 커서(4GB) 영상 정보를 저장해 두는 매체로 주로 사용되고 있다

(4) FDD(Floppy Disk Drive)

자성체를 바른 한 장의 원반과 이를 보호하는 자켓으로 구성되었다. 플로피 디스크는 작은 용량의 보조 기억장치로써 5.25" FDD 를 "A 드라이브", 3.5" FDD 를 "B 드라이브" 라고 불렀 다. 휴대가 간편하나, 용량이 1.44 MB 에 불과해 지금은 거의 사용하지 않는 장치이다.

(5) 자기테이프(Magnetic Tape)

PC 가 아닌 대형 컴퓨터에서 주로 사용하는 보조 기억장치이다. 자성 물질이 코팅된 얇은 플라스틱 테이프를 동그란 릴에 감아 놓은 것이다. 값도 저렴하고 용량이 커서 하드디스크의 자료 백업용으로 많이 사용하는 대용량 저장매체이다

(6) USB 메모리

USB(Universal Serial Bus) 포트에 연결해 사용하기 때문에 흔히 USB 라고 약해서 부르는 이 보조 기억장치는 플래시 메모리의 한 종류이다. 가격이 저렴하고 휴대하기에 편해 최근 각광을 받고 있다. 용량도 다양하여 256GB 까지 나왔다고 하는데 분실이나 고장 등을 고려하며 용량이 큰 것보다 4 ~ 8GB 등 작은 것을 여러 개 사용하는 것이 좋다. 반도체라서 전기충격(특히 정전기)에 약하고 장치 제거를 하지 않은 상태에서 USB 메모리를 포트에서 뺐을 때 문제가 자주 발생하며 크기가 작아 분실할 가능성도 크다. 또 다른 단점은 보안이 허술하여 다른 컴퓨터에 꽂자마자 전염되는 바이러스/악성코드가 많이 생겼고, 이로 인해 파일이 훼손되거나 개인정보 등이 유출되기도 한다. USB 메모리 고장 및 분실로 인한 피해를 줄이려면, USB 를 '안전한 백업용'으로 사용하지 말고 항상 PC 나 큰 외장하드에 백업을 해두고, 공동으로 사용하는 PC에 꽂아 사용하는 것은 최대한 피하는 것이 좋다.

(7) 외장하드

보조 기억장치인 하드디스크 드라이브(HDD)를 휴대하기 쉽게 만든 것으로 USB 단자에 연결하여 사용한다. USB 메모리가 보통 1 ~ 32GB 용량인데 비해 외장하드는 최저 80GB 에서 500GB 용량으로 대용량의 정보를 저장할 수 있다. 수명도 USB 메모리보다 길어 HDD 백업 장치로 사용하거나 영화, 음악, 각종 동영상 등을 오랫동안 보관할 수 있어 새로운 개인용 저장장치로 각광받고 있다. 500GB 외장하드는 MP3 음악 12만 곡 또는 DVD 급 비디오 60시간 분을 저장할 수 있는 용량이다.

6.5.2 자기디스크 (Magnetic Disk)의 구조와 동작

자기디스크는 최근에는 하드디스크(Hard Disk)로 통용되고 있는 대용량의 보조 기억 장치로서, 금속이나 플라스틱으로 만들어진 원형판(platter)을 자화된 물질로 코팅한 기억 매체이다. 자기디스크는 헤드(head)라 불리는 유도 코일(conducting)을 사용해서 데이터를 읽고 또한 쓰게 된다. 데이터를 자기디스크에서 읽는 동작과 쓰는 동작 중에 헤드의 상태는 정지 상태가 되며, 이때 원형판은 헤드의 아래에서 회전한다. 디스크에 데이터를 쓰는 과정은 코일을 따라 흐르는 전류가 자기장을 만든다는 이론에 근거한다. 즉, 기록 대상 데이터는 펄스의 형태의 헤드로 보내지고, 이들이 형성하는 자기 패턴들은 양전하와 음전하에 대해서 각기 다른 패턴으로 헤드에 의해서 디스크 표면에 기록된다. 이와 달리 읽기 과정은 코일에 대해서 상태 적으로 움직이는 자기장이 코일에 전류를 발생시킨다는 이론에 근거한다. 즉, 자기디스크의 표면이 헤드 아래를 지날 때 이는 이미 기록된 것과 동일한 극성의 전류를 생성하며 이로부터 해당 정보를 읽게 된다.

(1) 정보기록 방법

자기디스크는 디스크 구동기에 의하여 축을 중심으로 하여 비교적 빠른 속도로 회전하며, 자기디스크의 표면은 정보를 기록할 수 있는 트랙(track)이라 불리는 많은 수의 동심원들의 집합으로 구성되어 있다. 각 트랙은 헤드와 동일한 폭을 가지는 데, [그림 6-25] 은 헤드에 의해서 기록된 데이터의 전체 양식을 보여준다. 즉, 인접한 트랙들 사이는 일정한 간격만큼씩 분리되어 있음을 볼 수 있다. 이와 같은 간격은 헤드가 위치 선정을 잘못하게 되는 상황을 방비해 주고, 또한 단순한 자기장의 간섭에 의한 오류를 방지하거나 오류를 최소화하기 위해서 필요하다. 일반적으로 각 트랙에 기록되는 정보의 양은 동일하기 때문에 자기디스크 표면의 기록밀도는 바깥쪽 트랙으로부터 안쪽 트랙으로 옮겨갈수록 증가된다.

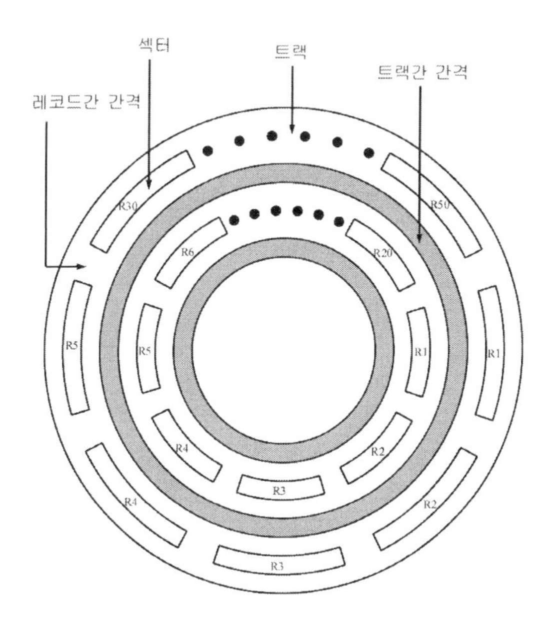

[그림 6-27] 자기디스크의 데이터 기록 형태

자기디스크에서의 정보전송은 블록(block) 단위로 이루어지며, 일반적으로 한 블록의 크기는 한 트랙보다는 작다. 따라서 데이터를 트랙에 효율적으로 기록하기 위해서는 트랙을 섹터(sector)라고 부르는 영역으로 나눈 다음, 이곳에 블록단위로 데이터가 기록된다. 보통 한 트랙은 10개에서 100개 정도의 섹터로 구성되며 각 섹터의 길이는 고정되어 있거나 또는 가변적이다. 그리고 인접한 섹터들은 일정한 간격인 트랙 내부간격 또한 레코드간 간격에 의해 분리되어 있어서 블록단위로 기록된 정보를 구분할 수 있도록 도와준다. 또한 해당트랙 내에서 섹터의 위치 결정은 트랙에 기록된 정보를 구분할 수 있도록 도와준다. 트랙 내 섹터의 위치 결정은 트랙에 기록된 정보를 구분할 수 있도록 도와준다. 트랙 내 섹터의 위치 결정은 트랙에 기록된 각 섹터에 대한 시작과 끝 부분을 명시해 주는 제어 데이터의 해석에 의해 가능하다. [그림 6-27] 은 자기디스크에 레코드가 일정한 간격으로 구분되어 저장된 예를 보여주고 있다.

(2) 자기디스크의 종류와 특징

〈표 6-4〉은 자기디스크들을 구분하는 특징들을 보여준다. 먼저 헤드는 원반의 원주 방

향에 대해서 고정되어 있거나 이동될 수 있다. [그림 6-28](a) 와 같은 전자의 경우를 고정헤드(fixed head) 자기디스크라고 하며, 이러한 디스크에서는 각 트랙을 단위로 하나씩 읽기/쓰기 헤드가 있고 각 헤드들은 모든 트랙에 걸쳐 있는 단단한 축(arm)에 설치되어 있다. 이축을 보통 접근축(access arm)이라 한다. 후자의 경우와 같은 이동헤드(moving head) 자기디스크에는 하나의 읽기/쓰기 헤드만 있으면, [그림 6-28](b) 와 같이 하나의 헤드는 접근축에 부착되어 있다. 자기디스크는 구동장치인 자기디스크 드라이버(driver)에 설치되어 있는 데, 이는 접근축과 자기디스크를 회전시키는 축과 데이터를 입출력하기 위해서 필요한 전자장치들로 구성된다.

〈표 6-4〉 디스크 시스템의 특징

특 징	구 분
헤드 움직임	고정헤드(트랙당 1 개), 이동헤드(면당 1 개)
디스크 분리	분리 불가, 분리 가능
면 수	단면, 양면
원반 수	단일, 다중
헤드기술	접촉식, 일정간격, 공기 역학식

자기디스크와 자기디스크 드라이버는 하나의 금속 상자 안에 밀폐되어 분리 불가능한 경우와, 분리 가능한 경우가 있다. 분리가 가능한 자기디스크는 필요에 따라서 디스크 장치로부터 분리하여 다른 디스크로 대치될 수 있다. 후자의 경우 장점은 제한된 수의 자기디스크 시스템에서도 많은 양의 데이터를 이용할 수 있다는 점이다.

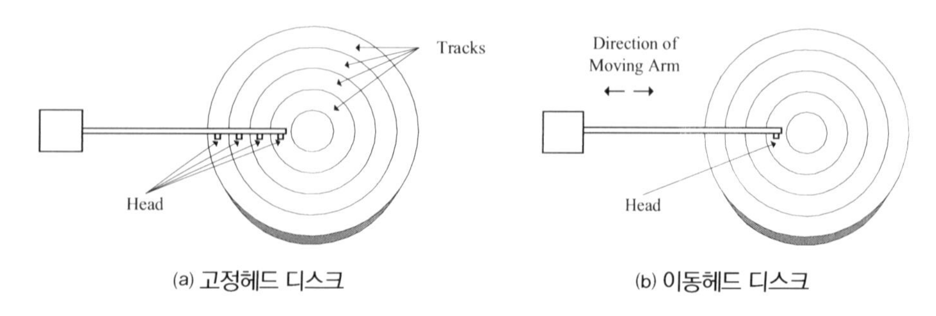

(a) 고정헤드 디스크　　(b) 이동헤드 디스크

[그림 6-28] 디스크의 헤드

대부분의 자기디스크에서 자화를 위한 코팅은 원반의 양면에 적용되며, 이와 같이 제작된 자기디스크를 양면 자기디스크라고 한다. 일반적으로 저가의 자기디스크 시스템에서는 장치의 단순성에 의하여 양면 자기디스크보다는 단면 자기디스크가 사용되고 있다.

디스크는 헤드기술에 따라 세 가지 유형으로 분류할 수 있다. 보통 읽기/쓰기 헤드는 자기디스크 면과는 일정한 공기간격(air gap)을 유지할 수 있도록 원반으로부터 일정한 거리만큼 위에 위치하고 있다. 이와 반대되는 기술에서는 읽기/쓰기가 매체와 헤드의 물리적인 접촉에 의해서 이루어지며 이러한 기술은 플로피 디스크에서 주로 사용된다.

오늘날, 개인용 컴퓨터와 워크스테이션(work station)의 하드디스크(hard disk)로 널리 사용되고 있는 윈체스터(winchester) 디스크는 오염의 위험이 거의 없도록 자기디스크 헤드 자체를 디스크 구동장치 내부에 밀폐시켰기 때문에 신뢰성이 높으며 기존의 디스크에 비해서 용량 또한 크다는 장점이 있다.

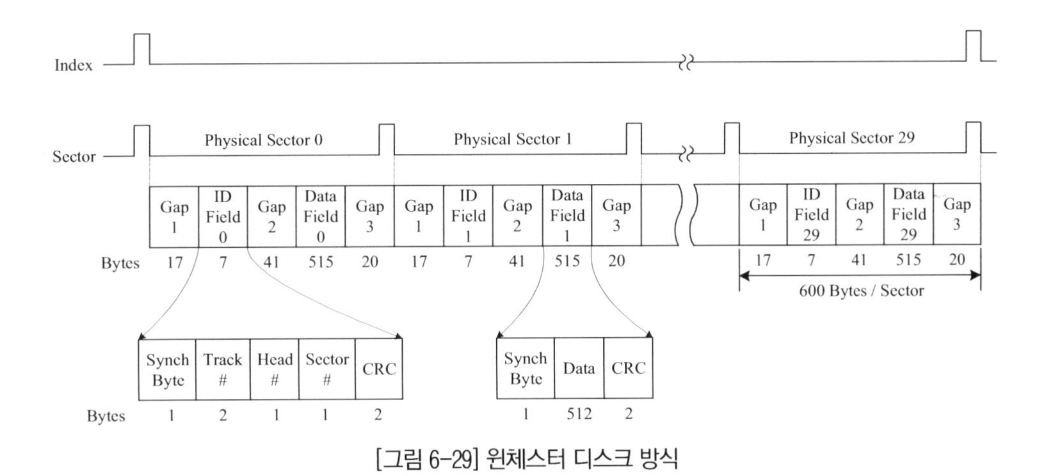

[그림 6-29] 윈체스터 디스크 방식

[그림 6-29]은 자기디스크의 대표적인 구성인 윈체스터 디스크 방식을 보여준다. 여기서 볼 수 있는 바와 같이 각 트랙은 각각 600바이트 크기를 가지며, 30개의 고정길이를 갖는 섹터들을 포함하고 있다. 각 섹터는 512바이트의 데이터 부분(data field)과 자기디스크 제어기에 의해서 이용되는 제어정보인 식별부분(id-field)을 포함하고 있다. 식별부분은 특정섹터의 위치를 찾는 데 사용되는 유일한 식별자 또는 주소이고, 동기화 바이트는 각 필드의 시작점을 구분해 주는 특정 패턴의 비트들을 의미한다. 그리고 트랙번호는 디

스크 표면상의 각 트랙을 구별하기 위해서 이용되며 여기에 소개된 자기디스크의 경우처럼 여러 면을 갖는 경우에는 각 헤드에 의해 특정 트랙이 선택된다. 그리고 식별부분과 데이터 부분에는 자료 전달 과정에서 발생될 수 있는 오류 검출을 위해서 순환 중복 코드인 CRC(cyclic redundancy code)의 오류 검출 코드가 포함되어 있다.

자기디스크와 자기디스크 구동장치를 서로 분리할 수 있는 경우의 모습이 [그림 6-30]에 나와 있다. 여기서 디스크는 여러 개의 원반으로 구성되고 이를 디스크 팩(disk pack)이라 부르며, 가장 윗면과 가장 아랫면은 보통 데이터가 기록되지 않는다. 가장 위쪽에 있는 디스크의 양쪽 면과 가장 아래쪽 디스크의 안쪽 면과 중간에 있는 디스크의 양면에 대해 데이터의 읽기/쓰기 연산이 실행된다. 이렇게 디스크 팩과 같이 여러 장의 디스크로 구성된 경우 각 디스크에서 동일한 위치에 있는 트랙들의 집합을 실린더(cylinder)라 한다.

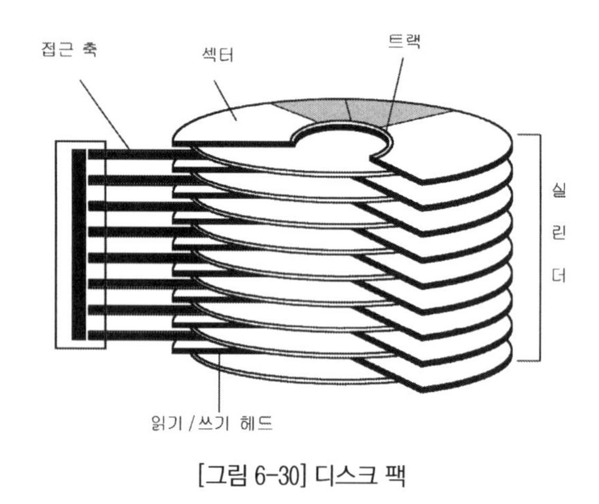

[그림 6-30] 디스크 팩

(3) 자기디스크 접근시간

자기디스크 구동장치가 작동하고 있을 때 디스크는 일정한 속도로서 회전하고 있다. 회전 속도는 1분에 몇 번 돌아가는가를 나타내는 단위인 RPM(revolutions per minute)으로 표시하며, 보통 3000 ~ 5000 RPM 사이이다.

자기디스크로부터 데이터를 읽거나 쓰기 위해서는 우선 헤드를 원하는 데이터가 저장되어 있는 실린더의 트랙과 그 트랙내 원하는 섹터의 시작 부분에 위치시켜야한다. 그러므로 해당트랙을 선택하기 위해서는 이동헤드 디스크 경우는 헤드를 움직여야 하고 고정

헤드 디스크의 경우에는 트랙 단위로 헤드가 있기 때문에 전자적으로 특정 헤드를 선택한다. 이동헤드 자기디스크에서 헤드를 트랙까지 이동하는 데 소요되는 시간을 탐색시간(seek time)이라고 하는 데 고정헤드 디스크인 경우 이 탐색시간은 무시될 수 있을 정도로 짧다.

탐색시간이 경과된 후에 헤드는 해당트랙에 위치한다. 이후 회전하고 있는 디스크의 해당 데이터가 있는 섹터의 시작주소에 헤드가 위치될 때까지 기다려야 한다. 이 과정에서 소요되는 시간을 회전지연시간(rotational delay 또는 latency)이라 한다.

디스크의 데이터 전송률(data transfer rate)은 1 초에 몇 바이트의 데이터가 전송되는가를 나타낸다. 보통의 디스크 데이터 전송률은 초당 수 MB 정도이다. 실제로 데이터가 한번에 전송되는 양은 그리 많지 않으므로 이러한 전송속도에 의한 전송 시간(transfer time)은 탐색시간이나 회전 지연시간에 비해 극히 짧기 때문에 종종 무시되기도 한다.

따라서 디스크에서 해당 데이터를 찾기 위한 탐색시간과 회전 지연시간과 전송 시간의 합을 디스크 접근 시간(access time)으로 정의한다. 일반적으로, 이동헤드 디스크에서는 탐색시간이 가장 많이 걸린다.

예제 6.4 이동헤드 디스크의 경우 512바이트의 데이터를 읽어오는 데 평균적으로 얼마만큼의 시간이 걸리는가?

해설 이 디스크는 5000 RPM의 속도로 회전하고, 전송속도가 4 MB/초이고, 평균 탐색시간이 15 ms라고 하자. 여기서 평균이란 용어를 사용한 것은 시간이 가장 많이 걸리는 경우와 시간이 가장 적게 걸리는 경우의 산술 평균을 의미한다. 먼저 데이터가 있는 곳의 트랙까지 헤드가 이동하였을 때, 회전 지연시간이 어떻게 되는가를 알아보자. 가장 짧은 회전 지연시간은 헤드가 이동했을 때, 바로 그 위치에 데이터가 있는 경우로 이 경우에 회전 지연시간은 0 이 되고, 가장 긴 회전 지연시간은 트랙의 맨 뒤쪽에 데이터가 위치한 경우로 디스크가 1 회전하는 데 걸리는 시간과 같다. 따라서 평균 회전 지연시간은 디스크가 1/2 회전하는 데 걸리는 시간이 된다. 그러므로, 512 바이트의 데이터를 접근하는 데 걸리는 시간은 다음과 같이 계산된다.

평균 탐색시간 = 15 ms

평균 회전 지연시간 = 1/2 × 1/5000 분 = 0.0001분 = 0.006초 = 6 ms

데이터 전송 시간 = 512바이트/(4×106바이트/초)

= 0.128 × 10-3초

= 0.128 ms

평균 접근 시간 = 15 ms + 6 ms + 0.128 ms = 21.128 ms

6.5.3 자기테이프(Magnetic Tape)의 구조와 동작

자기테이프는 1950년초 초창기 UNIVAC 컴퓨터 중의 하나에 데이터를 저장하기 위해 처음으로 사용된 이래로 오늘날에도 여전히 중요한 형태의 보조 기억장치이다. 테이프에 레코드(record)를 저장할 때에 레코드는 순차적(sequential)으로 저장된다. 자기테이프 시스템은 자기디스크 시스템들과 동일한 읽기/쓰기 기술을 사용한다. 기억 매체는 산화 자기박막으로 코팅된 테이프로서 테이프와 테이프 구동장치인 드라이버는 가정용 카세트 테이프 레코드 시스템과 유사하다.

테이프에서 데이터가 기록되는 방법은 한 번에 한 문자씩 기록되며, 각 문자당 7비트 또는 9비트 코드가 사용된다. 보통 7 또는 9비트 중 하나는 패리티 비트이다. 테이프에 대한 데이터의 읽기 연산과 쓰기 연산을 실행하는 테이프 헤드(head)가 [그림 6-31]에 나와 있다.

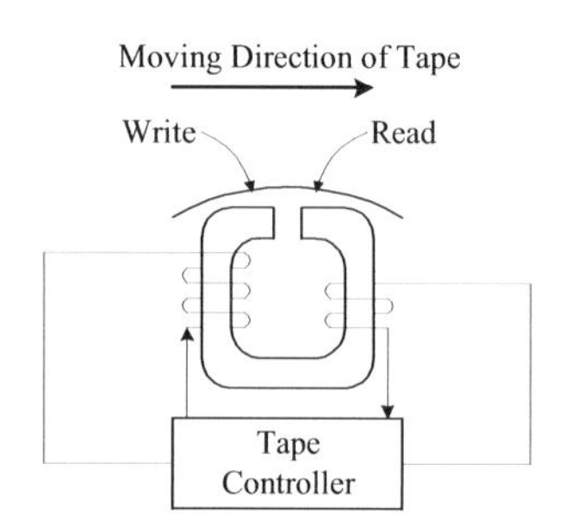

[그림 6-31] 테이프 헤드

테이프에서 데이터를 읽어오는 경우에, 테이프가 오른쪽으로 이동하면서 테이프의 자화된 형식에 의해 [그림 6-29]의 오른쪽에 있는 읽기 코일(coil)에 전류의 펄스가 발생되어, 이 펄스가 테이프 제어기를 통하여 결국은 CPU 에 데이터로 전달된다. 테이프 데이터를 기록하는 경우는 [그림 6-31]의 왼쪽에 있는 쓰기 코일에 테이프 제거기로부터 전류의 펄스가 나와서 통과하게 되면 테이프의 해당 위치에 산화 자기 박막을 특정 방향으로 자화시켜 테이프에 기록된다.

자기테이프에서 트랙은 헤드의 폭을 가로지르는 각 비트 위치를 뜻한다. 7트랙 테이프에서는 한 문자를 나타내는 데 7비트가 사용되고, 9트랙 테이프에서는 9비트가 사용된다. 9트랙의 모습이 그림 6-32에 나와 있다.

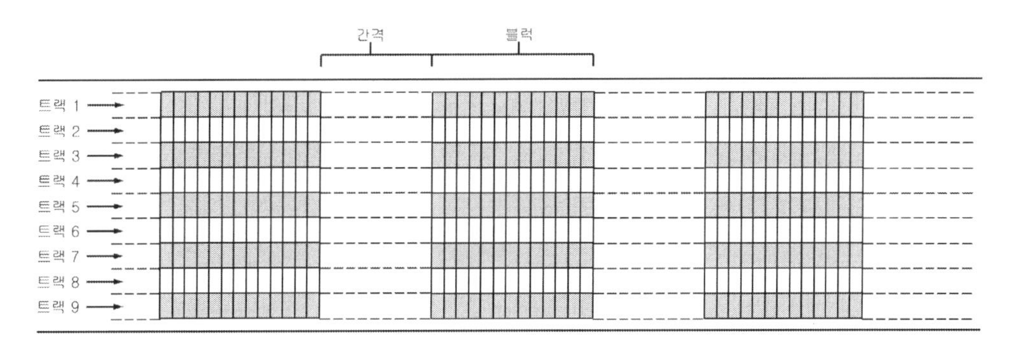

[그림 6-32] 9 트랙 자기테이프

자기테이프에 대해서도 디스크에서처럼 데이터는 물리적 레코드라 불리는 연속적인 블록단위로 읽기 연산과 쓰기 연산이 실행된다. 물리적 레코드는 여러 개의 논리적 레코드로 구성될 수 있다. 블록들은 일정한 크기의 블록간 간격(inter block gap : IBG)에 의해서 분리된다. 또한 디스크에서처럼, 물리적 레코드의 위치를 찾는 것을 돕기 위해 테이프는 일정한 형식으로 포맷(format)된다. 자기테이프에서 블록의 크기는 매우 중요한 역할을 한다. 보통 자기테이프에는 1인치당 수백 문자 이상이 기록된다. 1인치당 저장 가능한 문자수를 자기테이프의 밀도라 하며 이를 나타내기 위한 단위로 bpi(bytes per inch)를 사용한다. 자기테이프의 밀도는 보통 800 bpi 이거나 1600 bpi 이다. 예를 들어, 밀도가 1600 bpi 이고 길이가 3600 피트(feet)인 테이프에는 최대 1600×12×3600 바이트의 데이터가 저장될 수 있다.

※ 자기테이프는 최초의 보조 기억장치로써 지금까지도 여전히 기억장치 계층구조에서 가격 대비 성능면에서 유용하기 때문에 경제적인 보조 기억장치로서 폭 넓게 사용되고 있다.

6.6 가상 기억장치

6.6.1 가상 기억장치(Virtual Memory System)

가상 기억장치란 사용자가 보조 기억장치의 총량에 해당하는 커다란 기억장소를 갖고 있는 것처럼 생각하고 프로그램을 작성할 수 있도록 하는 개념이다. 즉, 고가이고 소용량인 주기억장치를 유효하게 활용하고 또 번잡한 메모리의 관리 작업으로부터 프로그래머를 해방시킬 목적으로 마련된 것이다. 1960년대 초기에 영국의 Manchester 대학의 Atlas 컴퓨터에 최초로 이 방식이 채용되었고, 그후 1970년대 초기부터는 거의 모든 컴퓨터에 채용되었다. 가상 기억장치는 컴퓨터가 실제로는 상대적으로 용량이 적은 주기억장치를 갖고 있지만, 사용자가 자기의 요구에 따라 매우 커다란 기억장소를 갖고 있는 것처럼 느끼게 한다.

가상 기억장치는 두 단계 혹은 그 이상의 단계(계층)를 갖는 계층적(hierarchical) 저장 시스템을 나타내며, 그러한 계층적 저장시스템은 운영체제에 의하여 사용자로 하여금 마치 주기억장치가 단일하고 큰 주소들로 직접 구성된 것처럼 보이도록 관리된다. 그러한 가상 기억장치를 사용하는 주된 세 가지의 이유는 다음과 같다.

① 사용자가 기억장소를 배치하는 불편을 없애기 위해서,

② 프로그램을 그것의 실행중 사용되는 기억장치 시스템의 구성과 수용능력에 무관토록 하기 위해서

③ 다른 사용자들 간에 기억장치 공간의 효율적인 공동사용(sharing)을 허용하고, 그러한 기억장치 계층구조(hierarchy)로써 가능한 최대의 액세스률(access rates)과 비트당 가장 저렴한 비용을 얻기 위해서이다.

대부분의 가상 기억장치 시스템은 상대적으로 적은 용량 S_1 을 갖는 주기억장치 M_1 과 보다 큰 용량 S_2 를 갖는 보조 기억장치(secondary memory) M_2 를 갖는 두 단계 계층구조를 사용한다. 일반적으로 고급 프로그래밍 언어를 사용하는 시스템을 하나의 가상적으로

혹은 논리적으로 무한한 용량을 갖는 기억장치로 본다. 그러나 사실상 그것의 용량은 S_1 + S_2 로 한계가 있다.

6.6.2 가상 메모리(Virtual Memory)

프로그래머는 메모리의 기억용량 제어에 전혀 상관하지 않고 프로그램을 작성하고 오퍼레이팅 시스템과 하드웨어가 자동적으로 오버레이를 행하도록 한 것이 가상 메모리(virtual memory)이다. 이 방식은 자기디스크에 충분히 큰 가상 기억 영역을 두고 프로그램에서 액세스하는 부분을 메모리로 옮겨서 사용하는 것이다. 자기디스크와 메모리간에 전송되는 가상 기억 영역의 단위가 페이지(page)이며 페이지를 자기디스크로부터 메모리로 전송하는 것을 롤인(roll in), 주기억장치로부터 자기디스크로 전송하는 것을 롤아웃(roll out)이라 부른다. 일반적으로 주기억장치안의 물리적 장소에 부여된 주소를 물리적 주소(physical address), 프로그램 작성에 사용되는 주소를 논리주소(logical address)라고 한다. 프로그램이 주기억장치를 사용할 때 논리주소는 물리적 주소로 변환된다. 하드웨어로 존재하고 물리적 주소로 참조되는 메모리를 실 메모리(real memory)라 하고, 실 메모리보다 용량이 큰 논리주소로 표현되는 가상적인 기억공간을 가상 메모리(virtual memory)라 한다. 고가이고, 소 용량인 주기억장치를 유효하게 이용하고 복잡한 메모리 관리작업에서 프로그래머를 편하게 할 목적으로 개발된 것이 가상 기억장치이다.

(1) 롤인 롤아웃(Roll In, Roll Out)

주기억장치와 보조 기억장치간의 정보전송을 스와핑(swapping)이라 하며 롤인 롤아웃(roll in, roll out)은 일(job) 단위로 스와핑을 행하는 방식을 말한다. 우선순위가 높은 프로그램이 도착하였는 데, 주기억장치에 빈 영역이 없으면 주기억장치 상의 실행중인 작업을 보조 기억장치에 대피시킨다. 이 과정을 롤아웃(roll out)이라 한다. 우선순위가 높은 일이 끝나면 대피된 일을 주기억장치에 다시 로드하고 실행을 재개한다. 이와 같이 다시 로드하는 것을 롤인(roll in)이라 한다. 이 방식은 일의 크기가 커지면 스와핑에 의한 오버헤드가 문제가 된다.

(2) 오버레이(Overlay)

롤인 롤아웃 방식이 일 단위로 스와핑하는 데 비해서 오버레이(overlay)방식은 일의 어드레스 공간의 일부분을 스와핑한다. [그림 6-33]의 예는 프로그램을 A~F 의 프로그램 단위(세그먼트)로 분할하고 A 는 B 와 C 를 호출하고, B 는 F 를 호출하며 C 는 D 와 E 를 호출하는 것을 나타내고 있다. 이 관계로부터 B 와 C 는 서로 호출하는 일이 없으므로 B 와 C 는 동시에 주기억장치에 로드될 필요가 없는 배타적 세그먼트이다. 이 프로그램 전체를 주기억장치에 로드하려면 190K 워드가 필요하지만 각 세그먼트간의 관계를 고려해서 그림(b)와 같이 배치(allocation)하면 100K 워드로 충분하다. 각 세그먼트는 보조 기억장치에 넣어두고 필요에 따라 주기억장치에 적재하는 데, 이 방법을 오버레이라 한다. 이 방식을 취하려면 프로그램을 작성할 때 어떤 서브루틴 위에 어떤 서브루틴을 오버레이할 것인가를 결정해야 하며 또 프로그램 중에서 오버레이를 실행하는 명령을 내는 등 프로그램이 개입하지 않으면 안된다.

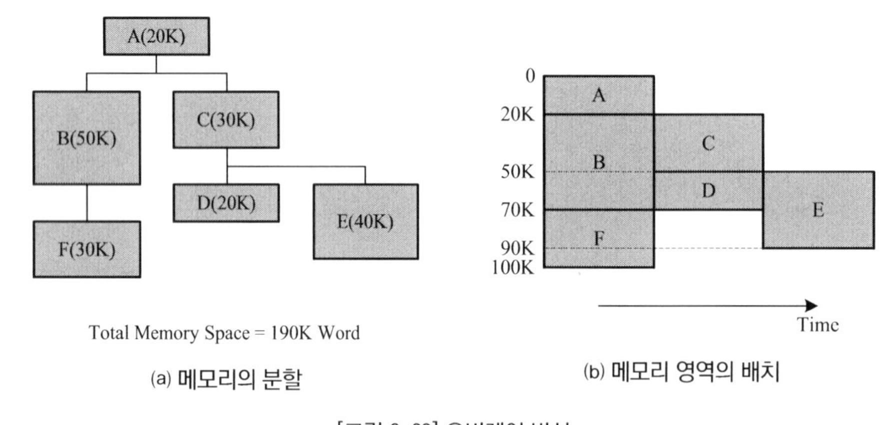

(a) 메모리의 분할

(b) 메모리 영역의 배치

[그림 6-33] 오버레이 방식

(3) 연상메모리(Associative Memory)

가상 기억장치의 페이지 테이블 등에서 볼 수 있는 것처럼 메모리에 저장되어 있는 표에서 필요한 항목을 탐색해야 하는 경우가 많이 있다. 일반적인 방법은 일단 표의 모든 항목을 번지 순으로 저장해둔다. 원하는 항목을 찾아내기 위해서는 일련의 번지를 골라, 그 내용을 읽어내서 그 데이터가 찾고 있는 항목과 일치할 때까지 되풀이한다. 이 때 성공하기까지의 메모리 액세스 횟수는 항목이 들어있는 위치와 탐색 알고리즘에 의존할 것이다.

저장된 데이터를 그 데이터가 들어있는 주소에 의해서 액세스하는 것이 아니고 기억내용 자체에 의해서 그것이 기억되어 있는 장소에 액세스할 수 있도록 한다면 탐색시간을 줄일 수 있을 것이다. 내용에 의해서 액세스하는 메모리를 연상메모리(associative memory), 또는 내용-주소 메모리(content-addressable memory)라 한다. 메모리는 데이터의 내용을 바탕으로 해서 모든 번지를 동시에 병렬적으로 액세스한다.

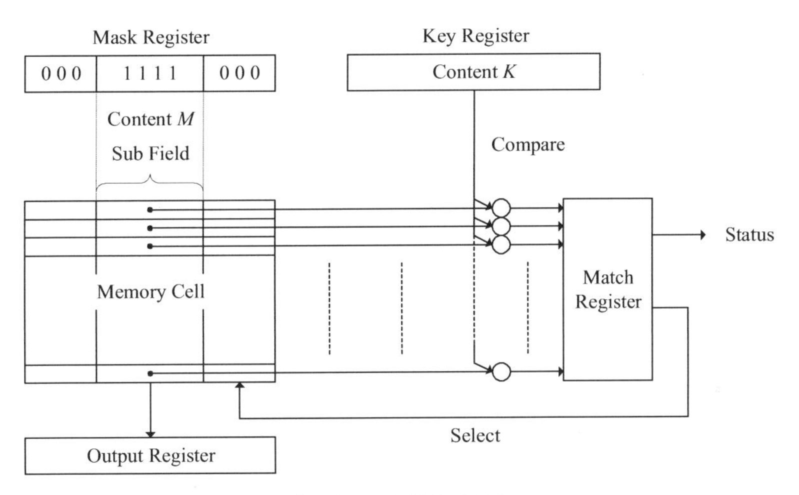

[그림 6-34] 연상메모리

(4) 가상 메모리

가상 메모리는 [그림 6-35]과 같이 일정한 크기의 페이지로 분할하고 각 페이지에는 페이지 번호를 붙인다. 메모리의 기억공간도 페이지와 같은 크기의 페이지 프레임(page frame)으로 분할하여 페이지 프레임 번호를 붙이며 롤인, 롤아웃은 페이지와 페이지 프레임 간에 행해진다.

가상 메모리 공간의 주소는 페이지 번호 p 와 그 페이지 선두로부터의 변위 d 로 주어진다. 각종 주소 방식에 따라 생성한 유효주소의 상위 비트열로 p 를, 하위 비트열로 d 를 나타낸다. 어떤 페이지가 주기억장치에 롤인되어 있는지의 여부와 롤인되어 있다면 어떤 페이지의 프레임에 들어가 있는가의 정보는 페이지 테이블(page table)에 기억된다.

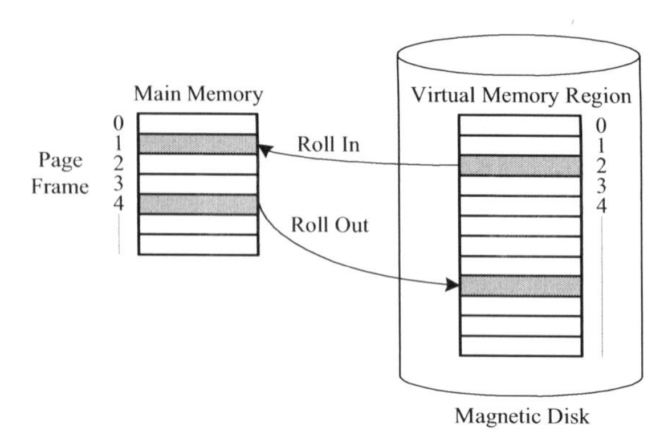

[그림 6-35] 가상 메모리

〈표 4-5〉 캐시 메모리와 가상 기억장치의 각종 변수들의 특성

변수	1차 캐시	가상 메모리
페이지(블록)의 크기	16~128 바이트	4 K~64 K
히트 시간	1~2 클록사이클	40~100 클록사이클
미스 페널티 (액세스 시간) (전송 시간)	8~100 클록사이클 (6~60 클록사이클) (2~40 클록사이클)	70만~600만 클록사이클 (50만~400만 클록사이클) (20만~200만 클록사이클)
미스율	0.5~10 %	0.00001~0.001 %
데이터 메모리 크기	0.016~1 MB	16~8192 MB

위와 같은 특성 외에 캐시 메모리와 가상 기억장치의 차이는 다음과 같은 것들을 들 수 있다.

① 캐시 메모리 미스 시의 대체는 주로 하드웨어가 제어하는 데 반하여 가상 기억장치의 대체는 주로 운영체제가 제어한다. 미스 페널티가 더 길다는 것은 운영체제가 관여할 여유가 있고 어떤 것을 대체해야 하는가 판단하는 데 더 많은 시간을 쓸 수 있다는 뜻이 된다.

② 프로세서의 주소크기가 가상 기억장치의 크기를 결정하지만 캐시 메모리 크기는 프로세서의 주소크기와 관계가 없다.

③ 보조 기억장치는 계층상 주기억장치를 백업하는 역할을 할 뿐만 아니라 파일시스템을 위해서도 사용되며 대부분 파일시스템이 사용한다.

가상 메모리 시스템은 두 가지로 구분할 수 있다. 즉 페이지(page)라는 고정 크기의 블록을 가진 것과 세그먼트(segments)라는 가변 크기의 블록을 가진 것으로 나눌 수 있는데, 페이지 크기는 고정으로 4 ~ 64 K 로 되어 있지만 세그먼트의 크기는 가변적이다. 여러 경우를 조사해 보면, 세그먼트의 크기는 최대 2^{16} = 64 KB 에서 2^{32} = 4 GB 까지로 되어 있고, 최소의 세그먼트는 1바이트이다. 페이지 방식의 가상 메모리와 세그먼트 방식의 가상 메모리는 각각 장단점을 갖고 있지만 세그먼트 방식의 경우 블록 대체(replacement)가 어려우므로 최근의 시스템은 세그먼트만 사용하는 것은 거의 없고 페이지드 세그먼트(paged segments)방식을 사용하는 것이 많다.

6.7 캐시 기억장치(Cache Memory)

고속의 계산을 수행하는 데 있어서의 주된 문제점은 프로세서와 주기억장치 M 과의 작동 속도의 차이이다. M 의 사이클 타임은 프로세서의 사이클 타임 보다 대개 5 배 정도 길다. 더군다나 한 프로세서의 사이클 동안에 여러 기억장치 워드가 요구되기도 한다. 프로세서가 기억장치 액세스가 완료되기를 기다리는 시간을 줄이기 위해 프로세서와 기억장치의 실제적인 인터페이스 대역폭을 늘리기 위한 특별한 여러가지 조치들을 취할 수 있다. 다음의 여러 방법들이 가능하다.

① 주기억장치에 더 빠른(그리고 더 비싼) 기술을 사용하여 기억장치 액세스 시간을 감소시킨다.
② 더 긴 기억장치 워드를 사용한다.
③ 액세스 타임을 줄이기 위해, 프로세서와 주기억장치 사이에 빠른 캐시 메모리를 삽입한다.
④ 각 기억장치 사이클 동안에 한 개 이상의 워드를 액세스한다.

6.7.1 캐시 메모리(Cache Memory)의 사용

캐시 메모리의 사용은 CPU 속도와 주기억장치의 속도 차이가 현저할 때 명령의 수행속도가 주기억장치의 속도에 비례하지 않고 거의 CPU 의 속도와 같도록 하기 위한 것이다. 이와 같은 속도의 격차를 완화하기 위한 완충 장치로 마련된 것이 버퍼 메모리(buffer memory) 즉, 캐시 메모리(cache memory)이다. 또 속도가 빠른 컴퓨터 본체와 느린 자기디스크의 완충 장치로 마련된 버퍼 메모리가 디스크 캐시(disk cache)이다. 캐시 메모리는 주기억장치보다 용량이 현저히 작고 속도가 CPU 와 유사한 기억장치로서 CPU 내에 존재하기 때문에 캐시 메모리에 액세스 하는 것은 마치 CPU 내에 존재하는 레지스터에 액세스 하는 것과 유사하다.

캐시 메모리를 가진 컴퓨터에서 빠른 명령수행속도를 발휘할 수 있는 것은 수행할 명령과 이에 필요한 데이터를 캐시 메모리로부터 얻을 수 있기 때문이다. 즉 프로그램과 데이터가 메모리에 기억되어 있더라도 당장 수행한 명령과 이의 수행에 필요한 데이터가 캐시 메모리에 기억되어 있으면 CPU 는 이들을 캐시 메모리로부터 읽어서 수행할 수 있으므로 명령수행 시간은 짧아진다.

즉, 캐시 메모리를 사용하여 프로그램이 수행될 때 액세스 속도는 캐시 메모리와 같고 기억용량은 주기억장치와 같은 기억장치를 가진 것과 같이 동작하도록 한 것이 캐시 메모리를 가진 컴퓨터인데, 이것은 캐시 메모리 M_1 과 주기억장치 M_2 가 2 단계 계층구조를 이룬다고 한다.

다음의 〈표 6-6〉 를 보면, 캐시 메모리 M_1 과 주기억장치 M_2 가 2 단계 계층구조를 이루고 있다. 3 단계 시스템을 두 개의 독립적인 2단계 계층구조(M_1, M_2)와 (M_2, M_3)로 관리하는 것이 보통이다. 주기억장치-보조 기억장치 시스템(M_2, M_3)은 앞에서 살펴본 가상 기억장치 시스템으로 구성할 수가 있다. 캐시 메모리-주기억장치 시스템(M_1, M_2)은 본질적으로 같은 구성을 따른다.

〈표 6-6〉 캐시 메모리-주기억장치와 주기억장치-보조 기억장치와의 주된 차이

2 단계 계층구조 (M_{i-1}, M_i)	캐시 - 주기억장치 (M_1, M_2)	주기억장치 - 보조 기억장치 (M_2, M_3)
전형적인 액세스 시간비 t_{Ai}/t_{Ai-1}	5 / 1	1000 / 1
기억장치 관리 시스템	특별한 하드웨어로 구현	주로 소프트웨어로 구현
전형적인 페이지 크기	1 내지 16 워드	16 내지 1025 워드
두 번째 단계 Mi에 대한 프로세서의 액세스	대개 M_2 를 직접 액세스	M_3 에 대한 모든 액세스는 M_2 를 경유함

컴퓨터에서 캐시 메모리를 첨가하는 목적은 평균 기억장치 액세스 타임 t_A 를 가능한 캐시 메모리 액세스 타임 t_{A1} 에 가깝게 하는 것이다. 이 목적을 달성하기 위해 모든 기억장치 참조의 대부분이 캐시 메모리에 의해 만족되어야 한다. 명령이나 데이터를 위하여 기억장치에 액세스 할 경우 원하는 데이터가 캐시 메모리에 기억되어 있을 때 적중(hit)되었다고 하는 데, 여기서 적중률(hit ratio)은 1 에 가까워야 한다. 이것은 프로그램의 참조의 지역성 때문에 가능하다.

캐시 메모리-주기억장치 계층구조(M_1, M_2)와 주기억장치-보조 기억장치 계층구조(M_2, M_3)사이에는 중요한 차이가 있다. 이 차이가 〈표 6-6〉에 요약되어 있다. (M_1, M_2)가 기억장치 계층구조에서 상위에 있으므로, (M_2, M_3) 보다 더 빠른 속도로 작용한다. 액세스 타임 비율 t_{A2}/t_{A1} 은 대체적으로 10 이하인 반면, t_{A3}/t_{A2} 는 대체적으로 100 이상이다. 작동 속도에 있어서 이러한 차이로 인해 (M_1, M_2)를 관리하는 데는 소프트웨어 루틴보다 고속의 논리회로를 사용한다.

한편 (M_2, M_3)는 주로 운영체제 내의 프로그램에 의해 제어된다. 따라서 (M_2, M_3)계층구조는 응용 프로그래머에게는 보이지 않으나(transparent), 시스템 프로그래머에게는 보이는 반면, (M_1, M_2)는 양자 모두에게 보이지 않는다. 또 다른 중요한 차이는 사용되는 블록의 크기이다. (M_1, M_2)내의 통신은 늘 페이지 단위로 이루어지는 데, 그 페이지 크기는 (M_2, M_3)에서 사용되는 것보다 훨씬 작다. 마지막으로, 프로세서는 일반적으로 M_1 과 M_2 모두를 직접 액세스한다. 따라서 [그림 6-36]는 캐시 메모리 시스템의 논리적 데이터경로의 보다 정확한 표현이다.

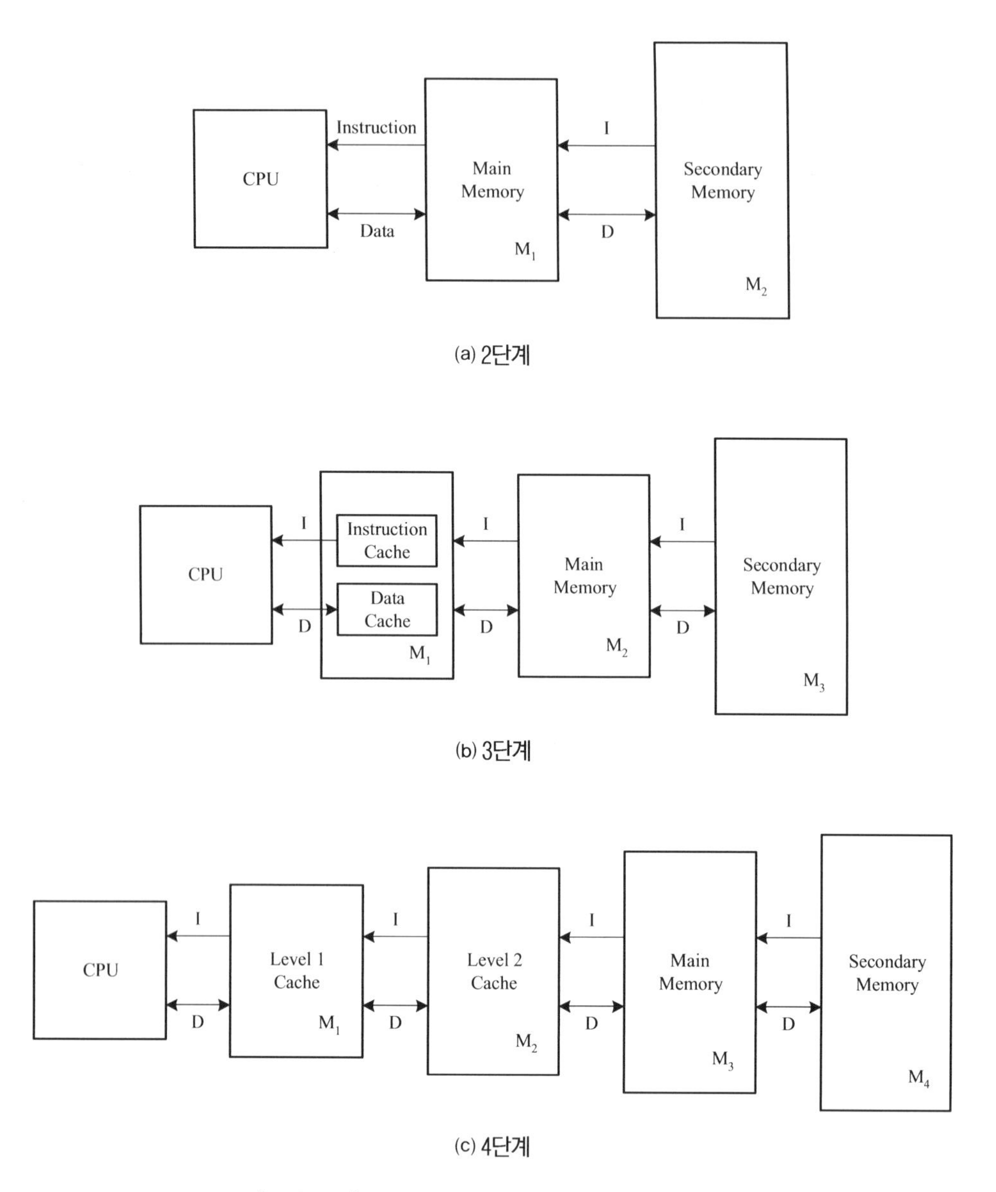

[그림 6-36] 캐시 메모리 시스템에서의 데이터의 흐름

6.7.2 매핑(Mapping) 방식

주소가 주어졌을 때 그것의 블록이 캐시 메모리에 있는가, 또 있다면 어디에 있는가의 정보는 블록 디렉토리(block directory)에 기억된다. 캐시 메모리의 관리방식에 따라 여러 가지 블록 디렉토리가 사용되는 데, 그 대표적인 관리방식 몇 가지에 대해서 설명하기로 한다.

(1) 직접 사상

[그림 6-37]의 직접 사상(direct mapping) 방식에서는 블록 별로, 그 안에 들어갈 캐시 메모리의 프레임이 고정되어 있다. 즉, 블록 번호 b 는 주소의 상위 비트열로 나타내지만 그 하위 비트열이 프레임 번호 r 을 나타내도록 되어 있다.

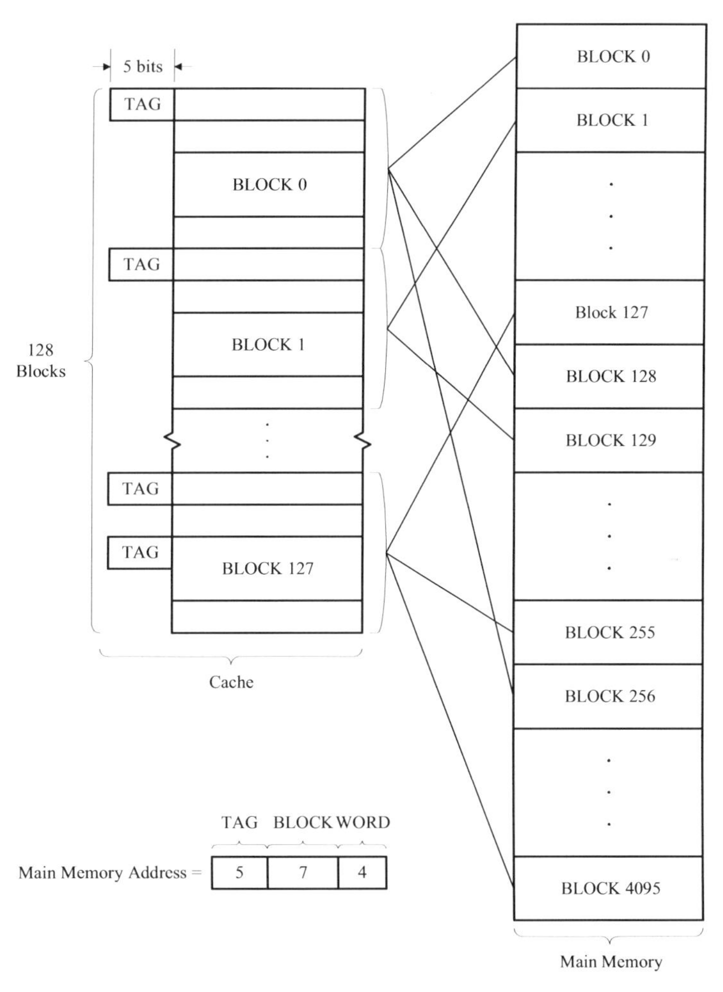

[그림 6-37] 직접 사상 방식

지금 전 블록 수를 n, 전 프레임 수를 m 이라 하면 1 프레임당 n/m 개의 블록이 들어갈 가능성이 있으므로, 블록 디렉토리의 그 프레임에 대응하는 칸에는 실제로 들어가 있는 블록의 블록 번호에서 r 의 부분을 제한, 상위의 비트열 k 를 제외한 나머지 부분(r,d)가

된다. 단, 블록 디렉토리의 r 번째 칸이 k 와 일치하지 않는 경우에는 (k,r)번째의 블록을 메모리로부터 캐시 메모리에 읽어들이고 블록 디렉토리를 k 로 바꿔쓰지 않으면 안 된다. 이 방식에서는 캐시 메모리에 빈 프레임이 있어도, 거기에 어떤 블록이나 넣을 수 없다는 결점은 있지만 주소 변환이 용이하여 제어회로가 간단하고 고속으로 수행되므로 실용되고 있다.

(2) 섹터방식(Sectoring)

섹터방식의 관리방식에서는 [그림 6-38]에서와 같이 메모리의 주소공간을 몇 개의 연속된 블록으로 이루어지는 섹터(sector)로 분할하고 캐시 메모리에는 섹터 단위로 써넣을 장소를 배치한다. 캐시 메모리 쪽도 섹터 크기의 섹터 프레임으로 분할하고 여기에 한 섹터를 기억한다. 섹터는 어느 섹터 프레임에 넣어도 좋지만 섹터 내에서의 위치는 섹터 프레임 안에서도 바꿀 수 없다. 메모리에서 캐시 메모리에 써넣는 단위는 섹터가 아니고 블록이다. 따라서 블록 디렉토리에는 섹터 프레임별로 칸을 마련하고 섹터 프레임 번호, 배치된 섹터의 섹터 번호, 캐시 메모리에 들어 있는 블록을 표시하기 위한 비트 맵 및 섹터 배치 갱신을 위한 순위를 쓴다.

메모리 주소가 주어지면 섹터를 나타내는 상위 비트열 s 와 일치하는 섹터 번호를 포함하는 디렉토리의 칸을 찾아내고 그 섹터 프레임 번호 r 을 원 주소의 섹터 번호 대신으로 치환한 것이 캐시 메모리 주소가 된다. 일치하는 섹터 번호가 없는 경우에는 순위, 정보에 따라 하나의 섹터 프레임이 선택되며 여기에 새로운 섹터를 배치한다.

섹터 프레임을 발견하면 거기에 소요 블록이 들어 있는 지의 여부를 알기 위해서 디렉토리의 비트맵을 조사할 필요가 있다. 들어 있지 않다는 것이 확인되면 부메모리에서 그 블록을 읽어내어 섹터 프레임 안에 써넣지 않으면 안 된다. 블록 디렉토리는 연상메모리에 기억할 필요가 있다. 이 방식은 앞의 방식에 비하면 캐시 메모리 영역의 배치가 섹터 단위에서는 자유이며, 섹터 안의 블록만이 고정된다는 점에서 약간 낫지만 제어회로가 그 만큼 복잡해진다.

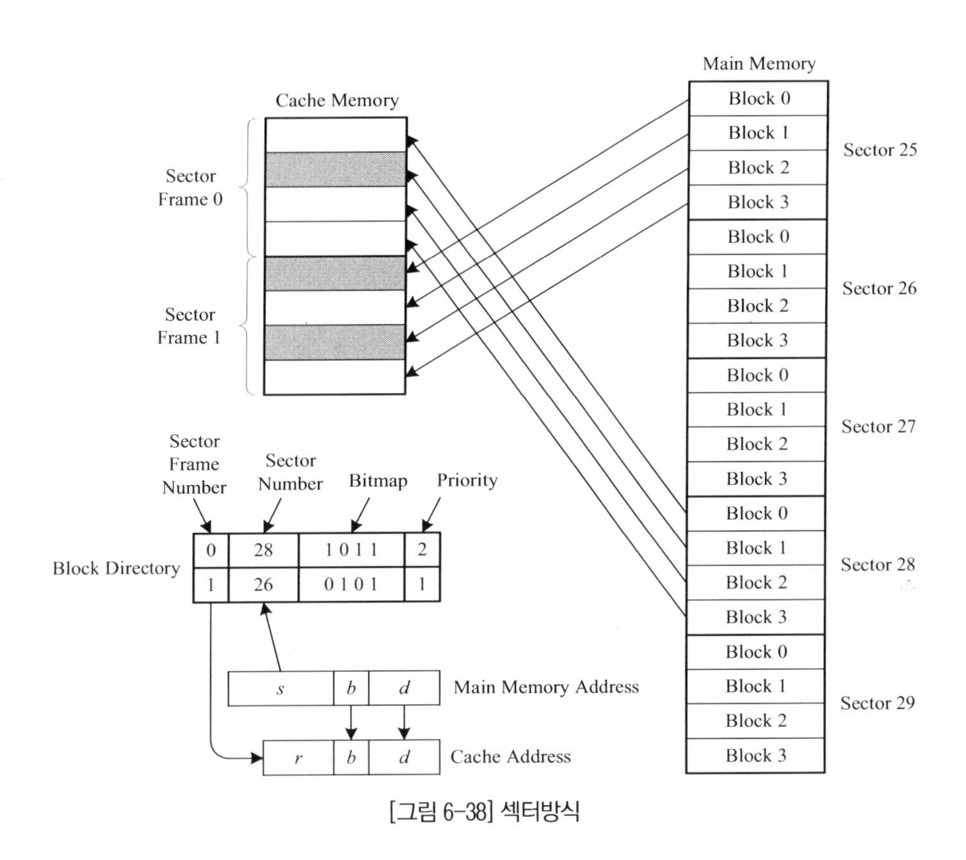

[그림 6-38] 섹터방식

(3) 집합연관 사상(Set Associative Mapping)

집합연관 사상이라 부르는 방식에서는 [그림 6-39]에서와 같이 캐시 메모리의 연속된 수 프레임을 모아 그룹을 만들고 g 번째의 그룹에 써넣을 수 있는 메모리의 블록은 블록 번호의 하위 비트열의 값이 g 인 것만으로 한정한다는 제한을 둔다. 이렇게 함으로써 검색하는 블록 디렉토리의 범위가 좁혀지므로 연상메모리가 간단해지고 또 캐시 메모리의 이용 효율이 높아진다는 이점이 있다. 지금 블록 번호를 나타내는 비트열에서 그룹 번호 g 를 한 나머지 부분을 b 라 하면 캐시 메모리 주소는 메모리 주소의 블록 번호의 부분을, g 로 지정되는 그룹의 블록 디렉토리의 블록 번호가 b 와 일치하는 칸의 프레임 번호 r 로 치환한 것이 된다.

이상 3 가지 방식에 관해서 설명하였는 데 어느 방식에서나 1 개 블록의 크기는 8~64 바이트 정도이다. 또 섹터방식에 있어서의 섹터의 크기는 1~4 바이트 정도, 셋 연상 방식에 있어서의 그룹의 크기는 128~256바이트 정도이다. 캐시 메모리 자신의 크기는 작은 것은 32바이트 정도이고, 큰 것은 32 K 바이트 또는 그 이상의 것도 있다.

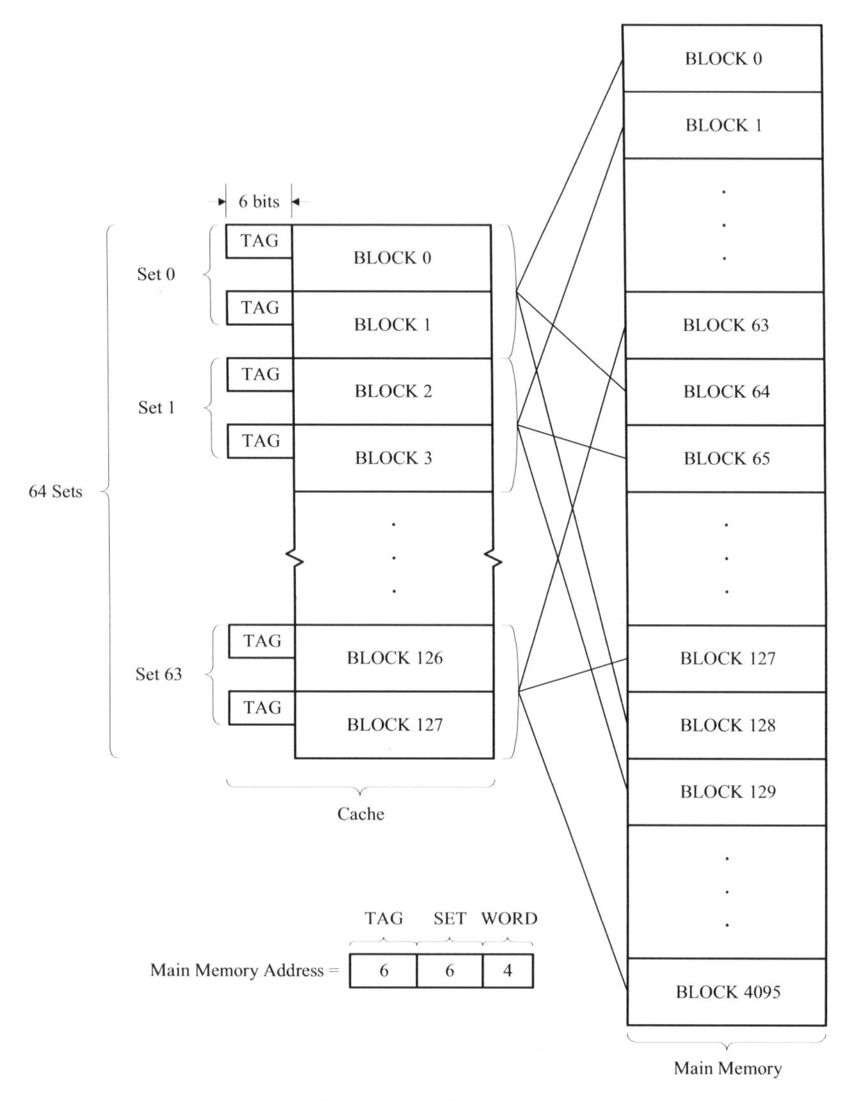

[그림 6-39] 집합연관 사상 방식

6.7.3 교체 알고리즘

액세스할 블록이 캐시 메모리에 없는 경우에는 그 블록을 메모리에서 읽어 내어 캐시 메모리에 써넣어야 되는 데 이때 어느 프레임에 써넣을까를 결정할 필요가 있다. 직접 사상 방식의 경우에는 이 프레임이 임의적으로 결정되므로 문제가 없지만 다른 방식에서는 블록 갱신 방식을 정해둘 필요가 있다. 자주 사용되는 방식은 가상 기억의 경우와 같은

LRU 방식이나 FIFO 방식이 있지만 전혀 무작위로 선택하는 랜덤 방식도 있다.

6.7.4 Write 제어

가상 기억의 경우에는 페이지 갱신을 할 때 한 번이라도 기록되었던 페이지 프레임은 롤아웃할 필요가 있엇지만 캐시 메모리의 경우에는 이 시간을 절약하기 위해서 액세스한 캐시 메모리에 write 할 때 동시에 메모리 쪽에도 써넣는 방식을 사용하므로 롤아웃할 필요는 없다. 이와 같이 캐시 메모리와 메모리의 양쪽에 동시에 써넣는 방법을 라이트스루(write through)라고 한다. 한편 주기억장치에서 캐시 메모리에 롤인할 때도 일단 롤인하고서 CPU 가 캐시 메모리에 해당 데이터를 읽는 것이 아니고 롤인할 때 동시에 CPU 가 읽는 방식을 취하기도 한다. 이 방법이 리드스루(read through)이다.

6.7.5 캐시 메모리의 효과

캐시 메모리의 효과를 조사하기 위해서 명령어의 처리시간을 계산해 보자. 명령의 처리시간은 명령어를 호출하는 시간, 피연산자(1 개라고 가정한다.)를 메모리에서 호출하는 시간 및 연산 시간의 합이다. 지금 캐시 메모리가 없는 컴퓨터의 명령 처리시간을 T_o 라하고, 캐시 메모리를 가지며 명령어와 피연산자가 모두 캐시 메모리에 있을 경우의 명령어 처리시간을 T_c 라 하면 이들은 다음과 같이 된다.

$$T_o = t_o + 2t_m \qquad \text{식(6.3)}$$

$$T_c = t_o + 2t_c \qquad \text{식(6.4)}$$

여기에서 t_o 는 연산시간, t_m 은 주기억장치의 액세스 시간, t_c 는 캐시 메모리의 액세스이다. 실제에 있어서는 명령어나 피연산자는 반드시 캐시 메모리에 있는 것만은 아니므로 히트율(hit rate) h, 메모리로부터 1블록을 캐시 메모리에 전송하는 데 걸리는 시간 t_b를 사용하면 연산시간 $T_c(h)$는 다음과 같이 된다.

$$T_c(h) = T_c + 2(1 - h)t_b \qquad \text{식(6.5)}$$

이 때, 블록의 크기는 8~64 바이트이고, 이것은 1 회의 액세스로 읽어낼 수 있는 데이터 폭이다. 즉 $t_b = t_m$ 이고, 또 $t_c \ll t_m$, $t_0 \fallingdotseq t_c$ 이므로

$$\frac{T_c(h)}{T_0} \fallingdotseq \frac{3}{2}\ \frac{t_c}{t_m} + 1 - h \qquad \text{식(6.6)}$$

의 관계식을 얻는다. $t_c = 0.05\ \mu s$, $t_m = 0.5\ \mu s$ 라하고 히트율이 0.9 라 하면 캐시 메모리에 의해서 실행시간이 1/4 로 단축된다.

6.7.6 디스크 캐시

자기디스크의 액세스 시간을 단축하기 위해서 [그림 6-40]과 같이 자기디스크 제어장치 안이나 적절항 위치에 디스크 캐시라 부르는 버퍼 메모리(RAM)를 갖추기도 한다.

디스크 캐시에는 자기디스크의 1트랙분에 상당하는 데이터가 들어가는 프레임이 수백개 정도 설치되며, 디렉토리에 의해서 관리된 입출력 제어장치(IOC)로부터 블록의 주소를 지정하여 읽어들이라는 명령이 오면 자기디스크 제어장치는 디렉토리를 조사하여, 그 블록을 포함하는 트랙이 디스크 캐시에 있는 경우에는 그 프레임에서 지정된 블록을 꺼내어 메모리에 전송한다. 없는 경우에는 자기디스크에서 소요 블록을 읽어내어 메모리에 전송함과 동시에 디스크 캐시의 프레임을 선택해서 거기에 그 블록을 포함하는 트랙 전체의 데이터를 읽어들이는 리드스루를 행한다. 또 써넣기 지령인 경우에는 그 블록이 디스크 캐시에 있으면 거기에 써넣음과 동시에 자기디스크에도 써넣는 라이트스루(write through)를 행한다. 그러나 써넣으려는 블록이 디스크 캐시에 없는 경우에는 자기디스크에만 써넣고, 이 블록을 포함하는 트랙을 디스크 캐시에 써넣지 않는 것이 통상적인 방법이다. 즉, 디스크 캐시에는 캐시 메모리에서의 블록과 같은 방식으로 앞에서 액세스한 블록들 중에서 선택된 것으로서 바로 활용될 데이터 블록들을 갖는다.

디스크 캐시 제어기는 디스크 전송을 관장하며 지역성을 이용하여 실제 입출력 데이터 전송 시간을 줄이고 있는 데 주기억장치에 전송하는 전송크기에 따라 다르지만 20~30 ms 걸리던 시간을 2~5 ms 로 단축시키고 있다. UNIX 와 같은 운영체제에서는 주기억장치에 한 입출력 버퍼를 유지하는 소프트웨어 캐시기법을 사용하기도 한다.

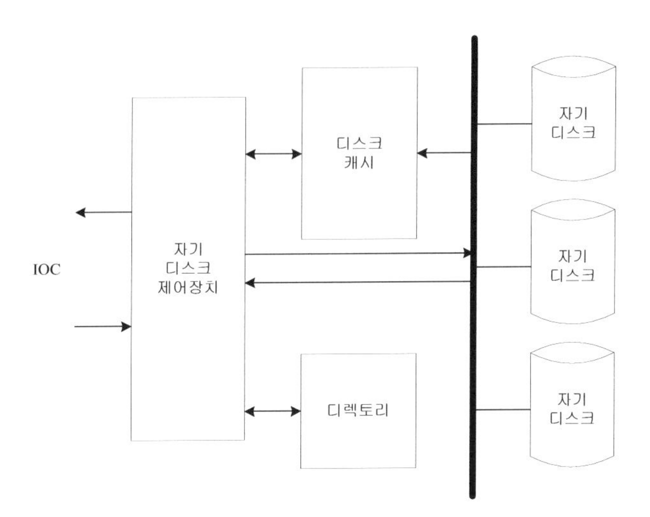

[그림 6-40] 디스크 캐시를 갖춘 자기디스크 제어장치

디스크 캐시의 크기는 200 MB 의 자기디스크 1 대당 1 MB 정도로 되어 있으며 프레임 갱신 방식은 LRU 방식이다. 메모리와 자기디스크 사이의 데이터 전송속도는 매초 1 MB 정도인 데 반하여, 메모리와 디스크 캐시 사이의 전송속도는 4 MB 가 되므로 자기디스크의 액세스 시간은 최소한 1/4, 최대한으로는 1/10 정도로 단축된다.

디스크와 디스크 캐시 사이의 전송 단위는 한 섹터나 여러 섹터 또는 한 트랙이나 여러 트랙이 될 수 있다. 라이트스루(write through) 방식은 에러회복을 단순화시키는 이점도 있다. 디스크에/로부터의 정보를 모두 디스크 캐시를 경유하지 않으며 어떤 데이터/프로그램은 캐시 메모리를 이용하지 않는 것이 더 나을 수도 있다. 이러한 기능을 위하여 동적 캐시 메모리 온/오프(dynamic cache on/off) 기법을 두고, 어떤 환경에서는 캐시 메모리를 거치지 않도록 한다.

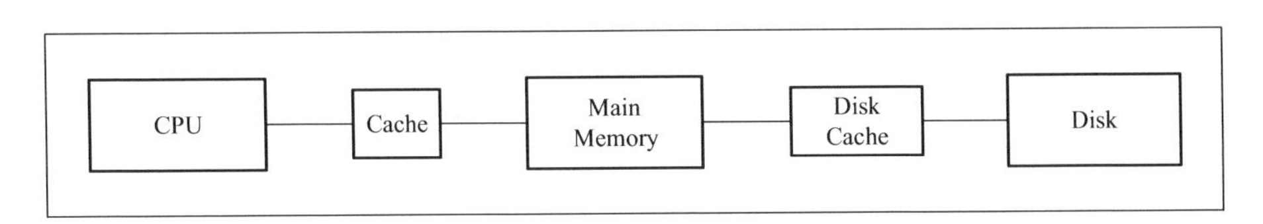

[그림 6-41] 디스크 캐시

Exercise

1. 디스크가 초당 r 회의 비율로 회전하고, 트랙당 B bit 를 가지고 있을 때 초당 bit 수를 계산하는 식을 만들어라. 평균 액세스 타임은 구하시오.

2. 두 개의 안정된 상태를 가진 소자는 무엇이든지 컴퓨터의 기억장치에 사용할 수 있다. 이러한 소자들의 종류를 찾아 기술하시오.

3. 주기억장치와 보조 기억장치의 차이점을 기술하시오.

4. SRAM 과 DRAM 의 차이점을 기술하시오.

5. RAM 에서 64개의 주소를 지정하기 위해서는 몇 개의 주소선이 필요한가 설명하시오.

6. 기억장치 주소 레지스터(MAR)와 기억장치 버퍼 레지스터(MBR)의 기능을 설명하시오.

7. 기억장치 액세스 타임과 기억장치 사이클 타임에 대해 설명하시오.

8. 자기테이프에서 블록, 레코드, 파일은 무엇을 의미하는가 설명하시오.

9. RAM, SASD, DASD 의 차이점을 설명하시오.

10. 자기디스크의 종류와 구조에 대해 설명하시오.

CHAPTER 7

입 · 출력장치와 인터럽트

이 장에서는 입력장치와 출력장치의 데이터 전달기능과 변환기능에 대하여 설명하고, 직렬과 병렬 입 · 출력을 위한 인터페이스 장치를 설명한다. 그리고 CPU 에서는 각 입 · 출력장치를 인식하고 제어할 수 있어야 하는 데 이를 위한 인터럽트 시스템과 시스템 장애 발생 시 프로그램의 정상적인 처리를 위한 인터럽트 시스템의 역할을 설명한다.

7.1 입 · 출력장치와 주변장치

입력과 출력장치는 컴퓨터시스템을 작동하기 위해서 필요한 명령어나, CPU 가 필요로 하는 프로그램과 데이터를 외부로부터 받아드리며, CPU 에 의해서 처리된 결과를 컴퓨터 사용자들이 인식할 수 있는 형태로 표현한다. 이러한 입력과 출력장치를 입 · 출력-주변장치(I/O peripherals)라고도 한다. 입 · 출력-주변장치 외에도 주기억장치에 상주할 필요성이 적은 프로그램이나 복구(Back-up)용 프로그램 또는 데이터를 저장하는 데 이용되는 비소멸성(Nonvolatile)기억장치들을 저장-주변장치(Storage Peripherals)라고 한다. 흔히 주변장치라고 하는 경우는 입 · 출력-주변장치와 저장-주변장치를 포함해서 말한다.

출력장치들은 고속으로 동작하는 CPU 나 주기억장치에 비하여 동작 속도가 상대적으로 느리기 때문에 CPU 가 직접 이들의 입 · 출력 동작을 제어하는 것은 비효율적이다. 따라서 주변장치들은 시스템버스를 통해서 CPU 와 직접 연결되지 않고 입 · 출력-인터페이스(I/O interface)를 통해서 간접적으로 연결되는 것이 일반적이다.

주변장치들은 CPU 와 직접 또는 간접으로 연결되어 있으며, 이들은 데이터의 입력과 출력 방법, 데이터의 전송방법 및 동작에 있어서 서로 다른 특성을 갖는다. 이와 같은 특징을 요약해 보면 〈표 7-1〉과 같다.

〈표 7-1〉 주변장치의 특징

비교 기준	구 분
입 · 출력 명령	입 · 출력-지시어(I/O Command), 입 · 출력-명령어(I/O Instructions)
데이터 전송방법	직렬전송, 병렬전송
데이터 전송 단위	비트, 문자(또는 바이트), 패킷, 블록
입 · 출력 주소공간	고립형(Isolated) 입 · 출력, 주기억장치사상(Memory Mapped) 입 · 출력
입 · 출력 방법	프로그램된 입 · 출력, 인터럽트 구동 입 · 출력, DMA(Direct Memory Access) 입 · 출력, 채널 입 · 출력에 의한 입 · 출력, 입 · 출력 프로세서에 의한 입 · 출력

7.2 입 · 출력 인터페이스

입 · 출력 인터페이스란 주변장치가 CPU 나 주기억장치와 데이터를 서로 교환하기 위해서 필요한 기능 블록을 말한다. 최근에는 일반적으로 주변장치와 CPU 는 서로 데이터를 교환하기 위해서 전송방법에 따라 병렬 입 · 출력포트나 직렬 입 · 출력포트를 통해서 연결되며, 주기억장치와는 DMA 채널을 통해서 연결되므로 입 · 출력 인터페이스는 기본적으로 데이터의 운반 통로인 입 · 출력포트와, 입 · 출력 방법에 따라서 특별한 기능을 실행하는 데 필요한 기능 모듈(예를 들어, 인터럽트 기능과 DMA 기능을 포함한다. 입 · 출력포트에는 주소 해석기와, 입 · 출력 데이터를 일시적으로 보관하는 데이터-입력 레지스터(Data Input Register)와 데이터-출력 레지스터(Data Output Register), 입 · 출력장치의 상태를 보관하는 상태 레지스터(Status Register) 및 지시어 레지스터(Command Register)가 포함된다. [그림 7-1]은 시스템버스를 통하여 서로 연결된 CPU 와 주변장치 사이에 있는 입 · 출력 인터페이스를 보여준다. 입 · 출력 인터페이스를 구현하는 방법을 살펴보면, 별도의 회로로 구현하기도 하나, 필요한 기능들을 하나의 대규모 집적회로 칩 내부에 일체화시킨 제어기(Controller)를 사용해서 구현하는 것이 일반적이다.

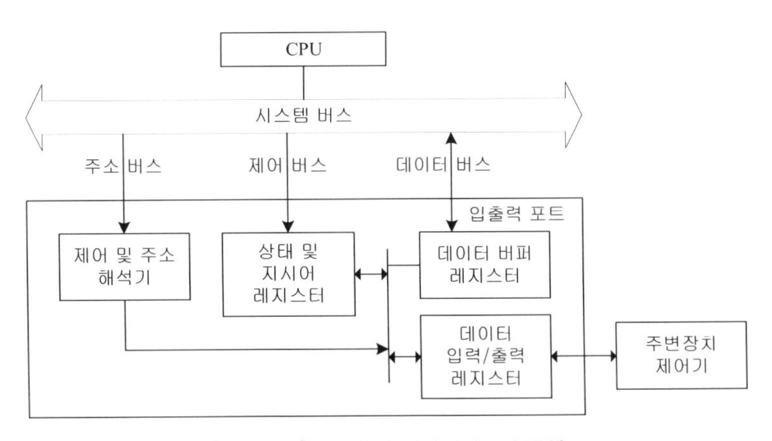

[그림 7-1] 입 · 출력 인터페이스의 구성

입 · 출력포트는 데이터 전송방법을 기준으로 키보드, 마우스, 모뎀 등의 연결에 사용되는 직렬포트(Serial Port)와, 하드디스크와 CD-ROM 등의 연결에 사용되는 병렬 포트

(Parallel Port)로 구분된다. 이 경우 입·출력포트의 폭(Width)은 입·출력포트를 구성하는 데이터 입력/출력 레지스터의 크기에 해당되는 비트의 수를 말하며, 포트의 대역폭(Band Width)은 입·출력 주변장치의 특성에 따라서 시스템버스를 구성하는 데이터버스의 대역폭과 같을 수도 있다. 일반적으로 포트의 크기는 8비트에서 32비트 범위에 속한다.

7.2.1 입·출력 지시어

CPU 가 입·출력 명령어를 처리하기 위해서는 우선 주기억장치로부터 입·출력 명령어(I/O instruction)를 인출해서 해석한 다음, 주변장치가 해당 입·출력 명령어를 실행할 수 있도록 입·출력 인터페이스를 통해서 필요한 일련의 신호를 발생시키는 데 이를 입·출력 지시어(I/O commands)라고 한다. 이러한 입·출력 지시어는 입·출력 인터페이스에 의해서 해석되고 그 결과는 입·출력포트(I/O port)를 통해서 각 주변장치-제어기(Peripheral Controller)에게 전달됨으로써 해당 입·출력장치는 물리적으로 데이터의 입력과 출력 동작을 수행하게 된다.

7.2.2 입·출력 주소공간

입·출력포트의 주소들의 집합으로 형성되는 주소공간을 입·출력 주소공간(I/O Address Space)이라고 하며, 입·출력포트의 수와 포트 당 비트 수는 입·출력장치의 종류와 수에 따라 달라진다. 즉, 발광다이오드(Light Emitting Diode : LED)의 경우 출력포트로 사용되는 데이터 레지스터의 크기는 1비트면 충분하지만, 프린터의 경우는 8비트, 하드디스크의 경우에는 수 바이트에 이른다.

CPU 는 이러한 입·출력포트를 구별하기 위해서 입·출력장치마다 고유한 포트주소를 부여한다. CPU 가 입·출력 명령어를 처리하기 위해서 포트주소를 명시하는 방법으로는 직접-포트주소 모드(Direct Port Addressing Mode)와 간접-포트주소 모드(Indirect Port Addressing Mode)를 사용한다. 전자의 경우는 입·출력 명령어 내부에 주변장치의 주소를 명시한다는 점과, 후자의 경우는 입·출력포트 주소의 값이 미리 정해진 CPU 의 레지스터에 저장되어 있다는 점에서 서로 차이가 있다.

CPU 가 입 · 출력포트의 주소 집합인 입 · 출력 공간을 주기억장치의 주소공간과는 다른 공간으로 인식하는지에 따라 주기억장치사상 입 · 출력과 고립형 입 · 출력으로 구분한다.

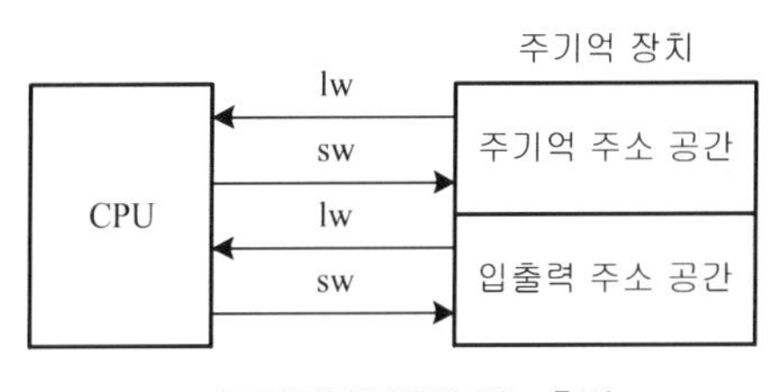

(a) 주기억장치사상 입 · 출력

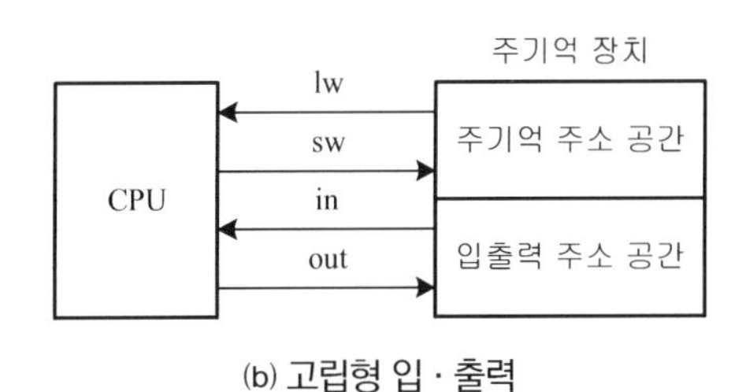

(b) 고립형 입 · 출력

[그림 7-2] 주기억장치사상 입 · 출력과 고립형 입 · 출력

주기억장치사상 입 · 출력의 경우에는 [그림 7-2](a) 처럼 CPU 와 주기억장치 사이의 데이터 이동을 위한 적재 명령어 lw 와 저장 명령어 sw 를 CPU 와 입 · 출력포트를 통해서 데이터를 옮기기 위해서 사용하는 입 · 출력 명령어들은 고립된 입 · 출력의 경우 입 · 출력 주소공간과 주기억장치 주소공간을 분리된 영역으로 인식하기 때문에 [그림 7-2](b) 에서 볼 수 있는 바와 같이 별개의 입력 명령어(예, in)와 출력 명령어(예, out)가 필요하다.

주기억장치사상 입 · 출력의 경우에, CPU 의 다양한 데이터 이동 명령어와 주소지정법을 이용할 수 있으며 비트 연산을 이용해서 상태 레지스터에 대한 검사를 할 수도 있는 등 프로그램 작성에 융통성이 있다는 장점이 있다.

입 · 출력 시스템은 입 · 출력이 수행되는 과정에서 CPU 가 관여하는 정도에 따라 구별되며, 입 · 출력의 실행은 입 · 출력장치와 주기억장치, 또는 입 · 출력장치와 CPU 와의 데이터 전달을 의미한다.

7.2.3 주변장치 제어기

주변장치제어기(Peripheral Controller)는 입 · 출력 인터페이스를 통해서 CPU 에 접속되며, 입 · 출력 인터페이스로부터 받은 입 · 출력 지시어의 해석 결과에 따라 실제 주변장치들의 입 · 출력 동작을 제어하는 장치를 말한다. 주변장치제어기는 [그림 7-3]와 같이, 입 · 출력 인터페이스로부터 받게 되는 제어신호와 입 · 출력 인터페이스로 전달되는 주변장치의 상태신호를 처리하는 제어논리회로와, 데이터버퍼, 디지털신호를 주변장치 구동을 위해 사용되는 아날로그 신호로 변환해주는 신호변환기(Transducer)로 구성된다.

또한 주변장치제어기는 보통 입 · 출력장치의 한 부품으로 일체화되어 있는 것이 일반적이며 입 · 출력 인터페이스와는 병렬 또는 직렬로 연결된다. 즉, 저속의 주변장치를 중앙처리장치에 접속하려면 직렬통신제어기(Serial Communication Controller)를 이용하거나, 주변장치-제어기와 입 · 출력 모듈을 보조 기판에 구현한 다음, 이를 CPU 가 탑재된 주기판(mother board)의 접속소켓을 통해서 직접 연결하기도 한다.

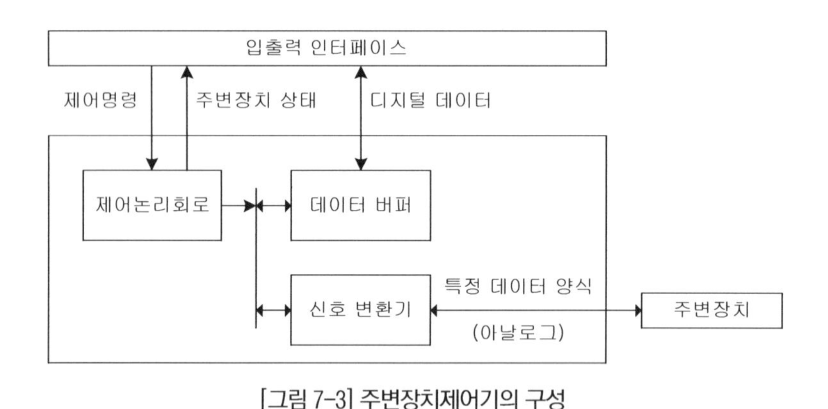

[그림 7-3] 주변장치제어기의 구성

7.2.4 데이터 전송방법

입 · 출력포트를 통한 데이터의 전송방법은 병렬전송과 직렬전송으로 구분된다. 병렬전송의 경우는 두 개 이상의 신호 선을 이용해서 동시에 2비트 이상의 데이터를 전송하는 방법으로 아주 가까운 거리에 위치하여 고속으로 데이터 전송이 가능한 장치들 간에 이용되는 데이터 전송방법이다. 직렬전송의 경우는 데이터를 전송하기 위해서 하나의 신호 선을 사용해서 원거리에 위치한, 장치간의 전송방법으로 이용된다. 〈표 7-2〉는 대표적인 주변장치들의 데이터 전송률을 보여주고 있다.

〈표 7-2〉 주변장치들의 데이터 전송률

장치명	용도	초당 데이터 전송률
키보드	입력	0.01 KB
마우스	입력	0.02 KB
스캐너	입력	200 KB
프린터	출력	1 KB
레이저 프린터	출력	100 KB
그래픽 디스플레이	출력	30 MB
중앙처리장치, 주기억장치	입 · 출력	200 MB~400 MB
네트워크-LAN카드	입 · 출력	1.2 MB~12 MB
CD-ROM*	입력	1.2 MB
하드디스크	입 · 출력	100MB
SSD	입 · 출력	230MB
USB 3.0	입 · 출력	625MB
자기테이프	입 · 출력	2 MB

*8배속 CD 기준(1996 년도 1 배속은 150KB/S)

7.3 직렬 I/O 인터페이스

직렬전송은 하나의 데이터 선을 이용해서 데이터를 전송해야하기 때문에 데이터의 시작과 끝을 명시하는 방법과 송신자와 수신자를 명시하는 방법 및 오류검출 방법 등을 규정한 규칙인 프로토콜(Protocol)을 기준으로 이루어진다. 또한 직렬전송은 데이터를 문자단위로 전송하는 비동기(Asynchronous)전송 프로토콜과 블록단위로 전송하는 동기(Synchronous)전송 프로토콜로 구분되며, 동기전송 프로토콜은 문자중심(Character-Oriented) 프로토콜과 비트중심(Bit-Oriented) 프로토콜로 구분된다.

7.3.1 비동기전송

비동기전송 프로토콜에서는 데이터 워드(8비트, 한 문자)를 독립적인 단위로 전송하며, 이와 같이 전송되는 데이터 워드 사이의 간격은 일정하지 않다. 이 방법에서는 데이터 워드의 시작과 끝을 구별하기 위해서 1비트 크기의 시작비트(Start Bit)와 2비트 크기의 종료비트(Stop Bit)를 이용한다. 따라서 데이터 워드에 대한 시작비트와 종료비트가 차지하는 비율이 상대적으로 높기 때문에 데이터를 고속으로 전송하기 위한 프로토콜로는 적합하지 않다. [그림 7-4]은 직렬전송 프로토콜을 보여준다.

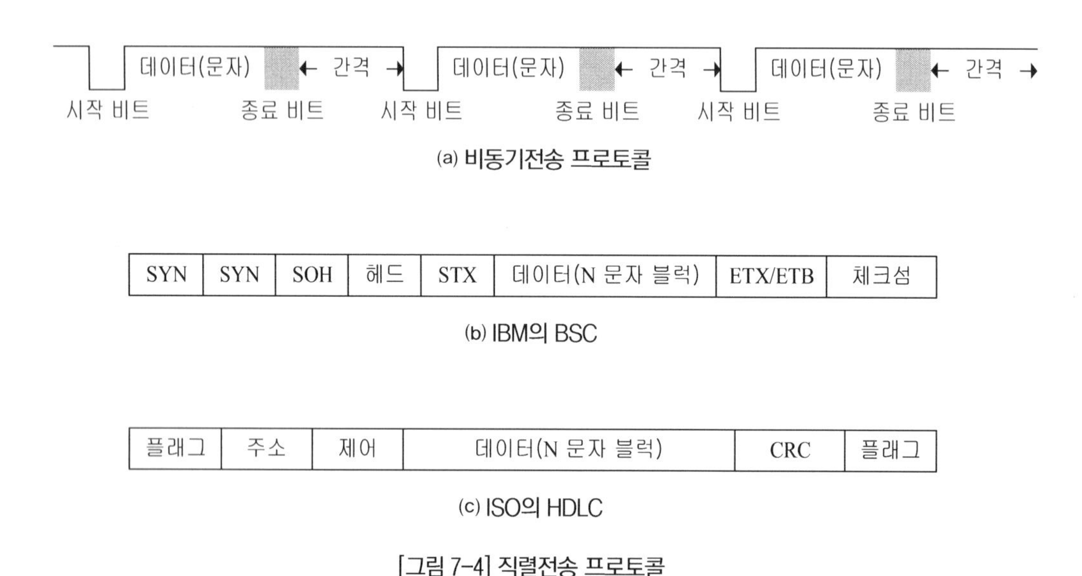

(a) 비동기전송 프로토콜

(b) IBM의 BSC

(c) ISO의 HDLC

[그림 7-4] 직렬전송 프로토콜

7.3.2 동기전송

동기프로토콜에서는 전송되는 각 비트 사이의 간격이 일정하며, 이를 위해서 데이터의 송신자와 수신자 사이에 동기화가 필요하다. 이를 위해서 사용되는 방법으로는 송신자와 수신자 사이에 공통 클록을 사용하거나 동기정보를 데이터 전송과정에 포함시켜서 보내는 방법이 이용되고 있다. 동기전송 프로토콜에서는 프리엠블(Preamble)과 포스트엠블(Postamble)이라는 추가정보가 2개 이상의 데이터 워드의 집합으로 이루어진 블록의 시작과 끝을 나타내기 위해서 사용되며, 이들이 합쳐져서 하나의 전송단위를 이루게 되며 이를 프레임(Frame)이라고 한다. 데이터를 고속으로 전송하기 위해서 송신자와 수신자는 프레임에 포함되어 있는 동기정보에 해당되는 [그림 7-4](b) 의 SYN 필드를 해석해서 상호 간의 데이터 전송을 동기화한다. 동기프로토콜을 데이터 블록을 구성하는 단위를 기준으로 문자중심 프로토콜과 비트중심 프로토콜로 구분된다.

(1) 문자중심 동기프로토콜

문자중심 동기프로토콜에 속하는 대표적인 예로는 IBM 의 BSC(Binary Synchronous Communication) 프로토콜을 들 수 있으며, 여기서는 프리엠블로서 하나 이상의 SYN 필드가 사용되며, 이는 송신자와 수신자 사이의 동기화 목적으로 사용된다. 한편 SOH(Start of Head)와 헤드 필드에는 수신자에게 제공되는 주소와 제어정보가 포함되어 있다. BSC 에서 전송 대상 데이터는 문자를 단위로 하나의 블록으로 형성된 다음, STX(Start of Text)와 ETX(End of Text) 사이에 포함되어 전송된다. 포스트엠블로는 ETX외에 데이터의 마지막 프레임에 대한 전송임을 나타내는 ETB(End of Block) 필드와 데이터 전송 중 발생될 수 있는 오류를 검출 목적으로 이용되는 체크섬(Checksum) 필드가 포함된다.

(2) 비트중심 동기프로토콜

문자중심 프로토콜이 그래픽이나 오디오, 비디오와 같은 비트 흐름으로 이루어지는 데이터를 전송하기에는 적합하지 않다는 문제점을 해결하기 위한 방안으로서 비트중심의 동기프로토콜이 있다. 여기에 속하는 대표적인 프로토콜은 ISO(International Organization for Standardization)에 의해서 정의된 HDLC(High Level Data Link Control)가 대표적이다. 이 프로토콜에서는 [그림 7-4](c) 에서와 같이 하나의 프레임은 양쪽 끝에 1바이트 크기를 갖는 2개의 플래그, 주소필드, 제어필드, 데이터필드, CRC(Cyclic Redundancy Check)로서 구성된다. 프레임의 시작과 끝은 플래그에 의해 구분된다. 데이터필드는 문자중심의 BSC 프로토콜은 3가지 모드의 운영이 가능한데 3가지 운영모드란 정상 응답모드인 NRM(Normal Response Mode), 비동기 응답모드인 ARM(Asynchronous Response Mode)

및 비동기 균형모드인 ABM(Asynchronous Balanced Mode)을 말한다. 정상 응답모드와 비동기 응답모드는 포인트투포인트(Point to Point)와 멀티포인트(Multipoint)환경에 이용될 수 있지만 비동기 균형모드는 포인트투포인트 환경에만 이용될 수 있다.

7.4 입 · 출력 방법

입 · 출력 방법은 입 · 출력을 개시하는 주체와 더불어, CPU 와 주변장치 사이에서 상태신호와 지시어 전송과정 및 데이터 전송과정의 분리 유무를 기준으로 프로그램된 입 · 출력과 인터럽트구동 입 · 출력 및 DMA(Direct Memory Access)입 · 출력 방법으로 구분된다.

7.4.1 프로그램된 입 · 출력

입 · 출력-명령어 처리를 위한 주변장치의 상태검사 과정에서부터 주변장치에 의해 데이터의 입력과 출력이 이루어지는 전체과정은 CPU 에 의해서 시작되고 진행된다. 이 방법에서는 먼저 CPU 가 입 · 출력 명령을 처리하기에 앞서 대상 주변장치의 상태를 내부 프로그램 실행을 통해서 주기적으로 조사한 다음, 주변장치의 상태가 준비완료 상태로 전환되기를 기다렸다가(이것은 상태 레지스터를 읽어서 알게 됨) 입 · 출력 데이터와 지시어를 데이터 입력 또는 출력 레지스터와 지시어 레지스터로 보낸다. 이렇게 지시어의 내용은 이와 연결된 주변장치제어기로 전달되어 해당 주변장치가 실제로 입 · 출력 과정을 실행하도록 제어한다. 이러한 프로그램된 입 · 출력 방법을 CPU 에 의해서 시작된(CPU Iitiated) 입 · 출력 또는 CPU 가 주기적으로 주변장치의 상태를 검사한다고 해서 시점(Timed) 입 · 출력이라고도 한다.

프로그램된 입 · 출력에서 데이터는 입 · 출력 인터페이스의 데이터 입력 레지스터를 거쳐서 CPU 의 입 · 출력 레지스터로 전송되며, 이는 CPU 의 저장 명령에 의해서 묵시적으로 주기적 장치로 옮겨서 저장된다. 이 입 · 출력 방법의 문제점은 주변장치가 준비완료

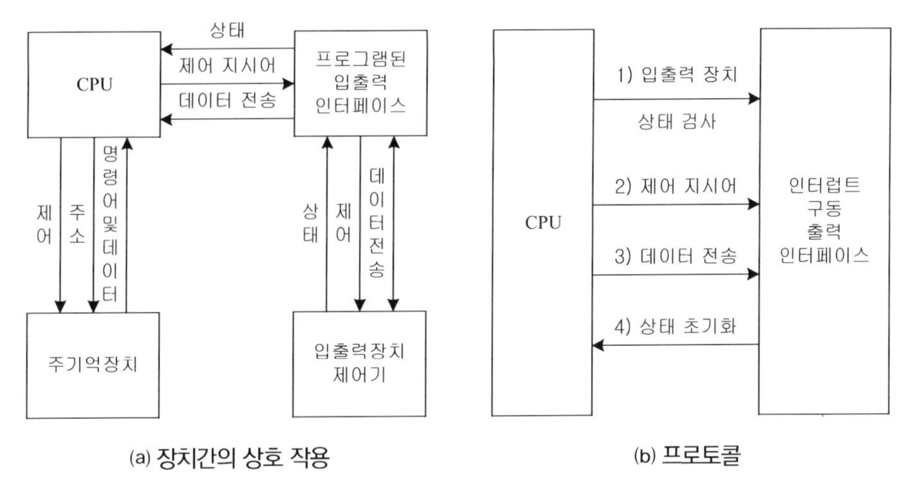

(a) 장치간의 상호 작용 (b) 프로토콜

[그림 7-5] 프로그램된 입 · 출력

상태로 될 때까지 CPU 가 계속 기다리는 대기(Busy Waiting)상태에 빠져 있게 된다는 점이다. 이렇게 되면 CPU 는 입 · 출력 이외에 다른 일을 수행할 수 없게 되므로 CPU 자원을 낭비하게 되는 것이다.

[그림 7-5](b)는 키보드나 프린터와 같은 입 · 출력 전용 장치를 이용해서 프로그램된 입 · 출력 방법에 따라 진행되는 입 · 출력 과정의 프로토콜을 보여준다. CPU 는 먼저 입 · 출력 주변장치가 데이터 전송을 위한 준비완료 상태에 이를 때까지 기다린다. 주변장치에 대한 상태 점검은 입 · 출력포트의 상태 레지스터를 이용해서 이루어진다. 주변장치의 상태가 준비완료 상태에 있음을 확인한 다음, CPU 가 입력과 출력에 필요한 지시어와 데이터를 각각 지시어 레지스터와 데이터 입 · 출력 레지스터로 전송하면 해당 입 · 출력 주변장치제어기가 실제로 입력과 출력에 필요한 물리적인 동작을 수행하게 된다.

7.4.2 인터럽트구동 입 · 출력

인터럽트 구동 입 · 출력이란 입 · 출력 인터페이스가 CPU 를 대신해서 주변장치의 상태를 검사하다가 준비완료 상태에 이르게 되면, 이 사실을 인터럽트 신호를 구동시켜 CPU 에게 보고함으로써 시작되는 입 · 출력 방법이다. [그림 7-6]에서 볼 수 있는 바와 같이, 인터럽트 구동 입·출력에서 CPU 는 일반적으로 인터럽트의 우선순위를 기준으로 처리하기 때문에 무시 가능한 외부인터럽트처리 중에 상대적으로 우선순위가 높은 인터럽트가 접수될 때마다 동적-실행정보 전환과정이 필요하게 되므로 다중레벨-인터럽트(Multi Level Interrupt)를 처리하기 위해서 복귀주소를 스택방식으로 관리해야 한다.

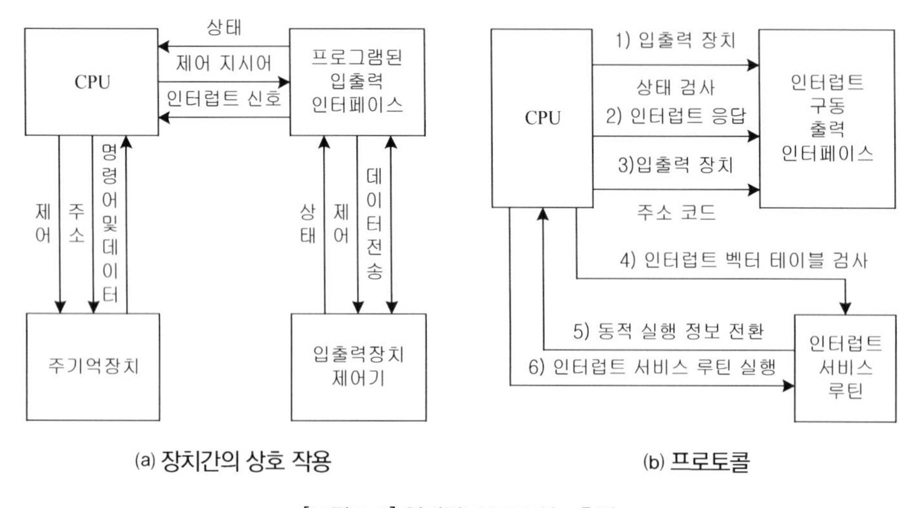

(a) 장치간의 상호 작용 (b) 프로토콜

[그림 7-6] 인터럽트 구동 입·출력

인터럽트 입·출력 과정에 대한 이해를 돕기 위해서 [그림 7-7]에 인터럽트 구동 입·출력 과정에 관계된 여러 가지 신호들 간의 관계를 타이밍 도로 나타내 보였다.

[그림 7-7] 인터럽트 벡터를 처리하는 타이밍

인터럽트 구동 입·출력은 입·출력장치의 상태검사에서 소요되는 CPU 의 시간을 절약 할 수 있다는 점 이외에는 프로그램된 입·출력 방법과 마찬가지로 입·출력 인터페이스 내 버퍼레지스터를 통해서 CPU 레지스터와 데이터전송이 이루어진다. 또한 데이터를 입 · 출력 프로세서로 전송하기 위해서는 인터럽트-서비스루틴을 실행해야 하기 때문에, CPU 의 개입이 요구된다.

7.4.3 DMA 입 · 출력

인터럽트 구동 입 · 출력은 프로그램된 입 · 출력 방법보다는 매우 효율적이지만 입 · 출력을 위해서 필요한 상태정보, 제어정보 및 입 · 출력 데이터 전송을 위해서 여전히 CPU 의 능동적인 관여를 요구하며, 데이터 전송경로도 반드시 CPU 의 레지스터를 거쳐서 이루어진다. 이러한 점에서 이 2가지의 입 · 출력 방법에는 다음과 같은 문제점이 내포되어 있다. 즉 입 · 출력을 통한 데이터의 전송률은 CPU 가 입 · 출력장치의 상태를 검사하고 서비스할 수 있는 속도에 의해서 제한된다는 점과 CPU 가 입 · 출력을 통한 데이터 전송을 위해서 많은 수의 명령어에 대한 처리에 얽매여 다른 일을 진행할 수 없다는 점이다. 따라서 이와 같은 문제점은 멀티미디어 환경에서처럼 오디오 및 동화상을 포함하는 대량의 데이터를 고속으로 전송해야 하는 경우에 흔히 사용되는, 블록단위 전송에서는 더욱 심각해진다. 이러한 문제점을 해결하기 위해서 CPU 와 입 · 출력 인터페이스 사이에서는 상태정보와 제어정보만을 교환하게 하고, 입 · 출력 데이터는 주변장치와 주기억장치 간에 직접 교환되게 하는 방법이 있다. 이를 DMA 라고 하며 입 · 출력 인터페이스는 인터럽트 기능 및 직접 주기억장치로 데이터 전송을 위해서 필요한 기능을 위해 확장되어야 한다.

따라서 DMA(Direct Memory Access)에 의한 데이터 입 · 출력에서는 CPU 를 가능한 한 자유롭게 해줌으로써 DMA 인터페이스에 의해서 입 · 출력이 진행되는 중이라도, 시스템버스를 사용하는 경우만을 제외하고는 CPU 가 데이터 입 · 출력에 개입하지 않고 자신의 독립적인 연산을 실행할 수 있게 된다. [그림 7-8]은 DMA 에 의한 입 · 출력처리과정을 보여준다.

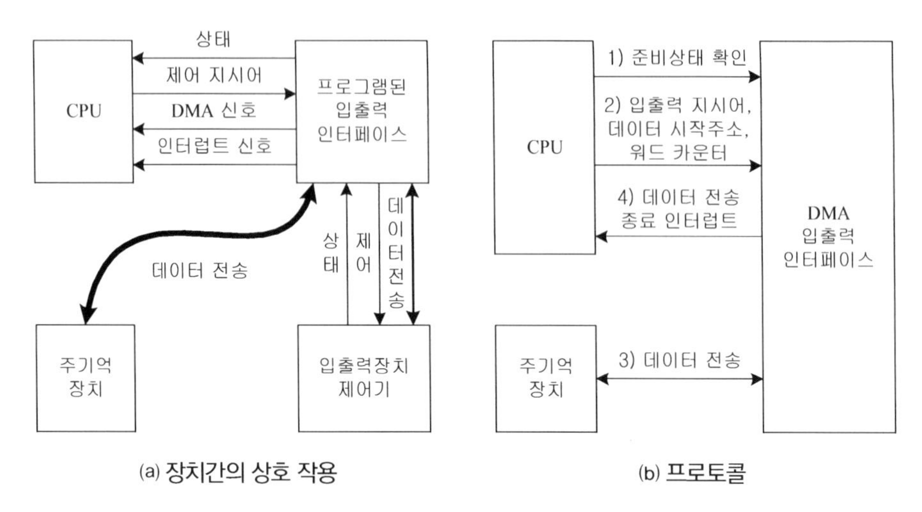

(a) 장치간의 상호 작용 (b) 프로토콜

[그림 7-8] DMA 입 · 출력

(1) DMA 인터페이스의 기능

입 · 출력 인터페이스가 주기억장치와 데이터를 직접 교환하기 위해서는 DMA 기능을 실행할 수 있도록 입 · 출력 인터페이스가 [그림 7-9] 처럼 확장되어야 하며, 이러한 DMA 인터페이스는 DMA 의 기능 실행에 필요한 하드웨어가 하나의 칩으로 집적된 DMA 제어기(DMA Controller)를 이용하여 보통 구현한다.

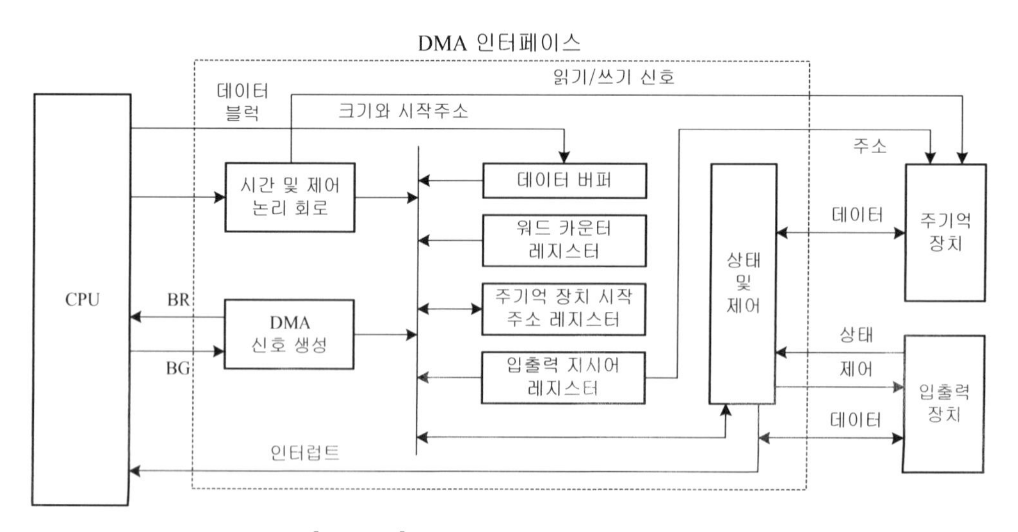

[그림 7-9] DMA 인터페이스 제어기의 구성

입 · 출력 인터페이스가 DMA 기능을 실행하기 위해서 필요로 하는 부가 하드웨어로는 워드카운터-레지스터(Word Counter Register), 주기억장치 시작주소-레지스터(Memory Starting Address Register), 지시어레지스터(Command Register), 상태 및 제어논리회로, 주기억장치 읽기/쓰기 신호 생성 및 주변장치제어기와의 접속에 필요한 타이밍 및 제어 논리회로(Timing and Control Logic)를 자체적으로 가져야한다. 이러한 자체의 하드웨어 자원을 이용하는 DMA 입 · 출력 방법에서는 인터럽트 구동 입 · 출력 방법과는 달리, 동적 실행정보 전환과정이 필요 없다. 이러한 점은 입 · 출력장치와 주기억장치의 직접 데이터 전송과 함께 상승효과를 발휘하기 때문에 DMA 입 · 출력 방법이 고속의 입 · 출력 환경에서 널리 이용되고 있다. 일반적으로 DMA 입 · 출력 방법은 데이터를 문자나 바이트 단위가 아닌 블록단위로 전송하기 위해서 주로 이용된다. 이를 위해서 CPU 는 데이터 전송을 개시하기 전에 주기억장치에 블록 전체를 적재해 둔다. DMA 입 · 출력 방법도 CPU 가 주변장치의 상태를 입 · 출력포트의 상태 레지스터 내용을 읽어서 준비 여부를 확인하는 것으로부터 시작되기 때문에 프로그램된 입 · 출력 과 마찬가지로 CPU 에 의해서 개시되는 입 · 출력 방법이다. 즉, 주변장치의 상태가 준비완료 상태로 확인되면 CPU 는 입 · 출력 지시어, 주기억장치에 저장되어 있는 데이터블록의 시작주소크기(Word Count) 및 시작지시어를 DMA 인터페이스로 전송한다. DMA 인터페이스는 데이터를 주기억장치로 직접 전송하기 위해서 버스요청신호(Bus Request : BR)를 CPU 로 보내서 이에 대한 허락신호(Bus Grant : BG) 를 얻어야한다. 이 시점에서 CPU 가 버스를 사용하고 있다면(즉 버스 사이클), DMA 인터페이스는 CPU 에 의해서 현재 진행 중에 있는 머신사이클이 종료된 후, 버스에 대한 사용권을 얻게 된다. 버스사용권을 획득한 DMA 인터페이스는 주기억장치로의 데이터 전송과정을 직접 제어하게 되며, 데이터 전송이 종료되면, 시스템버스에 대한 사용권을 철회하고 이를 인터럽트 신호로써 CPU 에게 알려준다.

(2) DMA 인터페이스의 데이터전송모드

CPU 로부터 시스템버스에 대한 사용권을 획득한 DMA 인터페이스가 제어하는 데이터의 전송과정은 고속의 입 · 출력장치를 대상으로 데이터들을 블록단위로 전송하는 대량전송(Burst) 모드와 저속의 입 · 출력장치에서 볼 수 있는 1워드를 데이터 전송단위로 하는 사이클스틸(Cycle Stealing) 모드로 구분된다.

① **대량전송모드**

대량전송 모드의 경우는 DMA 인터페이스가 버스사용권을 획득하게 되면, 데이터 전송을 마칠 때까지 버스사이클을 독점하는 방법이다.

② **사이클스틸**

사이클스틸의 경우는 DMA 인터페이스가 1워드를 전송한 다음, 시스템버스에 대한 사용권을 CPU 에게 되돌려 주는 방법이며, 저속의 주변장치의 입 · 출력을 위해서 상대적으로 높은 우선순위를 갖는 DMA 인터페이스가 CPU 와 동시에 버스를 사용하고자 하는 경우, DMA 인터페이스가 버스를 1사이클 동안 사용한 후 CPU 에게 되돌려 주므로 데이터 전송 시간에 비해서 버스사용권 획득과 반환에 소요되는 시간이 상대적으로 커지기 때문에 대량의 데이터를 고속으로 전송하는 환경에는 적합하지 못하다.

③ **DMA 입 · 출력 요청**

[그림 7-9]에서 볼 수 있는 바와 같이 DMA 입 · 출력 요구는 인터럽트 구동 입 · 출력 방법과는 달리, 시스템버스에 대한 사용권을 획득해야 하는 버스요청신호이다. 그러므로 CPU 에 의해서 버스가 사용될 수 있는 머신사이클에서 DMA 인터페이스가 시스템버스에 대한 사용권을 동시에 요청할 경우, CPU 가 버스를 사용하고자 하는 시점에서 버스사이클을 DMA 인터페이스가 차지하게 되므로 CPU 가 사용할 버스사이클이 지연되는 사이클스틸 현상이 나타나게 된다.

④ **처리지연시간**

[그림 7-10]은 DMA 요청과 인터럽트 요청신호에 따른 처리과정에서의 차이점을 보여준다. 즉 DMA 요청은 버스에 대한 사용 요청이기 때문에 CPU 가 버스 사이클을 사용하고 있지 않을 경우, 즉시 DMA 인터페이스가 버스를 사용할 수 있지만, CPU 가 버스를 사용하는 버스 사이클에 있을 경우에는 이 버스 사이클이 종료되는 시점에서 DMA 인터페이스가 버스를 사용할 수 있다. 그러나 인터럽트의 경우에는 요청신호를 보낸 시점과는 무관하게 CPU 는 항상 명령어사이클의 마지막 머신사이클인

인터럽트처리 머신사이클에서 인터럽트 요청에 대한 응답 신호를 생성하게 되고 이로부터 인터럽트처리 사이클이 시작된다. 따라서 [그림 7-10]에서 인터럽트 요청시점을 기준으로 볼 때 인터럽트처리 지연시간은 인터럽트 요청 후 인터럽트처리 머신사이클 이전까지의 시간이 된다.

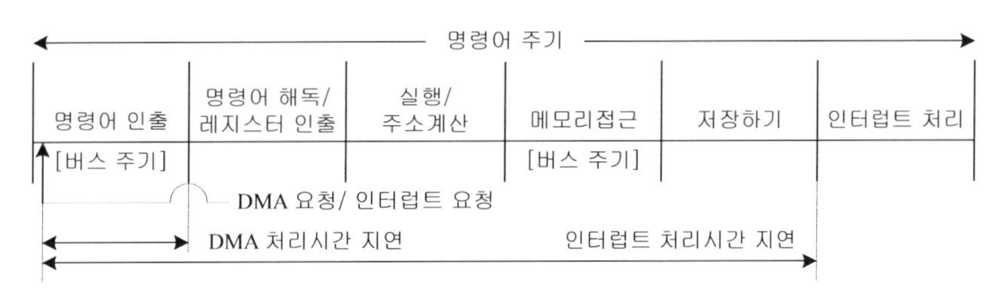

[그림 7-10] DMA 요청과 인터럽트 요청에 대한 처리 지연시간

7.5 채널과 입 · 출력프로세서

입 · 출력 과정을 보다 개선하기 위해서는 CPU 의 개입을 최소로 할 수 있는 방법과, 나아가서는 입 · 출력과 CPU 에 의한 연산과정이 동시에 진행될 수 있게 하는 방법이 필요하다. DMA 액세스 방법은 입 · 출력 동작(Operation)에 관련된 CPU 의 과부하를 줄이며, CPU 와 입 · 출력 동작에서 어느 정도 동시성을 허용하지만, 보다 강력한 입 · 출력 제어기에 입 · 출력 작업을 전담케 함으로써 입 · 출력 작업을 CPU 로부터 분리할 수 있다면 각각의 입 · 출력 인터페이스가 CPU 와 통신하는 것보다는 하나 이상의 입 · 출력 제어기들이 입 · 출력장치와 직접 통신하는 업무를 할당받을 수 있게 된다. 그러므로 DMA 와는 다르게 이러한 입 · 출력 제어기는 직접 주변장치를 지원할 수 있으며, 이러한 업무는 CPU 의 개입으로부터 제외될 수 있다. 이러한 입 · 출력 제어기를 입 · 출력 채널(I/O Channel)이라 한다. 자기테이프나 디스크와 같은 빠른속도를 갖는 입 · 출력장치들은 이러한 채널을 하나씩 사용할 수 있다. 그러나 단말기와 같이 비교적 느린 장치들은 하나의 입 · 출력 채널에 집중시킨다는 개념이다. 더욱이 특수목적의 입 · 출력 채널을 갖는 대신에 범용컴퓨터가 독립적인 입 · 출력 프로세서(I/O Processor : IOP) 같은 역할을 하도록

할 수 있다. 대부분의 중형이나 대형 컴퓨터는 입 · 출력의 모든 프로세스를 취급하는 전용컴퓨터로서, 하나 이상의 마이크로컴퓨터를 시스템내부에 포함하고 있다. 이러한 IOP는 CPU 와 병렬로 동작하며, CPU 는 입 · 출력 작업에 간여하지 않고, 연산과 사용자 프로그램만을 독자적으로 수행할 수 있게 한다.

다수의 DMA 채널을 포함하고 있는 입 · 출력 프로세서는 자신의 CPU 와 명령어집합을 가지고 있으며, 그들의 프로그램을 CPU 병행으로 수행한다. IOP 는 특별히 설계된 입 · 출력버스를 통해 많은 주변장치들을 지원할 수 있다. 장치제어기는 보통 마이크로프로세서 기반으로 되어 있으며, IOP 와 그것에 연결된 주변장치간에 통신을 지원한다. IOP 와 주기억장치간의 통신은 DMA 에 의해 실현된다. CPU 와 IOP 의 통신은 컴퓨터마다 각기 다르다.

7.5.1 입 · 출력 채널

입 · 출력 채널(I/O Channel)은 보통 하나의 장치지만 연결해주는 DMA 와는 달리, 여러 입 · 출력장치와 메모리를 인터페이스하기 위하여 구성된, 제한된 기능을 갖는 특수목적의 프로세서이다. 부가적으로 채널은 광범위한 오류검출, 수정, 코드변환, 데이터형식화 등을 수행할 수 있다.

입 · 출력 채널을 사용하기 위하여 입 · 출력 시스템은 [그림 7-11]에 나타낸 바와 같이 계층적으로 구성될 수 있다. 각각의 채널은 입 · 출력 동작으로 제한하는 명령어집합을 가지는 특수목적 컴퓨터이며 사이클스틸링 기반 하에서 동작한다. 고속 입 · 출력장치는 항상 전용인터페이스를 통해 입 · 출력장치와 통신한다. 반면에 저속장치는 인터페이스를 공유할 수 있다. 메모리액세스 제어기는 CPU 와 입 · 출력 채널 메모리액세스를 조정한다. 입 · 출력 채널은 DMA 장치와 같이 CPU 와 통신하며 입 · 출력장치와는 마치 자신이 CPU 인 것처럼 통신한다. 입 · 출력장치들은 데이터 전송률이 차이가 많기 때문에 채널은 기본적으로 두 가지 형태, 멀티플렉서 채널(바이트와 블록 멀티플렉서로 구문)과 셀렉터 채널로 분류된다.

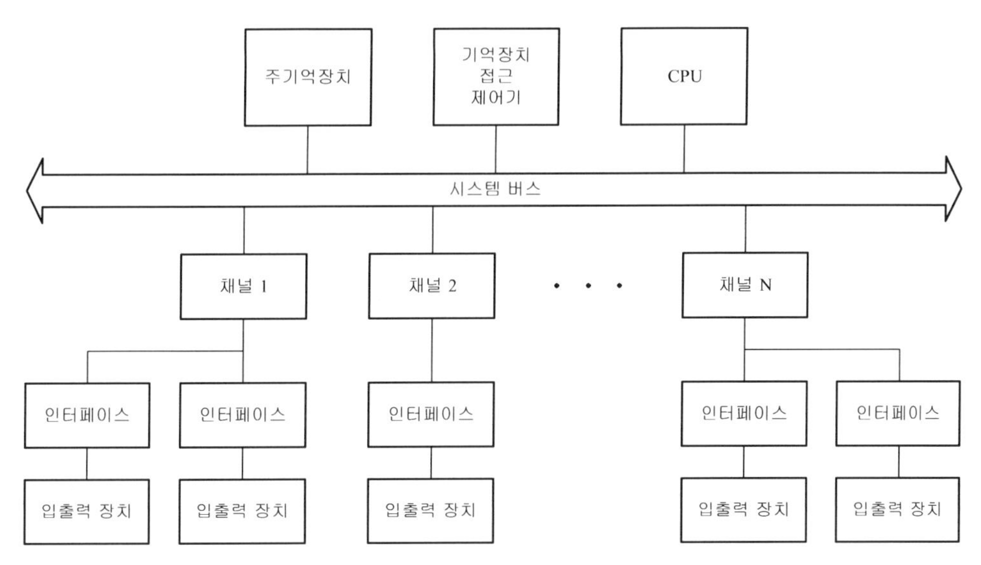

[그림 7-11] 채널을 통한 입 · 출력의 계층적 구조

(1) 멀티플렉서 채널(Multiplexor Channel)

멀티플렉서 채널은 다수의 저속장치와 중간속도장치를 연결하기 위해 사용되며, 그들의 전송을 인터리빙(멀티플렉싱)함으로써 동시에 동작한다. 예를 들어, 단말기는 비교적 속도가 느린 장치이다. 이것은 100BPS 로 전송할 수 있다고 가정하자. 여기서 문자는 일반적으로 1바이트(8비트)데이터, 제어비트, 상태비트로 구성된다. 또한 채널이 각각의 문자를 처리하고 저장하는 데 50㎲ 가 걸린다고 가정하자. 멀티플렉싱 처리과정에서 채널은 교대로 그러한 단말기를 200대 이상 취급할 수 있으며 (200×50 ms = 10 ms 이기 때문에), 다른 문자가 전송되기 전에 첫 번째 단말기로 되돌아올 수 있다. 이 방법을 문자인터리빙(또는 바이트인터리빙)이라고 부른다. 각각의 입 · 출력장치는 1바이트 데이터를 전송하기 위해 요구되는 시간 동안 논리적으로 채널에 나누어진다. 만약, 장치 A 가 문자열 abc … 를 보내고, 장치 B 가 문자열 xyz … 를 보내고, 장치 C 가 문자열 ijk … 를 보내면, 채널의 문자열 출력 결과는 axibyjczk … 로 될 것이다.

만약, 장치에 의해 요구된 시간이 채널과 논리적 연결을 위해 할당된 시간을 초과한다면 시간초과(Time Out)방법을 사용하며 채널은 자동적으로 버스트모드(Burst Mode)로 전환되어 모든 요구된 전송을 완료할 때까지 논리적 연결을 유지한다.

(2) 셀렉터 채널(Selector Channel)

셀렉터 채널은 자기테이프와 디스크 같이 멀티플렉스될 수 없는 고속장치에 제공된다. 여러 가지 장치들이 각각의 선택채널에 연결될 수 있지만, 채널은 어떤 주어진 시간에 단지 하나의 입·출력장치만을 선택 할 수 있으며, 그 장치가 동작을 완료할 때까지 그 장치만을 위해 동작한다. 셀렉터 채널의 동작원리는 멀티플렉서에 의해 지원되는 것 보다 더 높은 데이터의 전송률을 지원하는 것을 제외하고는 버스트모드에서의 멀티플렉서 채널의 동작원리와 유사하다. 셀렉터 채널의 하드웨어구성은 DMA 제어기와 유사하다. 셀렉터 채널은 전송해야 할 바이트 수를 나타내는 바이트계수기와 전송될 다음 데이터가 들어 있는 메모리주소를 나타내는 메모리주소레지스터(MAR), 장치주소레지스터, 메모리버퍼레지스터(MBR), 그리고 제어/상태 레지스터 등으로 구성되어 있다. 많은 입·출력장치들은 바이트 지향인 반면에 셀렉터 채널은 많은 워드들을 전송할 능력이 있기 때문에, 채널은 워드를 합치고 분리(Assembly/Disassembly)하는 기법을 포함하고 있다.

(3) 블록-멀티플렉서 채널(Block Multiplexer Channel)

블록-멀티플렉서 채널은 앞의 2가지 채널을 조합해서 구성된다. 이 블록-멀티플렉서 채널은 버스트모드에서 고속 멀티플렉서 채널로서 동작하며, 데이터를 바이트 보다는 블록으로 인터리빙한다. 블록-멀티플렉서 채널은 주로 디스크나 자기테이프와 같은 장치들을 지원하며, 이것은 시작동작 즉, 트랙으로 읽기/쓰기 헤드를 이동시키거나 레코드를 찾기 위한 동작은 시간 소비적이고, 데이터전송을 위해 사용되는 것이 아님으로, 셀렉터 채널을 사용하여 전체 채널성능을 떨어뜨리기보다는 블록-멀티플렉서를 사용해서 그러한 사장시간(Dead Time)동안 다른 장치를 지원할 수 있게 하다가 레코드가 발견되었을 때 버스트모드로 전환하게 한다.

7.5.2 입·출력 프로세서

입·출력 프로세서(IOP)는 자율적인 프로세서를 가진 IOP 는 범용컴퓨터로서, 시스템 버스를 통해서 DMA 장치로 주기억장치와 통신을 하며, 하나 이상의 입·출력버스를 통해서 입 · 출력장치들과 통신한다.

2개의 입 · 출력버스를 갖는 구조에 대한 예는 [그림 7-12]에 나타내었다. 단일공유버스(Single Shared Bus)구성(여러 개로 구성될 수 있다.)에서 각 IOP는 고정된 수의 입 · 출력장치들을 제어한다. 스위칭행렬버스(switching matrix bus)구조에서는 각 장치가 IOP 의 제어를 받는다. 스위칭행렬의 동작원리는 크로스바행렬의 동작원리와 유사하다.

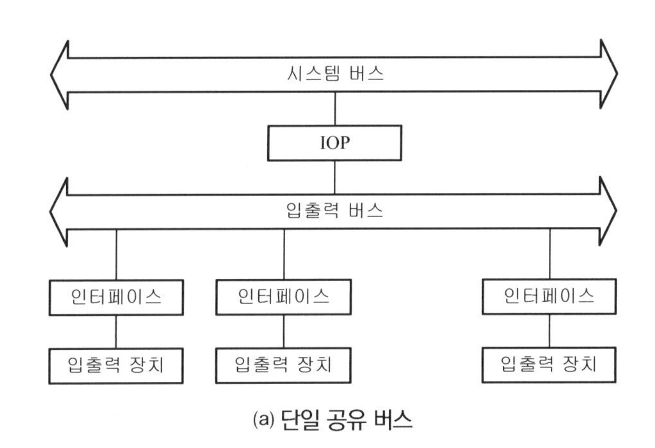

(a) 단일 공유 버스

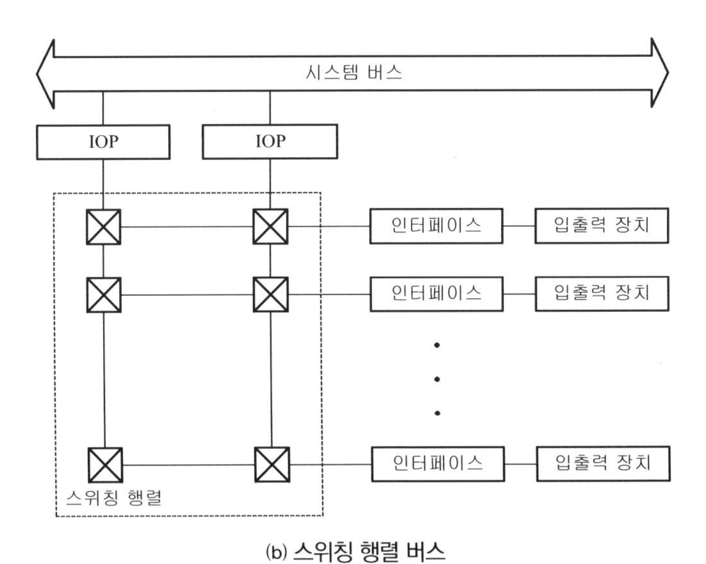

(b) 스위칭 행렬 버스

[그림 7-12] 입 · 출력버스의 구조

CPU 는 입 · 출력 동작을 시작하고 검사하고 끝내는 것 등 제한된 입 · 출력 명령의 집합을 갖는다. 전형적으로 CPU 의 입 · 출력 명령어들은 START 입 · 출력, STATUS 입 · 출력, STOP 입 · 출력의 형태를 갖는다. 명령어에 추가로, CPU 입 · 출력 명령어는 특별한 입 · 출력장치를 지정하기 위한 주소부분과 CPU 명령어의 응답으로 CPU 가 정보를 전송할 메모리주소부분을 갖는다.

모든 입 · 출력 데이터 전송명령어의 수행은 IOP 의 책임 하에 이루어진다. IOP 명령어는 CPU 명령어와 구분하기 위하여 명령(Command)이라고 부른다. 이 명령은 IOP의 입 · 출력 프로그램 작성에 사용되는 데, 주기억장치에 저장되어 CPU 의 START 입 · 출력 명령어에 의해 자신의 IOP 주소가 주어질 때 그 IOP 에 의해 인출된다. IOP 명령어는 3가지 기본형태로 분류될 수 있다.

① 입력, 출력 그리고 상태정보를 읽기 위한 데이터전송명령어들.
② 산술 · 논리, 분기명령어와 같은 범용명령어들.
③ 데이터전송에 포함되는 여타의 특수 입 · 출력장치 기능을 취급하는 제어명령어들.

CPU 와 IOP 간의 통신은 핸드셰이킹 방법 즉, 송신측과 수신 측이 교대로 제어신호를 보내주는 통신방법으로, 하나의 컴퓨터시스템과 다른 컴퓨터시스템 사이에 통신하는 것과는 차이가 있을 수 있다.

(1) 핸드셰이킹(Handshaking) 통신방식

핸드셰이킹 통신방식은 CPU 가 IOP 에게 메시지를 보낼 때는 우편함을 사용하고, IOP 가 CPU 서비스를 요청할 때는 인터럽트 요청을 발생한다. CPU 로부터 인터럽트 인정을 받으면 IOP 는 사이클스틸링을 이용해서 시스템버스에서 제어를 넘겨받아 DMA 장치를 사용해서 데이터전송을 수행한다. 입 · 출력 순서의 실행 이전에 CPU 는 STATUS 입 · 출력 명령어를 IOP 에 전달한다. IOP 는 CPU 의 명령어의 장치주소부분에서 지시한 장치주소를 입 · 출력 명령어를 실으며, 지정된 입 · 출력장치는 그것의 상태워드를 IOP 에 전달함으로써 응답한다. 부가적으로 IOP 는 자신의 상태워드를 그 명령어에 명시된 메모리저장장소에 기록하는 방법으로 CPU 의 STATUS 입 · 출력 명령어에 응답한다. IOP 상태워드는 IOP Busy/Ready, 입 · 출력 Device Busy/Ready, 입 · 출력 Device Connected/Disconnected, 오류비트 그리고 데이터전송완료비트와 같은 다수의 플래그로 구성된다.

만약 입 · 출력장치가 준비상태에 있다면 CPU 는 START 입 · 출력 명령어를 IOP 에 보낸다. 이러한 명령어에 포함된 메모리 주소는 IOP 가 관련된 입 · 출력 프로그램의 수행을 시작하고 CPU 가 다른 작업을 취급할 수 있도록 도와준다.

CPU 는 STOP 입 · 출력 명령어를 발생함으로써 이 처리를 중단할 수 있다. 다른 경우에 데이터 전송 동작은 IOP 가 CPU 를 인터럽트할 때까지 계속된다. 이러한 일이 발생하였을 때 CPU 는 STATUS 입 · 출력 명령어로 응답하여, IOP 가 상태워드를 이 명령어에서 명시한 주소에 갖다 놓게 한다. CPU 는 에러 메시지가 있는지, 또는 데이터전송 동작이 성공적으로 완료되었는지를 알기 위해 상태워드를 검사한다. 만약 성공적으로 완료되었다면 CPU 는 입 · 출력 처리를 끝낸다.

7.6 병렬 I/O 인터페이스

CPU, 주기억장치, 제어장치 그리고 각종 입 · 출력장치들을 포함하는 주변장치들로 구성된 컴퓨터시스템 내의 각 부분들 사이에 데이터를 병렬로 전송하기 위해서 이용되고 있는 버스를 살펴보기로 한다. 버스는 서로 다른 의미를 갖는 신호들을 동시에 전달하기 위해서 사용되는 물리적인 연결선들의 모임을 말한다. 따라서 아무리 작은 컴퓨터시스템일지라도 몇 가지의 버스를 가지고 있다

7.6.1 버스의 개념과 신호선

컴퓨터시스템은 여러 종류의 버스를 가지고 있으며 이들은 컴퓨터시스템의 계층별로 구성요소들 간의 데이터경로를 제공한다. 대부분의 버스는 여러 개의 통신선경로들 또는 통신선들로 이루어진다. 각 선은 2진수 1 과 0 으로 표현되는 1비트의 신호를 전송할 수 있다. 여러 개의 선으로 이루어진 버스는 여러 비트로 구성된 2진수의 비트열을 동시에

전송하는 데 사용한다.

[그림 7-13]은 컴퓨터시스템 내의 각종 장치들이 버스에 연결된 모형을 나타내고 있다.

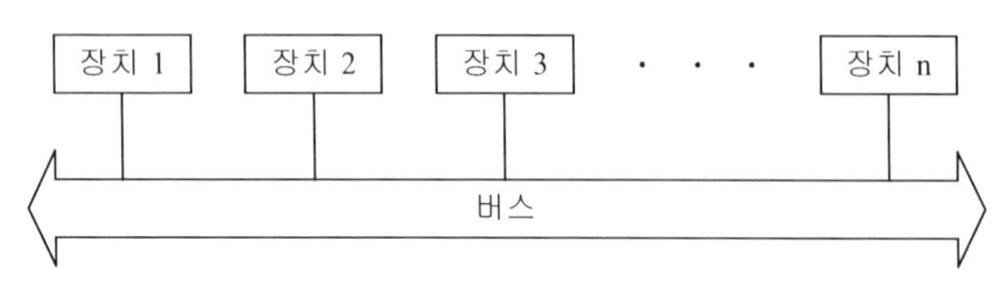

[그림 7-13] 버스에 연결된 장치들

(1) 버스의 개념

버스는 2개 이상의 입 · 출력장치들을 연결하는 통신경로이다. 버스의 중요특징은 공유전송매체(Shared Transmission Media)라는 점이다. 여러 개의 입출력장치들이 버스에 연결되어 있고 그 중 한 장치가 전송한 신호를, 버스에 접속된 다른 모든 장치들이 수신할 수 있다. 버스에 연결된 입 · 출력장치들이 정보를 통신하는 원리는 [그림 7-13]을 이용하여 설명할 수 있다. 가령 장치_1 이 장치_2 와 통신하려면 장치_1 은 우선 장치_2 가 응답할 수 있게 만드는 선택신호를 버스에 보낸다. 이때 버스에 연결된 여러 장치들 중에서 장치_2 가 선택되게 하는 신호를 장치_2 의 주소(Address)라 부른다. 만일 장치_1 이 장치_2 에 데이터를 전송한다면 장치_1 이 장치_2 에 기록(Write)한다고 하며, 반대로 장치_2 가 장치_1 에 데이터를 전송한다면 장치_1 이 장치_2 로부터 판독(Read)한다고 말한다. 따라서 장치_1 은 주소신호 이외에 기록 혹은 판독 제어신호를 장치_2 에 보내야 된다.

통신을 개시시키며, 제어하는 장치를 버스 마스터(Bus Master) 또는 마스터라 부르고, 이에 응답하는 장치를 버스 슬레이브(Bus Slave) 또는 슬레이브라고 부른다. 어떤 장치는 마스터나 슬레이브로도 지정될 수 있는 데, 이러한 장치일지라도 동시에 마스터와 슬레이브로는 지정될 수는 없다.

버스를 사용하는 단계는 연결설정 단계, 트랜잭션 단계 및 연결해체 단계로 구성된다. 버스 연결설정 단계는 버스사용권을 획득하기 위해서 서로 경쟁하는 마스터들로부터 승자로 선택된 마스터가 버스에 연결되는 단계이다. 트랜잭션 단계는 마스터에 의해서 데이터전송이 이루어지는 단계를 말하고, 연결해제 단계는 마스터가 사용을 끝낸 버스를 반납

하는 단계이다. 이 때 마스터가 버스에 대한 제어권을 행사할 수 있는 시간을 버스테뉴어(Tenure)라고 한다.

버스의 오퍼레이션에는 많은 해결해야 할 문제 들이 많다. 전기적인 신호의 송수신 방법, 수신장치가 데이터의 수신시점을 알아내는 방법, 수신장치가 자기의 주소를 알고 버스에 송신된 주소에서 자기의 주소를 인식하는 방법, 수신장치와 송신장치의 논리적 접속 방법 등이 그 예이다.

(2) 버스의 신호선

버스는 다음과 같은 여러 개의 신호선(Signal Lines)으로 구성되어 있다.

① 전원선(Power Lines) : 각 기능장치에 전원 공급.
② 클록선(Clock Lines) : 각 기능장치들의 동기화.
③ 주소선(Address Lines) : 주기억장치의 주소나 입 · 출력장치의 포트주소지정.
④ 데이터선(Data Lines) : CPU 와 나머지 장치와의 데이터 전송.
⑤ 데이터전송제어선(Data Transfer Control Lines): 데이터의 전송방향 및 시점제어, 주기억장치 또는 입 · 출력장치 읽기/쓰기 제어, 데이터스트로브와 주소스트로브, 준비신호를 전달.
⑥ 인터럽트선(Interrupt Lines) : 정전, 버스에러 및 입 · 출력장치의 준비상태를 알림, 인터럽트 요청 및 요청허락.
⑦ 버스제어선(Bus Control Lines) : 버스사용권 제어, 버스요청 및 허락.
⑧ 초기화 선(Reset Line) : 시스템의 상태를 초기화.
⑨ 기타 : 진단(Diagnostic)-프로세서 칩의 오동작 유무의 검사.

버스는 한 가지 이상의 주소를 제공하기도 한다. 버스를 통하여 전달하는 주소가 주기억장치의 주소일 수도 있고 입 · 출력장치의 주소인 경우가 있다. 어떤 시스템에서는 주소를 방송(Broadcast)할 수 있게 하여 복수의 장치들 혹은 모든 장치들에 동시에 같은 정보를 전달할 수 있게도 한다. 주소의 비트수는 주소를 위하여 할당된 신호선의 수에 따라 결정되는 데, 이것은 버스의 가장 기본적 특성이다. 주기억장치의 각 단어에는 보통 고유의 주소가 부여되어 있기 때문에 주소의 비트수는 기억장치의 용량을 결정한다.

주소의 크기는 주소를 나타내는 비트수 혹은 주소를 위한 버스의 신호선의 수인데, 주소를 전달하기 위한 버스를 주소버스(Address Bus)라 한다.

데이터선의 수와 주소선의 수는 서로 영향을 미치지 않는다. 보통 흔히 볼 수 있는 주소/데이타선 수의 조합은 16/8, 16/16, 20/8, 20/16, 24/16, 24/32, 32/32 이다.

버스의 데이터선과 주소선은 별도로 두기도 하지만 같은 선을 다중화 시켜서 사용하기도 한다. 이러한 버스를 다중화버스(Multiplexed Bus)라고 부르는 데, 한 가지 회선을 두 가지 용도로 사용하기 때문에 속도가 늦기는 하지만 데이터를 메모리에서 판독하거나 입력장치로부터 입력할 경우에는 주소를 보낸 후 접근시간만큼 지난 후에 데이터가 나타나기 때문에 다중화로 인한 지연은 거의 느낄 수 없다. 일반적으로 다중화버스는 버스선의 수가 큰 경우에 유리하다. 그 이유는 회선 수 뿐만 아니라 이에 따른 송신기 및 수신기의 수를 대폭 줄일 수 있으며 전력소모를 감소시키기 때문이다.

주소와 데이터 이외에도 제어신호를 위해서도 버스선이 필요하다. 제어신호는 버스를 사용하는 동작이 판독인가 기록인가를 나타내며, 데이터버스선의 수가 한 바이트 이상일 경우에 전달하는 정보의 바이트수와 버스선 중 유효한 바이트의 위치, 그리고 전달하는 주소의 종류 및 사용하는 프로토콜(Protocol)의 종류 등도 나타낸다. 이와 같이 제어신호를 전달하기 위한 회선을 제어버스(Control Bus)라 한다.

이밖에도 상태버스(Status Bus)와 중재선(Arbitration Line)이 있는 데, 상태 버스는 슬레이브로 하여금 에러부호(Error Code)나 상태정보를 마스터에 보낼 수 있도록 하기 위하여 필요하다.

버스에는 인터럽트를 위한 회선을 둘 수도 있다. 인터럽트는 슬레이브들로부터 어느 특정한 처리기에 의한 처리를 요청하는 신호이기 때문에 어떤 슬레이브의 요청을 우선 처리할 것인가를 결정해야 되므로 중재방식과 유사한 방법으로 해결된다. 즉, 데이지체인(Daisy Chain)이나 중앙집중형 중재회로로 해결이 가능하다.

기타 버스 선에는 스트로브신호(Strobe), 싱크신호(Sync), 클록들을 위한 타이밍선, 전원과 접지선이 있다.

(3) 버스의 계층

대부분의 컴퓨터시스템에서는 다중버스를 사용하고 있는 데, 이 다중버스는 계층구조를 가지고 있다. 이에 대한 전형적인 구성은 [그림 7-14](a) 와 같다. 프로세서와 캐시 메모리를 연결하여 주는 로컬버스는 1개 또는 그 이상의 장치들을 지원한다. 캐시 메모리 제어기는 캐시 메모리를 로컬버스에 연결할 뿐만 아니라 모든 주기억장치 모듈이 접속되어 있는 시스템버스로도 연결해 준다. 이렇게 주기억장치가 로컬버스에 접속되지 않고 시스템버스에 접속되면, 시스템버스를 경유하는 입 · 출력 전송들이 프로세서의 동작을 방해할 수가 없다. 입 · 출력 프로세서들은 시스템버스에 직접 접속하기 위하여 1개 이상의 확장버스(Extension Bus)를 사용하는 것이다. 이러한 배치방법을 사용하면 시스템이 다양한 입 · 출력장치들을 지원할 수 있고, 메모리와 프로세서간의 통신과 입 · 출력 통신이 분리될 수 있다. [그림 7-14](b) 는 확장버스에 접속 될 수 있는 입 · 출력장치들의 전형적인 예를 보여준다. 네트워크 접속은 LAN 과 광역 네트워크인 WAN 과의 접속을 포함하며, SCSI는 그 자체로서 하나의 버스이며, 디스크 드라이버와 다른 주변장치들을 지원하는 데 사용된다. 직렬(Serial Port)포트는 프린터나 스캐너 등을 지원하는 데 사용된다.

이러한 전형적인 버스구조는 상당히 효율적이지만, 입 · 출력장치들의 성능이 좋아질수록 문제가 생기기 시작한다. 이에 대한 해결책은 시스템의 나머지 다른 부분과 밀접하게 결합될 수 있는 고속의 버스를 구축하는 것이다. 이 경우 프로세서의 버스와 고속의 버스 사이에는 브리지(Bridge)만 있으면 되는 데 이러한 배치를 중이층(Mezzanine)구조라고 부르기도 한다.

[그림 7-14](b) 는 중이층구조의 전형적인 구현을 보여준다. 이 구조에서도 프로세서와 캐시 메모리 제어기를 연결하는 로컬버스가 있고, 캐시 메모리 제어기는 주기억장치를 지원하는 시스템버스로도 연결된다. 캐시 메모리 제어기는 고속의 버스와 연결되는 브리지 또는 완충장치(Buffer Device)와 결합된다. 이 버스는 FDDI 와 같은 고속 LAN, 영상과 그래픽 워크스테이션 제어기 및 SCSI 와 IEEE-1394 고속직렬버스를 포함한 지역주변장치-버스인터페이스-제어기들과의 접속을 지원한다. 저속의 장치들은 확장버스를 통하여 접속되는 데, 확장버스와 고속의 버스 사이에는 인터페이스 완충장치가 있다. 이 배치의 장

점은 고속의 버스를 사용함으로써 요구율이 높은 장치들이 프로세서와 더욱 밀접하게 결합될 수 있고, 이 버스가 프로세서와는 독립적이라는 점이다.

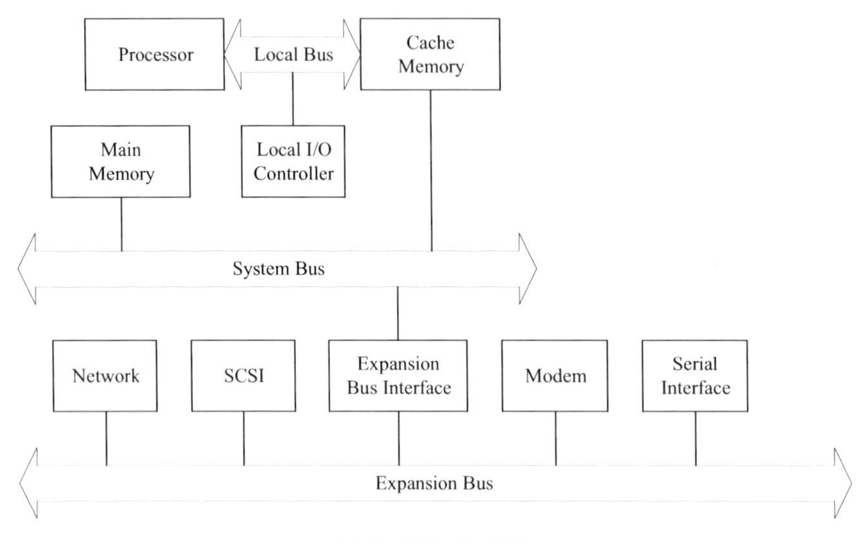

(a) 전통적인 버스구조

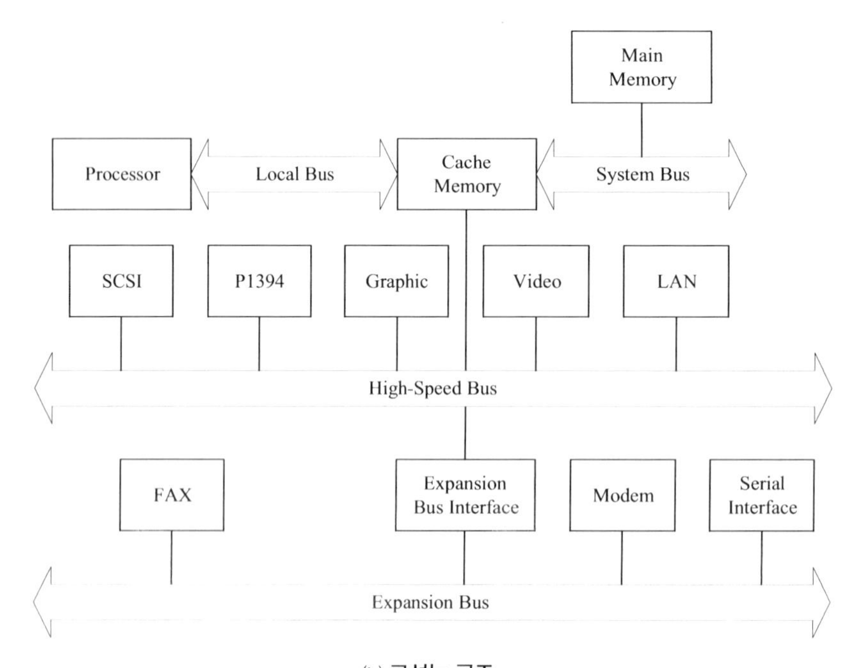

(b) 고성능 구조

[그림 7-14] 버스의 구성

(4) 버스의 구현

버스는 구현목적과 설계방법에 따라 여러 가지 형태로 구분될 수 있지만 기본적으로는 버스의 형태, 버스사용에 대한 중재방법, 시점제어, 사용목적에 의한 구분, 데이터의 전송 형태와 같은 공통적인 설계 요소를 근거로 구분할 수 있다. 〈표 7-3〉은 이러한 버스의 기본적인 설계요소를 나타내고 있다.

〈표 7-3〉 버스의 기본적인 설계 요소

설계 요소	구분
형태	전송(Dedicated) 버스, 다중화(Multiplexed) 버스
중재 방법	중앙집중(Centralized) 중재, 분산(Distributed) 중재
타이밍 제어	동기 타이밍 제어, 비동기 타이밍 제어
버스의 종류	주소버스, 데이터버스, 제어버스
데이터 전송 형태	읽기(Read), 쓰기(Write), 읽기-수정-쓰기(Read-Modify-Write)

① 버스의 형태

버스의 형태는 CPU 와 입 · 출력장치들에 의하여 특정기능만을 위해서 버스가 사용되는지에 따라 전용버스(Dedicated Bus)와 다중화버스(Multiplexed Bus)로 구분된다. 전용버스의 예로는 데이터 및 주소를 전송하기 위해서 독자적인 신호선 즉, 데이터버스와 주소버스를 각각 사용하는 경우가 여기에 속한다(예, MC68040 등). 그러나 다중화버스의 예로는 인텔(Intel-8086)의 경우에서처럼 주소버스를 시점에 따라 주소버스로 이용하다가 다음 시점에서는 데이터버스로서 이용하는 경우이다. 이 경우는 버스의 기능전환을 위해서 주소버스에서 데이터버스로 이용하기 직전에 주소 값을 저장하기 위한 ALE(Address Latch Enable)신호가 필요하다.

- 버스의 물리적 구조는 전기의 전도체인데, CPU 의 내부버스와 같이 그 연결이 고정된 버스가 있는 반면에 단말장치나 디스크와 같은 주변장치를 연결시키는 외부버스와 같이 그 연결이 고정되지 않은 버스가 있다.
- 버스의 구현방법은 CPU 의 내부버스의 경우 마이크로프로세서와 같은 경우에는 집

적회로 내에 알루미늄으로 일정한 형태로 형성되고, 인쇄기판들 사이를 연결시키는 버스는 소위 마더보드(mother board)라는 인쇄회로기판위에서 구현되며, 분리된 시스템모듈들을 연결시키는 외부버스는 구리도선(케이블 혹은 띠 모양의 케이블)으로 구현된다. 버스의 구현물질로는 구리나 알루미늄이 대체로 사용된다.

- 마스터나 슬레이브는 버스에 신호를 보내고자 하는 장치 내부에는 버스구동기(Bus Driver)라는 회로와 버스수신기(Bus Receiver)라는 회로가 있다.
- 버스구동기는 데이터, 주소, 혹은 제어정보에 해당하는 전압 혹은 전압의 변화를 버스에 보내는 회로이다.
- 버스수신기는 보통 그 입력단자에 보내온 신호전압과 수신장치 내부에서 설정된 표준전압의 값을 비교하여, 수신장치 내에서 사용할 수 있는 논리신호를 발생시키는 회로이다.
- 하나의 회로에 버스구동기와 버스수신기를 포함시킨 회로를 버스 트랜시버(Transceiver)라고 한다.
- 버스구동기에는 3상(Tri-State)구동기, TTL 회로의 컬렉터 개방형(Open Collector)구동기, 그리고 ECL 회로의 에미터개방형(Open Emitter)구동기의 3종류가 있다.

(5) 중재방법

하나 이상의 장치가 동시에 버스를 사용할 수 없게 하려면, 버스를 사용하려는 장치들이 어떠한 형식으로든지 버스사용의 허가를 받는 절차를 마련해 두어야 한다. 버스의 중재기는 이와 같이 버스에 여러 장치가 접속되어 있을 때 버스사용의 혼란을 방지하기 위하여 그 내부에 구현된 알고리즘을 이용하여 버스사용의 질서를 유지한다. 따라서 버스 중재기는 각 장치들과 버스요청(Bus Request)선과 버스허가(Bus Grant)선으로 연결되어 있다.

① 개별요청 방식

단순한 중재기는 [그림 7-15]와 같이 별(Star) 모양으로 각 장치들과 접속되어 있다. 이 중재기는 중앙집중형 중재기로서 개별요청(Independent Requesting) 방식의 중재기라고도 하는 데, 각 장치들은 독립된 버스 요청선과 버스 허가선에 의하여 중재기와 연결되어 있다. 중재기의 중재방법의 구현에는 여러 가지가 있을 수 있는 데, 이 중재기는 버스사용 요청에 대하여 신속하게 버스사용의 허가를 제공할 수 있는 장점이 있다. 그러나 이 중재기는 중재기와 장치들 사이의 연결이 복잡하므로 비용이 많이 들고, 중재에 관한 정보가 버스 상에 나타나지 않기 때문에 버스 장애시 진단을 위한 감시가 어려운 단점을 가지고 있다.

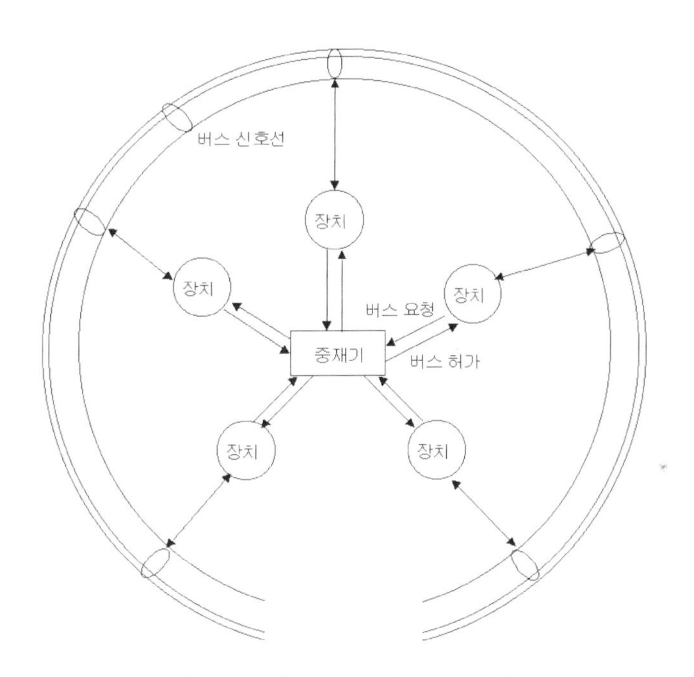

[그림 7-15] 개별요청 방식의 중재기

② **폴링방식**

개별요청 방식 보다 더 간단한 중재 방법으로 폴링(Polling)방식이 있다. 폴링방식에 의한 버스 중재기는 [그림 7-16]과 같이 구현된다.

각 장치들의 버스사용 요청신호들은 버스 요청신호를 발생하면 중재기는 그 사실을 인식할 수 있다. 중재기가 버스요청을 인식하면, 어느 장치가 요청했는가를 파악하기 위하여 폴링선을 통하여 폴링을 목적으로 계수(Count)를 한다. 폴링을 목적으로 계수를 한다는 것은 각각 장치들에 고유하게 부과된 번호를 일정한 순서에 의하여 폴링선에 보낸다는 뜻이다. 따라서 이렇게 접속된 장치들에는 폴링선에 나타난 번호를 해독하여 자신에 부과된 번호와 일치하는 가를 판단하는 논리회로를 가지고 있으며, 자신의 번호가 폴링 선에 나타날 때 그 자신이 버스요청을 하였다면 버스사용중 신호를 발생하는 회로가 있다. 버스사용권을 획득하는 절차는 버스요청신호를 발생한 후 폴링선에 나타난 번호를 감지하여 자신의 번호와 일치할 때 버스사용중 신호를 발생하여 버스사용권을 획득하는 과정으로 되어 있다.

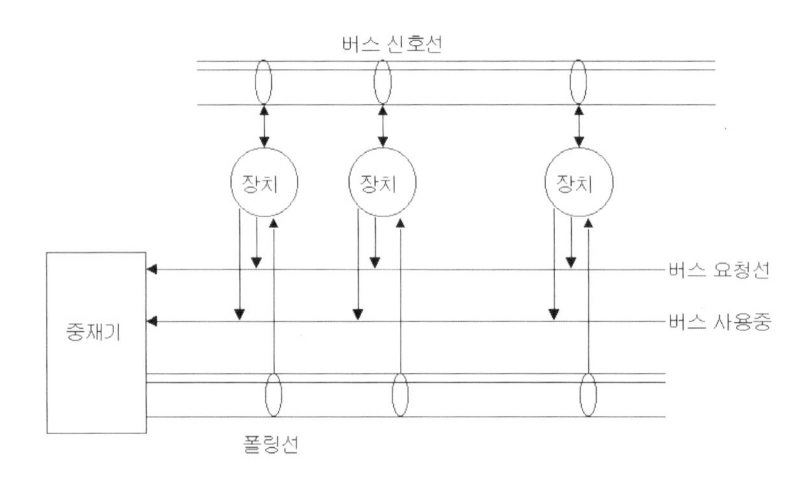

[그림 7-16] 폴링방식에 의한 중재기

폴링방식에서 각 장치들의 버스사용권의 우선순위는 중재기가 내보내는 폴링계수의 순서로 결정되므로 만일 중재기의 소프트웨어에 의하여 폴링계수를 발생시킨다면 우선순위를 임의로 변경할 수 있는 이점이 있으나 폴링이 각 장치마다 순차적으로 이루어지기 때문에 버스요청 후 사용권을 부여받을 때까지의 시간이 긴 단점이 있다.

③ 데이지체인(Daisy Chain)

보편적으로 많이 쓰이는 중재방법으로는 [그림 7-17]과 같은 데이지체인이 있다. 데이지체인으로 연결된 장치들에는 2개의 단자가 있는 데, 데이지 입력단자에 버스허가 신호가 입력되고, 데이지 출력단자로 버스허가 신호가 출력될 수 있어서 장치들을 사슬(Chain)형태로 연결하도록 되어 있다.

각 장치들의 버스사용 요청신호들은 폴링방식에서와 같이 버스요청 선에 결선OR로 연결되어 있다. 중재기가 버스요청을 인식하면 버스허가 신호를 출력하는 데, 이것은 [그림 7-17]과 같이 첫 번째 장치의 데이지 입력단자에 가해진다.

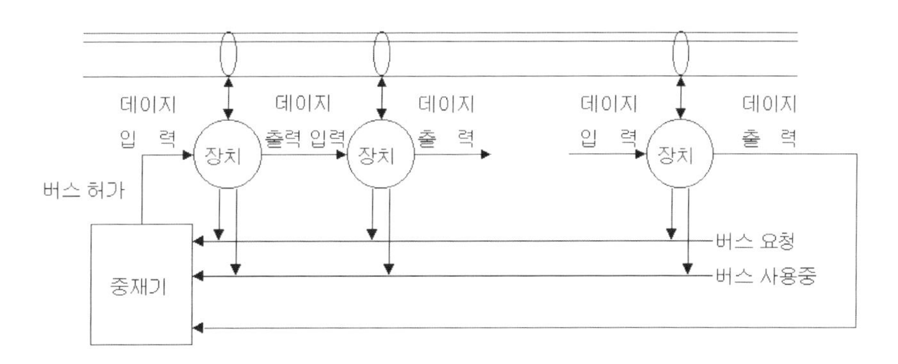

[그림 7-17] 데이지체인에 의한 버스중재

데이지 입력단자를 통하여 버스허가 신호를 받은 장치는 그 내부의 논리회로에 의하여 만일 그 장치가 버스요청을 하였을 경우에는 버스허가를 그 장치의 데이지 출력단자로 출력시키지 않고, 버스요청을 하지 않았을 경우에 한하여 입력된 버스허가 신호를 데이지 출력단자로 출력시켜서 다음 장치가 버스허가 신호를 받도록 한다. 이와 같이 데이지체인에 의하여 중재되는 경우에는 버스를 사용하려는 장치는 그 자신이 버스요청신호를 발생한 후 데이지 입력단자에 버스허가 신호가 나타나야만 버스를 사용할 수 있다.

데이지체인에서 중재기가 제공하는 버스허가 신호는 각 장치들이 물리적으로 연결되어 있기 때문에 각 장치들의 버스사용 우선순위는 중재기에 가까울수록 우선순위가 높다. 보통의 중재기에는 버스사용의 혼란을 방지시키는 중재알고리즘이 있으며, 이 알고리즘은 하드웨어나 소프트웨어로 구현되는 데, 데이지체인의 경우에는 각 장치들이 연결된 데이지체인 자체가 사실상 중재알고리즘의 하드웨어적 구현이지만, 높은 우선순위의 장치가 계속 버스사용 요청을 할 경우에 버스의 사용을 독점할 우려가 있다. 이러한 경우에 대비한 별도의 중재규칙을 둘 수도 있으나 중재기가 복잡해지는 문제가 있다.

④ 중재버스

최근의 중재방식으로는 SLAC 의 Fastbus, TI의 NuBus, Intel의 Multibus-II 등에 응용된 중재버스 방식이 있다. 이 중재방식에서는 버스신호 선을 중재에 이용하기 때문에 모든 중재에 관한 정보는 버스신호선 전반에 나타나며, 우선순위는 버스를 사용하려는 장치의 위치에 무관하고, 장치들을 특수한 형태로 연결시킬 필요도 없는 효율적인 방법이다. 이 중재방식에서는 수 개의 결선 OR 형신호 선으로 구성된 중재버스를 필요로 한다. 중재버스는 버스신호 선이므로 각 장치들은 결선 OR 로 중재버스에 연결되어 있으며, 이를 통하여 버스사용 요청을 한다.

중재버스를 통하여 버스사용 요청을 할 때에는 사실상 요청하는 장치가 자신의 우선순위 번호를 중재버스에 실으면 된다. 그런데 동시에 여러 장치가 버스사용 요청을 할 수 있으므로 자신의 우선순위 번호를 중재 버스에 실을 때 그보다 우선순위가 높은 번호가 중재버스에 실려 있으면 그 자신이 버스를 사용할 수 있는 상태가 아니기 때문에 우선순위 번호의 최대 유효비트만을 중재버스에 나타낸다. 이러한 경우에 중재기는 중재버스에 나타난 가장 높은 우선순위 번호에 해당하는 장치에 버스의 사용권을 부여하게 되며, 그 장치가 버스의 사용을 완료하면 그 자신의 우선순위 번호를 중재버스에서 제거함으로써 그 다음으로 우선순위가 높은 장치에게 버스사용권을 부여할 수 있다.

이러한 경우에도 우선순위가 높은 장치가 버스를 독점할 우려는 있다. 그러나 공평(Fairness)규칙을 수립하여 버스사용을 요청한 후 차례가 오기를 기다리고 있는 장치가 있을 때에는 새로운 요청을 할 수 없게 하면 우선순위가 높은 장치가 버스사용을 독점할 수 없게 할 수 있으며, 일종의 고장판별도 가능하다. 중재버스에 실리는 우선순위 번호에 패리티비트를 추가함으로써 홀수 패리티를 구현할 수 있고 간단한 논리회로에 의하여 패리티의 검증이 가능하다. 홀수 패리티를 우선순위 번호에 적용하면 고장난 버스구동기(Bus Driver)나 불량의 커넥터(Connector)를 탐지할 수 있다.

7.6.2 시스템버스

시스템버스란 CPU 보드와, 메모리 보드 및 입 · 출력 보드들을 상호연결하는 데 이용되는 병렬 인터페이스구조를 말한다. 확장버스는 입 · 출력장치들이 갖는 낮은 전송률 때문에 이들을 직접 시스템버스에 연결하지 못하고 입 · 출력 인터페이스를 통해서 간접적으로 연결하는 데, 이러한 입 · 출력 인터페이스와 주변장치 사이를 연결하는 연결구조를 말한다.

시스템버스들을 동작 클록 주파수, 데이터 전송률, 버스 중재방법 및 타이밍(Timing) 측면에서 다양한 특성을 갖는다. 그러나 이러한 다양한 버스들도 연결구조로서 기본적인 기능을 수행하기 위해서는 크게 제어신호선, 데이터신호선, 주소신호선 들이 필요하다.

일반적으로 버스를 이용해서 전송할 수 있는 데어터의 양과 주소 값의 범위는 버스의 대역폭에 의해서 결정된다. 흔히 프로세서를 구분할 때에 k-비트 프로세서라고 하여 k-비트를 덧붙이게 되는 데, 이 때 k값의 크기(k: 8, 16, 32, 64)는 CPU 가 주기억장치로부터 한 번의 데이터 읽기 또는 쓰기로써 전송할 수 있는 최대 비트수에 해당되는 데이터버스의 폭을 말한다. 반면에 주소버스의 폭이란 주소버스를 이용해서 전달할 수 있는 최대 비트수에 해당된다. 따라서 데이터버스의 폭이 커질수록 단위시간에 전송할 수 있는 데이터의 양이 증가되므로 CPU 로부터 주기억장치에 대한 접근시간을 감소시킬 수 있어서 연산을 보다 빨리 실행할 수 있다. 또한, 주소버스의 폭이 커지게 되면 보다 큰 주소공간에 대한 접근이 가능해지기 때문에, 주기억장치의 크기와 접속할 수 있는 입 · 출력장치의 개수가 늘어난다.

전형적인 시스템버스는 대개 100개의 신호 선을 가지고 있다. IEEE 표준 796 다중버스 시스템은 16개의 데이터선과, 24개의 주소선, 26개의 제어선, 그리고 20개의 전원선으로 구성된다.

〈표 7-4〉는 대표적인 시스템버스로 VME 버스, 멀티버스 II, 퓨처버스+, 에 대한 사양을 서로 비교한 도표로서 데이터버스 폭과 클록속도의 증가에 따른 CPU 와 주기억장치 사이의 최대 전송률을 보여주고 있다.

〈표 7-4〉 주요 시스템버스의 특징 비교

버스의 종류	VME 버스	멀티버스 II	퓨처버스+
타이밍	비동기	동기	비동기
중재방식	중앙 집중	분산	모두
클록(MHZ)	16	10	100
데이터버스	32	32	256
주소버스	32	32	64
방송 기능	안됨	제한	허용
전송속도(Mbps)	57	40	3.2Gbps
IEEE 표준	P1014	P1296	P896
즉시-쓰기 (Write-Through)	제한	제한	허용
나중-쓰기 (Write-Back)	안됨	안됨	허용

(1) VME버스

VME(Versa Module Eurocard)버스는 모토롤라사가 초기버스인 버사버스(Versabus)에서 유래되었다. 유럽의 산업용 컴퓨터표준처럼 사용되던 유로카드(Eurocard) 사용자들이 버사버스의 채용을 제안하고 이에 모토롤라사는 모스텍(Mostek)과 시그네틱스(Signetics)/필립스(Philips)사와 함께 VME 라는 새로운 버스를 지원하게 되었다. 이후 VME 버스는 32비트 버스표준의 하나로 IEEE-P1014 로 공인받게 되었다. 특히 VME 버스는 중앙집중 비동기타이밍제어를 기반으로 상호연동성(Interoperability), 고성능(High Performance) 및 고신뢰성(High Reliability) 실현을 목표로 설계되었다. 여기서 상호연동성은 컴퓨터제작자들 및 주변장치 제작자들이 특정 버스구조를 표준형식으로 인정해서 널리 사용하면서 비로소 가능했다. 또한 버스의 동작을 비동기화시킴으로써 고성능화를 실현시킬 수 있다. 즉, 마스터나 슬레이브 사이에 작업의 동기화를 위해서 공통(또는 시스템)클록을 사용하지 않고, 핸드셰이킹 프로토콜에 의해서 동작할 수 있도록 설계되어 있다. 따라서 각 보드가 현재의 기술수준에서 가능한 속도로 동작할 수 있도록 허용한다. VME 버스의 경우 동작가능한 유효한 클록의 상한값이 100ns 정도이므로 100ns 단위로 4바이트 데이터를 전송할 경우 버스의 최대전송률은 초당 40MB에 이른다. VME 버스처럼 핸드쉐이킹을 사용한 비동기 시점제어를 갖는 경우는 동기버스의 경우와 달리, 마스터와 슬레이브 사이에 동작속도가 같지 않을 때 생기는 대기상태(Wait State)가 추가되어야만 하는 문제점을 피할 수 있다.

[그림 7-18]은 CPU 장치, 기억장치, 입 · 출력 인터페이스가 각각 독자적인 VME 버스카드를 통해서 연결된 예를 보여주고 있다. VME 버스카드에는 버스요청 논리회로가 제공되기 때문에 이를 이용해서 마스터들은 버스의 중재과정에 참여할 수 있다. VME 버스를 구성하고 있는 신호들로는 데이터전송 신호, 버스중재 신호, 우선순위인터럽트 신호, 유틸리티 신호가 있다.

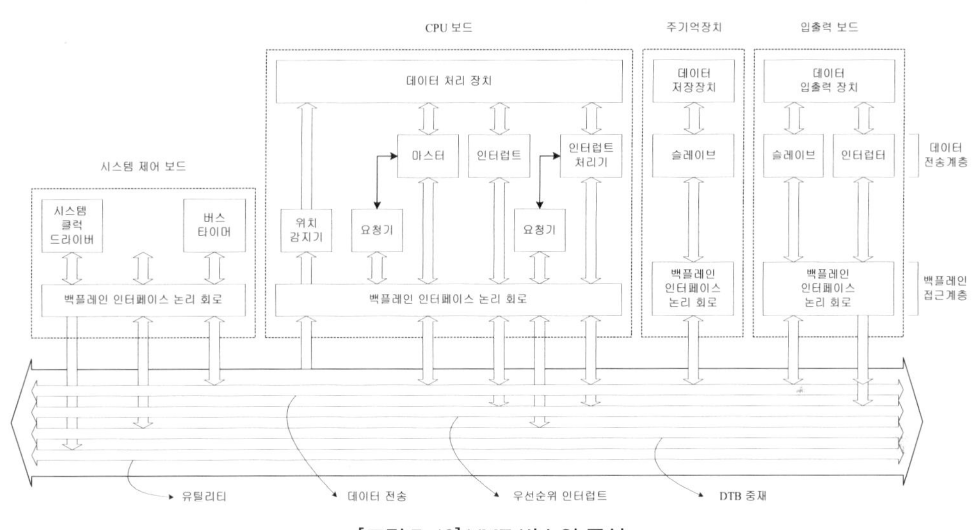

[그림 7-18] VME 버스의 구성

VME 버스는 최대 32비트의 데이터를 한 번에 전송할 수 있지만, 동적 버스크기조절(Dynamic Bus Sizing)로써 8비트, 16비트, 24비트, 32비트 단위로 사용할 수 있다.

(2) 멀티버스

멀티버스(Multibus)-II는 1983년에 인텔사에서 발표한 32비트 버스로서 1987년 ANSI/IEEE에 의해 표준화(ANSI/IEEE-1296)되었다. 멀티버스-II의 신호는 중재주기 신호군(Arbitration Cycle Signal Group), 주소와 데이터버스 신호군, 시스템 제어신호군(System Control Signal Group), 예외제어신호군(Exception Control Signal Group) 및 중

앙제어신호군(Central Control Signal Group)으로 구성된다. 〈표 7-5〉는 이러한 신호선들의 요약이다.

〈표 7-5〉 멀티버스-II의 신호선

역할		신호선의 수	설명
버스 중재	버스 요청	1	버스 접근 요청.
	버스 중재	6	버스 요구시 중재용으로 사용. 요청 에이전트 ID:ARB4-ARB0, ARB5는 높은 우선순위를 나타냄.
주소/ 데이터 전송	주소/ 데이터	32	요청시는 주소를, 응답시는 8/16/32 비트 데이터를 포함.
	패리티	4	32 비트 주소/데이터버스의 8비트당 각각 짝수 패리티 생성
시스템 제어	시스템 제어	8	전송 주기 단계에 명령 또는 보고 상태 정의용. 요청시 모든 선을 사용, 응답시 SC7-SC4사용.
	패리티	2	시스템 제어 4 선마다 각각 짝수 패리티 생성.
예외 제어	버스 오류	1	전송시 데이터의 무결성(integrity) 문제의 검출용.
	시간 초과	1	모듈의 핸드셰이크 실패시마다 중앙 서비스 모듈이 신호 발생.
중앙 제어	초기화	1	시스템 수준의 초기화
	초기화 미완수	1	중앙 서비스 모듈에 의한 초기화 시간 연장 신호를 에이전트가 발생시킴
	DC 저전압	1	전원 이상 경고
	보호	1	전원 차단시 버스상의 모든 전송의 무효를 알림.
	버스 클록	1	최대 10 MHZ 의 주파수 클록 신호
	중앙 클록	1	버스 클록 주파수 2 회에 한 번의 보조 클록.
	ID 래취	1	초기화시 중앙 서비스 모듈이 ID 선을 읽도록 신호함.
전원	전원	1	전원선
	예비	4	예비용

중재주기 신호는 버스의 요청과 응답 및 버스요청에 대한 우선순위를 결정하기 위해서 이용되며, 주소와 데이터버스는 읽기와 쓰기 동작을 위한 주소, 데이터 및 패리티(Parity) 신호를 제공한다. 시스템 제어신호는 주소 및 데이터 전송과정에 필요한 제어신호를 제공하며, 예외제어신호 및 중앙제어신호는 데이터 전송주기를 중지시키기 위한 에러 표시 목적과 초기화(Reset)와 같이 시스템 초기화를 위해서 각각 사용된다.

멀티버스-II 는 동기시점 제어에 기반을 둔 분산중재를 지원하는 32비트 버스로서 앞에서 살펴본 비동기시점 제어와 중앙집중 중재를 지원하는 VME 버스와는 여러 가지 면에서 차이를 보여주고 있다. 〈표 7-6〉은 32비트 시스템버스의 대표적인 이 2가지 버스를 비교한 것이다.

〈표 7-6〉 VME버스와 멀티버스-II의 비교

구분 \ 버스의 종류		멀티버스 II	VME 버스
데이터 전송	전송시점 전송률 데이터 선의 수 다중화 주소/데이터버스 주소버스의 폭	동기 40 32 허용 32	비동기 40 32 안됨 16/24/32
인터럽트 처리	인터럽트 선의 수 버스 벡터에 의한 인터럽트	1 안됨	8 허용
버스 마스터	복수 마스터 중재 방법 중재 알고리즘	허용 분산 공정 우선순위	허용 중앙 집중 요청시 반환 종료후 반환
기계적 특성	사용자 정의 보드 크기(inch) 핀의 수 연결 장치의 수 최대 버스선의 길이(m)	허용 8.7×9.2/8.7×14.4 96 21 0.5	허용 3.9×6.3/6.3×9.2 96 21 0.5

(3) 퓨쳐버스+

퓨처버스+(Futurebus+)는 고성능 비동기버스 표준으로서 IEEE 에 의해서 개발되었다. 이것의 초기 버전(Version)인 퓨처버스(Futurebus)는 32비트 버스로서 1987년에 ANSI/IEEE 표준-896으로 발표된 바 있다. 퓨처버스+ 는 퓨처버스를 기초로 확장 보완한 것으로서 위원회가 정의한 8가지의 요구 사항을 반영하고 있다. 즉, 버스는 다음과 같은 조건을 만족하여야 한다는 것이었다.

① 퓨처버스+ 의 요구 사항

- 구조, 프로세서 및 기술에 대한 독립성.
- 비동기전송 프로토콜을 기본으로 할 것.
- 소스 동기화(Source Synchronized) 프로토콜의 선택적 지원 가능.

- 성능의 기술적인 한계로부터의 독립성.
- 분산병렬중재를 기반으로 한 분리트랜잭션(Split Transaction) 프로토콜지원.
- 결함허용(Fault Tolerant)과 고신뢰성 유지.
- 캐시기반의 공유메모리 지원 가능.
- 호환성 있는 메시지전송 프로토콜 제공.

퓨처버스+ 가 갖는 중요한 의의는 이 버스가 대부분의 현재 사용중인 시스템버스의 보완용으로서 이용될 수 있다는 점이다.

(4) 로컬버스

로컬버스(Local Bus)는 CPU 를 하나 이상의 확장버스슬롯에 직접, 또는 거의 직접연결하는 컴퓨터버스이다. CPU 와 직접연결하면 확장버스가 일으키는 병목문제를 막을 수 있으므로 처리를 더 빠르게 해 준다. 여러 개의 로컬버스들이 다양한 형태의 컴퓨터 안에 내장되어 있어 데이터전송속도를 빠르게 한다. 확장메모리와 그래픽카드를 위한 로컬버스가 가장 일반적이다.

VL 버스가 로컬버스의 한 예이며, VL 버스가 뒤에 AGP 의 등장으로 쓰이지 않게 되었으나 AGP 를 로컬버스로 분류하는 것은 잘못된 것이다. VL 버스가 CPU 클록속도에 맞추어 CPU 의 메모리버스에서 동작하였던 반면 AGP 주변기기는 CPU 클록과 독립적으로 동작하는 지정된 클록속도(보통 CPU 클록배수를 사용하여)에서 동작한다. 이러한 버스표준 들의 외형적인 특성은 〈표 7-7〉과 같다.

〈표 7-7〉 로컬버스의 비교

특 징	ISA	EISA	MCA	VL	PCI
데이터 폭	16	32	32	32	32/64
클록(MHZ)	8	8.3	10	33	33
전송률(Mbps)	16	32	40	132	120
접속 주변장치의 수	12 이상	12 이상	12 이상	3	10
발표 년도	1981	1989	1987	1991	1992

① VESA 로컬버스(VLB, VL버스)

VESA(Video Electronic Standards Association)가 개발한 VESA 로컬버스는 1992년 8월 비디오 일렉트로닉스 표준 협회(VESA)에서 책정한 로컬버스 규격이다. 1991년 12월에 VESA 는 로컬버스를 표준화하기 위한 15개의 회원사로 구성된 VL-버스 위원회(현재 120여개의 회사가 가입)를 결성하여 기존의 ISA, EISA 및 MCA와 호환성을 유지하면서 확장성을 제공할 수 있는 저가의 모듈식 로컬버스 표준을 정하였다. 1992년 6월에 PC EXPO에서 VESA 는 VL 버스를 처음 발표하여 그 해 7월에 최종기술보고서를 선보였으며, 8월에 VL 버스-1.0 이 VESA 표준으로 승인 받기에 이르렀다. VESA 로컬버스 표준은 초창기의 목표에 따라 저렴한 가격과 모듈식 구조로 설계되었다. VESA 로컬버스는 ISA 버스 밑에 MCA단자를 추가하고 거기에 i486 의 메모리버스를 바로 연결하는 구조로 ISA 버스가 포트맵 입 · 출력(Port-Mapped I/O)과 인터럽트를 MCA 단자 부분이 메모리맵 입 · 출력(Memory-Mapped I/O)과 DMA를 담당한다. VLB 슬롯은 ISA 슬롯의 확장으로 VLB 카드와 ISA 카드 둘 다 장착하여 사용할 수 있으며 그래픽카드, SCSI 카드, 다중 입 · 출력 카드(IDE 컨트롤러) 등이 출시되었다.

VESA 로컬버스는 ISA 버스의 제한된 속도를 보완하고자 일시적으로 설계된 것으로 몇 가지 문제점이 있었다.

- i486 의존적이다.: VESA 로컬버스는 i486의 메모리버스를 그대로 이용하고 있기 때문에 x86 밖의 다른 아키텍처에 구현하는 것은 거의 불가능하다.
- 사용할 수 있는 슬롯 수가 적다.: i486 메모리버스에 바로 연결되어 있어 배선을 많이 늘릴 수 없고 FSB에도 영향을 받아 25MHz에서는 3개, 33MHz 2개, 50MHz는 1개의 슬롯만을 사용할 수 있었다.
- 신뢰성이 낮다.: 단거리로 신뢰성이 높은 메모리버스를 설계한 구조이기 때문에 오류 검출/정정 기능, 재송신 기능 등이 존재하지 않는다.
- 설치성이 나쁘다.: ISA 버스에 MCA 단자를 추가한 구조이므로 VLB 카드의 길이가 매우 길고 슬롯과의 접촉면이 넓어 장착, 탈착이 나빠 메인보드나 카드가 손상되는 경우도 있었다.

VESA 로컬버스는 i486 보드에서 대체로 사용되었으나 나중에 PCI 버스로 교체되었다.

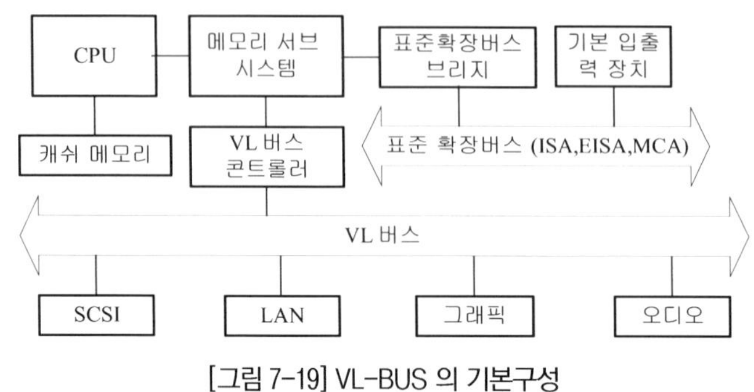

[그림 7-19] VL-BUS 의 기본구성

② **PCI 버스**

PCI 버스(Peripheral Component Interconnect Bus)는 컴퓨터 메인보드에 주변장치를 장착하는 데 쓰이는 컴퓨터버스의 일종이다. 이 장치는 다음과 같이 2가지 형태로 구분된다.

주기판 위에 바로 붙는 IC 형태 : PCI 스펙에서는 이러한 형태를 평면장치(planar device)라고 부른다.

소켓에 꽂아 쓰는 확장카드 형태 : 사용자 입장에서 흔히 볼수 있는 형태이다.

1992년 6월에 인텔사를 비롯하여 IBM, 컴팩(Compaq), DEC, NCR 등이 VL 버스에 대항하기 위하여 처음 PCI 스펙버전(spec ver.)-1.0 을 발표한 이래 PCI 를 발전시킬 목적으로 PCISIG(PCI Special Interest Group)가 발족되었으며 현재 반도체업체, 컴퓨터업체, BIOS 개발업체 등 160여 개 이상의 업체들이 참가하고 있다. 1992년에 처음 발표된 스펙버전-1.0은 단순히 주변장치 부품을 전기적으로 로컬버스에 접속시키는 핀레벨의 규격이었으며, 1993년 4월에 발표된 스펙버전-2.0에 접속규격이 추가되었다. PCI 버스는 현재 PC 에서 가장 많이 볼 수 있는 버스이다. 표준적인 확장버스 역할 분야에서는 한때 쓰였던 ISA 버스, VESA 로컬버스 등을 PCI 버스가 대체해 버렸다. PCI 규격문서는 버스의 물리적인 크기(선 간격 등), 전기적 특성, 버스타이밍, 프로토콜 등 여러 가지를 규정하고 있는 데, 주류가 되는 PC 의 경우 1996년에 제조업체들은 486컴퓨터에 PCI 를 채택하였다.

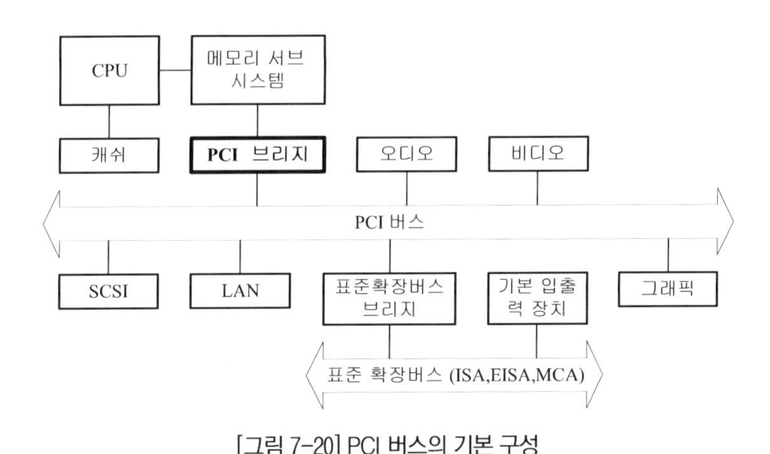

[그림 7-20] PCI 버스의 기본 구성

[그림 7-20]은 PCI 버스의 기본구성을 도시한 것이다. 여기에서 보는 바와 같이 PCI 버스는 프로세서, 캐시 그리고 메모리 서브시스템(Subsystem)이 PCI 브리지를 통해 연결된다. PCI 브리지는 프로세서가 PCI 주변장치를 직접접근할 수 있는 높은 데이터전송속도를 제공할 뿐만 아니라 PCI 버스를 위한 데이터버퍼, 포스트버퍼(Post Buffer)내장, PCI 마스터들의 중재역할을 수행할 수 있다. PCI 는 CPU 와 주변기기 사이에 복잡한 관리층이 있어서 데이터전송을 효율적으로 하고 일정한 버스인터페이스를 제공한다. 때때로 중간버스라고 부르는 이 층에서는 PCI 가 10개의 주변기기를 지원하고, 고속의 클록속도에서 최고 성능을 유지할 수 있도록 신호를 버퍼링한다. 또한 PCI 는 33 MHZ 의 시스템에서 최고 데이터전송속도는 초당 120 MB 로 VL 버스의 최고 전송속도인 130 MB 보다 낮다. 기존의 버스와 같이 PCI 는 수백만 개의 색으로 고해상도를 신속히 표시하는 데 특히 유용하여 순간적으로 버스를 경유하여 많은 양의 데이터를 전송하는 버스트모드를 지원한다. PCI 의 장점은 정교한 디자인과 사용의 용이성에 있다.

(5) 시스템버스의 미래

시스템버스의 역사는 매우 길어, 30년 전에 개인용 컴퓨터가 처음 나왔을 때부터 존재하고 있었지만, PC 부품 중에서 CPU 나 그래픽카드가 1~2년마다 세대가 바뀌는 것과 달리, 시스템버스의 발전 속도는 매우 늦게 진행되었다. IBM 이 1982년에 ISA(Industry Standard Architecture)를 제정한 후에, 1992년에 발표된 PCI 와 2001년에 발표된

PCI-Express(앞으로는 PCI-E 로 표시)까지 크게 3 종류의 버스가 있다. 따라서 크게 10년마다 한 번씩 아키텍처가 바뀐 셈이며, 현재 제일 많이 사용되는 것은 PCI-E 2.0 으로, 현재 사용되는 대부분의 메인보드에 PCI-E 2.0 슬롯이 장착되어 있다.

PCI-E 버스는 그래픽카드 사용에서 큰 성공을 거두었기 때문에, PCI-E 가 그래픽카드에만 사용되는 것으로 알고 있지만, 실제로 PCI-E 는 다양한 영역에서 사용되고 있다. 그래픽카드 뿐만 아니라 USB 나 SATA 같은 포트들도 결국은 PCI-E 버스를 통해 CPU 에 데이터를 전송하고 있다. 따라서 메인보드의 PCI-E 의 레인 수는 메인보드의 성능과 기능을 판단하는 중요지표가 되고 있다. 아무리 메인보드에 많은 수의 슬롯을 장착해도 칩셋(혹은 프로세서)가 제공하는 PCI-E 레인이 부족하다면 이를 제대로 사용할 수 없다.

PCI-E 3.0 표준은 2013년에 발표되어 앞으로 보급이 시작될 전망이다. 새로운 기술 표준에서 데이터를 고속으로 전송하는 도중에 생기는 에러를 방지하기 위해 에러체크 코드를 추가했다는 것이 특징중의 하나이다. 예를 들어 PCI-E 2.0, USB 3.0, SATA 3.0 은 8/10 코드를 사용하여 10비트의 전송 데이터 중에 8비트만 실제 데이터가 됨으로 이때 단위 환산은 1:8이 아니라 1:10 으로 해야 한다. USB 3.0의 5Gbps 라는 속도는 500MB/s 이지 625MB/s가 아니며 SATA 6Gbps 의 속도는 600MB/s 이지 750MB/s 가 아닌 점에 유의할 필요가 있다.

최종적으로 PCI-E 3.0 솔루션은 높은 클록 주파수와 코드방식을 바꿔 대역폭을 늘리게 되었고, 128/130 비트의 이용율은 98.5% 이며, 클록은 5GHz 에서 8GHz 로 높였다. 이렇게 할 때 16개 레인의 대역폭은 8000x2x16x0.98/8=31.5GB/s 입니다. PCI-E 2.0 의 16GB/s 보다 몇 배로 늘어난 것이다. PCI-E 3.0의 8GHz 는 제조의 어려움, 제조 원가, 소비 전력, 호환성 등을 고려하여 나온 결과이며, 여기에 코드 방식의 변화, 양방향 전송 등을 통해 대역폭을 몇 배로 늘리게 되었다. 그러나 속도의 변화 이외에 별다른 변화는 보이지 않는다. 이미 2개 세대를 거쳐서 큰 개선이 되었고, 클록을 높이는 것이 그리 간단하지 않은 일이기 때문이다.

또한 PCI-E 3.0 이 발표된 지 얼마 되지 않아 PCI-SIG 는 PCI-E 4.0 의 도입을 발표했다. PCI-E 3.0 에서 10GHz 의 클록에는 도달하지 못했으니, PCI-E 4.0 에서 속도를 높이기 위해서 재료를 바꿔야 한다. 다음번의 업그레이드는 메인보드와 그래픽카드, CPU 에 있어 큰 도전일 것이다.

〈표 7-8〉 버스의 전송속도 비교표

Bus Type	MB/sec
ISA	16 MB/s
EISA	32 MB/s
VL-bus	100 MB/s
VL-bus	132 MB/s
PCI	132 MB/s
PCI	264 MB/s
PCI-X 66	512 MB/s
PCI-X 133	1064 MB/s
AGP x1	264 MB/s
AGP x2	528 MB/s
AGP x4	1056 MB/s
AGP x8	2112 MB/s
PCI Express x1 1.0	500 MB/s
PCI Express x2 1.0	1000 MB/s
PCI Express x4 1.0	2000 MB/s
PCI Express x8 1.0	4000 MB/s
PCI Express x16 1.0	8000 MB/s

7.6.3 그 밖의 버스

여기서는 앞 절에서 설명하지 못한 초기의 시스템버스와 외부 인터페이스의 내용을 간단히 설명하기로 한다. 초기의 시스템버스로는 S-100 버스, STD 버스(IEEE 961)등이 있고, 그 외에 PDP-11 의 Unibus, DEC 사의 VAX 용 SBI, Nubus 등이 있고, 특히 Nubus 는 MIT 의 연구원들이 워크스테이션과 PC 를 위한 고성능 저가의 버스로 처음 제시하였다가, 수정 가해진 후 IEEE 1196 표준으로 채택되었다. 마이크로 프로세서와 여러 주변장치를 연결하기 위한 인터페이스를 외부 인터페이스(external interface)라고 하는 데, 대형 컴퓨터에는 입 · 출력 제어장치에 해당된다. 따라서, 주변장치들은 그들 자신의 입 · 출력 버스를 통하여 시스템에 연결되어 있는 데, 예를 들면 단말은 EIA 규격인 RS-232-C 직렬

링크로 시스템에 연결되며, 하드디스크, 테이프, CD-ROM 등은 SCSI 버스와 이의 규격인 SCSI 어댑터 보드를 통하여, 계측 및 제어기기들은 GP-IB 버스를 경유하여 시스템과 연결될 수 있다.

(1) S-100 버스(IEEE 696)

미국의 Mits 사가 개발한 버스로 처음에는 8비트 버스였지만 뒤에 확장하여 16비트가 되었는 데 현재는 거의 사용되지 않고 있다.

(2) STD 버스(IEEE 961)

Mostech 사가 처음으로 채택한 8비트 프로세서 시스템용의 버스로 주로 제어 시스템 등의 마이크로 프로세서용 버스로 사용되고 있다.

(3) RS-232-C

이 인터페이스에는 일반적인 입・출력 직렬 인터페이스와 통신 회선을 중개로 하여 직렬 데이터를 송수신하는 모뎀과 단말장치를 연결하는 입・출력 인터페이스의 두 종류가 있다. 이 규격은 1969년 미국의 EIA(Electronic Industries Association)가 처음 발표하고 후에 CCITT(현재의 ITU-T)와 ISO 가 이를 받아들였다. 이 규격명의 의미는 다음과 같다.

RS : Recommmended Standard(표준 권고안)
232 : 그 특정 규격에 대한 식별 번호
C : RS-232-C 규격에 가해진 최종의 개정을 나타냄.

(4) CENTRONICS

센트로닉스 규격은 본래 센트로닉스사가 자사용 프린터의 인터페이스로 정한 사내 규격이다. 그러나 현재는 실질적인 규격으로 특히 프린터 등에 폭넓게 쓰이고 있다. 신호는 TTL 레벨로 단방향 통신이기 때문에 송신측과 수신측이 미리 정해져 있는 경우에 사용할 수 있으며 통신 방법은 8비트 병렬 통신이며 비동기 방식이다.

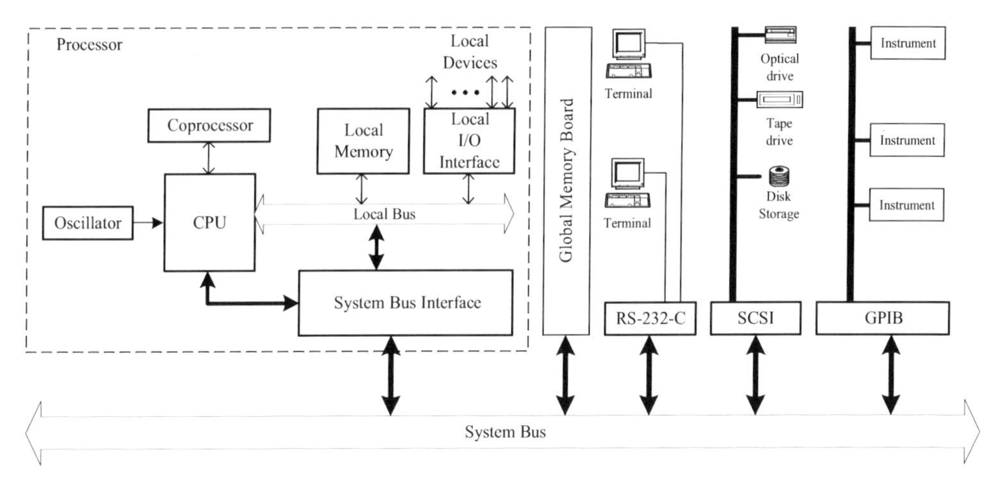

[그림 7-21] 시스템버스와 다른 버스가 연결되어 있는 예

(5) GP-IB

HP 사가 자사의 계측기를 접속하기 위하여 규정한 HP-IB 규격을 기초로 하여 IEEE 가 표준화 한 것이다. IEE-488, IEEE-IB 라고 부르기도 하며 통신 방식은 8비트 병렬의 바이트 직렬전송이며 주소와 데이터를 시분할로 전송한다. 신호선은 16개로 마스터, 슬레이브 대신에 talker, listener 라 부른다.

(6) SCSI

SCSI(Small Computer System Interface)는 컴퓨터에 주변기기를 연결할 때 직렬 방식으로 연결하기 위한 표준을 일컫는다. 즉, 컴퓨터에서 주변기기를 연결하기 위한 직렬 표준인터페이스로 입 · 출력버스를 접속하는 데에 필요한 기계적, 전기적인 요구 사항과 모든 주변 기기 장치를 중심으로 명령어 집합에 대한 규격을 말한다. SCSI 는 IBM 호환기종을 제외한 애플, 썬 마이크로시스템즈 등에 널리 쓰이고 있다. SCSI 는 주변기기의 번호만 각각 지정해 주면 자료 충돌 없이 주변기기를 제어할 수 있다. 또한 SCSI 어댑터를 통해 자체적으로 버스를 구성하기도 하지만 주변기기 자체가 사용하는 프로토콜이 조금이라도 다르면 사용할 수 없다. SCSI 는 주변장치를 제어하는 기능이 호스트에 있는 것이 아니라 주변장치 자체에 들어 있어서 SCSI 를 사용하는 주변장치들은 모두 호스트 어댑터를 통해 직접 통신할 수 있다.

SCSI 가 발전된 것으로 SCSI-2 가 있는데, 이는 초기 SCSI 방식의 단점을 보완하고자 발표된 2차 표준안으로, 이 규격은 표준 디스크와 테이프 장치 이외에 광자기디스크, 매체교환 장치, 통신 장치 등에도 적용하였다. 비용이 비싼 것이 단점이다. SCSI 는 다양한 인터페이스로 사용할 수 있다. 가장 흔히 쓰이는 첫 번째 것이 병렬 SCSI(SPI로도 불림)이며 병렬버스 디자인을 사용한다. 2008년에 SPI 는 직렬결합 SCSI(SAS)로 대체되어 직렬통신 디자인을 사용하며 다른 기술들을 포함하고 있다. iSCSI 는 물리적인 기능을 완전히 제거하고 그 대신 TCP/IP 를 전달구조로 사용한다.

SCSI 인터페이스는 마이크로소프트 윈도즈, 맥 OS, 유닉스, 리눅스 운영체제용으로 다양한 제조업체의 컴퓨터에 포함되기도 하고 메인보드에 부착되거나, 플러그인 어댑터를 통하여 제공되기도 한다. 일반 PC 에서 SAS 와 SATA 드라이브가 등장하면서 메인보드에 SCSI 기능은 더 이상 제공되지 않고 있다.

(7) USB

USB(Universal Serial Bus)는 컴퓨터와 주변 기기를 연결하는 데 쓰이는 입·출력 표준 가운데 하나이다. 대표적인 버전으로는 USB 1.0, 1.1, 2.0, 3.0, 3.1 등이 있다. USB 는 다양한 기존의 직렬, 병렬방식의 인터페이스를 대체하기 위하여 만들어졌다. 키보드, 마우스, 게임패드, 조이스틱, 스캐너, 디지털 카메라, 프린터, PDA, 저장장치와 같은 다양한 기기를 연결하는 데 사용되고 있다. 이러한 기기 연결의 대부분은 표준연결 방식을 이용하여 이루어지고 있다. USB 는 PC 를 위하여 개발되었지만 지금은 PDA나 게임 콘솔 등에서도 채택되어 사용되고 있고, USB 의 전원공급 기능을 이용하여 충전 용도로도 많이 사용되고 있다. 2008년까지 전 세계적으로 약 20억 개의 USB 장치가 보급되어 있다고 한다. USB 의 가장 윗 부분에는 주 제어기(Host Controller)가 있다. 주 제어기는 루트허브를 통해 2개의 USB 단자를 제공한다. 보통 이 단자에 주변기기를 연결해 사용하며, 포트가 부족하면 허브를 연결하여 더 많은 포트를 마련할 수 있다. 하나의 주 제어기에는 127개까지 연결할 수 있다. USB 방식으로 연결된 주변기기는 대부분 사용 도중 아무 때나 주변장치를 연결하거나 제거할 수 있는 기능인 핫플러그(Hot Plug) 또는 핫스왑(Hot Swap)을 지원한다. USB 방식으로 연결된 주변 기기에는 약간의 전력이 함께 공급된다. 따라서 보통은 외부 전원을 이용하지 않고도 쉽게 주변기기를 사용할 수 있다. USB 2.0 의 정격 전류용량은 5V 500mA 이며, USB 3.0 의 정격 전류용량은 5V/12V 900mA이다.

USB 표준의 이론상 최고 전송속도는 다음과 같다.

Low speed(초당 1.5 메가비트)

Full speed(초당 12 메가비트)

High-speed(초당 480 메가비트)

SuperSpeed(초당 5 기가비트)

SuperSpeedPlus(초당 10 기가비트)

USB 는 초기에 저속으로 연결되는 키보드, 마우스 같은 제품들이 있었지만 이제는 거의 쓰이지 않는다. 고속의 USB 1.0 도 1.1 규격으로 업데이트된 다음 USB 2.0 으로 전환되었다. USB 2.0 제품의 이론상 최대 전송속도는 60MB/s(480Mb/s)이지만 실제 속도는 절반 정도인 30MB/s(240Mb/s)가 나온다. 2010년에 출시된 USB 3.0 은 차세대 PC 인터페이스의 일종으로 수퍼스피드(Super Speed) USB 라고도 불린다. 최고속도가 초당 약 4.8기가비트의 전송속도를 제공, 초당 480메가비트를 전송하는 USB 2.0 에 비해 10배가량 빠르다. USB 3.0 의 커넥터는 전용 5핀과 기존 2.0 커넥터와의 호환성을 갖기 위한 4핀 등 총 9개의 핀으로 이뤄져 있다[그림 7-22] [그림 7-23].

[그림 7-22] USB 3.0의 PIN의 종류와 형태

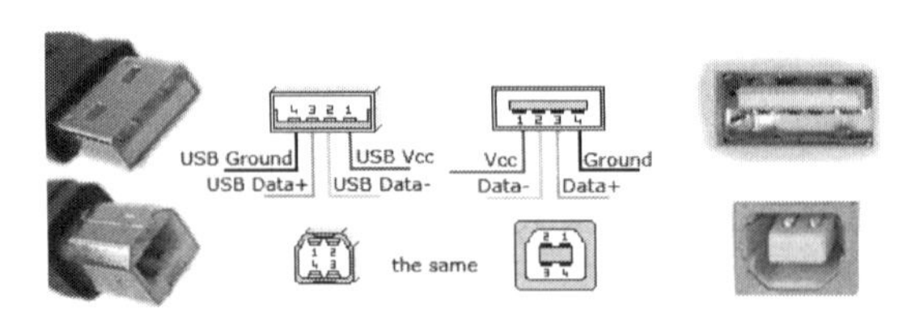

USB is a serial bus. It uses 4 shielded wires: two for power (+5v & GND) and two for differential data signals (labelled as D+ and D- in pinout)

http://pinouts.ru/Slots/USB_pinout.shtml

[그림 7-23] USB 핀의 구조도

7.7 인터럽트

컴퓨터가 프로그램을 수행하는 도중에 컴퓨터의 내부나 주변 환경에 기인한 긴급사태가 발생할 수 있는 데, 경우에 따라서는 컴퓨터가 현재 수행하던 일을 정지시키고, 긴급사항을 처리한 후에 정지되었던 일을 계속하게 하는 경우가 있다. 이러한 긴급 사태는 컴퓨터가 수행하고 있는 프로그램의 수행을 방해하는 요소가 되므로 긴급 사태가 발생하였을 때 컴퓨터(더 구체적으로 CPU)는 인터럽트(Interrupt)가 걸렸다고 한다. 즉, 어떤 프로그램이 작업 수행 중에 정전이나 기계적 고장과 같은 일이 생기면 인터럽트가 발생한다. 만일 인터럽트가 없다면 입 · 출력 동작이 실행되는 동안에 CPU 는 많은 시간을 대기상태로 기다려야 할 것이다. 그러나 인터럽트 기능에 의하여 현재 실행되는 프로그램을 그 상태에서 정지시키고, 다른 프로그램을 수행시킬 수 있어서 CPU 를 보다 효율적으로 사용할 수가 있다.

7.7.1 발생 원인

인터럽트의 발생 원인은 컴퓨터의 응용부문에 따라 다양하나 일반적으로 다음과 같은 경우를 말한다.

① 정전 혹은 데이터 전송과정에서 오류의 발생과 같은 컴퓨터 자체 내에서의 기계적인 문제가 발생하는 경우

② 보호된 기억공간에 접근 혹은 불법적인 명령어의 수행 등과 같은 프로그램 상의 문제가 발생하는 경우
③ 컴퓨터 조작자가 의도적으로 조작에 의하여 중단시키는 경우
④ 입 · 출력장치들의 동작에 CPU 의 기능이 요청되는 경우

이들과 같은 경우에 인터럽트의 필요성을 이해하기 위한 예를 들어보자.

정전이 되면 컴퓨터의 조작이 중단되어야 하는 데, 정전이 될 때까지 프로그램의 65% 를 수행했다고 가정하면, 정전에 대한 응급조치를 취하지 않았을 때에는 전원이 회복된 후 나머지 35% 를 수행하기 위하여서는 처음부터 다시 수행하여야 된다. 그러나, 정전에 대한 응급조치로 정전이 되는 순간까지 수행된 결과를 보존하고, 그때의 CPU 의 상태(프로그램의 상태를 포함)를 보존한다면 전원이 회복된 후에 보존된 정보를 이용하여 중단된 프로그램을 그 중단된 곳에서부터 수행을 계속할 수 있으므로 나머지 35% 만 수행하면 된다.

이와 같이 CPU 의 상태를 보존하기 위해서는 시간이 필요한데, 정전 시에 전압이 0볼트로 내려갈 때까지의 기간은 이러한 일을 수행할 만큼 충분히 길다. 따라서, 정전이 되어 전압강하가 시작되면 이를 감지하여 인터럽트를 요청하여 CPU 로 하여금 그 상태를 보존하도록 할 수 있다.

입 · 출력 시에 인터럽트의 필요성은 CPU 와 주변장치의 속도의 차이가 극심하기 때문이다. 입력과정을 관찰하면 CPU 가 명령어를 수행하여 주변장치로부터 단위정보를 요청한다. 이때 입력장치가 입력 매체로부터 원하는 정보를 읽는 속도가 CPU 의 속도와 근사한 경우에는 CPU 는 원하는 정보가 준비될 때까지 기다렸다가 입력하면 되므로 인터럽트가 필요 없다. 그러나 입력장치의 속도가 CPU 의 속도보다 상당히 느리다고 하면 이 기다리는 시간 동안에 CPU 가 상당한 명령어를 수행할 수 있으므로 이러한 경우에 인터럽트를 사용하면 경제적이다.

7.7.2 인터럽트의 종류

인터럽트는 내부 인터럽트와 외부 인터럽트로 구분한다. 내부 인터럽트는 프로그램이

나 데이터의 오류, 입 · 출력장치 등의 시스템 내부에서 발생하는 인터럽트이다. 외부 인터럽트는 컴퓨터 조작자가 인터럽트 신호를 보내거나 정전, 컴퓨터의 기계적 고장 등의 시스템 외부 요인으로 발생되는 인터럽트이다. 인터럽트는 다음과 같이 세분할 수도 있다.

(1) 외부 인터럽트(External Interrupt)

컴퓨터 조작자가 인터럽트 스위치를 작동시켜 강제로 인터럽트 시키거나 정해진 시간이 경과되었을 때 타이머에서 인터럽트를 발생시키는 경우와 전원 스위치가 잘못되어 "off"로 되거나, 정전이 되는 경우를 말한다.

(2) 기계착오 인터럽트(Machine Check Interrupt)

프로그램이 실행되는 도중에 어떤 컴퓨터시스템을 구성하는 장치의 고장으로 제어프로그램에게 그에 대한 조치를 요청하는 인터럽트를 말한다. 이 때 CPU 는 그 상태를 분석하여 장치의 고장의 원인인 오류의 정정을 시도하면서 그 장치를 동작 시킬 수 있는 지를 검사한다.

(3) 프로그램검사 인터럽트(Program Check Interrupt)

프로그램 실행 중에 잘못된 데이터를 사용하거나 보호된 구역에 불법으로 접근을 시도하는 등의 프로그램 자체 내에서의 오류로 발생되는 인터럽트를 말한다. 데이터의 형식이 맞지 않은 계산을 하려거나, 오버플로우가 발생하거나, 0 으로 나눈다 등의 대수법칙상 계산할 수 없거나 계산결과가 의미 없는 값일 경우 발생한다.

(4) 입 · 출력 인터럽트(I/O Interrupt)

입력이나 출력장치는 CPU 보다 속도가 느리기 때문에 자율성을 부여하여 별도로 동작하도록 하고, CPU 는 비동기적으로 데이터를 송수신하여야 한다. 따라서 프로그램의 수행중 입력이나 출력의 명령을 만나면, 현재 수행중인 프로그램의 진행을 정지시키고 입 · 출력을 담당하는 채널같은 기구에 입 · 출력이 이루어지도록 명령하고 CPU 는 다른 프로그램을 실행하여야 한다. 따라서 인터럽트 기능으로 현재 수행중인 프로그램을 정지시키고 다른 처리가 이루어지도록 해야 하는 데, 이 때 발생하는 인터럽트를 말한다.

(5) 감시프로그램 호출 인터럽트(Supervisor Call Interrupt)

프로그램 내에서 제어프로그램에게 인터럽트 요청을 하는 명령으로 인터럽트 시키는 경우이다. 이것은 특정업무를 위하여 제어프로그램 영역 내의 정보를 필요로 하거나 특정 제어루틴이 필요할 때 요청하여 사용한다. 따라서 이 인터럽트는 기억보호 기능이 된 제어프로그램 영역을 사용할 수 있게 한다.

7.7.3 인터럽트 동작원리와 체제

인터럽트체제의 구성요소는 인터럽트 요청신호, 인터럽트 처리기능, 인터럽트 취급루틴(Interrupt Service Routine) 등이다. 그리고, 향상된 인터럽트 체제에서는 이러한 기본적인 요소들 이외에 인터럽트 우선순위를 적용할 수 있도록 되어 있다. 이러한 구성요소의 기능과 동작들 간의 관계를 살펴보자.

일반적인 인터럽트를 처리하는 방법은 다음과 같다.

① 인터럽트 발생장치로부터 인터럽트를 요청 받고,
② CPU 가 인터럽트 요청을 받으면 현재 수행 중인 프로그램의 상태를 보존하기 위해 그 상태를 안전한 장소에 기억시키며,
③ 인터럽트의 원인이 무엇인가를 찾아낸 다음에 그것의 인터럽트 취급루틴을 수행시킨다.
④ 인터럽트 취급루틴의 수행을 통하여 인터럽트에 대한 조치를 취한다.
⑤ 다시 인터럽트 처리기능을 이용해서 미리 보존한 프로그램의 상태를 복구하여 인터럽트 당한 프로그램을 중단된 곳에서부터 계속할 수 있도록 한다.

상술한 (2)~(5) 번을 수행하는 프로그램은 인터럽트 처리루틴이라 부른다. 그러나 경우에 따라서는 PC 를 제외한 프로그램상태의 보존은 인터럽트 취급루틴에서 수행하기도 한다. 이 기능을 하드웨어로 수행하기도 한다.

위와 같은 순서로 인터럽트를 처리할 때 일반적으로 (2), (3), (5) 번을 수행하는 동안은 다른 인터럽트를 받지 않는다. 그러나, (4) 번의 경우, 즉 인터럽트 취급루틴의 수행 중에는 인터럽트 우선순위 체제에 따라 높은 순위의 다른 인터럽트를 처리하기도 한다.

(1) 인터럽트 요청 및 처리

인터럽트를 요청하는 인터럽트 요청신호선(회선)의 연결체제에 대해 설명하기로 한다. 신호선의 연결체제는 다음의 3 가지가 있다.

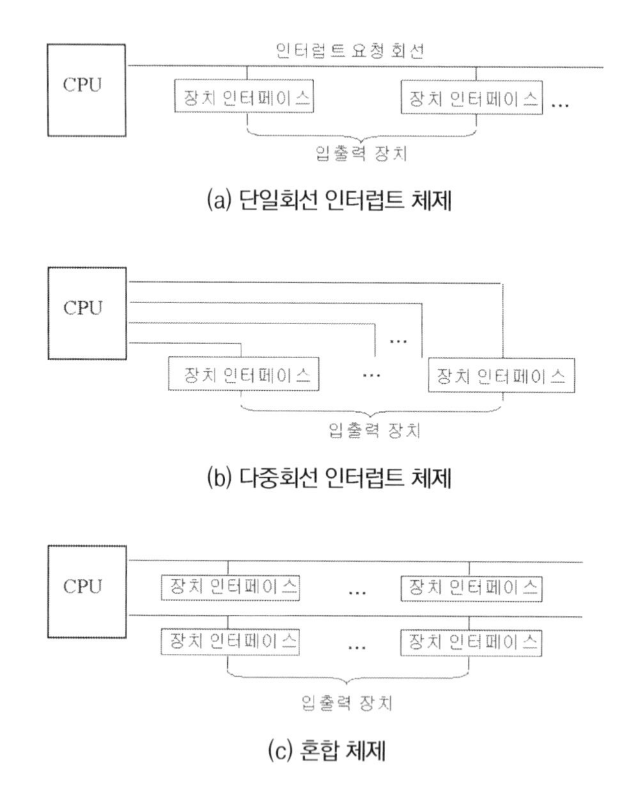

(a) 단일회선 인터럽트 체제

(b) 다중회선 인터럽트 체제

(c) 혼합 체제

[그림 7-24] 인터럽트 요청 회선 연결 방법

① 단일회선 체제 : [그림 7-24]의 (a) 과 같이 인터럽트 요청이 가능한 모든 장치들로부터의 인터럽트 요청신호들을 모두 논리적으로 합하여 단일회선으로 CPU 에 연결하는 체제.

② 다중회선 체제 : 단일회선 체제와는 반대로 [그림 7-24]의 (b) 과 같이 모든 장치들과

CPU 사이를 고유의 인터럽트 요청 회선들이 연결하는 체제.

③ 혼합 체제 : [그림 7-24]의 (c) 과 같이 (a) 과 (b) 을 혼합한 체제.

(2) 소프트웨어 방식(폴링 방식)

만일 모든 장치들이 [그림 7-24]의 (a) 과 같이 하나의 인터럽트 요청신호회선을 공동으로 이용할 경우에는 어느 장치가 인터럽트를 요청하였는가를 알아내야 된다. 이러한 경우에 소프트웨어 방식에서는 하나의 인터럽트 처리루틴을 두어서 이것이 위와 같은 일을 하도록 하며, 인터럽트 요청이 있으면 현재 수행중인 명령어의 수행이 완료되었을 때의 PC를 보관하고 인터럽트 처리루틴의 수행이 시작되도록 한다. 따라서, 해당 인터럽트 취급루틴의 수행을 시작하기까지는 상당한 시간이 필요하다.

모든 장치들에 적용되는 하나의 인터럽트 처리루틴을 두고 이것의 수행을 통하여 해당 인터럽트 취급루틴을 수행할 수 있게 하면 PC 의 보존을 위해서는 오직 하나의 특정한 장소만 있으면 되며, 인터럽트 처리루틴을 수행하기 위한 정보를 이와 이웃한 곳에 미리 기억시켜 놓으면 된다. 예를 들어, 기억장치에서 주소가 0 인 곳을 PC 를 보존하기 위한 장소로 사용하며, 주소가 1 인 곳에는 인터럽트 처리루틴의 첫 번째 명령어가 기억된 곳으로 분기하는 명령어를 미리 기억시켜 놓는다고 가정하자.

이러한 체제에서 인터럽트 처리방식을 그림으로 나타내면 [그림 7-25]와 같다.

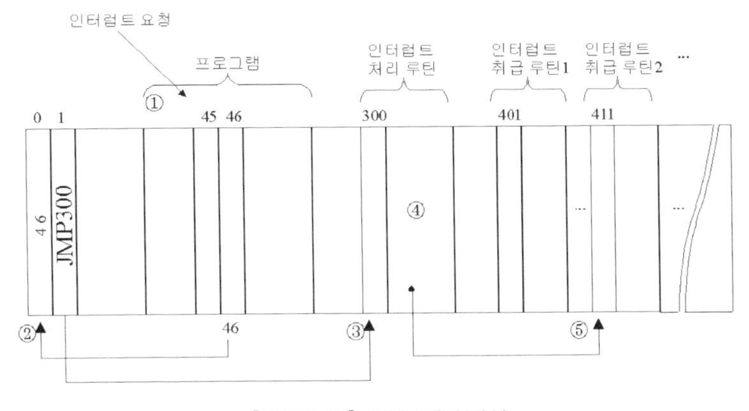

[그림 7-25] 소프트웨어 방식

[그림 7-25]에서는 현재 프로그램의 주소_45 에 기억된 명령어의 수행 중에 인터럽트 요청이 있었다고 가정하고, 주소_300 부터 인터럽트 처리루틴, 그리고 주소_401, 411, … 에 각각 다른 장치의 인터럽트 취급루틴들이 기억되어 있다고 가정한 것이다.

[그림 7-25]에서 화살표의 번호는 동작순서를 나타낸 것이다. 이러한 인터럽트 체제에서는 어느 장치의 인터럽트를 취급하는 루틴의 수행 중에 다른 장치가 또 인터럽트를 요청하면 [그림 7-25]와 같은 순서에 의하여 그 요청을 받아들여야 하는 데, 이러한 때에는 주소_0 에 기억시켜 놓은 프로그램의 PC 가 파괴될 우려가 있다. 따라서, 각 인터럽트 취급루틴에서 사용할 레지스터의 내용을 그 루틴 내의 안전한 곳에 기억시켜 놓아야 된다.

이 방식을 구현하기 위해서는 명령어 세트 중에 D_플래그를 시험 할 수 있는 것이 있어야 된다. 먼저 어떤 장치가 인터럽트를 요청하면 [그림 7-25]와 같은 과정으로 인터럽트 처리루틴으로 가게 된다(③). 이 루틴에서는 각 장치의 D_플래그를 시험하는 명령어를 수행하여 그것이 1인 인터페이스를 찾아내어 인터럽트를 요청한 장치를 판별한다. 이러한 방식을 일반적으로 폴링(Polling)이라고 한다.

[그림 7-26]과 같은 구조에서 폴링방식에 의하여 인터럽트의 원인을 판별하려면 일정한 순서에 의하여 각 장치의 D_플래그를 시험하여 최초로 D = 1 인 장치를 인터럽트의 원인으로 판단하면 된다. [그림 7-27]은 이러한 절차를 보이고 있다.

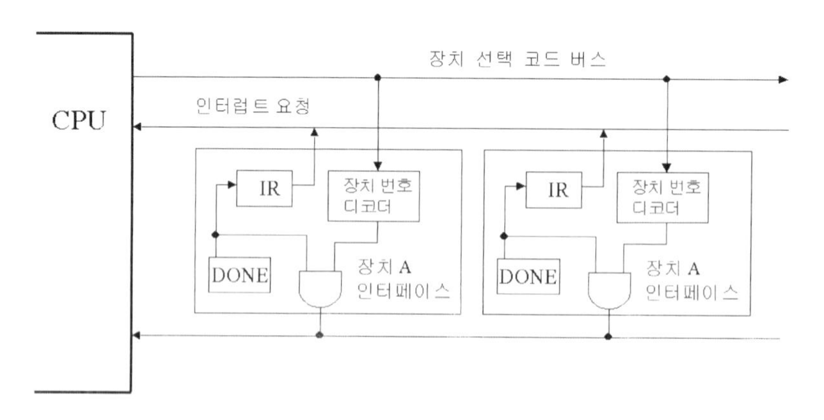

[그림 7-26] 소프트웨어 방식을 위한 인터페이스 구조

이와 같이 해서 인터럽트를 요청한 장치를 판별하여 그 인터럽트의 취급이 시작되면 IR

과 D 는 0 으로 만들어야 된다. 그렇게 하지 않으면 그 장치의 인터럽트가 취급되고 있음에도 불구하고 그 장치의 IR = 1 이므로 계속 인터럽트 요청을 하게 되기 때문이다.

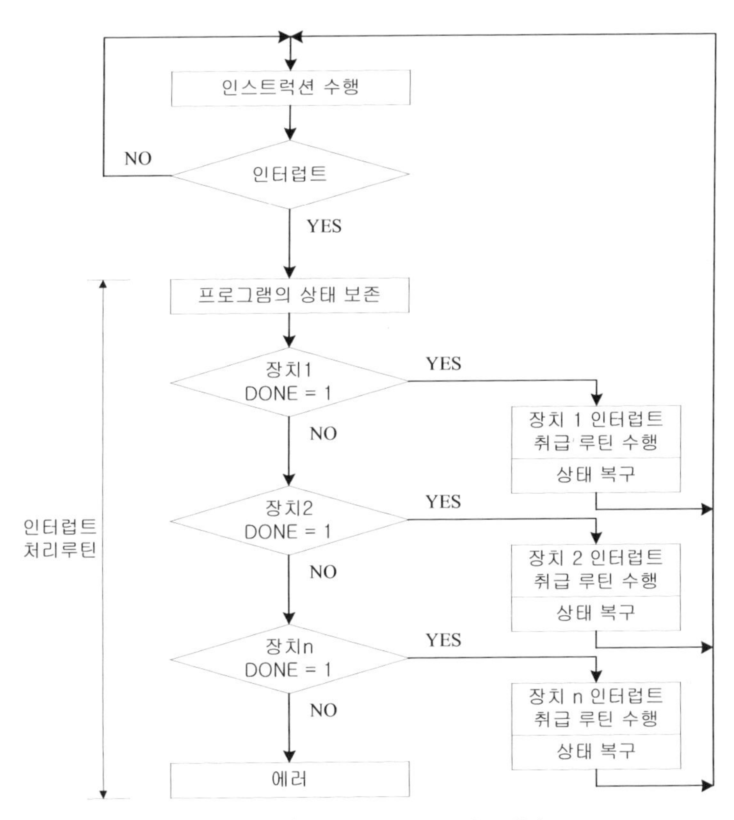

[그림 7-27] 폴링에 의한 인터럽트 처리

(3) 하드웨어 방식(벡터인터럽트 방식)

한 개의 인터럽트 요청선에 여러 개의 장치가 연결되어 있을 경우에 하드웨어에 의하여 인터럽트를 요청한 장치를 판별하는 방법을 생각해 보자.

하드웨어에 의하여 인터럽트를 요청한 장치를 판별하는 방식을 위해서는 [그림 7-28]과 같이 장치번호 버스(Device Code Bus)가 필요하다. 이 장치번호 버스는 인터럽트를 요청한 장치가 자기의 장치번호를 CPU 에 알리는 데 사용된다.

[그림 7-27]에서 CPU 가 인터럽트 요청신호를 받으면 PC 를 안전하게 기억시켜 놓은 후에 인터럽트 인정신호(Interrupt Acknowledge : INTACK)를 내보낸다. 이 인정신호는 인

터럽트 처리루틴에서 특정한 명령어를 수행하여 발생시키는 경우도 있으나 보통 하드웨어에 의해 요청장치를 판별할 경우에는 인터럽트 처리루틴이 없으므로 하드웨어에 의해 발생시키는 경우가 대부분이다.

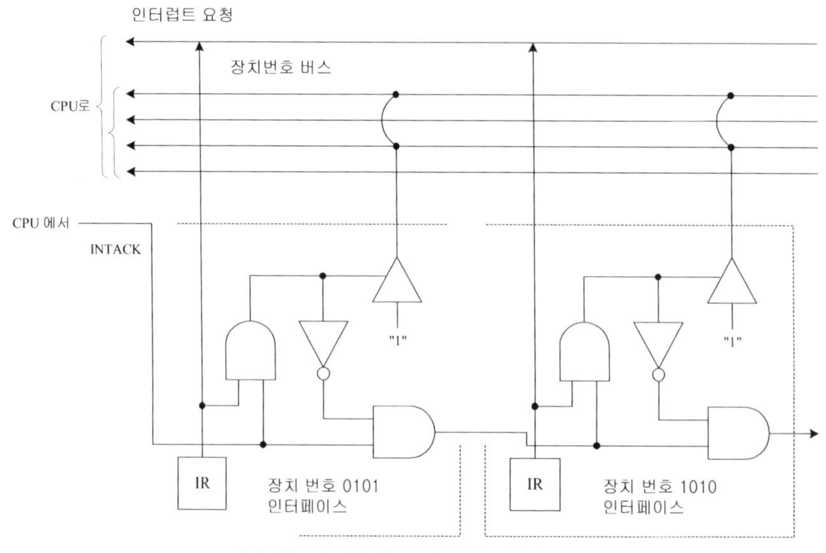

[그림 7-28] 하드웨어적 인터럽트 요청 판별 장치 인터페이스

7.7.4 우선순위 체제

인터럽트는 여러 장치에서 필요한 때마다 요청할 수 있다. 인터럽트가 여러 장치에서 독립적으로 요청되기 때문에 동시에 여러 개의 요청이 있을 수 있다. 그러나 이들을 동시에 처리 해줄 수는 없다. 따라서 처리순서에 우선순위를 부여해야 한다.

인터럽트의 우선순위 부여방법은 가장 최근에 발생한 것을 먼저 처리하는 근착우선 방식(Last Come First Serve)과 가장 먼저 요청한 것을 먼저 처리하는 선착우선 방식(First Come First Serve)을 사용할 수 있다.

인터럽트의 우선순위 체제를 위해서는 기본적인 원칙이 있어야 한다. 그리고 이들 원칙을 실행할 기본적인 기능도 있어야 하는 데 인터럽트 처리를 위한 우선순위 체제는 다음과 같은 3가지 기능이 있다.

① 각 장치에 우선순위를 부과하는 기능

② 인터럽트를 요청한 장치의 우선순위를 판별하는 기능

③ 우선순위가 높은 것을 먼저 처리할 수 있는 기능

이러한 기능들을 [그림 7-24]의 단일회선 체제와 다중회선 체제에 포함시키는 방법에 대해 생각해 보자.

(1) 단일회선 체제에서의 우선순위

단일회선 체제에서 인터럽트를 요청할 수 있는 장치들에 우선순위를 부과하는 것은 간단하지 않으며, 그 우선순위 부과는 소프트웨어에 의한 방법과 하드웨어에 의한 방법이 있다. 이들 방법은 제어장치에서 이미 설명한 인터럽트를 요청한 장치 판별법과 밀접한 관계가 있다. 먼저 소프트웨어로 우선순위를 부과하는 방법에 대해 설명하고 나서 하드웨어로 부과하는 방법에 대하여 설명하기로 한다.

① 소프트웨어에 위한 우선순위

먼저 [그림 7-26]과 같이 소프트웨어에 의한 방법으로 폴링에 의하여 인터럽트를 요청한 장치를 판별하는 방법을 다시 살펴보자. 이 방법에서는 인터럽트 처리루틴에서 D_플래그를 시험하는 명령어를 수행하여 인터럽트를 요청한 장치를 찾아낸다.

② 하드웨어 방법

다음에는 [그림 7-24](a) 와 같이 단일 인터럽트 요청신호회선을 이용하는 체제에서 사용할 수 있는 하드웨어에 의한 우선순위 체제에 관하여 생각해 보자.

이 방법은 주로 하드웨어에 의한 인터럽트 요청 판별방식과 겸용되어 많이 쓰이나 소프트웨어에 의한 폴링방식과도 함께 쓰일 수도 있다.

하드웨어에 의한 우선순위 설정방법은 다음과 같다.

첫째, 우선순위 등급이 높은 장치가 인터럽트를 요청을 할 때 등급이 낮은 장치로부터 인터럽트를 요청을 할 수 없도록 한다.

둘째, 장치들이 인터럽트 요청신호를 보낸 후에 CPU 가 특수한 명령어를 수행하여 [그림 7-27]과 같이 인터럽트를 요청한 장치들로 하여금 그들의 장치번호를 장치번호 버스에 나타내도록 할 때에 가장 우선순위가 높은 장치만이 장치번호 버스를 사용하고, 비록 인터럽트를 요청한 장치일지라도 그것의 우선순위가 장치번호 버스를 사용하고 있는 장치보다 낮을 때에는 사용할 수 없도록 하는 회로를 이용한다.

전자와 같은 회로를 인터럽트 요청체인(Interrupt Request Chain)이라 하며, 후자와 같은 회로를 인터럽트 우선순위 체인(Interrupt Priority Chain)이라 한다.

인터럽트 요청체인은 [그림 7-29]과 같다.

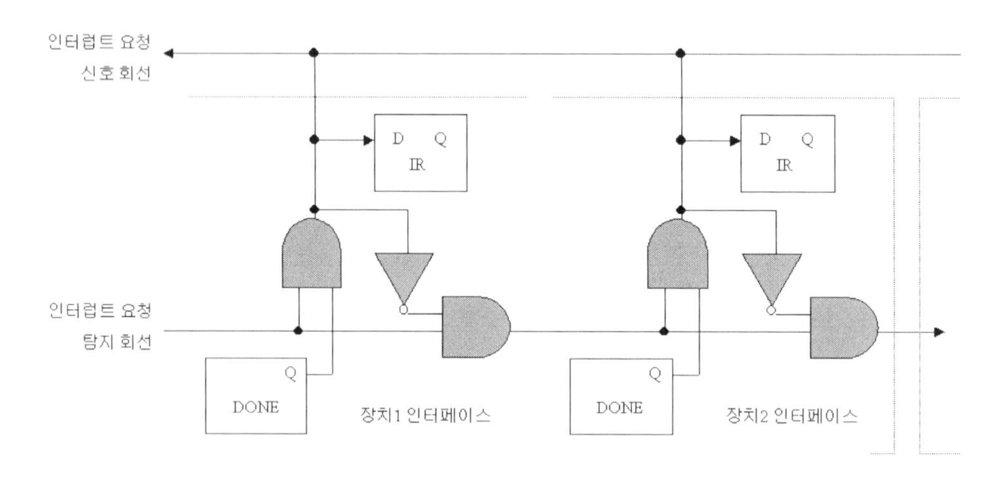

[그림 7-29] 인터럽트 요청체인

Exercise

1. 입 · 출력장치는 CPU 와 입 · 출력 인터페이스를 통해서 연결된다. 또한 입 · 출력장치는 입 · 출력 인터페이스를 거쳐서 입 · 출력장치제어기를 통해서 연결된다. 입 · 출력 인터페이스와 입 · 출력장치제어기의 기능에 대하여 설명하라.

2. 주기억장치와 입 · 출력장치의 데이터 처리과정에서 차이점은 무엇인가?.

3. 프로그램된 입 · 출력, 인터럽트 구동 입 · 출력, DMA 입 · 출력 방법의 차이점에 대하여 아래의 항목을 기준으로 비교 설명하라.

   ① 입 · 출력장치에 대한 상태 검사

   ② 이용되는 버스

   ③ 동적 실행 정보 전환 유무

   ④ 입 · 출력 시작 주체

   ⑤ 입 · 출력 요구 시점과 처리 시점간의 지연시간

4. 다음과 같이 구성된 컴퓨터시스템에서 버스에 접속된 각 장치들이 마스터, 슬레이브, 혹은 마스터와 슬레이브 중 어느 것에 속하는가를 나타내어라.

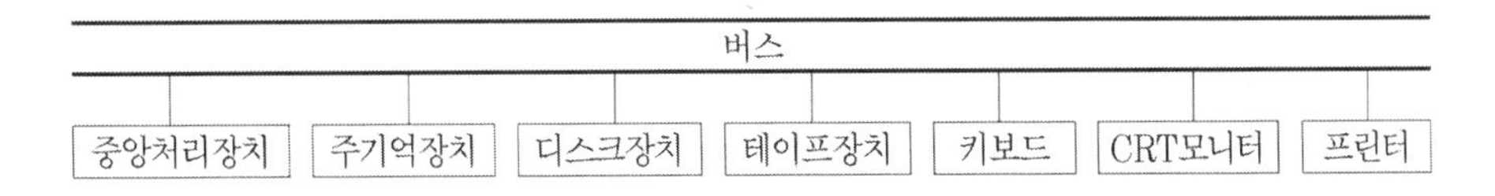

5. 버스를 구성하는 회선을 기능별로 열거하고 그 기능을 설명하라.

Exercise

6. 버스 중재기의 역할을 기술하라.

7. 버스 중재방식 세 가지를 선택하여 이들의 중재방식을 각각 설명하라.

8. 동기식 프로토콜과 비동기식 프로토콜에 대하여 기술하라.

9. 외부버스 인터페이스의 여러 규격에 대하여 설명하고 여러분 주위에 사용하고 있는 컴퓨터시스템의 SCSI 규격의 성능을 조사하라.

10. 폴링에 의한 인터럽트와 벡터를 사용한 인터럽트 구동 입 · 출력 과정을 비교 설명하라.

11. DMA 를 이용한 입 · 출력 과정에는 CPU 의 동적 실행정보를 보존할 필요가 없다. 그 이유를 설명하라.

12. 데이터의 직렬전송 방법에 관련된 물음에 답하라.

    (1) 비동기전송과 동기전송프로토콜의 차이점을 설명하라.

    (2) 문자중심 전송프로토콜과 비트중심 전송프로토콜의 차이점을 설명하라.

13. 주기억장치로부터 데이터를 읽기 위한 입 · 출력장치와 CPU 사이의 핸드셰이킹 (handshaking) 과정을 설명하라.

Exercise

14. CPU 에서 데이터의 전달은 어떤 단위로 이루어지는가?

15. DMA 인터페이스, 채널 및 입 · 출력 프로세서의 차이점을 설명하라.

16. 기억장치사상 입 · 출력과 고립형 입 · 출력의 차이점에 대하여 설명하라.

17. 인터럽트의 종류에 대하여 설명하라.

18. 인터럽트의 의미와 필요성을 기술하시오.

19. 인터럽트는 어떤 처리과정으로 수행되는가?

20. 하드웨어에 의하여 인터럽트를 요청한 장치를 판별하는 데 필요한 하드웨어 요소는 무엇이며, 어떠한 과정에 의하여 판별되는가를 설명하시오.

CHAPTER 8

RISC 컴퓨터

1970 년대 초반에 마이크로 프로세서가 출현하고, 그 후 계속적인 기술 향상에 힘입어 프로세서의 구조가 개선되고 성능도 향상되어 왔다. 그러나 이러한 과정 속에서 프로세서 구조는 점차 더 복잡해지고, 그에 따라 비효율성이 높아졌기 때문에, 예전처럼 동일한 프로세서의 구조를 대상으로 개선하고 성능향상을 비리는 것은 한계에 도달하게 되었다. 컴퓨터 설계자들은 근본적인 문제점들을 검토하기 시작하였고, 기존 프로세서 구조의 비효율성에 대한 요인 분석을 분석하게 되었다. 그 분석결과에 근거하여 그러한 문제점들을 해결할 수 있는 새로운 프로세서의 구조를 제안하게 되었고 실제로 결실을 보게 되었다.
이 새로운 구조의 프로세서를 처음으로 제안한 스탠포드 대학 및 버클리 대학의 연구팀에서는 이 프로세서를 단축명령어-세트 컴퓨터(Reduced Instruction Set Computer : RISC)라고 불렀다. 이 장에서는 컴퓨터시스템의 성능을 혁신적으로 향상시키는 데 기여한 컴퓨터구조인 RISC 컴퓨터에 대하여 설명한다.

8.1 CISC 컴퓨터의 특징

초기의 컴퓨터는 다음 두 가지 문제를 해결하기 위해 명령어의 수가 더 많고 복잡한 방향으로 발전해 나갔다.

- 메모리가 매우 고가이고 속도가 느리다.
- 프로그래밍 기술이 발전되지 않아서 소프트웨어 개발에 어려움이 많다.

초기에는 메모리 용량을 작게 차지하는 프로그램을 구성할 수 있어야 좋은 구조였다. 코드밀도를 높이고 소규모 라인의 프로그램으로 많은 작업을 수행하기 위해 강력한 명령어를 명령어 집합에 포함하는 추세였다. 마이크로프로그래밍의 도입으로 예전에 다수의 명령어로 처리할 기능을 하나의 강력한 명령어로 쉽게 구현하게 되었다. 이에 따라 메모리에서 다수의 명령어 대신에 하나의 명령어를 인출함으로써 메모리의 느린 속도에 따른 영향을 피할 수 있게 되어 실행 효율을 높일 수 있었다. 또한 프로그래밍 기술이 발전하기 이전이므로 소프트웨어 개발 비용도 만만치 않았다. 이를 해결하기 위해 강력하고 복잡한 고급 프로그래밍 언어가 개발되었고 고급언어를 더 잘 지원하도록 강력한 명령어를 추가한 컴퓨터를 설계하게 되었다. 더 나은 고급언어를 지원하기 위해 추가된 대표적인 명령어는 VAX-11 의 index, case, call 명령어와 MC68020 의 chk 명령어 등이다. 또한 이보다 더 복잡한 VAX-11 의 poly, crc 명령어, iAPX-432 의 send 명령어 등도 있다.

이렇듯 많은 컴퓨터 제조 회사들은 새롭고 더욱 강력한 명령어 집합의 크기를 계속 확장시켰는데, 이와 같은 강력한 명령어 집합구조를 가진 컴퓨터를 복잡 명령어-세트 컴퓨터(Complex Instruction Set Computer : CISC)라고 한다. 그러나 높은 코드 밀도와 강력한 명령어를 추구하려면 〈표 8-1〉의 컴퓨터와 같이 가변 명령어 형식을 사용할 수밖에 없다. 가변 명령어 형식은 많은 종류의 주소지정방식을 동반하며, 또한 연산 부호를 해독할 때까지 명령어의 길이를 알 수 없다. 따라서 CISC 구조를 사용하면 명령어를 효율적으로 인출할 수 없고 데이터 전송효율도 나빠진다.

〈표 8-1〉 일부 CISC 컴퓨터의 특징

구분	IBM-370/168	VAX-11/780	iAPX-432
도입연도	1973	1978	1982
명령어의 종류	208	303	222
마이크로코드 메모리의 용량	420KB	480KB	64KB
명령어의 크기	16~48비트	16~456비트	6~321비트

CISC 의 특징은 명령어수가 많다는 것이다. 복잡한 처리를 행하는 명령어가 많으며, 명령어의 길이가 가변인 명령어 형식이 다수 있으며, 메모리 레지스터간 연산 명령어가 있다는 것 등이다. 이 CISC 의 특징은, 컴퓨터의 역사와 맥을 같이 하며, CISC 가 탄생한 시점에서는 어셈블러 코딩을 위하여, 프로그래머의 생산성을 높이기 쉬운 ISA 를 정의할 필요가 있었다. 그 때문에, 인간이 취급하기 쉽게 명령어 종류를 늘려서 코딩할 때의 명령어 스텝 수를 줄였다.

그리고, CISC 의 특징은, 당시에는 하드웨어의 문제에 기인한 것이었다. 명령어 스텝 수 삭감에 의한 프로그램의 코드 사이즈의 절감은, 고가였던 메모리의 절약으로도 연결되는 것이었다. 또, CPU 의 프로세싱 시간의 절약으로도 연결되고 있었다. 즉, CISC 는 원래, 하드웨어 자원이 한정되었던 1970년대 까지 적합했던 기술이었다.

CISC 의 이러한 이용 추세는 1980년 경까지는 무리 없이 잘 진행되고 있었다. 그런데 반도체 기술의 진보와 프로그래밍 환경(Programming Environment)의 변화에 의해서 상황이 바뀌기 시작했다. 메모리는 염가로 공급되기 시작했으며, 고급언어의 보급에 의해서 ISA 를 복잡하게 하는 필연성이 사라져 버린 것이다. 또, 칩의 집적도의 향상과 함께, CPU 의 마이크로 아키텍쳐에서는 파이프라인 처리 등이 등장하여, 프로세스 처리의 고속화의 길이 열리게 된 것이다.

이즈음에, 잘 알려진 것과 같이 고급언어로 컴파일된 오브젝트 코드를 고속으로 실행될 수 있도록 특화된 CPU 를 만들려는 아이디어가 등장한 것이다. 그 시발은 30년 정도 전의 IBM 의 "801 Project" 로, 이 이후 차례차례로 SPARC, MIPS, PowerPC, Alpha 라고 하는 "RISC 아키텍쳐" 가 태어난 것이다.

8.2 프로그램의 특성분석

Intel 8080 으로부터 시작된 마이크로 프로세서의 발전 과정을 살펴보면 단어 길이(word length)의 확장과 명령어의 다양화를 목표로 하고 있었다. 명령어가 다양화되면서 종류도 많아졌지만 복잡한 명령어들도 추가되었다. 그러한 명령어들은 사용하면 어셈블리 프로그램의 길이가 줄어들게 되었지만, 하드웨어 측면에서는 몇 가지 문제점들이 발생하게 되었다. 첫째, 명령어 코드를 구성하는 비트의 수가 증가하게 되어 하나의 명령어를 메모리로부터 읽어오는 데 여러 번의 인출 동작이 필요하게 되었다. 둘째로는 그와 같이 다양하고 길어진 명령어 코드를 해석하고 실행하는 제어장치(control unit)의 내부회로가 더욱 복잡해지게 되었다. 이러한 문제점들은 프로세서의 하드웨어 규모를 전반적으로 증가시킴으로써 칩(chip) 상의 공간을 더 넓게 차지하게 되었음은 물론이고, 명령어의 해석과 실행에 소요되는 시간도 더욱 길어지게 되었다.

8.2.1 조사와 분석

CISC 프로세서 구조상의 제반 문제점들을 해결하기 위하여 설계 개념에 대한 근본적인 재검토가 필요하다는 인식이 확산되었고, 그에 따라 설계자들은 다음과 같은 사항들에 대한 조사와 분석을 시작하였다.

① 명령어들의 사용 빈도.

② 프로세서 내부 메모리의 최적 용량.

이러한 조사를 위하여 연구자들은 컴퓨터에서 일반적으로 실행되는 프로그램들의 특성을 분석하기 시작하였다. 1971년에 Kruth 는 FORTRAN 프로그램들을 분석하였고, Wortman 은 PL/I 와 유사한 언어인 XPL 로 쓰여진 프로그램을 분석하였고, Tanenbaum 은 1978년에 SAL 이라는 언어로 작성된 운영체제 프로그램 코드를, Patterson 은 1982년에 C 와 PASCAL 로 쓰여진 시스템 프로그램의 특성을 각각 측정하였다. 이들의 분석 중에서 각 문항(statement)들이 프로그램에 나타난 분포를 분석한 결과를 종합하면 〈표 8-2〉과 같다. 특기할 사항은 대부분의 프로그램들에서 assign 문항, if 문항 및 프로시져 호출(procedure call) 문항이 전체 문항들의 85% 를 차지한다는 것이다.

8.2.2 분석 결과

이 분석 결과와 관련된 좀 더 상세한 분석으로는 다음의 세 가지 분석이 진행되었다. 첫 번째 분석으로는 Assignment 문항에 내제된 항(term)의 수를 조사하였다. 그 결과는 〈표 8-3〉와 같다. 여기서 항의 수에 따른 assign 문항의 예를 보면, 항이 한 개이면 v := a, 두 개이면 v := a + b, 세 개이면 v := a × (b − c) 와 같은 형태일 것이다. 항의 수가 한 개인 경우에는 연산은 필요하지 않고 그 항을 변수 v 의 기억장소에 저장만 하면 된다. 항이 두 개 또는 그 이상이면 연산을 수행한 후에 그 결과를 저장한다.

〈표 8-2〉 프로그램 특성의 분석 결과

단위 : [%]

문항	SAL	XPL	FORTRAN	C	PASCAL	평균값
Assignment	47	55	51	38	45	47
if	17	17	10	43	29	23
Call	25	17	5	12	15	15
Loop	6	5	9	3	5	6
Goto	0	1	9	3	0	3
Others	5	5	16	1	6	7

분석 결과에 의하면 assign 문항의 80% 가 한 개의 항만을 가졌고, 15% 가 두 개의 항들과 한 개의 연산자를 가지고 있었다. 또한 전체 assign 문항들의 5% 만이 세 개 이상의 항들과 두 개 이상의 연산자들을 포함하고 있었다. 이 분석 결과가 의미하는 것은 프로그램 내에서 가장 많이 나타나는 assign 문항의 대부분이 메모리와 레지스터 사이에 데이터를 이동하는 단순한 동작들이며, 데이터를 저장하기 전에 한 번이라도 연산이 필요한 경우에 전체의 20% 에 불과하다는 것이다.

〈표 8-3〉 Assign 문항에 내포된 항들의 수에 대한 분포[%]

문항의 수	1	2	3	4	≥5
분포	80	15	3	2	0

두 번째 분석에서는 각 프로시져가 수행 될 때 내부적으로 사용하는 지역변수(Local Variable)들의 수를 조사하였고, 그 결과는 〈표 8-4〉와 같다. 결과에 따르면, 모든 프로시져들의 22% 는 지역변수를 전혀 가지지 않았다. 또한 80% 의 프로시져들이 4개 또는 그 이하의 지역변수들을 가지는 것으로 나타났다.

〈표 8-4〉 프로시져 내의 지역변수들의 수의 분포[%]

지역변수의 수	0	1	2	3	4	≥5
분포	22	17	20	14	8	20

세 번째 분석은 프로시져 호출 시에 전송되는 매개변수(parameter)의 수를 조사한 것으로서 결과는 〈표 8-5〉와 같다. 이 결과를 보면, 프로시져가 호출될 때 매개변수 전송이 전혀 필요하지 않은 경우가 41% 나 되고, 전체의 75% 가 2개 이하의 매개변수 전송만 필요로 한다는 것을 알 수 있다.

〈표 8-5〉 프로시져 호출시 전송되는 매개변수들의 수에 대한 분포[%]

매개변수의 수	0	1	2	3	4	5
분포	22	17	20	14	8	20

이러한 조사 결과들을 보면 대부분의 사용자 프로그램들은 매우 단순하며, 소수의 고급 프로그래머들만 복잡한 구조를 가진 프로그램을 작성한다는 것을 알 수 있다. 또한 대부분의 프로그램들은 assign 문항 if 문항 및 적은 수의 매개변수들을 가진 프로시져들로 구성된다. 이러한 여러 가지 분석 결과들을 종합하여 볼 때 CISC 프로세서에서는 실제 실행할 프로그램의 특성과 명령어의 효율이 고려되지 않는 상태에서 새로운 기능과 하드웨어들만

계속적으로 추가됨으로써 매우 비효율적인 구조로 발전해오고 있었음이 입증되었다.

8.2.3 RISC 설계 개념의 정립

프로세서의 고성능화를 위한 획기적인 전환점이 된 단축명령어-세트 컴퓨터(Reduced Instruction Set Computer : RISC))의 설계에서는 이와 같은 여러 가지 조사 결과들과 CISC 프로세서에서 발견된 일반적인 문제점들을 바탕으로 하여 다음과 같은 기본설계 개념이 정립되었다.

① 각 명령어는 한 사이클(cycle)내에 실행되도록 한다.
② 명령어의 수를 최소화한다(80개 이내, 최대 150개까지 허용).
③ 명령어의 해석은 하드웨어로 처리한다.
④ 명령어의 해석을 단순화시키기 위하여 명령어의 형식(format)을 고정시킨다.
⑤ 주소지정 방식(addressing mode)의 종류는 1개 또는 2개로 하며, 최대 4개까지만 허용한다.
⑥ 연산의 동시성을 높이기 위하여 데이터경로(data path)를 파이프라인 구조로 한다.
⑦ 가능한 한 많은 수의 레지스터들을 가지도록 한다.
⑧ 메모리 액세스는 간단한 명령어 구조를 가진 LOAD/STORE 명령어에 의해서만 이루어지도록 한다. 그 이외의 모든 데이터 동작들은 내부 레지스터들 사이에서만 일어나도록 한다.
⑨ 계층구조의 메모리를 사용한다.

이러한 개념에 바탕을 두고 설계된 RISC 프로세서에서는 대부분의 명령어들이 한 사이클 내에 수행되기 때문에 고속으로 프로그램을 처리할 수 있다. 이것은 LOAD 와 STORE 명령어들만 메모리를 액세스하고 다른 명령어들은 프로세서 내부 레지스터에 저장된 데이터에 대해서만 연산을 수행하므로 가능한 것이다. 또한 복잡한 명령어를 해석하고 실행하는 데 사용되던 하드웨어들이 제거됨으로써 프로세서의 내부공간에 여유가 생기게 되었고, 이 공간에 많은 수의 레지스터들과 캐시 및 MMU 를 위치시킬 수 있게 되어 성능향상에 크게 도움이 되었다.

8.3 RISC 의 발전 과정

(1) IBM 사

최초의 현대식 RISC 는 IBM 사가 1975년에 개발한 IBM-801 미니 컴퓨터의 프로세서이다. 이 프로젝트의 핵심은 단일 사이클 내에 수행 가능한 프로세서를 개발하는 것이었다. 그 당시의 IBM S/370 에서는 한 명령어 실행에 평균 1.7사이클이 소요되었으나, IBM-801 프로세서에서는 평균 1.1 사이클만 걸렸다. 그러나 이 프로세서는 외부로 기록이 공개된 1982년까지는 거의 알려지지 않고 있었다.

(2) 버클리 대학

1981년에 VLSI RISC 칩의 효시라고 할 수 있는 RISC I 과 RISC II 가 Berkeley 대학의 Patterson 교수와 Sequin 교수에 의하여 설계되었다. 이 설계 경험은 후에 SPUR (Symbolic Processing Using RISCs)와 SOAR(Small-talk On A RISC)의 개발로 이어진다. SPUR는 LISP 환경에서 병렬 처리를 지원하도록 설계된 구조로서, RISC 의 기본 구조에 실행시간 태그 검사(run time tag check) 기능과 부동 소수점 연산기능을 추가한 것이다. SOAR 는 객체지향형 프로그래밍 언어(object-oriented programming language : OOPL) 인 Smalltalk-80 을 지원하는 구조이다. SOAR 는 후에 Sun Micro System 사의 SPARC(Scalable Processor ARChitecture)로 발전하게 된다.

(3) 스탠포드 대학

MIPS 프로세서는 1983년에 Stanford 대학의 Hennessy 교수에 의하여 설계 및인구 센서 등 MIPS 는 다시 MIPS-X 와 MIPS-X-MP 의 개발로 이어진다. 이들 프로세서들은 다중

처리(multiprocessing) 지원기능들을 포함한 고속의 마이크로 프로세서 칩 세트로서, RISC 의 기본개념인 '단일 사이클 수행'을 실현하기 위하여 많은 노력을 기울였다. 즉, on-chip 명령어 캐시를 사용함으로서 off-chip 구조로 인한 지연시간을 줄였으며, 외부 캐시와의 데이터 교환을 고속화시키기 위하여 주소지정 방식(Addressing Mode)은 한 가지만 사용하였다. 또한 분기(Branch) 문제를 해결하기 위하여 예측분기(Squashed Branch) 기술을 도입하였다. 이러한 노력은 MIPS 사에 의하여 상용화된 RISC 프로세서로 계승되어 R2000, R4000 및 R6000 프로세서들의 기초가 되었다.

이와 같은 초기의 RISC 프로세서들과 기존의 CISC 프로세서들에 대하여 몇 가지 특징상의 차이를 비교해 보면 〈표 8-6〉과 같다.

〈표 8-6〉 CISC/RISC 프로세서의 비교

프로세서 종류 / 항목	CISC 프로세서		RISC 프로세서		
	IBM 370/168	VAX 11/780	IBM 801	RISC I	MIPS
개발년도	1973 년	1978 년	1975 년	1981 년	1983 년
명령어의 수	208	303	120	39	55
제어 메모리	54 KB	61 KB	0	0	0
명령어의 폭	2~6 bytes	2~57	4	4	4
실행 모델	reg – reg reg – mem mem – mem	reg – reg reg – mem mem – mem	reg – reg	reg – reg	reg – reg

〈표 8-6〉에서 보는 바와 같이, RISC 프로세서들은 CISC 프로세서에 비교하여 명령어의 수가 크게 감소하였음을 알 수 있다. 또한 명령어를 실행하는 과정에서 마이크로 코드를 사용하지 않고 전적으로 하드웨어에 의하여 실행되므로 제어-메모리(Control Memory)가 필요하지 않다. 명령어 형식이 단순화되고 4바이트 크기로 고정되었음도 특기할 사항이다. 마지막 비교 항목을 보면, RISC 프로세서에서는 모든 연산들의 실행이 레지스터들 사이에서만 일어나고, 연산과정에서는 메모리 액세스가 전혀 없도록 함으로써 일반적인 명령어들은 모두 한 사이클만에 실행이 완료될 수 있도록 하였다.

8.4 RISC 설계의 기본 원리

RISC 의 기본설계 개념 중에서 가장 중요한 사항은 명령어들이 한 클록 사이클(clock cycle) 내에 실행되도록 하는 것이다. 그러나 명령어 실행은 피연산자의 인출, 연산, 및 결과의 저장을 모두 포함하기 때문에 사실상 한 클록사이클 내에 실행한다는 것은 불가능하다. 따라서 이것이 가능하도록 하기 위하여 명령어 실행과정에서 주 기억장치를 액세스할 수 있도록 하기 위하여 레지스터의 수를 증가시키는 등과 같은 특별한 고려가 필요하다. RISC 설계에서 공통적으로 사용되고 있는 몇 가지 기본 원리들을 살펴보면 다음과 같다.

8.4.1 복잡한 명령어의 제거

한 사이클 내에 명령어가 실행되도록 실행과정을 파이프라이닝 하였을 때, 파이프라인의 어느 한 단계가 특별히 긴 시간이 걸린다면 전체 클록사이클의 주기가 길어질 수 밖에 없다. 이 문제를 피하기 위하여 복잡하고 긴 시간이 걸리는 연산의 명령어는 제거되었다. 예를 들면, 대부분의 RISC 프로세서들의 명령어 세트에는 곱셈 명령어와 나눗셈 명령어가 없다. 이것은 시프트(Shift)와 덧셈 또는 뺄셈 명령어들을 반복 사용함으로써 대치할 수 있다. 또한 부동-소수점 연산은 산술연산 보조 프로세서(Arithmetic Coprocessor)를 이용하여 처리할 수 있다.

8.4.2 메모리 액세스 명령어의 제한

명령어 실행의 속도를 높이기 위하여 파이프라인 구조가 사용되었더라도 연산을 위한 데이터가 필요한 시점에서 사용가능하지 않다면 파이프라이닝의 효율은 급격히 떨어질 것이다. 그러나 메모리를 액세스하는 동작은 다른 동작들에 비하여 시간이 오래 걸리기 때문에 명령어 실행 도중에 데이터를 메모리로부터 액세스하게 되면, 파이프라이닝 동작의 흐름이 깨어질 것이다. 이러한 문제를 피하기 위하여 RISC 프로세서에서는 데이터에 대한 연산을 수행하는 명령어의 실행에 필요한 데이터는 항상(외부 기억장치가 아닌) 내부 레지스터에 저장되어 있도록 하고 있다. 즉, 이러한 명령어들에 대하여는 메모리 액세스를 허용하지 않는 것이다. 그렇게 되는 경우에는 데이터에 대한 연산을 하는 명령어들은 레지스터 주소지정 방식만을 가지면 되며, CISC 프로세서의 명령에서와 같은 여러 가지 복잡한 주소지정 방식들은 사용할 필요가 없어진다. 이에 따른 이점들은 다음과 같다.

① 명령어 코드가 메모리 주소 비트들은 포함하지 않고 레지스터 번호를 나타내는 적은 수의 비트들만 가지면 되므로, 명령어 코드의 비트 수가 줄어든다. 예를 들어, 레지스터의 수가 32개라면 주소필드는 5비트이면 된다.
② 유효주소를 계산하는 데 걸리는 시간이 절약된다.

연산에 필요한 데이터가 항상 레지스터 내에 있도록 데이터가 사용되기 이전에 미리 다른 명령어에 의하여 메모리로부터 인출되어 있어야 한다. 또한 연산이 완료된 후에는 결과 값도 일단 레지스터에 저장되며, 메모리에 저장되는 시점에서 다른 명령어에 의하여 저장된다. RISC 프로세서에서는 이와 같은 메모리 액세스 동작은 LOAD 와 STORE 명령에 의하여만 이루어지도록 하고 있다. 또한 이 명령어들에 사용되는 주소지정 방식도 간단한 것들만 사용된다.

일반적인 32비트 RISC 프로세서에서 정의된 LOAD 및 STORE 명령어의 종류를 보면 〈표 8-7〉과 같다. 여기서 LOAD 명령어가 부호화 여부(signed 또는 unsigned)에 따라 두 가지로 구분되어 있는 이유는 다음과 같다. 메모리로부터 읽어오는 데이터가 프로세서의 한 단어(Word) 길이인 32비트 보다 짧은 Byte 또는 Halfword 라면, 32비트 레지스터로 적재될 때 부호화된 수의 경우에는 상위 비트들이 모두 부호 비트의 확장이 필요하지 않다. STORE 명령어의 경우에는 명령어 실행과정에서 부호 비트 확장 동작이 필요하지 않으므로 명령어도 구분될 필요가 없다.

〈표 8-7〉 LOAD 및 STORE 명령어의 종류

LOAD 명령어	STORE 명령어
LOAD signed byte LOAD unsigned byte	STORE byte
LOAD signed halfword LOAD unsigned halfword	STORE halfword
LOAD word	STORE word

이와 같이, 메모리 액세스는 LOAD 및 STORE 명령어만에 의하여 이루어지므로 다른 명령어들은 메모리 주소를 포함할 필요가 없다. 예를 들어, ADD, MOVE, AND와 같은 명령어들에는 레지스터 번호를 나타내는 적은 수의 비트들만 포함되어 있다.

8.4.3 주소지정 방식의 단순화

명령어의 종류가 많아지면 연산코드를 해석하는 회로가 복잡해진다. 마찬가지로, 주소지정 방식의 종류가 많으면 유효주소를 계산하는 시간이 그만큼 더 걸리게 되고 회로도 복잡해진다. 이를 방지하기 위해서는 주소지정 방식의 종류도 최소화시킬 필요가 있다. 실제로 RISC 프로세서들은 매우 적은 수의 간단한 주소지정 방식들만 사용하고 있기 때문에 명령어 형식이 고정되고, 명령어의 비트 수가 줄어들며, 유효주소를 결정하는 데 있어서 복잡한 계산이 필요하지 않도록 하고 있다.

8.4.4 파이프라이닝 기법

프로세서에서 명령어 처리속도를 높이려면, 명령어 당 소요되는 사이클 수를 수치적으로 표현하는 CPI(Cycles Per Instruction) 값을 감소시키기 위한 대표적인 명령어의 병렬처리 기술의 하나인 파이프라이닝 기법을 적용한다는 것이다. Intel CPU 와 같은 대표적인 CISC 칩들은 복잡한 명령어의 처리 체계로 인해 수십 ~ 수백 CPI 값을 갖게 된다. 1세대 RISC 칩의 목표는 1 CPI 였으나, 프로세서들의 설계 및 생산 기술이 진보하면서 CPI 값을 감소시킬 수 있게 되었는데, 그 기술적인 배경을 이루는 것들이 파이프라이닝 기법이다. 파이프라이닝 기법은 프로세서가 명령어들을 처리하는 과정을 단순화해서 보면 단일 명령어를 인출(FI, Fetch Instruction)하고 복호화(DI, Decode Instruction)해서 수행(EI, Execute Instruction)하고 그 결과를 쓰는(WB, Write-Back) 과정이 반복적으로 나타나는 것이라고 볼 수 있다. [그림 8-1]과 같이 단순화된 이 연속적인 단계들을 수행하는 각각의 연산장치들은 서로 독립적으로 동작할 수 있기 때문에 모든 연산장치들이 각각 맡은 명령어 흐름을 동시에 처리할 수 있도록 조정해 주는 것을 파이프라이닝 기법이라 한다.

시간 →

참고문헌: IBM AIX DIY Special Edition

FI	DI	EI	WB				
	FI	DI	EI	WB			
		FI	DI	EI	WB		
			FI	DI	EI	WB	···

[그림 8-1] 파이프라이닝 기법

RISC 프로세서에서 명령어가 비록 간단해지기는 하였으나, 사실상 명령어를 한 클록사이클 내에 실행하는 것은 불가능하다. 그러나 n 사이클 내에 n 개의 명령어 실행을 완료할 수만 있다면, 평균적으로 한 사이클당 한 개의 명령어를 실행한다고 말할 수 있을 것이다. 이를 위하여 모든 RISC 들은 명령어 실행과정을 파이프라이닝하고 있는 데, 일반적으로 병렬로 동작하는 여러 개의 독립적인 파이프라인 장치들로 이루어진다. 명령어 인출장치(Instruction Fetch Unit), 명령어 해석장치(Instruction Decode unit), 명령어 실행장치(Instruction Execution Unit) 및 메모리 액세스장치(Memory Access Unit) 등이 그것이다. 일반적인 명령어들에 있어서는 이들 중에서 명령어의 해석과 실행은 한 사이클 내에 처리되도록 할 수 있다. 따라서 이 명령어들은 두 사이클 내에 실행될 수 있다. 그러나 메모리를 액세스하는 LOAD 와 STORE 명령어에 있어서는 실행단계(Execution Stage)가 적어도 두 사이클은 소요된다.

그에 따른 문제점을 분석하기 위하여 다음과 같은 어셈블리 프로그램을 고려해 보자.

LOAD X, R0 ; 메모리 X 번지의 내용을 레지스터 R0 으로 적재하라.

ADD R0, R1 ; 레지스터 R0 와 R1 의 내용을 더하고, 결과를 R1 에 저장하라.

이 프로그램의 처리과정에서 두 명령어들이 순서대로 파이프라인을 통과하기 때문에 LOAD 명령어가 실행된 지 한 사이클 후에는 ADD 명령어의 실행이 시작될 것이다. 그러나 LOAD 명령어는 아직 실행이 완료되지 않았으므로 레지스터 R0 에는 X 의 내용이 적재되지 않았다. 따라서 ADD 명령어는 X 번지의 내용이 아닌 원래 R0 의 내용을 R1 에 더하게 될 것이므로 잘못된 계산결과를 산출하게 된다. 이를 방지하기 위하여 RISC 프로세서에서는 다음과 같은 두 가지 방법들이 사용된다.

① H/W interlocking : LOAD/STORE 명령어가 실행된 후에 해당 레지스터에 데이터가 적재될 때까지 자동적으로 지연(NO-OP)명령어 코드에 해당하는 지연슬롯(delay slot)을 삽입하는 방법이다. 프로세서 속도와 메모리 속도의 차이가 큰 경우에는 여러 개의 지연슬롯이 삽입될 수도 있다. 이 방법은 하드웨어로 구현된다.

② 프로그램 실행순서의 재조정 : 컴파일러가 어셈블리 프로그램 코드들을 조사하여 LOAD/STORE 명령어의 실행 완료 여부와 무관하게 실행될 수 있는 명령어를 LOAD/ STORE 명령어의 다음에 위치시키는 방법이다. 만약 그러한 명령어를 찾지 못했을 때는 NO-OP 명령어 코드를 삽입한다.

이와 같은 파이프라인의 실제 처리과정을 설명하기 위하여 [그림 8-2]와 같은 세 단계 파이프라인 구조를 고려해보자. [그림 8-2]에서는 10개의 명령어들이 순서대로 처리되고 있는 데, 유의할 부분은 세 번째와 일곱 번째에 각각 위치하고 있는 LOAD 와 STORE 명령어의 실행이다. 먼저 첫 번째 사이클에서 명령어_1 이 인출된다. 두 번째 사이클에서는 명령어_2 가 인출되고, 동시에 명령어_1 은 실행된다. 세 번째 사이클에서는 명령어_3(LOAD임을 나타내기 위하여 L로 표시)이 인출되고, 동시에 명령어_2 가 실행된다. 네 번째 사이클에서 LOAD 명령어의 실행이 시작되는 데, 한 사이클 내에 완료되지 못한다. 따라서 다섯 번째 사이클에서 특별한 상황이 일어난다. 즉, LOAD 명령어 실행은 완료되지 못한 상태에서 명령어_4(〈4〉로 표시) 가 실행된다. 만약 명령어_4 가 앞의 LOAD 명령어의 목적지 레지스터를 사용하지만 않는다면 아무런 문제가 발생하지 않으며, 명령어 실행은 지연 없이 진행된다.

그것이 가능해지도록 하기 위하여 위에서 설명한 방법들 중에서 두 번째 방법을 사용한다면, 컴파일러가 LOAD 명령어의 다음 위치에 LOAD 명령어에 의하여 메모리로부터 인출되는 데이터를 사용하는 명령어가 오지 않도록 순서를 조정해주면 된다. 만약 컴파일러가 그러한 명령어를 찾을 수 없을 때는 LOAD 명령어 다음에 NO-OP 명령어를 삽입해주어서 아무런 동작이 처리되지 않으면서 한 사이클을 기다리게 한다. STORE 명령어의 경우에도 비슷한 일이 발생하는 데, 이때도 명령어_8 이 STORE 명령어의 실행과 무관하다면 아무런 문제가 없다.

사이클 / 파이프라인 단계	1	2	3	4	5	6	7	8	9	10
명령어 인출	1	2	L	4	5	6	S	8	9	10
명령어 실행		1	2	L	〈4〉	5	6	S	〈8〉	9
기억장치 액세스					L				S	

[그림 8-2] 파이프라인된 RISC의 명령어 실행과정

이와 같이 메모리를 엑세스하는 명령어의 다음 위치에 그와 무관한 명령어를 위치시키는 재구성 방법을 사용하면 H/W interlocking 방법 보다 프로세서의 내부 하드웨어가 더 간단해진다.

8.4.5 마이크로 프로그램의 제거

CISC 프로세서에서 제어장치가 명령어 해석과 제어신호 발생을 위하여 마이크로 프로그램을 사용하였다는 것을 기억할 것이다. 그 주요 이유는 제어장치 내부회로의 복잡성을 줄이기 위한 것이었다. 그에 따라 제어장치의 내부에는 마이크로프로그램(Micro Program)을 저장하기 위한 제어메모리가 필요하게 되었고, 그로부터 마이크로코드(Micro Code)를 인

출해야 하므로 실행과정에 많은 시간이 걸리게 되었다. 즉, 명령어 실행 속도가 저하되는 주요 원인이 된 것이다.

RISC 프로세서에서는 모든 명령어 실행과정이 하드웨어만에 의하여 이루어진다. 다시 표현하면, 명령어를 해석하고 제어신호를 발생하는 과정에서 마이크로 프로그램이 개입되지 않는다는 것이다. 명령어 인출장치에 의하여 인출된 명령어 코드의 각 비트들이 그 명령어 실행에 필요한 제어신호들을 발생시키는 데 직접 사용된다. 이것이 RISC 프로세서의 고속화의 비결이라고 할 수 있다.

8.4.6 고정된 명령어 형식

명령어 코드의 비트들이 직접 제어신호의 발생에 사용되기 위하여는 그 비트들을 해석할 필요가 있다. 그런데 이 과정에서 사용되는 해석기는 하드웨어로 고정되어 있으므로, 명령어 코드마다 길이가 다르거나 OP 코드 영역의 비트 수가 서로 다르면 곤란해진다. 다시 표현하면, 고정된 하드웨어에 의하여 처리되기 위하여는 입력 데이터 즉, 명령어의 형식이 고정되어 있어야 한다.

8.5 레지스터 세트의 설계

앞에서 설명한 RISC 설계 원리 들이 적용되면 프로세서 상에는 많은 공간적 여유가 생기게 된다. 이 빈 공간을 어떻게 이용할 것인가 하는 문제를 생각하게 된다. 앞에서 명령어들이 한 사이클 내에 실행되도록 한다는 목표의 가장 중요한 저해요인이 주기억장치의 액세스 시간 즉, LOAD 와 STORE 명령어의 실행시간이라고 알았다. 이 문제점을 개선하는 방법은 프로세서의 내부 메모리를 증가시켜 많은 데이터들을 프로세서 내부에 일시 저장할 수 있도록 함으로써 그러한 명령어들이 실행되는 횟수를 가능한 한 줄이는 것이다. 이를 위하여 RISC 에서는 명령어의 단순화를 통하여 확보된 공간을 이용하여 내부 메모리인 레지스터의 수를 대폭 증가시켰다.

그러나 레지스터의 수를 증가시키는 것도 한계가 있기 때문에 한정된 수의 레지스터들을 효과적으로 사용하기 위한 운용방식으로서, CISC 프로세서에서는 이러한 변수들의 저장과 전송이 주기억장치의 일부분을 이용하는 스택을 통하여 이루어졌다. 이에 따라 많은 횟수의 주기억장치 액세스가 필요하게 되어 문맥교환에 많은 시간이 소요되었다. RISC에서는 이러한 지연을 최소화할 수 있도록 레지스터의 사용을 확대하고 운용방식도 최적화하고 있다.

RISC 설계에서 가장 널리 사용되고 있는 레지스터 운용방식은 중첩-레지스터 윈도우(Overlapping Register Window : ORW) 방식이다. 이 방식은 각 프로세서에 따라 약간씩은 다르지만, 여기서는 일반적인 원리에 대하여 설명하기로 한다. 이 방식에서는 전체 레지스터들을 여러 개의 그룹으로 나누어서 각 프로시져가 실행될 때마다 한 그룹씩 할당되어 사용한다. 예를 들면, 프로시져-A 를 실행하는 동안에 전체 레지스터들 중의 어느 한 레지스터 그룹이 사용되었다면, 프로시져-B 를 실행하는 동안에는 다른 그룹의 레지스터들이 사용된다는 것이다. 이와 같이 어느 한 시점에서 현재 실행중인 프로그램에 의하여 사용가능한 레지스터들을 "보이는 레지스터들(Visible Register)" 이라고 하며, 그 수는 일반적으로 32개 정도이다. 이와 같이 32개로 구성된 레지스터 그룹은 다시 용도에 따라 [그림 8-3]와 같이 네 개의 서브그룹(Sub-Group)들로 나누어진다.

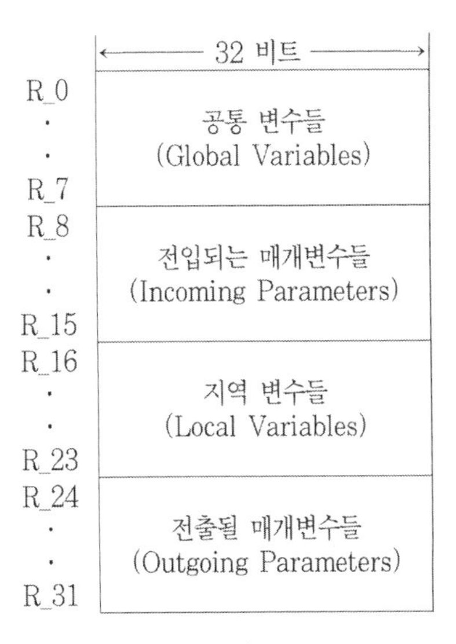

[그림 8-3] 한 그룹의 '보이는 레지스터들'이 4개의 서브그룹으로 나누어진 모습

8.6 상용 RISC-SPARC

SPARC(Scalable Processor ARChitecture - 확장형 프로세서 아키텍처)는 1985년 썬 마이크로시스템즈에 의해 개발된 빅 엔디안(Biig Endian) RISC 마이크로프로세서이다. SPARC 은 1989년 Sun Microsystems, Inc. 가 스팍의 확산을 위해 설립한 SPARC International, Inc. 의 등록 상표이기도 하다. SPARC International 은 스팍 아키텍처를 공개하였으며, Texas Instruments, Cypress Semiconductor, Fujitsu 등 많은 칩 제조사에게 라이센스를 주기도 했다. (즉, SPARC에 기반한 마이크로 프로세서는 더 이상 썬 마이크로시스템즈만 제조할 수 있는 것이 아니다) SPARC International 에 의해 스팍 아키텍처는 VHDL 로 작성된 LEON 이라 불리는 소스가 공개되었으며, 누구도 소유하지 않는 완전 공개된 아키텍처가 되었다. 이 소스는 LGPL 을 따른다. 스팍 아키텍처의 구현은 초기에는 Sun Microsystems, Inc. 나 Fujitsu 의 대형 SMP 서버나 워크스테이션을 위해 개발되었다. SPARC 머신은 일반적으로 Sun Microsystems, Inc. 이 SPARC 를 위해 개발한 운영체제인 솔라리스와 비슷하게 취급된다. 현재 NeXTSTEP, Linux, FreeBSD, OpenBSD, NetBSD 등이 스팍 프로세서를 위해 개발되었다. 다양한 버전의 스팍 아키텍처가 있으며 최근엔 Sparc9 까지 개발되어있다. 2005년 12월에 Sun Microsystems, Inc. 은 Sparc9 을 구현한 UltraSPARC T1 을 개발하였으며 그 소스를 공개하였다.

SPARC는 버클리 대학의 Patterson 교수와 Sequin 교수에 의하여 설계된 RISC Ⅰ, RISC II 및 SOAR 에 기반을 두고 설계되었다. 그런데 SPARC 설계는 IU(integer Unit)라고 불리는 CPU 이외에도 부동 소수점 연산장치(floating point unit : FPU)와 보조 프로세서(coprocessor : CP)를 포함하고 있다. 여기서 CPU 는 일반적인 명령어들과 정수 처리를 위한 명령어들을 실행하며, FPU 는 부동소수점 수에 대한 산술 명령어들을 실행하고, CP 는 사용자가 원하는 경우에만 포함되는 선택 사양이다. 이와 같이 SPARC 는 여러 개의 칩들로 이루어지는 칩 세트(chip set) 형태로 구성된다[그림 8-4].

SPARC 시스템 구성에서 특기할 사항은 [그림 8-4]에서 보는 바와 같이 캐시 메모리-관리장치(Memory Management Unit : MMU)의 위치가 일반적인 시스템들과는 다르다. 일

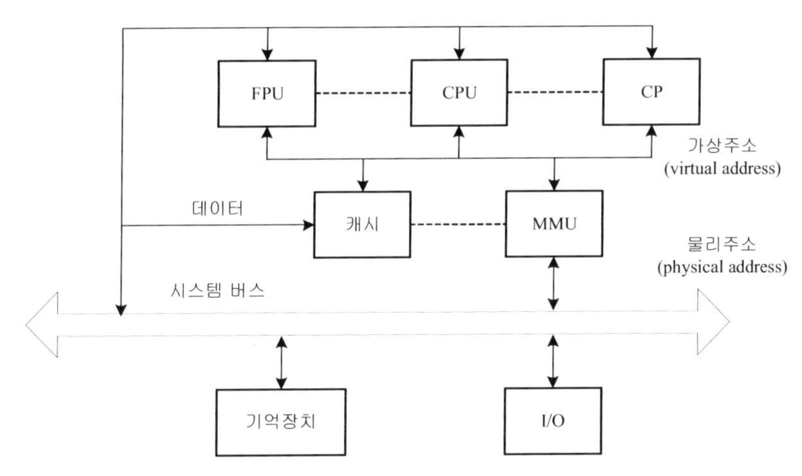

[그림 8-4] SPARC 시스템의 구성도

반적으로는 프로세서가 발생한 가상주소(Virtual Address)가 MMU 에 의하여 물리적 주소(Physical Address)로 변환된 후에 캐시와 시스템버스로 나간다. 그러나 SPARC 시스템에서는 캐시에 가해지는 주소가 프로세서에 의하여 발생된 가상주소를 그대로 사용하기 때문에 물리 주소로 변환하는 데 걸리는 지연시간 없이 캐시 액세스 동작이 일어날 수 있다. 즉, 가상캐시(Virtual Cache) 방식이 사용된다.

SPARC 는 기본적으로 32비트 프로세서로서, 단어(Word)의 길이와 주소 비트의 수가 각각 32비트씩이다. 따라서 직접 지정할 수 있는 주소공간은 32바이트가 되며, 바이트 단위 주소지정도 가능하다. 그러나 프로세서와 메모리 사이에 32비트 단어 단위로 인출과 저장동작이 일어날 수 있도록 하기 위하여, 주소는 4 배수 값을 가지며 각 단어의 내용은 하나의 단어영역(주소: 00, 01, 10, 11)상에 정렬되어야 한다. 이와 같이 단어가 정렬되어 저장되면 단 한 번의 동작으로 단어 액세스가 가능해지며, 따라서 성능이 좋아지고 명령어 세트의 최적화에도 도움이 된다. 메모리에 단어가 정렬되는 방식으로는 MC680×0 마이크로 프로세서와 같이 빅-엔디안(Big Endian) 방식이 사용된다. 즉, [그림 8-5][그림 8-6]과 같이 단어를 이루는 네 바이트들이 좌측에서부터 시작하여 정렬된다. (비교: 80×86 마이크로 프로세서에서는 바이트들이 우측부터 정렬되어 바이트_0 이 맨 우측에, 바이트_3 이 맨 좌측에 위치하는 리틀 엔디안(Little Endian) 방식이 사용된다.

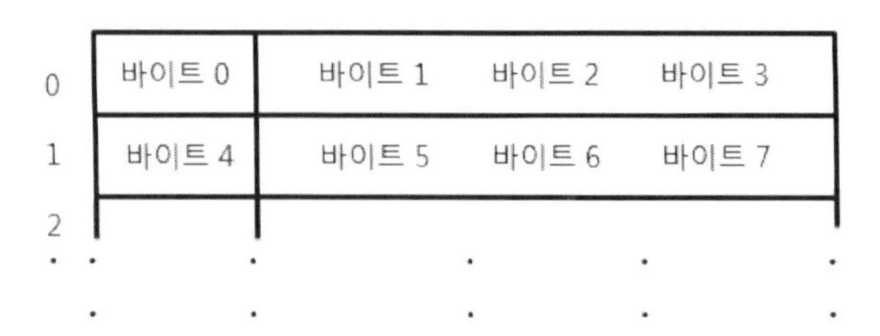

[그림 8-5] 빅-엔디안 저장 방식

Low address　　　　　　　　　　　　High address

Address	0	1	2	3	4	5	6	7
Little-endian	Byte 0	Byte 1	Byte 2	Byte 3	Byte 4	Byte 5	Byte 6	Byte 7
Big-endian	Byte 7	Byte 6	Byte 5	Byte 4	Byte 3	Byte 2	Byte 1	Byte 0
Memory content	0x11	0x22	0x33	0x44	0x55	0x66	0x77	0x88

64 bit value on Little-endian	64 bit value on Big-endian
0x8877665544332211	0x1122334455667788

[그림 8-6] 빅-엔디안과 리틀-엔디안 시스템 상의 64비트형에서의 바이트 순서

SPARC 의 모든 명령어 코드들은 32비트로 구성되며, 레지스터들의 대역폭도 32비트이다. 그러나 명령어들이 데이터를 처리할 때는 8비트, 16비트, 32비트 및 64비트 단위로 이동시킬 수 있다. 물론 64비트 데이터는 두 번에 걸쳐서 이동시켜야 한다. SPARC 자체는 단일 프로세서 구조를 가지고 있지만, 다중프로세서 시스템의 프로세서로 사용되는 데 필요한 여러 가지 기능들을 지원해주고 있다. 예를 들면, SPARC 는 프로세서 동기화를 위한 특수 명령어를 가지고 있다.

SPARC 의 명령어 실행과정은 [그림 8-7]과 같이 4-단계 파이프라인으로 구성되어 있다. 인출(fetch), 해석(decode), 실행(execute), 쓰기(write). 또한, 지연적재(delayed load)와 분기(branch), 호출(call) 및 복귀(return) 등과 같은 특수한 명령어들을 위해서 앞서 설명한 특수한 조치가 포함되어 있다.

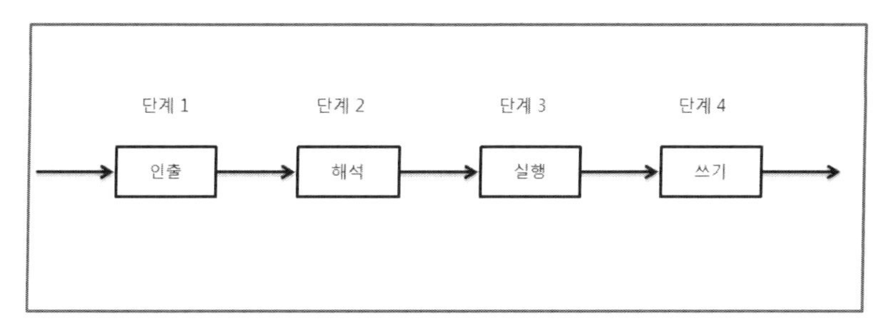

[그림 8-7] SPARC 의 명령어 파이프라인

8.6.1 레지스터 세트의 구조

SPARC 에서는 앞 절에서 설명하였던 ORW 방식을 채택하고 있다. 프로세서 내에 존재할 수 있는 레지스터들의 수는 정해져 있지 않으며, 칩의 집적도에 따라 최대 520개까지 포함될 수 있다. 각 윈도우에서 사용할 수 있는 레지스터들의 수는 32개씩이므로 520개의 레지스터들이 포함되어 있는 경우에는 최대 32개까지의 윈도우들이 존재할 수 있다. 즉, (32 × 16) + 8 = 520. 따라서 CWP 는 5비트로 구성된다. 특기할 사항은 공통 레지스터들 중의 첫 번째 레지스터인 R-0 는 하드웨어적으로 0 으로 고정되어 있다.

8.6.2 명령어 세트

SPARC 의 모든 명령어 코드들은 32비트로 구성되며, 4-가지 형식(format)들이 사용된다. 명령어 형식들을 살펴보기 위하여 다음과 같이 3개의 피연산자들을 가진 산술 및 논리연산을 고려해보자.

DEST = SRCI op SRC2 (단, op 는 산술 또는 논리연산을 나타냄)

이러한 연산에서 오퍼랜드들이 저장되는 위치가 모두 레지스터일 수도 있고, SRC 로는 즉치 데이터(immediate data)가 사용될 수도 있다. 이에 따라 명령어 형식으로는 다음과 같은 두 가지가 정의되어 있다.

이 형식에서 최상위 두 비트(f)는 네 가지 명령어 형식들을 구분하는 데 사용된다. 즉치 데이터로는 2의 보수로 표현되는 정수가 사용되는 데, 13비트가 할당되어 있으므로 −4096부터 +4095사이의 값을 가질 수 있다. 이 값은 명령어 종류에 따라 주소 또는 데이터가 된다.

[그림 8-8]의 형식들은 LOAD 와 STORE 명령어에서도 사용될 수 있지만, 각 필드는 약간 다르게 사용된다. LOAD 명령어의 경우에 DEST 필드는 데이터가 적재될 레지스터를 지정하고, STORE 명령어의 경우에는 메모리에 저장될 데이터를 가지고 있는 레지스터를 지정한다. SRC1 필드를 포함한 하위 19비트들은 다음 두 가지 중의 어느 한 방법에 의하여 유효 메모리 주소(effective memory address)를 계산하는 데 사용된다.

유효주소 = SRC1 + SRC2

유효주소 = SRC1 + 즉치 데이터(13비트)

2	5	6	5	1	8	5	: 각 필드의 비트수
f	DEST	OP code	SRC1	0	FP-OP	SRC2	

(a) 오퍼랜드의 위치가 모두 레지스터인 경우

2	5	6	5	1	13
f	DEST	OP code	SRC1	1	IMMEDIATE DATA

(b) SRC2가 즉치 데이터인 경우

[그림 8-8] 산술 및 논리연산 명령어의 형식

여기서 만약 SRC1 이 R0 레지스터를 지정한다면(R0 는 0 으로 고정되어 있음), 첫 번째 방식은 SRC2 만을 이용하는 레지스터 간접주소지정 방식이 된다. 유효주소를 계산하는 두 번째 방식의 경우에 만약 SRC1 로 R0 가 지정된다면 13비트의 즉치 데이터를 주소 비트들로 사용하는 직접주소지정방식이 된다. 그러나 이 방식으로는 전체 메모리의 주소공간을 액세스할 수가 없다. 이를 보완하기 위하여 [그림8-3]의 공통 레지스터들(R0 ~ R7)을 주소 레지스터로 사용하여 32 비트 주소를 발생하도록 할 수 있다.

전체 메모리 주소공간을 액세스하기 위한 더 편리한 방법은 [그림 8-9]와 같은 SETHI 명령어 형식을 이용하는 것이다.

2	5	3	22
f	DEST	OP	IMMEDIATE DATA

[그림 8-9] SETHI 명령어 형식

이 명령어는 즉치 데이터필드의 22비트를 DEST 필드가 지정하는 공통 레지스터의 상위 22비트 값으로 세트해 주며, 그 레지스터의 하위 10비트는 모두 0 으로 바꾸어 준다. 이 명령어의 바로 다음에 [그림 8-8](b) 형식을 가진 LOAD 또는 STORE 명령어가 실행되면, 즉치 데이터 비트들이 그 레지스터의 하위 비트들과 더하여져서 32비트의 유효주소들을 생성하게 된다. 따라서 SETHI 명령어와 LOAD(또는 STORE) 명령어의 조합을 이용하면 메모리의 전체 주소 영역이 액세스될 수 있다.

다음으로 프로그램 제어 명령어들의 형식을 살펴보자. 먼저 [그림 8-10]은 조건 분기(condition branch) 명령어의 형식을 보여준다. 여기서 COND 필드는 분기의 종류를 지정해준다(예 : BEQ, BLT, BLE 등). 변위(DISPLACEMENT) 필드의 값은 현재의 프로그램 카운터(PC)의 값과 더하여져서 분기의 목적지 주소를 결정해 준다. 그런데 이 목적지 주소는 각 단어(32 비트)의 첫 번째 바이트의 위치를 지정하기 때문에 실제로 분기가 가능한 주소 영역은 현재 PC 가 지정하고 있는 주소를 중심으로 하여 앞(Foreward)과 뒤(Backward) 방향으로 각각 8M(2^{23}) 바이트씩이 된다. 이 형식에서 (a)로 표시된 1비트는 "Annual" 비트는 지연슬롯(Delay Slot)을 없애기 위하여 사용된다. A 비트가 0 이면 지연슬롯은 원래대로 실행된다. 그러나 A 비트가 1 이면, 분기 명령어의 조건이 만족되어서 분기가 일어나는 경우에만 지연슬롯이 실행된다. 만약 조건이 만족되지 않아서 분기가 일어나지 않는 경우에는 분기 명령어의 다음에 위치한 지연 명령어(NO-OP 명령어)는 실행되지 않는다.

2	1	4	3	22
f	A	COND	OP	PC-RELATIVE DISPLACEMENT

[그림 8-10] 조건 분기 명령어의 형식

서브 프로그램 호출(Subprogram Call)에는 두 가지 형식들이 사용될 수 있다. 먼저 [그림 8-11]과 같이 30비트의 변위 값을 가진 호출 명령어 형식을 보자.

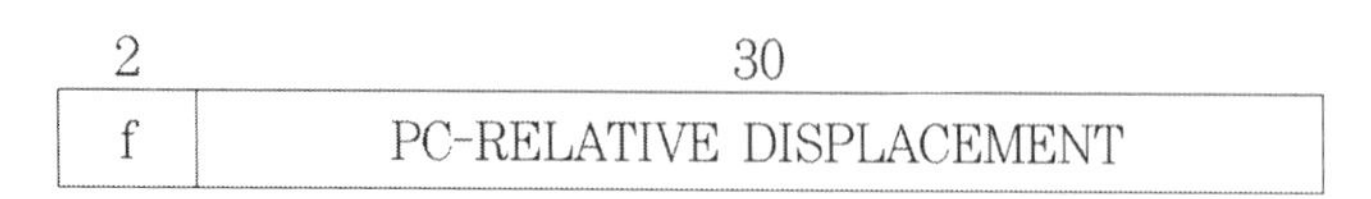

[그림 8-11] 호출 명령어의 형식

이 경우에는 30비트 변위값이 PC 내용과 더하여져서 호출 주소가 결정되는 데, 이 변위값도 단어 단위로 기억장소를 지정하기 때문에 최대 4G(2^{32}) 바이트 영역내의 명령어를 호출할 수 있다. 서브프로그램을 호출하는 다른 방법은 [그림 8-8]의 형식을 이용하는 JMPL 명령어를 사용하는 것이다[그림 8-13]. 이 방법은 호출할 주소를 프로그램 실행 중에 결정하는 경우에 적합하다.

8.6.3 RISC 어셈블리 프로그램의 예

지금까지 살펴본 네 가지 명령어 형식들을 이용하여 정의되어 있는 SPARC 명령어들과 보조프로세서 명령어들은 포함되지 않았다. 또한 "Tower of Hanoi"에 대한 C 언어 프로그램의 일부분이 SPARC 명령어들을 이용한 어셈블리 프로그램으로 작성된 예를 [그림 8-12]에 예시하였다. 이 프로그램은 SPARC 명령어들이 실제로 사용된 예를 참고적으로 보여주기 위한 목적이므로 이에 대한 자세한 분석과 설명은 생략하기로 한다.

참고문헌 : "A GUIDE TO RISC MICROPROCESSORS," Florence Slater et al, Academy Press.

```
            .proc       4                       ! begin procedure
            .globl      _towers                 ! define towers as an external symbol

_towers:    save        %sp, -112, %sp          ! advance register window and stack pointer

! if n = 1 then                                 ! IO = n, I1 = I, I2 = j
            cmp         %IO, 1                  ! if n = 1
            bne         ELSE                    ! if n <> 1 then goto ELSE

! writeln ( "move" , I,  ' to ' , j);
            sethi       %HI(A1), %O0            ! O0 = high 22 bits of address A1 (delay slot)
            call        .writestr               ! output the string  'move'
            or          %O0, %LO(A1), %O0       ! O0 = adress of A1 (delay slot)
            call        .writenum               ! print i
            mov         %I1, %O0                ! O0 = I (delay slot)
            sethi       %HI (A2), %O0           ! O0=high 22 bits of adress A2
            call        .writestr               ! output the string  'to'
            or          %O0,%LO (A2), %O0       ! O0 = adress of A2 (delay slot)
            call        .writenum               ! print j
            mov         %I2, %O0                ! O0 = j (delay slot)
            call        .writecr                ! output carriage return
            nop                                 ! (delay slot)
            b           DONE                    ! jump around else part
            mov         0, %O0                  ! return error code 0 (ok) to caller (delay slot)

! k= 6 - i - j;                                 ! compute k in local register L0
ELSE:       mov         6, %L0                  ! local register L0 = 6
            sub         %L0, %I1, %L0           ! local register L0 = 6 - i
            sub         %L0, %I2, %L0           ! local register L0 = 6 - i - j

! towers(n - 1, i, k);
            sub         %I0, 1, %O0             ! parameter 0 : O0 = n - 1
            mov         %I1, %O1                ! PARAMETER 1 : O1 = I
            call        _towers, 3              ! towers(n - 1, i, k)
            mov         %L0, %O2                ! parameter 2 : O2 = k (delay slot)

! towers(1, i, j);
            mov         1, %O0                  ! parameter 0 : O0 = 1
            mov         %I1, %O1                ! parameter 1 : O1 = i
            call        _towers, 3              ! towers(1, i, j)
            mov         %L0, %O2                ! parameter 2 : O2 = j (delay slot)

! towers(n - 1, k, j);
            sub         %I0, 1, %O0             ! parameter 0 : O0 = n - 1
            mov         %L0, %O1                ! PARAMETER 1 : O1 = k
            call        _towers, 3              ! towers (n - 1, k, j)
            mov         %I2, %O2                ! parameter 2 : O2 = j (delay slot)

            mov         0, %O0                  ! return error code 0 (ok) to caller
DONE:       ret                                 ! return to caller
            restore     %g0, %O0, %O0           ! reset register window (delay slot)
            .seg         "data"                 ! use data segment
A1:         .ascii       "move ₩0"              ! allocate a string
A2:         .ascii       " to ₩0"               ! allocate a string
```

[그림 8-12] SPARC 명령어들로 작성된 'Towers of Hanoi' 의 어셈블리 프로그램

LDSB	Load signed byte
LDSH	Load signed halfword
LDUB	Load unsigned byte
LDUH	Load unsigned halfword
LD	Load word
LDD	Load double word

STB	Store byte
STH	Store halfword
ST	Store word
STD	Store double word

LDSTB	Load/Store unsigned dbyte
SWAP	Swap memory word with reg

ADD	Add
ADDCC	Add, set icc
ADDX	Add with carry
ADDXCC	Add with carry, set icc
SUB	Subtract
SUBCC	Subtract, set icc
SUBX	Subtract with carry
SUBXCC	Subtract with carry, set icc
MULSCC	Multiply setp, icc

TADDCC	Tagged add, set icc
TSUBCC	Tagged subtract
TADDCCTV	Tagged CC add, trap overflows
TADDCCTV	Tagged CC sub, trap overflows

AND	Boolean AND
ANDCC	Boolean AND, set icc
ANDN	Boolean NAND
ANDNCC	Boolean NAND, set icc
OR	Boolean OR
ORCC	Boolean OR, set icc
ORN	Boolean NOR
ORNCC	Boolean NOR, set icc
XOR	Boolean exclusive OR
XORCC	Boolean exclusive OR, set icc
XNOR	Boolean excl. NOR
XNORCC	Boolean excl. NOR, set icc

SLL	Shift left logical
SRL	Shift right logical
SRA	Shift right arthmetic

Bxx	Conditional branch
Txx	Conditional trap
CALL	Procedure call
JMPL	Jump and link
SAVE	Advance register window
RESTORE	Move window backwards
RETT	Reture from trap

SETHI	Set high 22 bits
UNIMP	Unimplemented instr (trap)
RD	Read a special register
WR	Write a special register
IFLUSH	Instruction cache flush

[그림 8-13] SPARC의 어셈블리 명령어들

Exercise

1. CISC 의 문제점에 대하여 설명하시오.

2. RISC 의 설계 개념에 대하여 설명하시오.

3. CISC 와 RISC 프로세서를 특징상의 차이를 가지고 비교 설명하시오.

4. 데이터에 대한 연산을 하는 명령어들이 레지스터 주소 방식을 가지게 되면 어떠한 이점이 있는가 설명하시오.

5. 중첩 레지스터 윈도우(ORW)에 대하여 설명하시오.

6. 상용 RISC 프로세서로서 MIPS 와 SPARC 에 대하여 비교 설명하시오.

CHAPTER 9

병렬처리구조

병렬처리 컴퓨터는 대량의 데이터를 복잡한 계산에 의하여 장시간 연산하던 일을 초고속으로 처리할 수 있도록 CPU 내부에 여러 개의 프로세서를 갖고 있다. 병렬 처리는 연산이나 처리를 고속으로 수행하기 위한 고성능 컴퓨터의 기술이며, 명령이나 데이터를 병렬로 처리하는 기술, 연산의 다중화, 파이프라인 구조, 어레이 프로세서, 다중프로세서 시스템과 데이터 플로우 컴퓨터등의 기법을 말한다.

9.1 개요

병렬처리는 계산속도를 높이기 위해 여러 프로세서에서 동시에 여러 작업을 처리하는 것을 말한다. 병렬처리 컴퓨터는 빠른 속도와 많은 계산이 요구되는 분야에서 기존의 순차 컴퓨터로 하기 어려운 작업을 처리한다. 병렬처리의 목적은 연산 속도를 높임으로써 단위시간당 수행한 작업의 양 즉, 처리능력 (throughput)을 높이는 데 있다.

예를 들면, 서울과 제주 간(약 700 km)을 24시간 후의 일기를 정확하게 예상하는 문제를 검토해 보자. 이를 위해 1초에 약 1천억 개의 오퍼레이션(operation)의 처리가 필요한데, Cray-l 같은 컴퓨터에서도 2시간 정도의 시간이 소요된다. 또한 그 정확도를 두 배로 늘리기 위해서는 오퍼레이션의 수가 16배나 더 필요하기 때문에, 24시간 후를 예측하기 위하여 24시간의 계산 시간이 필요하게 된다. 따라서 정확한 일기 예보를 하려면 병렬처리가 가능한 고성능 컴퓨터가 반드시 필요하다. 이렇듯 많은 양의 계산이 요구되는 분야로는 일기 예보 외에도 인공지능 분야에서 음성이나 화상인식, 자연언어 처리 등이 있고, 역학 계산, 지하자원 탐사, 핵반응 연구를 위한 모의 실험, 미사일 등의 첨단 군 장비 분야 등이 있다.

컴퓨터 성능향상은 회로속도를 향상시키는 것과 병렬처리를 통하여 수행 동작 수를 증가시키는 두 가지 측면에서 시도되었다. 회로속도의 향상은 반도체 기술 발전에 힘입어 많은 성과를 가져 왔고, 병렬처리의 기술은 입출력 프로세서(I/O processor : IOP), 인터리브드 메모리(interleaved memory: IM), 캐시 메모리(cache memory : CM), 다중 기능장치(multiple functional unit : MFU), 파이프라인 기능장치 등이 이용되었으며, 명령어 파이프라이닝, 데이터 파이프라이닝 등의 기법도 사용되었다. 그리고 이들과 같은 기법 외에도 데이터 플로우(data flow) 모델 등이 있다. 컴퓨터 성능을 향상시키고자 하는 또 다른 시도로는 다중처리(multi process)가 있다. 다중처리는 시스템상의 여러 프로세서들에게 여러 개의 독립적인 작업(job)을 각각 배정함으로써 하나의 프로세서는 하나의 작업만 전념하도록 하는 것이다. 이에 반하여 병렬처리는 하나의 작업을 여러 개의 태스크(Task) 즉, 병렬처리를 위하여 프로세서에게 프로그램을 할당할 수 있도록 프로그램을 분할한 각각의 태스크 들을 시스템상의 여러 프로세서들에게 각각 배정하는 것이다. 각 태스크 들은 서로 의존 관계인지 독립적인 관계인지에 따라 순차적으로 또는 병렬적으로 처리된다.

병렬처리에서는 순차처리(sequential processing)에서 고려되지 않은 문제들이 발생하게 되고, 그 문제들은 병렬도가 심화될수록 복잡한 양상을 띠게 된다. 이 문제점들은 세 가지로 나눌 수 있는 데, 첫째는 분할(partition)의 문제로 하나의 프로그램이 최대의 병렬성을 갖도록 태스크(task)들을 어떻게 나누는가 하는 것이고, 둘째는 분할된 태스크 들을 실제 수행을 위해 각각 프로세서들에 배정하는 스케쥴링의 문제이고, 셋째는 동기화의 문제이다. 이밖에 캐시 메모리에 관련된 것도 병렬처리 컴퓨터에서 해결해야 할 문제이다.

9.1.1 프로그램의 분할

분할이란 하나의 프로그램에 내재되어 있는 병렬처리가 가능한 부분을 추출하여 그레인(grain)이라 부르는 여러 개의 병렬 태스크로 분리하는 작업을 의미한다. 그레인의 크기는 사칙 연산과 같은 작은 단위의 미세한(fine) 그레인으로부터 태스크를 단위로 하는 큰(coarse) 그레인에 이르기까지 다양하다. 그레인의 크기가 작을수록 즉, 미세한 그레인에 가까울수록 가능한 한 많은 병렬성을 얻을 수 있다는 장점이 있으나, 동기화와 스케쥴링에는 많은 과부하(overhead)가 발생한다. 큰 그레인의 경우 동기화와 스케쥴링의 과부하가 줄어드는 반면, 프로그램에 내재되어 있는 병렬성 중 많은 부분을 잃게 되는 단점이 있다.

분할문제는 병렬성 탐지와 묶음(clustering) 문제로 나누어 볼 수 있다. 병렬성 탐지는 수행속도를 최대화하기 위해 프로그램에 내재되어 있는 가능한 한 모든 병렬성을 찾아내는 방법이다. 이것은 사용자가 알고리즘을 설계할 때 탐지할 수 있다. 이를 위해서는 CSP나 OCCAM 과 같은 병렬언어가 필요하다. 또한 컴파일러에 의해서도 병렬성을 탐지할 수 있다. 이러한 컴파일러는 일반 사용자가 작성한 순차적 프로그램을 병렬처리에 맞게 재구성해 준다.

묶음이란 병렬성을 탐지하는 동안 여러 동작들을 하나의 태스크로 묶는 것을 의미한다. 묶음은 병렬언어나 컴파일러에 의해서 이루어지는 데, 이 묶음이 그레인의 크기를 결정한다. 그러므로 동기화와 스케쥴링의 과부하를 감소시키고, 많은 병렬성을 얻을 수 있도록 적절하게 묶는 것이 필요하다.

9.1.2 태스크의 스케쥴링

병렬처리 시스템에서의 스케쥴링은 각 태스크들을 프로세서에 할당하여 단일 프로그램에 대한 높은 성능이나, 다중 프로그램 환경하에서 높은 프로세서 이용률을 얻는 것을 목표로 하고 있다. 스케쥴링은 정적이거나 동적일 수 있다.

정적 스케쥴링은 각 태스크의 프로세서 할당과 수행순서가 사용자가 알고리즘을 구성할 동안이나, 컴파일할 때 컴파일러에 의해서 결정되는 스케쥴링이다. 정적 스케쥴링의 장점은 스케쥴링 비용이 컴파일 시간에만 들고 수행시(run time)에 스케쥴링을 위한 부담이 없다. 단점으로는 수행할 때의 상황 즉, 태스크의 실행시간과 태스크와의 통신비용 등을 정확히 예측하지 못하므로 비효율적이라는 것이다. 그러므로 컴파일 할 때 매개변수들을 보다 정확하게 얻기 위해 컴파일러 설계에 많은 노력을 기울여야 한다.

동적 스케쥴링은 수행 시 태스크를 프로세서에 할당한다. 동적 스케쥴링의 목표는 가능한 모든 프로세서들의 상태를 감시하면서 휴지(idle) 프로세서가 생기면 태스크를 할당하여 프로세서 이용률을 높이는 데 있다. 그러므로 동적 스케쥴링이 정적 스케쥴링보다 프로세서 할당과 실행이 유연하나, 수행 시 스케쥴링하여야 하기 때문에 수행에 부담을 주는 단점이 있다.

9.1.3 동기화

병렬처리에는 데이터의 올바른 처리 규칙이 반드시 필요하다, 만일 공유하고 있는 데이터 x (값 15 라고 가정)에 대하여 프로세서 A 와 B 가 각각

$$x \leftarrow x + 1, \quad x \leftarrow x - 1$$

을 수행한 뒤, 그 결과를 A 가 먼저 메모리로 보낸 후에 B 가 보내게 되면, 공유되는 데이터 x 값은 14 가 되고, B 가 먼저 메모리로 보내면, x 값은 16 이 되어 프로세스 순서에

따라 그 결과가 다르게 나온다. 따라서 공유된 데이터는 한 프로세서에 의해 변형되지 못하도록 하는 것이 필요하다. 이 때 동기화라는 작업이 필요하며, 모든 병렬처리 컴퓨터에서 이러한 오류를 막기 위해 다양하게 대처하고 있다.

9.1.4 캐시 메모리

병렬처리 컴퓨터에서 캐시는 순차처리 컴퓨터에서의 캐시와 또 다른 의미가 부여되어 획기적인 처리속도를 이끌어낼 수가 있다. 캐시 메모리는 용량이 작지만, 메모리와 프로세서 사이에서 사용하고자 하는 데이터를 미리 메모리에서 가져와 빠른 속도로 프로세서에 전달하려는 데 목적이 있다.

더욱이 병렬처리 컴퓨터의 경우, 여러 개의 프로세서들이 하나의 버스를 통하여 메모리를 공유함으로써 캐시 메모리가 없을 경우 프로세서는 메모리로부터 데이터를 가져오게 된다. 따라서 공유 메모리 내에서 데이터의 충돌이 발생하게 되며, 원하지 않는 결과를 얻게 된다. 캐시 메모리가 사용될 경우에는 버스에 대한 충돌이 줄어들어 전체적인 시스템의 속도를 증가시킬 수 있기 때문에, 속도를 향상시키려는 컴퓨터는 대부분 캐시 메모리를 사용하고 있다.

9.2 병렬처리 컴퓨터

병렬처리 컴퓨터는 관점에 따라서 많은 정의를 하고 있지만, 대체로 다음의 기준을 따른다.

9.2.1 플린(Flynn)의 분류

플린은 명령과 데이터를 근거로 기존의 모든 컴퓨터를 SISD, SIMD, MISD, MIMD 로 분류하고 있다.

① SISD(single instruction stream single data stream) 구조 : 하나의 명령에 의해 하나의 데이터만 처리되는 컴퓨터 구조로서, 고전적인 폰노이만 방식을 말한다.

② SIMD(single instruction stream multiple data stream) 구조 : 하나의 명령으로 동시에 많은 데이터를 처리하는 구조로서, 프로세서들이 동시에 동일한 처리를 요구하는 많은 데이터들을 처리할 수 없으므로 어레이 프로세서(array processor)와 같은 특별한 경우에 유용하다.

③ MISD(multiple instruction stream single data stream) 구조 : 여러 프로세서들에 의해 각각의 명령들이 하나의 데이터에 적용되는 것으로, 이론적일 뿐 실질적인 처리 방식이 아니다.

④ MIMD(multiple instruction stream multiple data stream) 구조 : 이 구조는 여러 명령어 스트림을 여러 데이터 스트림에서 각각 동작하게 하는 것으로서, 서로 다른 명령어와 데이터 스트림 사이에는 다양한 형태의 상호작용이 존재한다.

플린의 분류에 따른 컴퓨터의 구조를 그림으로 도시하면 [그림 9-1]과 같다.

9.2.2 병렬수행에 따른 분류

낮은 단계의 병렬수행만으로 컴퓨터를 분류하는 것이다. 여기에는 다음의 4가지로 분류되고 있다.

① 입출력 장치와 CPU 동작을 중첩한 CPU 와 IOP 간의 동시 동작을 하는 컴퓨터로서, 입출력 연산은 입출력 제어기, 채널, IOP 를 분리하여 사용함으로써 CPU 동작과 동시에 수행될 수 있다. DMA 채널은 입출력 장치와 주기억장치간에 직접 정보를 전송시켜 주기 위해 사용된다. DMA 는 CPU 와 유사하게 하나의 사이클을 훔쳐서 동작한다. [그림 9-2]에서 나타낸 것과 같이, CDC-6600 에서는 10개의 입출력 프로세서를 사용함으로써 입출력을 다중처리하여 CPU 와 외부장치와의 데이터를 전송함으로써 속도를 향상시킨다.

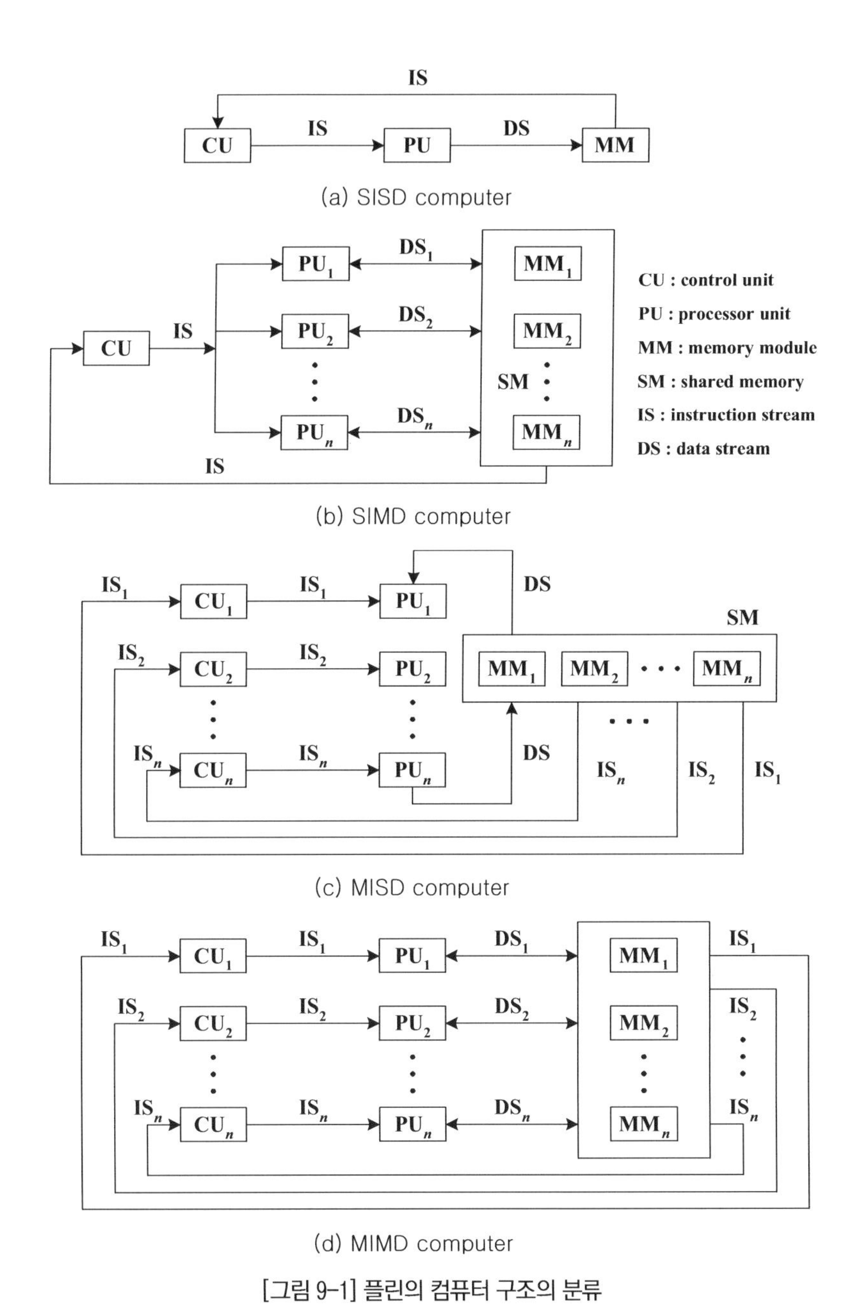

[그림 9-1] 플린의 컴퓨터 구조의 분류

② 수치 및 논리연산을 위해 각각 독립된 기능만을 수행하는 프로세서들이 동시에 수행되는 컴퓨터(다중기능장치의 CPU)인데, 병렬처리는 동시에 수행하는 독립된 기능을 가진 장치들에게 데이터를 분산하여 처리할 수 있다. 예를 들면, 부동 소수점 산술연산에서 지수부와 가수부를 각각 취급하는 두 개의 장치로 구성하는 것 등이

다. 두 부동 소수점 숫자의 곱셈에서는 가수를 곱하고 지수를 더해야 하는 데, 이 두 동작을 두 개의 장치에 나누어 동시에 수행할 수 있다. 또 다른 방법은 산술연산, 논리연산, 시프트를 서로 다른 장치에 나누고, 특수한 제어장치의 지시에 따라 연산자들을 각 장치에 분할하여 수행하는 것이다. [그림 9-3]은 하나의 연산장치를 여덟 개의 서로 다른 기능을 지닌 장치로 나눈 것이다. 레지스터의 오퍼랜드는 명령이 지정한 바에 따라 여덟 개 중 하나의 장치로 들어간다. 여기서 어떤 장치들도 나머지 것이나 장치에 관계없이 동시에 연산을 수행할 수 있다. 이런 다중 기능 구조는 각 장치에 대한 모든 동작의 수행을 관리하기 위하여 복잡한 제어장치를 필요로 한다. 이런 구조를 가진 컴퓨터로는 Cyber-70, CDC 6600 등이 있다.

③ 하나의 명령을 독립적인 단계들로 세분하여 각 단계들을 동시에 수행할 수 있도록 하는 컴퓨터 즉, 명령 파이프라인 컴퓨터,

④ 메모리를 독립된 메모리 모듈로 나누어 동시에 메모리 사용이 가능하도록 하는 메모리 인터리빙 등이 사용되는 다중메모리 모듈(Multi Memory Module)과 어레이(Array)구조의 컴퓨터 등이 있다.

대체로 파이프라인으로 동작되는 벡터 프로세서(vector processor)나 병렬처리의 장점을 갖는 구조들은 병렬처리 컴퓨터의 범주에 포함시킨다.

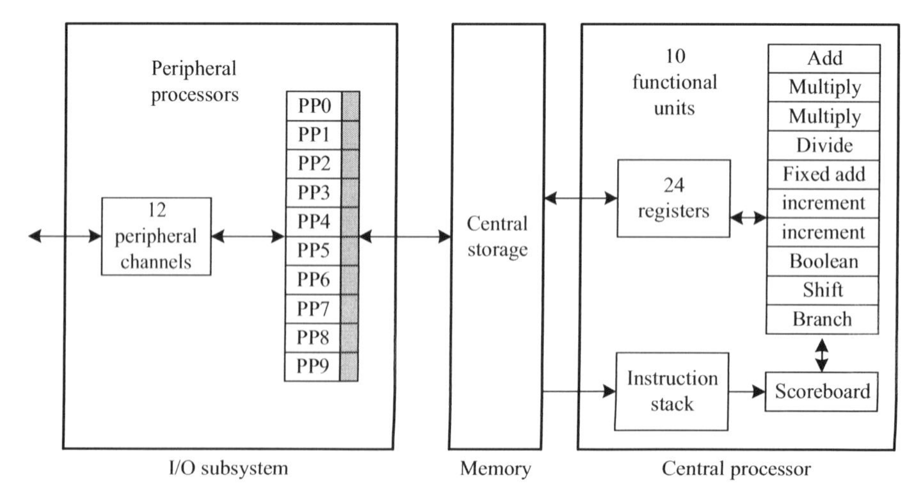

[그림 9-2] CDC 6600의 시스템 구조

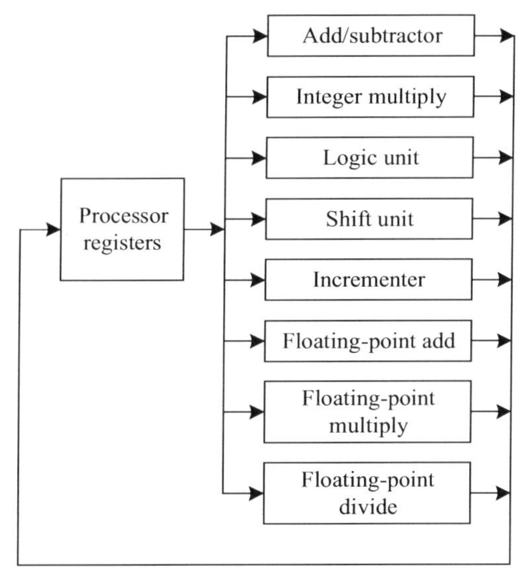

[그림 9-3] 다중 기능장치를 가진 프로세서

9.3 파이프라인 구조와 벡터 프로세서

9.3.1 파이프라인 구조

파이프라이닝이란 하나의 프로세서를 서로 다른 기능을 가진 여러 개의 서브프로세서로 나누어, 각 서브프로세서가 동시에 서로 다른 데이터를 취급하도록 하는 기법이다. 기능별로 나누어진 서브프로세서를 세그먼트 또는 단계(stage)라고 한다. 한 파이프라인 프로세서가 수행하는 명령을 OP 라고 하면, 각 세그먼트에서는 OP 를 수행하기 위한 부분적인 수행을 한다. 각 세그먼트에서 수행된 연산결과는 다음 세그먼트로 연속적으로 넘어간다. 그리고 데이터가 마지막 세그먼트를 통과하게 되면 최종적인 오퍼레이션 결과를 얻게 된다. 이런 식으로 하나의 진행에서 연산을 중복시키는 것은 각 세그먼트마다 레지스터를 둠으로써 가능하다. 이 레지스터들은 각 세그먼트마다의 오퍼레이션 결과를 보관함으로써, 여러 개의 데이터에 대한 오퍼레이션의 중간결과를 보관하는 역할을 한다.

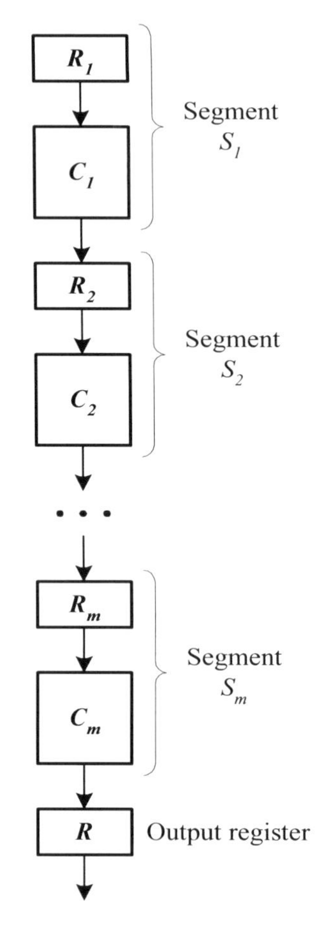

[그림 9-4] 파이프라인 구조의 프로세서

파이프라인 구조는 하드웨어가 수평적인 구조가 아닌 수직 형태의 종속적인 구조로서 병렬성을 얻으므로 임시(temporal) 병렬성의 구조라 한다. 모든 수퍼컴퓨터들은 이러한 파이프라인 구조가 여러 개 존재하며, 최근의 수퍼컴퓨터는 스칼라 및 벡터 전용 파이프라인을 각각 따로 함께 내장하여 고속의 오퍼레이션이 가능하도록 되어 있다.

m 개의 세그먼트를 갖는 간단한 파이프라인 구조를 [그림 9-4]에 도시하였다. 각 세그먼트 S_i 는 입력 레지스터 R_i 와 연산회로 C_i 로 구성되어 있다. 가장 간단한 파이프라인의 구조는 각 세그먼트마다 그에 해당하는 오퍼레이션을 수행하는 조합회로를 두며, 그 출력에 레지스터를 연결시키는 것이다. 이 때 각 레지스터의 출력은 다음 세그먼트의 입력으로 들어가게 된다. 레지스터마다 클록펄스 입력이 있는 데, 매 클록펄스마다 파이프라인

속의 데이터들은 다음 세그먼트의 오퍼레이션을 수행하고 그의 레지스터에 중간결과 값이 저장된다.

다음의 간단한 예로 파이프라인 구조의 개념을 알아보자, 이 예는 실제로 사용되는 것이 아니라 다만 보기를 들기 위한 것이다. 다음과 같은 뺄셈을 가정해 보자.

$C_i = A_i - B_i$, $i = 1, 2, 3, \ldots n$ 일 때

각 뺄셈동작은 다음과 같은 세 개의 부분동작(sub-operation)으로 분리할 수 있다.

① B_i 의 보수를 취한다.

② 여기에 1 을 더해 2 의 보수를 만든다.

③ A_i 에 이를 더한다. 각 부분동작은 파이프라인의 각 세그먼트에서 수행된다.

각 세그먼트는 한 개나 두 개의 레지스터와 조합회로를 가지고 있다.[그림 9-5](a) 보수기(complementer), 인크리멘터(incrementer), 가산기(adder) 등이 조합회로를 구성한다. 각 세그먼트의 동작을 다음과 같이 나타낼 수 있다.

$R1 \leftarrow B_i$	B_i가 입력된다.
$R2 \leftarrow \overline{R1}$	보수를 취한다.
$R3 \leftarrow R2 + 1,\ R4 \leftarrow A_i$	2의 보수를 취한다. A_i가 입력된다.
$R5 \leftarrow R3 + R4$	$A_i + \overline{B_i} + 1$

[그림 9-5]의 레지스터들은 매 클록펄스마다 새로운 값을 갖게 된다. [그림 9-5](b)는 각 펄스마다의 레지스터 내용을 보인 것이다. A_i 와 B_i 의 값이 입력되고 나서 네 개의 클록펄스가 지나면 C_i 의 값이 구해진다. 또한 매번의 클록펄스마다 계속해서 다음의 계산결과가 출력된다.

한 세그먼트를 통과하는 시간이 t 이고, k 개의 세그먼트가 있다면, 데이터가 입력되고 나서 $k \times t$ 만큼의 시간 후에 출력이 나온다. 하지만 파이프라인 시스템에서는 일단 파이프라인이 차고 난 후에는 t 의 시간 후에 오퍼레이션 결과를 얻을 수 있다.

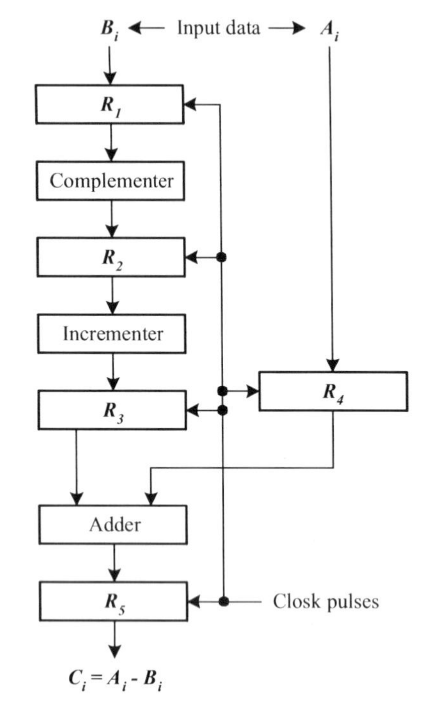

Pulse No.	R1	R2	R3	R4	R5
1	*B1*	–	–	–	–
2	*B2*	$\overline{B_1}$	–	–	–
3	*B3*	$\overline{B_2}$	$\overline{B_1}+1$	*A1*	–
4	*B4*	$\overline{B_3}$	$\overline{B_2}+1$	*A2*	*C1*
5	*B5*	$\overline{B_4}$	$\overline{B_3}+1$	*A3*	*C2*
6	*B6*	$\overline{B_5}$	$\overline{B_4}+1$	*A4*	*C3*
7	*B7*	$\overline{B_6}$	$\overline{B_5}+1$	*A5*	*C4*
8	–	$\overline{B_7}$	$\overline{B_6}+1$	*A6*	*C5*
9	–	–	$\overline{B_7}+1$	*A7*	*C6*
10	–	–	–	–	*C7*

(a) Segmented pipeline hardware　　(b) contents of registers after each clock pulse

[그림 9-5] 파이프라인 구조를 보이는 간단한 예

파이프라인은 주로 부동소수점 산술연산에 응용된다. 이는 부동소수점 산술연산이 연속적인 여러 개의 부분동작으로 나누기가 쉽기 때문이다.

예를 들면, 부동소수점 덧셈은 다음 세 개의 부분 오퍼레이션으로 나누어 질 수 있다.

① 가수(mantissa)의 조정 (지수부를 같도록 조정한다.)

② 가수의 가산

③ 결과 값의 정규화

그러므로 이는 세 개의 세그먼트를 지닌 파이프라인 시스템으로 구할 수 있다. [그림 9-6]은 이를 나타낸 것이다.

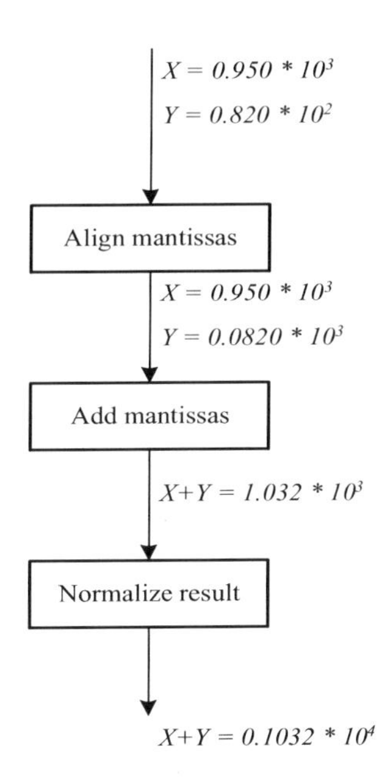

[그림 9-6] 부동소수점 덧셈의 파이프라인 구조

내부의 동작은 실제 숫자의 예를 들어 설명했다. 두 개의 부동 소수점수 X 와 Y 는 그들의 지수부가 같도록 가수 Y 를 한번 시프트 시킨다. 이 두 가수의 합을 구하고, 마지막으로 표준형으로 정규화 시킨다.

9.3.2 벡터 프로세서

벡터 프로세서는 벡터 오퍼레이션을 빠르고 효율적으로 수행할 수 있도록 구성되어 있다. 벡터 오퍼레이션 명령으로는 산술연산, 논리연산, 비교, 내적 계산, 최대 값이나 최소 값을 찾는 명령 등이 있다. 이러한 벡터 프로세서를 가진 컴퓨터를 벡터 컴퓨터라고 하며, 1960년대 후반에서 1970년대 초반에 걸쳐 개발되었다. 벡터 프로세서는 다중 파이프라인 기능장치의 특성을 가지고 벡터와 스칼라에 대해 수치연산과 논리연산을 실행한다.

벡터 오퍼레이션의 예로 아래와 같은 두 벡터 A, B의 내적을 구하는 문제를 생각해 보자.

$$C = \sum_{i=1}^{n} a_i b_i \qquad A = (a_1, a_2, a_3, \cdots, a_n)$$

$$B = (b_1, b_2, b_3, \cdots, b_n)$$

단일 프로세서에서는 순차적인 형태로 수행되어야 한다.

```
C : = 0 ;
for i : = 1 to n
C : C + a[i] * b[i]
```

그런데 내적(內積) 계산 시에 각 i 값에 대한 a[i] * b[i] 의 연산결과 값을 합하기 전에 각 오퍼레이션들은 독립되고 병렬적으로 처리할 수 있는 자연 병렬성이 존재한다. 또한, n 개의 결과 값을 더할 때에는 내포된 병렬성을 이용할 수 있도록 구성할 수 있다. 즉, 아래와 같이 우선적으로 a[i] * b[i] 결과 값의 쌍의 합을 병렬로 계산한 뒤, 그 결과 값의 쌍을 또한 병렬로 계산한다. 이러한 과정을 계속 반복한다.

```
a[1] * b[1] + a[2] * b[2]
a[3] * b[3] + a[4] * b[4]
```

내적을 구하는 계산은 여러 중요한 과학계산에서 쉽게 볼 수 있는 오퍼레이션이다. 내적이나 이와 비슷한 계산들의 기본적인 특징은 동일한 오퍼레이션(곱셈)을 연산자들의 독립된 집합(벡터원소의 쌍)에 반복 적용하여 수행하는 것이다. 이러한 특징을 이용하여 빠른 오퍼레이션을 수행하는 방법들은 다음과 같다.

[1] 첫 번째 방법으로, 반복되는 오퍼레이션을 선형적으로 구성된 태스크나 단계로 나눌 수 있다면 파이프라인 기법을 이용할 수 있다. 곱셈 오퍼레이션을 파이프라이닝(Pipelining)하였을 경우, 각 단계에는 곱셈 오퍼레이션에 필요한 일련의 서로 다른 동작들이 있고, 최종 단계에 이르러서 곱셈 결과 값을 얻을 수 있다. 이러한 형태의 동작은 [그림 9-7]로 일반화 할 수 있다.

이와 같은 원리를 기반으로 한 컴퓨터를 파이프라인-벡터프로세서(Pipelined Vector Processor) 또는 파이프라인-어레이프로세서(Ppipelined Array Processor)라고 한다. 또한 간단히 벡터프로세서(Vector Processor)라 부르기도 한다. 이러한 시스템으로는 TI-ASC, CDC STAR-100, CRAY-1, CRAY X-MP 등이 있다.

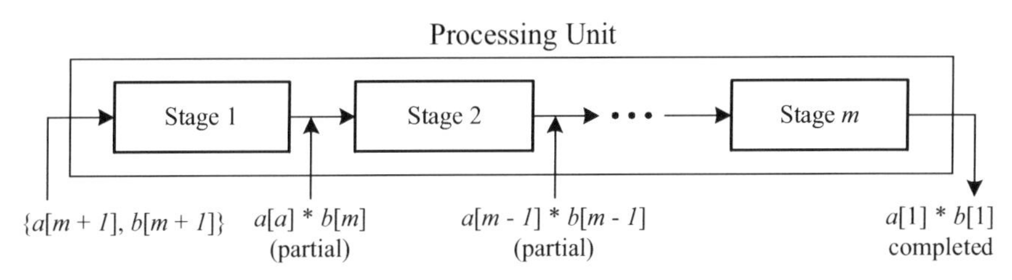

[그림 9-7] 내적의 파이프라인-벡터 프로세서(Pipelined Vector Processor)

[2] 두 번째 방법으로, 반복되는 오퍼레이션을 독립된 개개의 연산처리 장치에 의해 수행될 수 있다면, 각 오퍼레이션이 동시에 독립된 위치(연산장치) 에서 수행될 수 있다. [그림 9-8]은 개념을 기반으로 하여 구성된 컴퓨터인데, 이것을 병렬-어레이 프로세서나 SIMD(Flynn의 분류 기준)이라고 한다. 간단히 어레이 프로세서(Array Processors)라고 한다. 이러한 형태를 갖는 시스템으로는 ILLIAC IV, ICL distributed array processor(DAP), BSP, MPP, Staran 등이 있다.

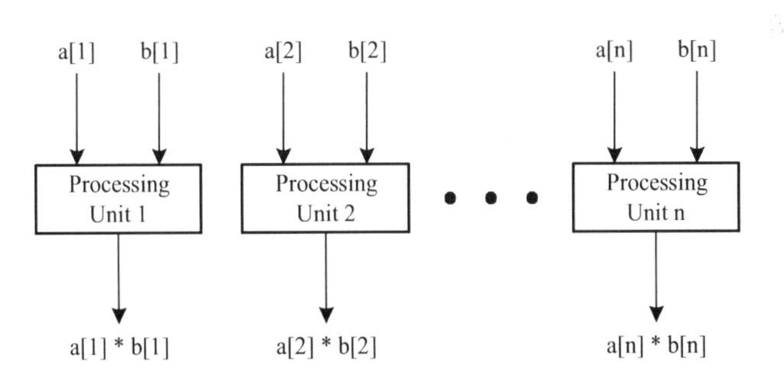

[그림 9-8] 내적의 병렬 어레이 프로세서

[3] 세 번째, 데이터 흐름과 제어 흐름이 규칙적인 특징을 갖는 시스톨릭(systolic) 알고리즘이 있다. 이 알고리즘은 VLSI 기법을 이용하여 구현한다, 이러한 특수목적 프로세서를 시스톨릭-어레이 프로세서(Systolic Array Processor) 라고 하며, 이것은 파이프라인-벡터 프로세서와 SIMD 프로세서의 특징을 약간씩 조합한 특성을 갖는다[그림 9-9].

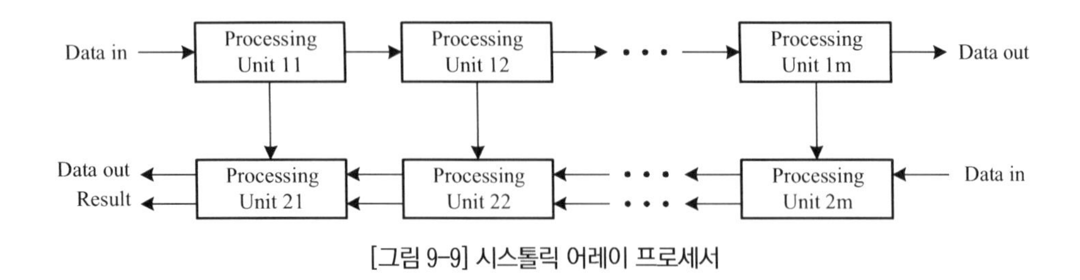

[그림 9-9] 시스톨릭 어레이 프로세서

9.3.3 벡터 프로세서의 사례

1970년대 초에는 많은 벡터 프로세서가 개발되고, 상용화되었다. CRAY-1 은 Cray Research 사에서 개발되었고, 1976년에 처음 상용화되었다. 이 컴퓨터는 1970년대 말에는 가장 빠른 수퍼컴퓨터였다. CRAY-1 과 1983년대에 도입된 CRAY-X-MP 는 가장 광범위하게 연구된 벡터 프로세서이다. CRAY 컴퓨터는 벡터 프로세서의 개념, 응용 및 성능을 살펴보는 데 적절하여 CRAY-1 을 기준으로 하여 벡터 프로세서의 구조를 살펴본다.

(1) CRAY-1의 구조

CRAY-I의 내부 구조에 있는 구성요소들이 [그림 9-10]에 나타나 있다. 모든 벡터 프로세서와 같이 CRAY-1 에는 벡터 처리와 스칼라 처리의 두 가지 서브시스템이 있다. 이러한 종류의 기계에서 동작하는 응용들에는 스칼라 오퍼레이션과 벡터 오퍼레이션이 혼합되어 있다.

프로세서 사이클 타임(clock cycle)은 12.5 nsec 이다. 주기억장치는 16개의 뱅크(bank)로 이루어져 있으며, 각 뱅크는 64K 워드(64 bit = 1워드)로 이루어진다. 따라서 이러한 구조는 16-way 인터리빙이 가능하다. 메모리 사이클 타임은 50 nsec 인데, 이것은 4사이클 타임에 해당한다. 그러므로 주기억장치의 대역폭은 1280M byte/sec 이다.

CRAY 에서 파이프라인 프로세서를 기능장치라고 한다. 스칼라 서브시스템에 속하는 기능장치는 크게 3가지로 구분된다.

① 부동 소수점 연산장치 : 6단계(stage) 64 bit 가산기 1개, 7단계 64 bit 곱셈기 1개 및 14단계 역수(rec) 근사 장치 1개로 구성되어 있다.

② 스칼라 장치 : 3 단계 64 bit 고정 소수점 가산기 1개, 1단계 64bit 시프터 1개, 1단계 64bit 논리장치 1개 및 2/3단계 64bit leading zero count 장치 1개로 구성되어 있다.

③ 주소 장치 : 6단계 64bit 고정 소수점 가산기 1개 및 6단계 24bit 고정소수점 곱셈기 1개로 구성되어 있다.

기능장치 내에 있는 1 개의 세그먼트의 수행을 마치는 데 필요한 시간은 1사이클이다.

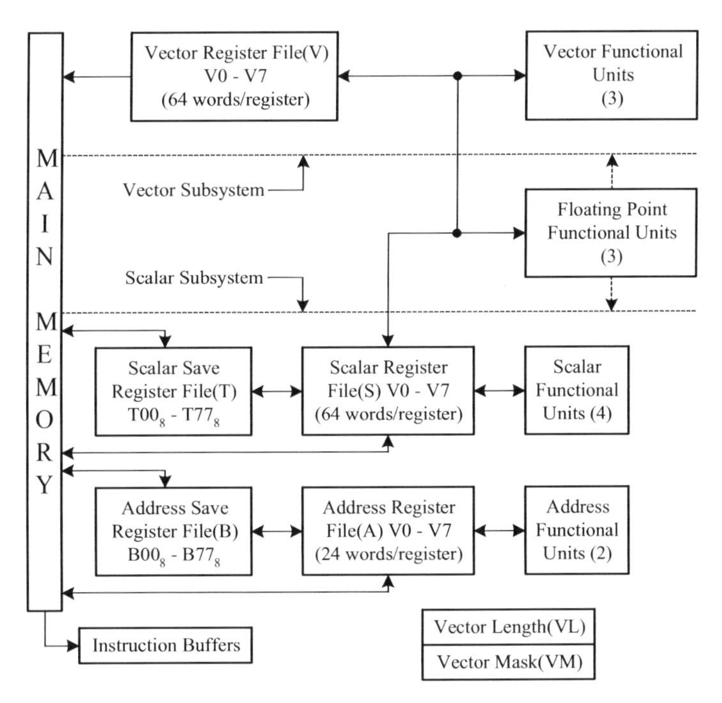

[그림 9-10] CRAY-1 내부 구성요소

부동 소수점 장치는 벡터 서브시스템과 스칼라 서브시스템이 공유한다. 벡터 기능장치는 3단계 64bit 고정 소수점 가산기 한 개, 4단계 64bit 시프터 한개, 2단계 64bit 논리장치로 구성되어 있다.

※ Baskett 와 Keller 가 CRAY-1 과 CDC 7600(다양한 파이프라인 기능장치를 갖는 SISD 시스템)과 스칼라 성능을 비교하였다. 결과적으로, 통계학적인 수치는 산출하지 못했으며, 어떤 특성 벤치 마크 상에서는 CRAY-1 이 CDC 7600 보다 두 배 정도 성능이 우

수하다는 것을 보였다. 다양한 모드와 다양한 수행속도를 갖는 한 시스템의 전반적인 성능은 G. M. Amdahl 이 제시한 법칙에 의해 나타낼 수 있다. 벡터 프로세서의 경우에 암달의 법칙(Amdahl's law)은 아래와 같다.

$$S = \frac{1}{(1-f) + \frac{f}{k}}$$

S : 실제 속도 향상 정도

f : 벡터화된 코드의 비율

k : 스칼라 장치에 대한 상대적인 벡터 장치의 속도로서 벡터 길이, 오퍼레이션 종류와 관련됨.

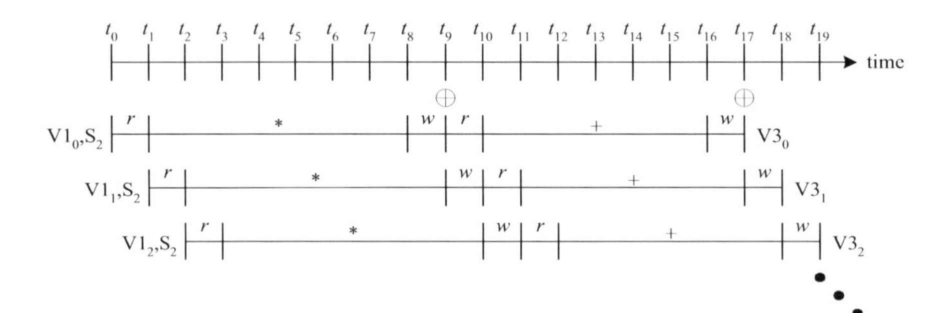

[그림 9-11] 체이닝(Chaining) 사용 시의 오퍼레이션의 시간표(⊕:체인 슬롯 시간)

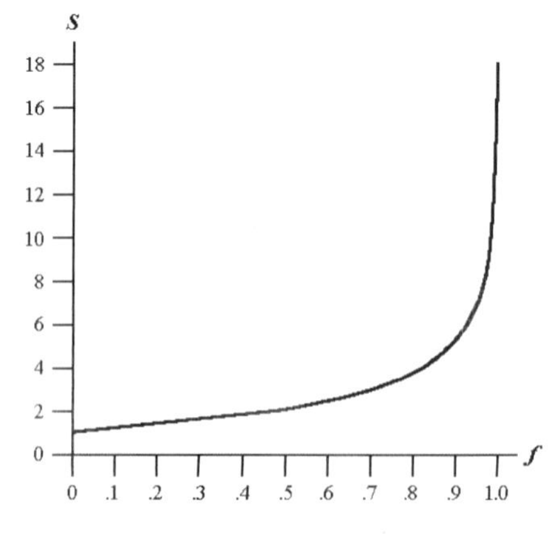

[그림 9-12] k=20 인 경우의 Amdahl 의 법칙

9.3.4 소프트웨어의 특성

컴퓨터시스템에서 내재한 병렬성을 추출하기 위해 고려해야 할 다른 것으로는 알고리즘 설계, 프로그램 설계, 컴파일러 등이 있는 데, 이러한 것들을 통틀어서 소프트웨어 특성이라고 한다.

소프트웨어 특성과 하드웨어 특성을 통합하는 방법이 설계 시의 특정 문제를 효율적으로 처리할 수 있지만, 이것은 간단히 해결되는 문제는 아니다.

(1) 다중 메모리 모듈과 어레이 구조

병렬 프로세서에 의해 프로그램을 보다 효율적으로 실행하기 위한 주요 요소에는 주기억장치의 지연도(latency)가 있다. 보다 짧은 지연시간을 갖도록 하기 위한 구조적인 해결방안으로 인터리브드 메모리 모듈을 이용하거나 병렬 메모리 모듈을 이용한다. 전자는 단일 프로세서(uniprocessor)와 벡터 프로세서에서 이용하고,

후자는 어레이 프로세서와 다중 프로세서에서 이용한다. 또한 이것들을 총괄하여 다중 메모리 모듈이라고도 한다. 이것의 구조 및 병렬 프로세서와의 관계는 [그림 9-13]과 같이 표현할 수 있다.

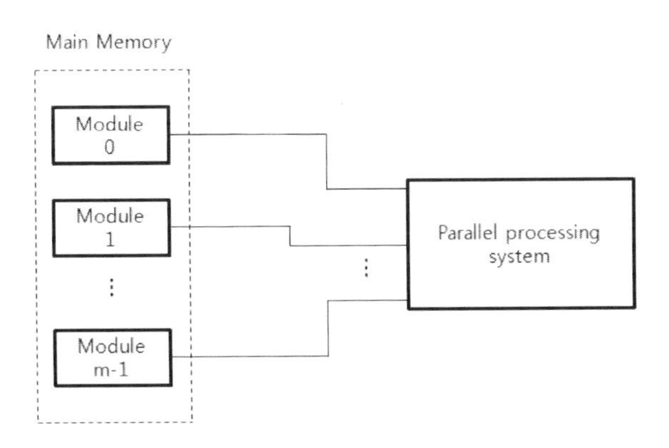

[그림 9-13] 병렬처리 컴퓨터의 다중 메모리 모듈

벡터 컴퓨터나 SIMD 컴퓨터에서 기본자료구조는 어레이이기 때문에, 데이터를 동시에 액세스할 수 있도록 어레이 구조를 구성하는 것이 중요하다. [그림 9-14]와 같이 각 모듈

에 어레이에서 행에 해당하는 벡터들이 각각 저장되었을 경우에는, 열 벡터나 대각 원소들은 동시에 각 원소의 액세스가 가능하다. 그러나 행 벡터들을 동시에 액세스할 경우에는 충돌이 일어나므로 각 원소들을 순차적으로 액세스하여야 한다. 이러한 문제점을 제거하여 메모리 충돌 없이 행 벡터와 열 벡터 및 대각 원소를 동시에 액세스할 수 있는 어레이구조가 필요하다.

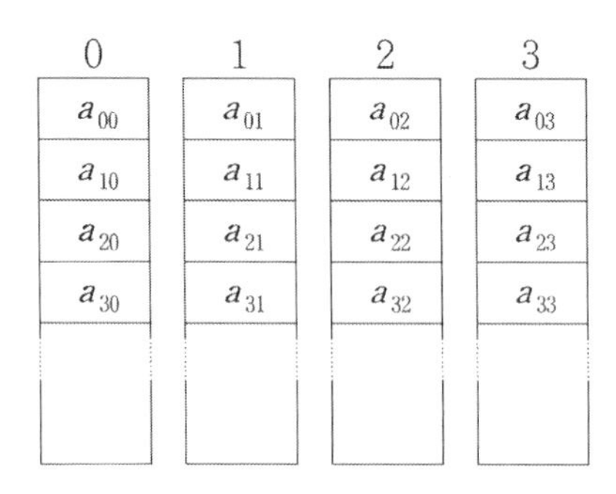

[그림 9-14] 모듈 메모리 내의 4 x 4 행렬

(2) 벡터화 방안

벡터 프로세서나 어레이 프로세서에서 수행될 알고리즘에 내재되어 있는 병렬성을 추출하는 방안으로는 크게 2가지로 나눌 수 있다.

① 프로그래머가 적절한 벡터 프로그래밍 언어를 사용하여 병렬적으로 이루어지는 부분에 대해 명확하게 명시하는 방법과,

② 컴파일러가 순차적으로 작성된 프로그램을 병렬적으로 수행하기 적절한 형태로 변환시키는 방법이다.

프로그램 내에 존재하는 병렬성을 추출하여 벡터/어레이 프로세서의 수행속도를 향상시키는 최적화 컴파일러에서 사용하는 여러 기법들을 살펴본다. 이러한 기법들을 벡터화 방안이라고 말한다.

자동변환 병렬컴파일러의 종류로는 Cedar 수퍼컴퓨터의 PARAFRASE, IBM 사의 PTRAN, BLIW 컴퓨터의 BULLDOG 등이 있으며, 이들은 순차 프로그램을 입력받아 병렬

처리 컴퓨터 상에서 벡터 오퍼레이션이 가능하도록 병렬 구문으로 변환해 준다.

전처리기(preprocessor)에 의해 영향을 받는가 여부에 따라 순차처리할 것인가 또는 병렬처리할 것인가를 결정해야 하는 데, 이런 관계를 종속관계라 한다. 종속관계를 분석하는 것은 매우 중요한 작업으로서, 만약 두 프로세서간에 어떠한 종속관계도 없다면, 각기 다른 프로세서에 할당하여 병렬처리할 수 있기 때문이다. 그러므로 순차처리 부분과 병렬처리 가능 부분을 추출하는 것이 중요한 과제라 할 수 있다.

9.4 SIMD 와 어레이 프로세서

어레이 프로세서(array processor)는 하나의 중앙 제어장치 아래에 병행 수행되는 PE(processing element)들의 어레이로 구성되어 있다. 어레이 프로세서의 기본적인 구조를 [그림 9-15]에 나타내었다. 이 구조는 파이프라인의 구조와는 달리 수평적인 병렬 구조를 뚜렷하게 갖고 있는 공간(spatial) 병렬성의 SIMD 병렬 프로세서 구조이다. 즉, 여러 다른 데이터에 대하여 서로 다른 PE 가 동시에 하나의 제어장치에 의해 동기화하여 동시에 한 명령을 처리하는 구조이다. 특히 프로세서 상호간의 데이터 전송을 위한 상호연결 네트워크가 필수적이며, 그 형태가 전체 시스템의 성능을 좌우한다.

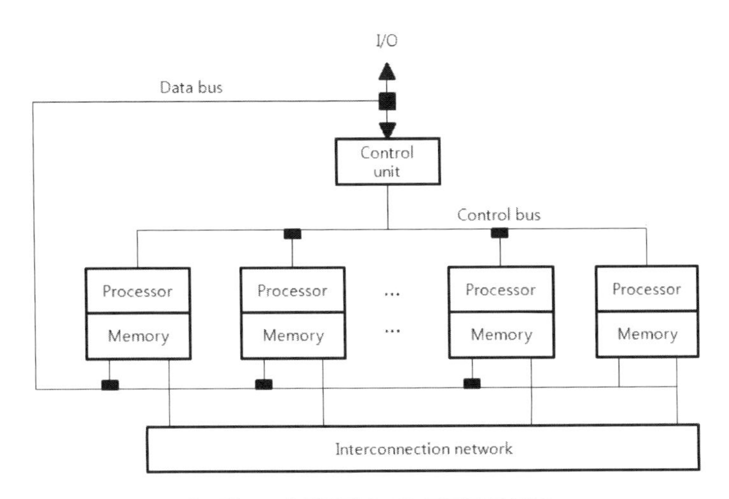

[그림 9-15] 일반적 SIMD 컴퓨터의 구조

[그림 9-16]에 나타난 구조에는 한 제어장치아래에 N 개의 동기화된 PE 들로 이루어져 있다. 각 PE_i 에는 ALU 와 지역 메모리 M_i 가 있다. 제어장치 또한 자신의 주기억장치를 가지고 있으며, 외부로부터 입력된 사용자 프로그램을 자신의 제어 하에 실행시킨다. 제어장치의 기능은 명령문을 번역하고 실행할 PE 를 찾는 것이다. 스칼라나 제어문은 제어장치 내에서 직접 처리한다. 그러나 벡터나 어레이 명령문은 PE 에 전송시켜서 제어장치 명령 하에 동일한 기능을 PE 에서 수행시킨다. 벡터 피연산자는 오퍼레이션하기 전에 M_i 로 분배시켜야 하는 데, 분배방법에는 시스템 데이터버스를 통해 외부에서부터 M_i 로 적재시키는 방법과 제어버스를 사용하여 제어장치를 통해 M_i 로 적재시키는 방법이 있다.

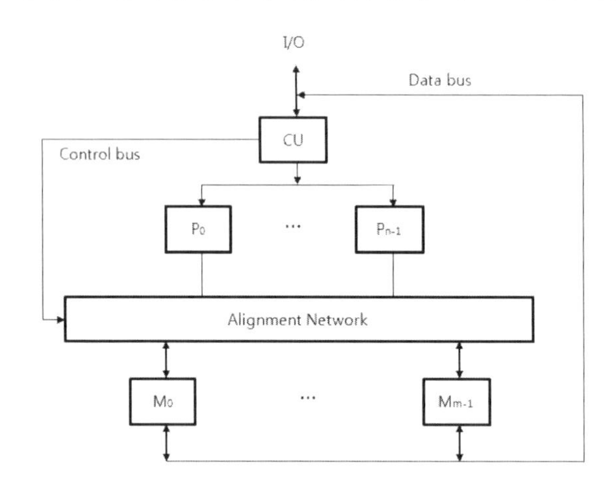

[그림 9-16] 다른 SIMD 컴퓨터의 구조의 예

벡터 명령문을 실행하는 동안 각 PE 의 상태를 제어하기 위해 마스크 방식 (masking scheme)을 사용한다. 각 PE 는 한 명령 사이클 동안 사용될 수도 있고 그렇지 않을 수도 있다. 즉, 한 벡터 명령을 실행하기 위해 반드시 모든 PE 를 필요로 하지 않는다. 따라서 제어장치는 마스크 벡터를 사용하여 PE 의 사용 여부를 제어한다. 사용을 표시한 PE 만이 임의의 동기 단계에서 동일한 계산을 수행한다. PE 간의 데이터 교환은 상호연결 네트워크(alignment network/interconnection network)를 통해 이루어진다. 상호연결 네트워크도 제어장치의 제어 하에 있다.

어레이 프로세서를 구성하는 다른 구조가 [그림 9-16]에 나타나 있다. [그림 9-15]와 [그림 9-16] 간의 차이점은 PE 의 지역 메모리를 제어장치의 제어 하에 상호연결 네트워크를 통해 모든 PE 들이 메모리 모듈을 공유하도록 대치시킨 점이다. 그리고 PE 의 갯수와 메모리 모듈의 갯수는 다를 수도 있다.

9.4.1 어레이 프로세서의 예

ILLIAC IV 는 1960년대 후반에 Illinois 대학에서 개발되어 Burroughs 사에서 생산한 컴퓨터이다. 이 시스템의 구조는 1960년대 초반에 Westing House Electric 사에서 설계한 SOLOMON 컴퓨터에서 유래되었다. 1970년대 초반에 생산되어 10여 년 동안 상용화된 ILLIAC IV 시스템은 상당히 큰 규모의 병렬처리를 제공하는 최초의 수퍼컴퓨터 중의 하나였다.

ILLIAC IV 시스템의 일반적인 구조는 [그림 9-17]과 같다. 시스템에는 동일한 기능을 갖는 64개의 프로세서가 있다. 이러한 프로세서를 ILLIAC IV 에서 사용하는 용어로 처리 장치(processing unit : PU)라고 한다.

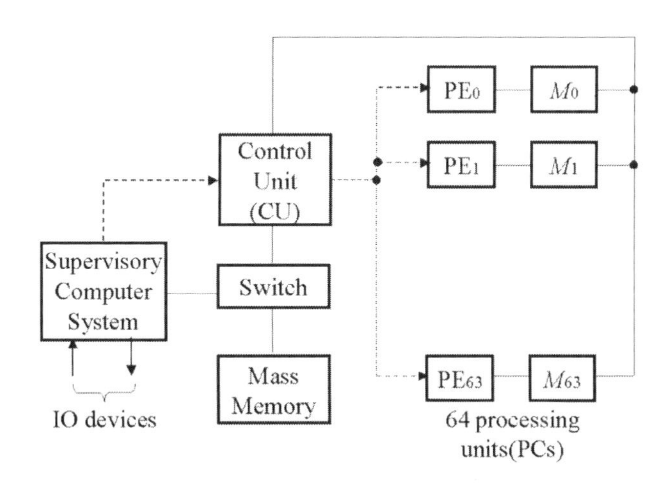

[그림 9-17] ILLIAC IV 의 구조

PU 를 제어하는 제어장치(control unit : CU)가 한 개 있다. 각 프로세서 P_i 는 하나의 PE_i (processing element)와 지역 메모리 M_i 로 이루어진다. 64비트 부동 소수점 연산을 포함하는 일반 명령문을 수행할 수 있는 범용 산술연산장치(ALU)가 PE_i 에 한 개씩 있다.

그리고 M_i 에는 64개의 비트로 이루어진 워드가 2,048개 있다. 제어장치는 시스템에 대한 프로그램 제어장치의 역할을 수행한다. P_i 가 자신의 지역 메모리 M_i 만을 직접 액세스할 수 있는 반면에, 제어장치는 모든 지역 메모리에 있는 정보를 직접 액세스할 수 있다. 제어장치는 명령문을 번역하여 제어선을 통해 동시에 모든 PE 에 전송한다. 따라서 모든 PE 는 공통된 명령 스트림을 실행한다. PE 는 자신의 지역 메모리에 저장된 피연산자만을 사용한다.

9.4.2 벡터 프로세서와 어레이 프로세서의 비교

벡터 프로세서와 어레이 프로세서는 공통된 특성을 갖고 있다. 첫째, 하나의 명령 스트림을 가지며, 단일 제어장치와 단일 프로그램 카운터를 갖는다. 둘째, 어레이 형태의 계산을 하기 위해 설계되었다. 따라서 언어와 컴파일에 관련한 공통성을 갖는다. 셋째, 병렬성의 단위는 명령문이다. 마지막으로 이들은 수퍼컴퓨터에 속한다.

구조적인 면에서의 벡터 프로세서와 어레이 프로세서의 차이점은 명령문들간의 병렬성을 이룩하는 방법과 명령문들간에 데이터를 공유하고 송수신하는 방법에 따라 구분된다.

벡터 프로세서에서의 병렬성은

① 프로세서 내부는 연산장치를 총괄하여 구성하며, 동시 실행가능하고, 구분 가능한 특성화된 기능장치 다수 개와

② 각 기능장치의 파이프라인화에 의해 이루어진다.

문장간의 데이터 공유와 통신은 다음과 같은 특성을 갖는다.

① 공유 메모리와 공유 레지스터를 이용하여 이루어진다.

② 기능장치간의 통신은 불가능하다.

③ 프로세서-메모리 인터페이스에는 단일 데이터 스트림만이 존재한다.

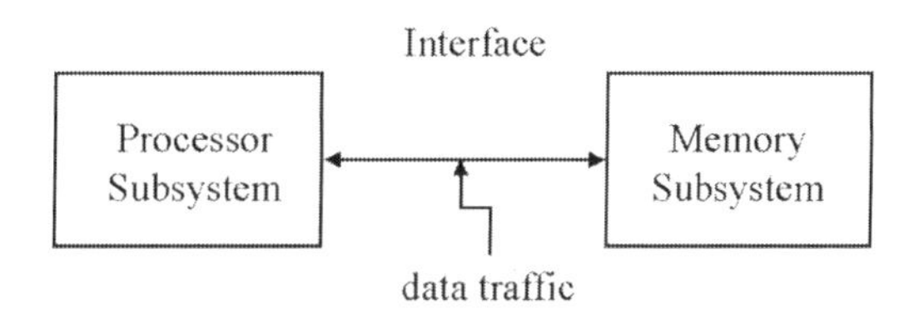

[그림 9-18] 벡터 프로세서(프로세서-메모리 인터페이스)

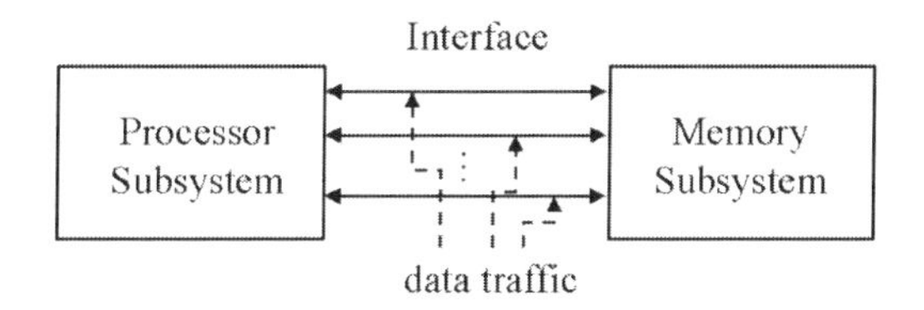

[그림 9-19] 어레이 프로세서(프로세서-메모리 인터페이스)

어레이 프로세서에서는, 다음과 같은 기법을 이용하여 병렬성을 유지한다.

① 범용의 PE 가 여러 개이고, 각 PE 는 산술논리장치로 구성되어 있다.

② 프로세서-메모리 인터페이스에는 여러 개의 데이터 스트림이 존재한다.

문장간의 통신은

① PE 들간의 직접적인 전송이나 공유 메모리에 의해 이루어지며,

② PE 들간의 통신은 공유 메모리 없이 직접 이루어질 수 있다.

9.5 다중 프로세서 시스템

다중 프로세서 시스템에서 기본이 되는 개념은 프로세스로서 이것은 컴퓨터 구조, 운영체제, 성능분석과 같은 분야에서도 자주 사용되고 있다. 프로세스가 갖고 있는 몇 가지 특성들을 나열해 보면 아래와 같다.

① 스스로 프로세스를 구성할 수 없으며, 메모리에 상주하고 있는 코드 세그먼트들의 집단이다.

② 프로세스에는 어떤 다른 프로세스의 구성요소가 될 수 있는 코드 세그먼트나 프로시져를 포함할 수 있다.[그림 9-20]

③ 한 프로세스를 인터럽트시킬 수 있다. 인터럽트가 일어나면 해당 프로세스는 대기상태에 있게 된다. 또한 프로세스는 실행을 재개하기 위한 준비 상태에 있을 수 있다.

컴퓨터시스템내에 존재하는 프로세서의 태스크는 어떤 질서 정연한 형태로 프로세스들을 수행하는 것이다. 프로세서와 프로세스는 명백한 차이점이 있다.

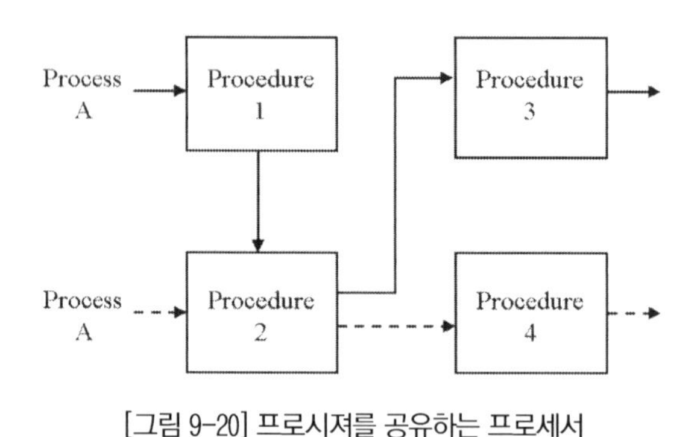

[그림 9-20] 프로시져를 공유하는 프로세서

운영체제의 관점에서는, 한 프로세스가 실행 상태에 있을 때 그 프로세스가 해당 프로세서에 할당되었다고 한다.

단일 프로세스 컴퓨터시스템의 경우에 있어서 다음과 같은 문제점이 있다. 여러 개의 프로세스가 있을 경우, 한 프로세서를 여러 프로세스에 할당해 주기 위해 시분할을 하여야만 한다. 또한 프로세서가 어떤 원인으로 인해 실패할 경우, 실패한 이유를 확인하여 수정할 때까지 전 시스템에 걸쳐 실패한 상태로 있게 된다.

다중처리의 근본적인 목적은 이러한 문제점을 극복하는 것이다. 즉, 다중처리를 위하여 두 개 이상의 프로세스를 동시에 수행할 수 있는 여러 프로세서를 갖춘 컴퓨터시스템을 구성하여야 하며, 거기에 필요한 프로그래밍, 구조, 기술수단들의 상호협력 및 통합된 이용을 고려해야 한다.

다중처리의 목표는

① 한 작업을 여러 개의 프로세스로 나누어서 서로 다른 프로세서에 할당하여 동시에 수행함으로써 실행시간을 줄이는 것과,

② 여러 작업을 동시에 처리할 수 있게 하므로 시스템의 전반적인 처리율을 향상시키는 것 그리고,

③ 동일기능의 프로세서를 중복시킴으로써 결함허용(fault tolerance) 의 성격을 갖게 하는 것이다.

다중처리를 함으로써 얻는 효과로는 우선 결함허용과 동시처리로 인한 수행속도의 향상이다.

다중 프로세서 시스템의 유형을 공유 메모리형과 분산 메모리형으로 분류한다. 공유 메모리형은 각 프로세서가 참조하는 글로벌(global) 공유 메모리를 제공하여 프로세서간의 통신을 하고, 공유 메모리형 컴퓨터는 메시지를 보내는 데 지연시간을 갖는 메시지 전송 구조에서 발생하는 문제점들을 갖고 있지 않다. 그러나 데이터 액세스 동기화 및 캐시 일관성(cache coherence) 문제 등이 발생하는 데, 이러한 문제들이 해결돼야 한다. 분산 메모리형 컴퓨터 또는 메시지 전송형 컴퓨터는 각 프로세서에 지역 메모리를 두고 있다. 프로세서간의 통신은 메시지 전송을 통해 지역 메모리간의 데이터 이동을 한다. 이러한

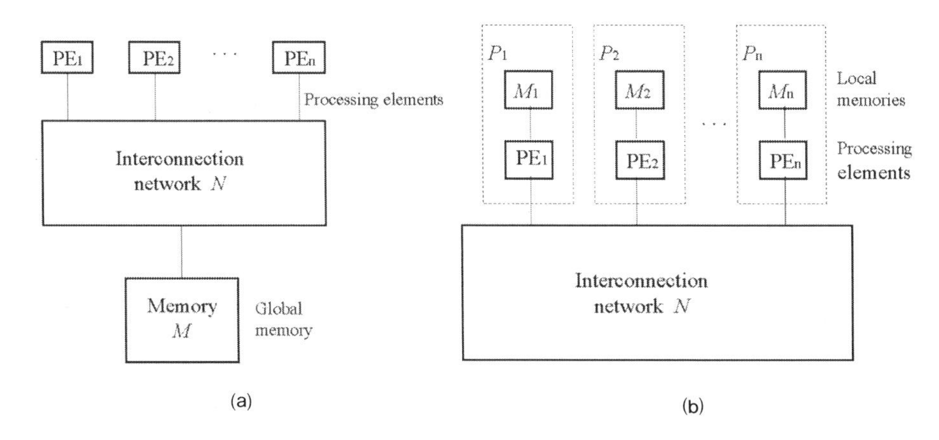

[그림 9-21] (a) 공유 메모리형 (b) 분산 메모리형

형태에서 주기억장치는 모든 지역 메모리를 합한 것이 되는 데, 메모리가 지역 메모리 형태로 분산되어 있어서 분산 메모리형이라고 한다.

9.5.1 기본 특성

다중 프로세서 시스템은 벡터 프로세서나 다른 형태의 수퍼컴퓨터와 다른 차이점이 있다. 다중 프로세서 시스템의 개념은 범용컴퓨터의 단일 프로세서 개념을 일반화한 것이다. 다중 프로세서 시스템은 다음과 같은 특성을 갖는다.

① 거의 동일한 계산 능력과 자율적인 실행능력을 갖는 두 개 이상의 프로세서로 구성된다. 즉, CPU 가 없으며, 각 프로세서에 프로세서 자신의 제어장치가 있다. 따라서 시스템 전반에 걸쳐 제어가 분산되어 있다.

② 프로세서들은 여러 자원들을 공유할 수 있다.

③ 전체 하드웨어 시스템은 단일 운영체제에 의해 운영된다.

[그림 9-22]는 m ≥ 1 개의 메모리 모듈과 n 〉 1 개의 프로세서로 구성된 다중 프로세서 구조를 나타낸다. 메모리의 액세스 및 다른 프로세서간의 통신은 상호연결 네트워크를 통해 이루어진다.

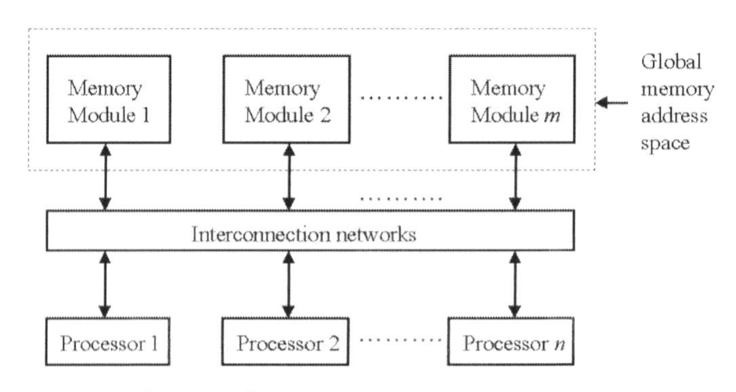

[그림 9-22] 다중 프로세서 시스템의 내부 구조

다중 프로세서 시스템의 구조를 설계할 때의 문제점들은 단일 프로세서에서의 방안을 확장하여 해결한다. 그러한 문제점으로는

① 그레인(grain)의 크기
② 공유 메모리의 액세스 및 프로세스 상호간의 통신을 위해 필요한 동기화 문제
③ 메모리 호출지연 및 해결 방안
④ 상호연결 네트워크
⑤ 프로세서에 태스크를 배정하는 스케쥴링 방안
⑥ 병렬 프로그래밍 언어

9.5.2 태스크

하나의 프로그램에 내재된 병렬성을 추출하여 그레인이라 하는 크기의 여러 태스크로 분리하여야 한다. 이러한 그레인의 크기가 사칙연산과 같이 작은 단위를 미세 그레인이라 하며, 태스크 단위를 큰 그레인이라고 한다. 다중 프로세서에서의 병렬단위는 프로세스이며 따라서 큰 그레인이라 볼 수 있다.

9.5.3 동기화

동기화란 병렬 컴퓨터에서 프로그래밍할 경우, 모든 프로세스들이 전체 프로그램내의 특정한 한 프로세스만을 순서적으로 액세스해야만 하는 경우가 빈번하게 발생할 때, 처리 순서를 정하는 것이다. 이를 처리하는 방안으로 다음 세 가지 중의 하나를 이용하고 있다.

① 프로세스가 버스를 사용하여 공유 메모리에 액세스하려 할 때, 즉시 버스를 독점한 후 임계영역을 처리하는 버스잠금(bus locking) 방식이다. 이 방안은 한 프로세스에 의해 버스가 독점되기 때문에 다른 프로세스들이 버스에 연결된 다른 자원들을 사용할 수 없다.

② 플래그 기법으로 자원 각각에 플래그를 두어서 온(on)상태이면 사용가능하고, 오프(off) 상태이면 온 상태가 될 때까지 기다려야 한다. 따라서 대기 중인 프로세서는 계속 플래그의 상태를 감시해야 하는 문제가 발생한다.

③ 세마포어를 사용하는 방식으로 임계영역에 들어가기 직전에 수행되는 P 동작은 세마포어로 정의된 변수의 값이 0 보다 크면 그 변수의 값을 하나 감소시키며, 0 보다 작으면 프로세스는 수행을 멈추고 대기 리스트에 연결되어 다른 프로세스에 의해 변수의 값이 0 보다 커질 때까지 기다린다. 임계영역을 마치고 수행하는 V 동작은 변수의 값을 1 만큼 증가시키고, 그 값이 0 보다 같거나 커지면 대기 리스트에서 대기 중인 프로세스를 하나 선택하여 준비 리스트에 연결시킨다. 이 방법은 플래그 기법상의 문제점을 제거하지만, V 동작을 위해서 별도의 하드웨어가 필요하고 플래그 기법보다 느려진다.

9.5.4 메모리 호출지연

호출지연(latency)이란 프로세서가 데이터를 메모리에 요구한 시간과 받은 시간 사이의 간격을 말한다. 공유 메모리를 갖는 다중 프로세서 시스템에서는 호출지연 문제가 매우 심각하다. 빈번한 메모리 충돌뿐만 아니라 메모리 요구와 응답시간 간의 지연시간이 길어지는 문제가 발생한다.

CRAY-1 에서는 LOAD/STORE 명령문을 사용하여 메모리 호출지연 문제를 최소화하였다. 메모리 참조는 위 두 형태의 명령문에 국한하며, 다른 명령문은 레지스터를 참조하였다. 따라서 이러한 구조는 상당한 양의 레지스터를 갖고 있어야만 한다. 이것으로 인해 빠른 속도를 갖는 캐시 메모리의 개념이 제안되었다. 캐시는 레지스터와는 달리 프로그래머에게 가시화되어 있지 않다.

캐시를 사용해도 문제는 발생된다. 여러 프로세스들에 의해 공유되는 데이터들은 각 프로세스의 지역 메모리인 캐시에 있다. 어느 한 순간 한 프로세스에 의해 공유 데이터의 값이 수정된다면, 나머지 캐시들에 있는 값과 주기억장치에 있는 값들은 올바른 값이 아니므로 관련된 모든 메모리의 내용을 수정된 값으로 고쳐야 한다. 이와 같은 문제를 캐시 일관성(cache coherence) 문제라 한다.

단일 프로세서인 경우에는, 캐시의 내용이 변하면 대응되는 주기억장치의 내용을 수정하는 write- through 기법을 사용한다. 이 기법은 주기억장치만을 수정함으로써 여러 개의 캐시가 있는 시스템에서는 적용이 어렵다.

9.6 데이터 플로우 컴퓨터

컴퓨터가 개발된 이래로 컴퓨터의 성능을 향상시키려는 노력은 끊임없이 지속되어 왔다. 그러나 고속/고성능을 요구하는 응용분야인 과학, 기체역학, 항공공학, 유체역학 등, 그리고 인공지능 분야 등에 컴퓨터의 사용은 아직까지도 제한적이다(이러한 응용분야들은 현재의 수퍼컴퓨터보다 100배 이상의 속도와 성능을 요구한다).

컴퓨터 역사의 초창기부터 병렬처리에 대한 연구가 심도 있게 행해지기까지 컴퓨터의 성능을 향상시키는 방법은 주로 기본적인 하드웨어 요소를 보다 빠른 소자로 구성하는 방법, 시스템의 구조를 개선하는 방법. 최적화 컴파일러를 개발하는 방법, 병렬 알고리즘 및 도구들을 개발하는 방법 등을 통해서 이루어졌다. 그러나 하드웨어 요소의 속도를 증진시키는 방법은 물리적, 공학적인 문제로 인하여 성능향상에 한계가 있으며, 이미 어느 정도 한계에 다다른 실정이다. 폰 노이만 계산 모델에 기초한 기존의 컴퓨터시스템에서 시스템 구조와 조직을 효과적으로 설계, 구현함으로써 성능을 올리는 방법은 이미 안정기를 지나 흔히 폰 노이만 병목현상이라 불리는 구조상의 한계가 노출되었기 때문에 더 이상 성능향상을 이룩하기에는 어려운 상황에 이르렀다. 즉, 효율적인 운영체제나 효과적인 컴파일러 등과 같은 시스템 소프트웨어를 개선함으로써 성능을 향상시키려는 방법은 기존의 컴퓨터시스템의 순차적 처리의 특징과 기존의 소프트웨어가 갖는 부정확성, 순차처리의 성격, 신뢰성의 결여 등으로 인해 우리가 목표하는 성능을 달성하기가 매우 어렵게 되었다.

이러한 상황에서 VLSI 기술의 발전에 따라 하드웨어 비용이 저렴해지자, 컴퓨터시스템의 성능향상에 관심을 가진 많은 사람들이 주목하게 되었다. 즉, 많은 처리요소를 사용하여 문제의 여러 부문 혹은 각기 다른 문제들을 병렬로 처리하여 문제를 푸는 병렬처리 방식에 관한 연구를 가속시켰다. 그와 더불어 새로운 병렬계산모델, 병렬 알고리즘, 병렬 언어, 병렬 구조에 관한 연구에 박차를 가하게 되었다. 그러나 고속/고성능의 병렬처리 환경하에서 가장 중요한 점은 문제에 내재한 병렬성을 자연스럽고 정확하게 표현할 수 있는 알고리즘과 언어, 그리고 그러한 언어로 작성된 프로그램에 대하여 시스템이 가용자원을 효율적으로 이용할 수 있도록 적절히 시스템에 매핑되어 실행될 수 있는 구성방법이 존재하느냐 하는 것이다. 이러한 관점에서 볼 때, 병렬처리기능을 갖는 확장된 폰 노이만 컴퓨터(파이프라인, 어레이, associative 어레이 프로세서, 다중 프로세서) 들은 제어기능에 대한 취약점, 자원의 낮은 유용도, 컴퓨터의 자원공유에 의한 동기화에 관한 문제점, 작업의 스케쥴링에 관한 문제점, 사용되는 언어의 병렬성 표현의 한계성과 부정확성으로 인해 우리가 목표하는 성능을 얻기가 힘들다는 것이 지적되어 왔다. 이러한 문제점에 대한 대안으로 병렬성의 표현 및 탐지가 용이하고 정확한 의미를 갖는 함수언어(functional language)를 기초로 하고, 데이터 플로우 모델 등과 같은 병렬계산모델에 근거한 여러 함수형 컴퓨터에 관한 연구가 계속되고 있다.

9.6.1 병렬계산과 데이터 플로우 모델

병렬계산은 한 순간에 하나의 계산만을 수행하는 순차적 계산과는 달리, 한 순간에 여러 계산 혹은 일정 시간 구간내에 여러 계산을 동시에 수행하는 방법으로 어레이 프로세서, 파이프라인 컴퓨터, 다중 프로세서가 있다.

병렬계산의 수준(level) 에는 기계 명령어 수준(machine instruction level), 프로그래밍 언어의 문장 수준(statement level), 코드 블록 수준(code block level), 프로시져나 함수 수준(procedure or function level), 태스크나 프로세스 수준(task or process level), 그리고 프로그램 수준(program level) 등이 있다. 이러한 측면에서 볼 때 가장 바람직한 병렬 컴퓨터는 가능한 모든 형태와 수준의 병렬성을 실현할 수 있어야 한다. 이러한 병렬계산을 위하여 출현한 것 중의 하나가 데이터 플로우 모델이다. 기존의 폰 노이만 컴퓨터 구조는 순차적인 명령어 수행으로 명령어 위주의 실행인데 반해, 데이터 플로우 모델은 데이터값 위주의 실행이다. 다시 말해서 데이터 플로우 모델이란 계산에 필요한 입력 데이터

값의 사용이 가능해지면 그러한 계산들을 즉시 실행시켜 주는 프로그래밍 시스템이다. 데이터 플로우 모델의 기본적인 요소는 계산장치(computation unit : CU) 와 데이터 종속관계(data dependency)로 되어 있다. CU 는 하나의 기계어로 된 명령어나 그러한 명령어 집합의 계산장치이다. 만일 어느 한 CU 의 출력이 다른 CU 의 입력이 되면, 두 CU 는 서로 데이터 종속관계를 갖는다고 말한다. 데이터 플로우 그래프의 각 노드는 CU 를, 두 CU 사이의 아크는 두 CU 사이에 데이터 종속관계를 표시한다. [그림 9-23](a) 는 CU 사이의 데이터 종속관계를 보여준다. 토큰은 정해진 방향에 따라 아크를 통해 값을 전달한다. 만일 어느 CU 의 입력 아크 상에 필요한 모든 입력 값들이 존재하면, 그 CU 는 실행 가능하다(enabled)고 말한다. [그림 9-23](b) 는 실행이 가능하게 된 CU 가 입력 아크로부터 입력 값을 가져와서, 그것의 출력 아크 상에 새로운 값을 만들어냄으로써 실행하는 것을 보여준다. 데이터 플로우 계산의 의미는 다음과 같이 정의한다. 첫째로, 계산은 비동기적으로 수행된다. 즉, 계산에 필요한 모든 입력 값들이 입력 아크 상에 존재하면 그 CU 를 실행한다. 순차적인 수행을 제외한 모든 계산은 실행이 가능해진 CU 들을 동시에 수행하여 이루어진다. 둘째로, 데이터 플로우 계산은 수학적인 의미에서 함수적(function)이다.

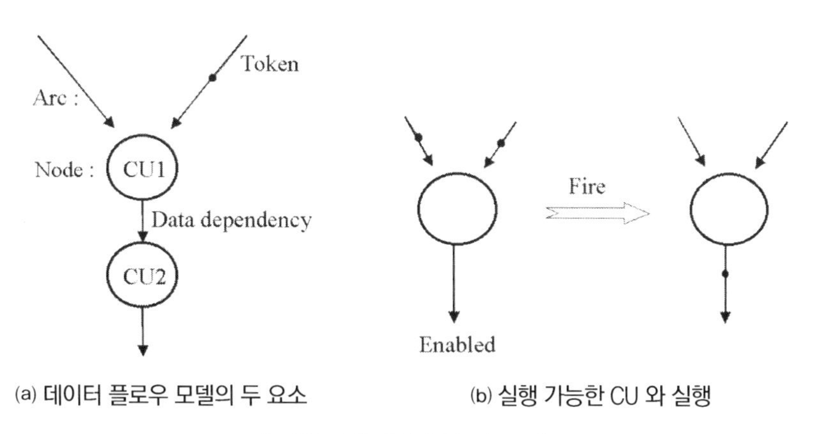

(a) 데이터 플로우 모델의 두 요소 (b) 실행 가능한 CU 와 실행

[그림 9-23] 데이터 플로우 모델

즉, 어느 계산이 한 번 수행되면, 그 계산결과는 그것을 필요로 하는 모든 계산에 전달된다. 함수적인 데이터 플로우 계산은 부수효과(side effect)가 발생되지 않도록 수행되어야 한다. 마지막으로, 서로 다른 CU 들로부터의 출력들은 한 CU 의 입력 아크에 묶여서

연결될 수 없다. 이것은 단일 지정의 법칙(single assignment rule) 이라고도 한다.

데이터 플로우 계산 방식의 일종인 자료 구동형(data driven) 모델에서는 CU 에 입력되는 데이터가 유효하면 해당 CU 를 실행할 수 있게 되고, 실행에 필요한 자원이 주어지면 이를 실행한다. 즉, 데이터의 플로우가 실행의 순서를 좌우하게 된다. 자료 구동형 모델을 구현한 데이터 플로우 컴퓨터로는 MIT 의 FORM 과 TTDA(tagged token data flow architecture), Manchester 머신들이 있다. 반면에 요구 구동형(demand driven) 모델에서 CU 는 그것의 실행 결과를 필요로하는 다른 CU 의 요구를 받고, 입력 아크 상에 데이터가 이용 가능해야만 실행될 수 있다. 따라서 요구를 받은 CU 는 자신의 입력 아크 상에 이용 가능하지 못한 데이터에 대해서는 그 결과를 생성하는 CU 로 다시 요구를 보내게 되고, 후에 결과가 생성되면 그 데이터를 갖고 계산을 수행하게 된다. 따라서 요구 구동형 모델에서 수행단계는 요구전달 단계와 실제 계산실행단계의 두 단계로 구분될 수 있고, 두 단계는 시간적으로 중첩되어 실행될 수 있다.

고속/고성능의 다중 프로세서 시스템의 설계 시에 가장 중요한 것은 문제에 내재한 병렬성을 시스템이 충분히 이용할 수 있도록 프로그램할 수 있느냐 하는 점이다. 즉, 문제에 내재한 병렬성을 자연스럽고 정확하게 표현할 수 있는 언어와 그러한 언어로 쓰여진 프로그램이 시스템의 모든 자원을 효율적으로 이용할 수 있도록 적절히 번역되어 시스템에 접목되고 실행되는 메커니즘이 존재하느냐 하는 점이다. 기존의 병렬 컴퓨터는 시스템의 구조를 변경시킴으로써 병렬 수행 능력을 향상시키려 하였으나, 문제의 병렬성을 자연스럽고 정확하게 표현하는 언어의 부재와 변경된 구조를 효율적으로 이용하도록 작업을 적절히 할당하고 동기화하는 메커니즘의 비효율성으로 인하여, 우리가 목표로 하는 성능을 얻을 수 없었다.

데이터 플로우 모델에서는 각 계산장치의 실행이 오직 계산에 필요한 입력 데이터 값의 이용 가능성에 의해서만 결정된다. 그러므로 특별한 동기화 기법이 불필요하고, 실행 가능한 모든 계산장치가 실행에 필요한 자원만 주어지면 병렬 수행될 수 있고, 그러한 실행의 결과가 실행순서나 속도에 관계없이 일정하기 때문에 고도의 병렬성과 정확성을 얻을 수 있다. 데이터 플로우 모델에서 프로그램은 데이터 플로우 그래프로 불리는 유향 그래프(directed graph)로 표현되며. 데이터 플로우 그래프를 표현하는 언어는 데이터 플로우 모델의 의미를 뒷받침 해주는 언어이어야 한다. 이러한 데이터 플로우 모델의 의미(semantics)와 맥락을 같이 하는 언어로 함수언어가 있으며, 그것은 여러 형태의 병렬성을(함수인자의 동시계산, 순환계산, 함수 몸체의 부분적 병렬계산) 제공하며, 수학의 함수와 동일한 함수 개념을 갖고 있기 때문에 데이터 플로우 모델에 매우 적합하다. 또한 함수언어는 적절한 모듈성과 생산성을 제공하기 때문에 보다 신뢰성 있고 유지하기 용이한 소프트웨어의 구현을 가능하게 한다. 이와 같이 데이터 플로우 컴퓨터시스템은 데이터 플로우 그래프를 표현하는 언어를 기반으로 하는 구조를 갖는다. 따라서 데이터 플로우 구조는 데이터 플로우 그래프 모델의 의미에 따라 효율적으로 수행해 주는 구조가 되고, 그러한 구조는 문제에 내재한 병렬성을 자연스럽고 정확하게 수행하게 되어, 우리가 목표하는 성능을 얻을 것으로 기대된다.

9.6.2 데이터 플로우 그래프

데이터 플로우 언어에서 블록은 수식(expression)과 같은 효과를 나타낸다. 즉, 블록은 여러 개의 문장으로 구성되는 데, 각 문장은 값을 선언해 주는 역할을 하기 때문에 결국 각 블록은 이에 해당하는 수식으로 변환시킬 수 있으며, 수식의 경우와 마찬가지로 블록을 수행한 후에도 함수성을 유지한다. 예를 들어, 다음과 같은 let 블록은

```
( let y = x - 1
    z = y * * 2 + 2 * y + 3
  in z)
```

"Z = (x - 1) * * 2 + 2 * (x - 1) + 3" 과 같은 의미를 가지며, [그림 9-24]와 같은 데이터 플로우 그래프로 변형된다. 이 때, 블록 구문(수식)의 입력은 블록내에서 참조는 되었지만 지정되지 않은 값들이고, 블록 구문의 출력은 in 절로 명시된 값이 된다.

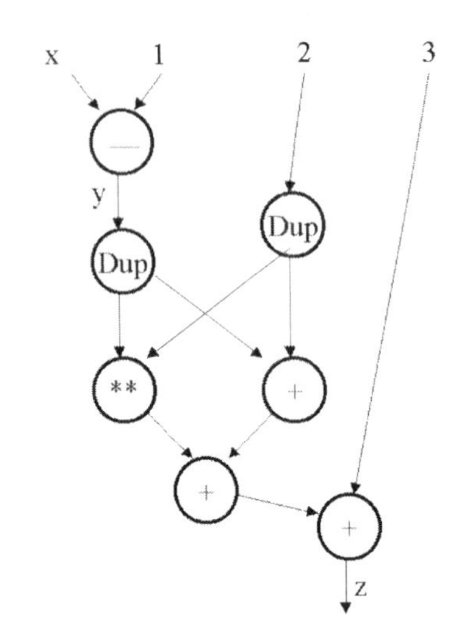

[그림 9-24] 블록 구문의 예

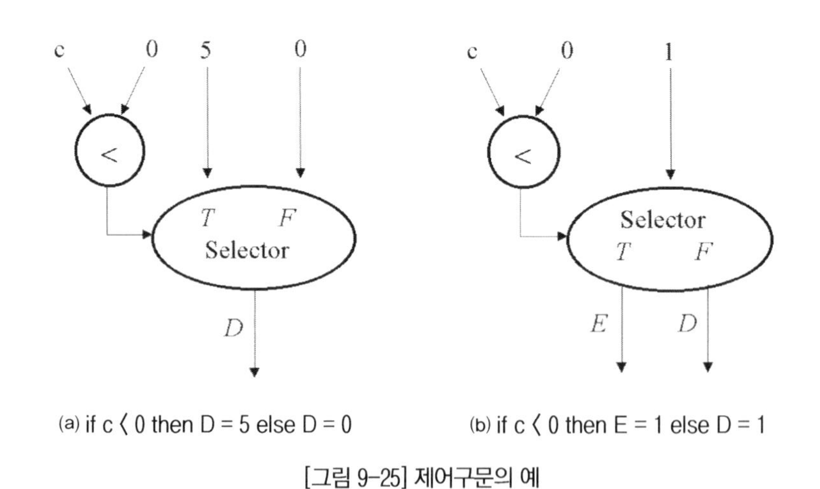

(a) if c 〈 0 then D = 5 else D = 0 (b) if c 〈 0 then E = 1 else D = 1

[그림 9-25] 제어구문의 예

제어구문은 입력된 토큰의 부울(boolean) 값에 따라 2개의 (블록) 수식 중 하나를 선택하여 수행한다. 제어구문은 데이터 플로우 그래프상에서 selector 나 switch 로 표현되거나, T 혹은 F 게이트를 써서 표현될 수도 있다. [그림 9-25]는 두 가지의 간단한 제어구문에 대한 데이터 플로우 그래프를 보여준다.

여기서 selector 계산장치는 옆으로 제어입력(부울 값)을 받아 들여서 두 개의 입력 중 부울 값에 해당되는 입력을 출력 아크에 출력하고, switch 계산장치는 옆으로 제어입력

(부울 값)을 받아들여서 입력 값을 두 개의 출력 아크 중 해당 부울 값에 일치하는 아크로 출력한다.

반복 구문 프로그램일 경우에 순차적인 수행의 경우를 피해야 하는 데, 기존의 프로그램 같은 경우 반복 구문에 대해 한 아크 상에 여러 토큰이 적체될 수 있고, 병렬 수행 하에서 적절한 병렬 수행을 보장할 수 없기 때문에 이러한 문제를 다룰 수 있도록 하는 기법이 필요하다.

9.6.3 프로그래밍 언어

데이터 플로우 프로그래밍 언어를 비롯하여 일반적으로 병렬 언어가 갖추어야 할 요건들은 다음과 같다. 첫째로, 가능한 모든 형태와 수준의 병렬성을 표현할 수 있어야 한다. 둘째로, 프로그램에 내재한 병렬성을 탐지하고, 데이터 플로우 그래프로 쉽게 변환할 수 있어야 한다. 셋째로, 정확하고 증명이 용이한 프로그램을 쉽게 작성할 수 있어야 한다. 이를 위해 언어는 명확한 의미를 갖고 있어야 하고, 또한 프로그램의 작성 시에 정확한 프로그램을 작성하도록 유도할 수 있어야 한다. 마지막으로, 그 외에 일반적으로 프로그래밍 언어의 설계 시에 고려되어야 할 요건들, 즉 명확한 구문, 신뢰성, 신속한 번역, 효율적인 코드 생성들을 갖추어야 할 것이다.

데이터 플로우 프로그래밍 언어를 설계하는 방법으로는 다음과 같이 네 가지를 고려할 수 있다. 첫째로, 그래프언어를 사용하는 것이다. 둘째로, 기존의 명령형 언어를 사용하고, 컴파일러로 프로그램의 병렬성을 탐지하는 방법이 있다. 셋째로, 기존의 병렬 언어(예; Concurrent Pascal, OCCAM 등)를 사용하는 방법이 있다 마지막으로 새로운 언어의 사용이다.

9.6.4 데이터 플로우 컴퓨터

일반적으로 데이터 플로우 컴퓨터는 많은 PE 가 상호연결 네트워크를 통해 서로 연결된 다중 프로세서 형태를 취한다. [그림 9-26]은 한 데이터 플로우의 구조의 블록도를 보여 준다.

데이터 플로우 그래프는 계산장치를 나타내는 노드와 계산장치 사이의 자료 종속관계를 나타내는 아크로 구성되어 있으며, 각 노드의 입력자료가 다 도달하면 해당 노드를 실행하게 된다. 실제의 노드 실행은 기능장치에서 수행된다.

데이터 플로우 모델을 지원하는 구조는 기본적으로 [그림 9-26]과 같다. 이 때 노드와 토큰 메모리는 데이터 플로우 그래프의 노드와 아크에 관한 정보, 실제로 그래프의 아크를 통과하는 토큰에 관한 정보를 저장한다. 실행 준비 장치는 해당 프로세스 요소에 전달된 토큰을 받아들여, 이를 입력으로 하는 계산장치로 전달하고 모든 입력이 준비되어 실행 가능한 노드가 있으면 이를 메모리에서 추출하여 패킷으로 만든 다음, 기능장치로 전송하여 실행되도록 한다. 이외에도 기능장치, 각 장치간의 속도 격차를 완화시키는 데 필요한 버퍼, 그리고 다음 PE 와의 통신을 위한 장치들도 있다.

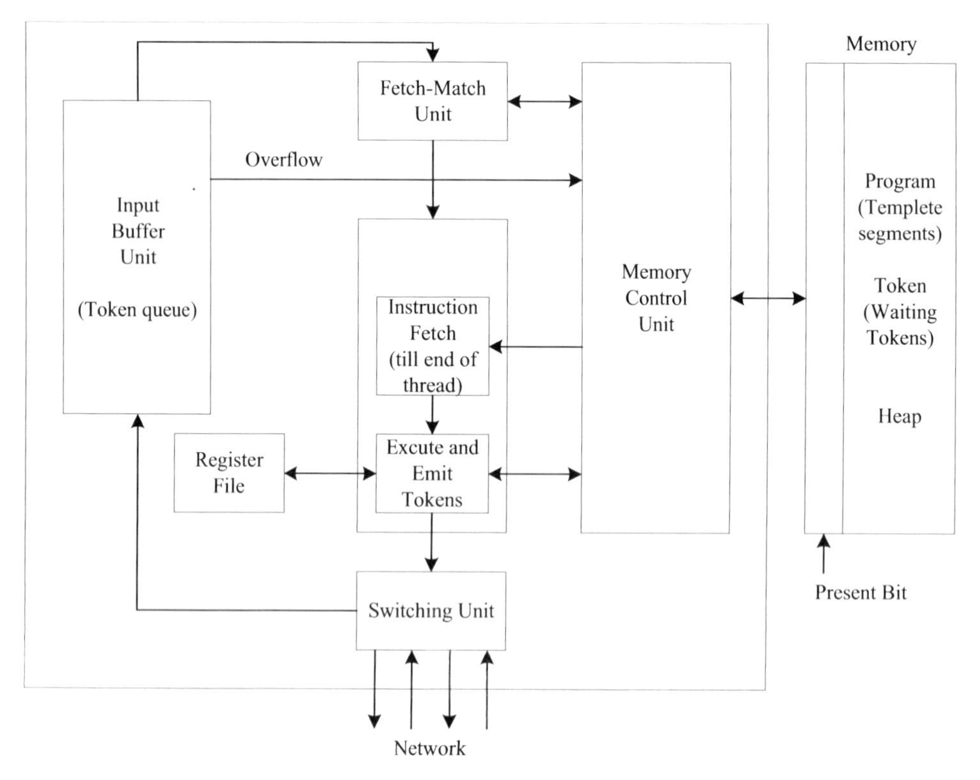

[그림 9-26] 데이터 플로우 모델의 구조

Exercise

1. Flynn 의 컴퓨터 분류 방법이 현재의 컴퓨터 구조에 적합하지 않은 이유를 간략히 설명하라.

2. 병렬처리와 파이프라인 구조를 비교하여 설명하고, 서로의 관련성을 설명하라.

3. ILLIAC IV 와 TI ASC 컴퓨터의 주요한 차이점을 설명하여라.

4. Cm * 의 컴퓨터 모듈(computer module)과 클러스터의 주소 매핑을 설명하여라.

5. 벡터 프로세서에서 프로그램 수행할 때, 다음의 벡터전환 기법이 어떻게 이용되는가를 예를 들어 설명하여라.

   (a) induction variable substitution

   (b) scalar renaming

   (c) scalar forward substitution

   (d) scalar expansion

   (e) loop distribution

   (f) loop fusion

6. 프로세서 N 개와 크로스바 상호연결 네트워크로 이루어진 시스템에서, 각 프로세서가 네트워크 사이클당 한 번의 메모리 액세스 요청을 할 수 있을 때 최적의 메모리 모듈의 갯수를 계산하여라.

Exercise

7. 병렬 프로세서는 병렬적으로 처리될 수 있는 정보의 최소 단위인 granularity 로 구분하기도 한다. 다음의 컴퓨터를 granularity(coarse, medium, fine) 에 의해 분류하시오.

ASC, Cm * , CRAY-1, intel 80486, ILLIAC IV, NCUBE/ten

CHAPTER 10

차세대 컴퓨터

미래에는 어떤 형태의 컴퓨터가 사용될 것인가. 현재의 PC 들이 완벽한 인간의 5감을 인식할 수 있는 다중 미디어 기능과 자연어 인식과 처리까지도 가능한 지능형 컴퓨터가 사용될 것이다. 또한 미래의 컴퓨터의 핵심적인 모습은 현재의 컴퓨터를 개량한 차원의 기술이 아니라 새로운 차원의 기술에 기반한 구성과 구조가 될 것이다. 현재의 수퍼컴퓨터의 성능을 수백 배 이상 발휘하는 초고속 병렬컴퓨터나 신경세포를 이용한 신경망 컴퓨터, 전자 대신 빛을 이용하는 광컴퓨터, 생물체 그 자체인 분자컴퓨터 같은 것이 그것이다. 이러한 미래의 컴퓨터들은 각각이 자체의 독특한 특성과 장·단점을 동시에 갖고 있어서 지금까지는 어느 하나가 다른 것을 대체하지는 못하고 있다. 그러나 이 개별적인 기술이 서로 밀접하게 융합되어서 서로의 특성이 혼합된 초고속 광 병렬컴퓨터나 광 신경망 컴퓨터 같은 형태의 기술로 구현되리라 예견된다. 이 장에서는 차세대 컴퓨터 기술로 현재 널리 인식되고 있는 신경망 컴퓨터와 광컴퓨터 그리고 양자컴퓨터의 기술을 소개한다.

10.1 신경망 컴퓨터

10.1.1 개요

신경망 컴퓨터(Neuro Computer)는 뇌의 기본소자인 뉴론(신경세포 : Neuron)과 뉴론들이 결합한 뉴럴네트워크(신경망 : Neural Network)의 구조 및 정보처리 메카니즘에서 이루어지는 신경회로형의 계산원리를 지향하고 그것의 인공적인 구현을 목표로 하는 컴퓨터이다. 논리연산과 기호조작을 바탕으로 해서 고도의 지적기능을 실현하려는 종래의 인공지능 연구는 전자기술의 혁신적인 진보에 힘입어 오늘과 같이 큰 진전을 보게 되었다. 그러나 패턴처리, 직관적사고, 학습, 창조, 발상 등의 기능에 있어서는 갖가지 벽에 부딪치고 있다. 여기에서 다시 한 번 인간 두뇌의 탁월한 정보처리구조를 구명하여 뇌의 신경 회로처럼 다수의 요소가 동시 병렬적으로 상호 작용하는 기구에 의해서 새로운 계산원리를 찾아내려는 방법론이 주목을 받게 된 것이다.

인간의 창조의 원천인 뇌는 약 140 억(=10^{10})개의 뉴론이 복잡하게 결합되어 구성된 고도의 집적회로망이다. 대뇌피질의 1 ㎣ 중에는 뇌의 기본소자인 이 뉴론이 약 10만 개나 되며 이들 뉴론 간의 정보전송을 행하는 극히 미세한 케이블인 축색 섬유의 총 길이는 약 15 ㎞ 에 미친다고 한다. 이들 뉴론은 상호간 밀접하게 결합되어 뉴럴네트워크를 형성한다.

뉴럴네트워크의 정보처리 양식을 본받은 새로운 형식의 병렬분산 정보처리 원리를 뉴럴네트워크 컴퓨팅(Neural-Network Computing), 뉴럴컴퓨팅(Neural Computing), 또는 한 단어로 뉴로컴퓨팅(Neurocomputing)이라 부른다.

뇌는 탁월한 논리적처리 능력과 더불어 패턴인식 능력, 규칙화하기 까다로운 직관적처리 능력이 뛰어나다. 논리적처리는 현재의 컴퓨터 기술이나 AI 기술이 잘 해낼 수 있지만 패턴인식이나 직관적처리를 공학적으로 실현하기는 쉽지 않다. 이와 같이 뇌로서는 쉽지만 공학적으로는 어려운 정보처리를, 실제로 이들 처리를 실행하고 있는 뇌의 뉴럴네트워크에서 힌트를 얻어 공학적으로 실현할 수 없을까, 또 이와 같은 연구에 의하여 역으로 뇌의 정보처리 원리를 해명할 수 있는 실마리를 발견할 수 있지 않을까 하는 것이 뉴럴컴퓨팅 연구의 문제의식이다.

뉴럴컴퓨팅 연구의 역사를 살펴보면 1943년 매클러시(McCulloch)와 피츠(Pitts)는 두뇌의 기본 구성소자인 뉴론의 단순한 모델을 만들어 그것이 논리연산시스템으로서 완전함을 보였다. 이러한 뉴론 모델의 형식은 소위 선형 임계소자이며 논리함수에 관해서 완전한 시스템을 이룰 수 있다. 그 후 헵(Hebb)의 학습 법칙, 로젠블라트(Rosenblatt)의 퍼셉트론(perceptron), 위드로우(Widrow)의 애덜라인(Adaline)등을 거쳐 1960년대에는 패턴인식이나 학습기계를 지향한 뉴럴컴퓨팅 연구가 활발히 이루어지게 되었다.

뉴럴컴퓨팅의 연구는 뇌의 정보처리 원리의 이론적 해명과 그의 공학적 응용을 지향하는 것이지만 뇌의 구조와 기능의 실험적 해명을 목표로 하는 뇌신경과학(neuro-science)이나 인간의 마음이나 지적 기능의 해명을 목표로 하는 인지과학(cognitive science) 등과 밀접한 관계가 있다.

〈표 10-1〉 컴퓨터와 뇌의 비교

구 분	컴퓨터	뇌
기본소자	반도체소자	뉴론
소자수	105 ~ 107	10^{10} ~ 10^{11}
동작 속도	$[1^{0-9}$	$[1^{0-3}$
신호	전기 펄스	활동전위
기억용량	10^{10}	10^{10} – 10^{20}
열발생 및 논리처리에너지(erg)	40 × $[1^{0-6}$	3 × $[1^{0-3}$ (뇌전체는 10W 정도)
고장률	5 × $[1^{0-22}$	5 × $[1^{0-21}$
정보처리	고속으로 정확한 수치계산	패턴 인식, 종합적 판단
기억 방식	선형 주소 방식	연상 및 내용 주소
제작	설계도와 소프트웨어	유전자와 자기조직
성능향상	소프트웨어	학습 및 기능 연마
수면	불필요	필수
아키텍처	직렬 처리	병렬 처리
노이즈 인내력	약	강
재현성	완전	불완전
정보 표현	디지털, 순차	아날로그, 분산

뉴럴컴퓨팅의 연구에서 뇌는 매우 많은 프로세서가 상호 결합해서 이루어진 신경회로형의 컴퓨터라 볼 수 있다. 이것은 종래의 컴퓨터와는 달리 자기조직 능력을 갖는다. 즉, 환경에 적응해서 스스로 회로 구조를 변화시키는 유연성을 갖는다. 우리가 성장이라든가 학습이라 부르고 있는 기능은 이 자기조직 능력에 많이 의존하고 있다.

또 시각정보처리라는 관점에서 생각하면 안구를 통해서 망막상에 투영된 화상정보는 병렬로 배치된 시각 세포에 의해서 포착되어 전기신호로 변환된 다음 뇌로 전송된다. 뇌에서는 들어온 정보를 다시 분석 및 종합해서 학습, 인식, 연상이라는 고도의 기능을 실현하고 있다, 예를 들면 인간은 풍경이나 텔레비전 화상중에서 자기가 알고 있는 물체나 사람의 얼굴을 형태(패턴)로써 순식간에 인식한다. 비록 다소 변형되어 있거나 잡음으로 오염되어 있어도 많이 닮은 형태이면 동일한 것으로 해석한다. 또 시각 패턴의 전체를 모두 같은 비중으로 수용하지 않고 자극에 적극적으로 작용해서 흥미가 있는 부분이나 필요한 부분에 주목하여 능동적으로 정보를 처리한다. 또 기억에 있어서도 들어온 정보를 그저 순번에 따라 아무 맥락도 없이 쌓아 두기만 하는 것이 아니라, 많이 닮은 것이나 관련이 있는 것을 함께 정리하면서 때로는 패턴 그 자체로서, 때로는 언어로, 상기하기 쉬운 방법으로 축적한다. 즉, 종래의 컴퓨터 원리에는 없는 패턴인식, 효율적인 기억방법, 애매함을 허용하는 유연성, 능동적 정보처리 등 여러가지 특징을 가지고 있다.

뉴럴컴퓨팅의 기본적인 아이디어는 비선형인 뉴론 모델을 여러 개 결합한 인공적 뉴럴네트워크상에서 병렬분산적으로 정보처리를 행하는 것이다. 현재의 노이만형 컴퓨터가 알고리즘 원리를 바탕으로 해서 직렬집중적으로 정보처리를 행하는 것과는 대조적이다. 또 현재의 컴퓨터는 각 응용마다 그 전용 소프트웨어에 의해서 대처하지만 뉴럴컴퓨팅에 있어서는 학습, 자기 조직화라 불리는 법칙에 의해서 뉴럴네트워크의 구조나 다이나믹스를 문제의 정보구조에 적응하도록 변화시키는 일이 중요한 수단이 된다.

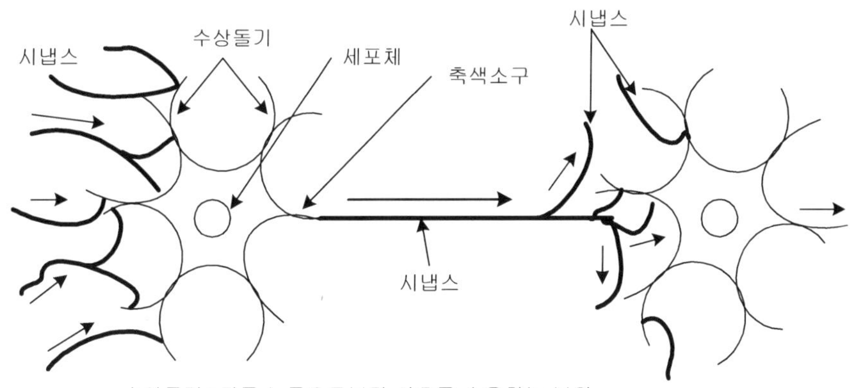

수상돌기 : 다른 뉴론으로부터 신호를 수용하는 부위
세포체 : 정보처리를 행하는 부위
축색소구 : 활동전위를 생성하는 부위
시냅스 : 다른 뉴론으로 신호를 출력

(a) 신경세포의 구조

다른 뉴론으로부터의 입력

y_1 w_1

y_i w_i 세포체 출력 x 다른 뉴론

y_N w_N

(b) 신경세포의 모델

[그림 10-1] 생체 신경세포의 구조 및 모델

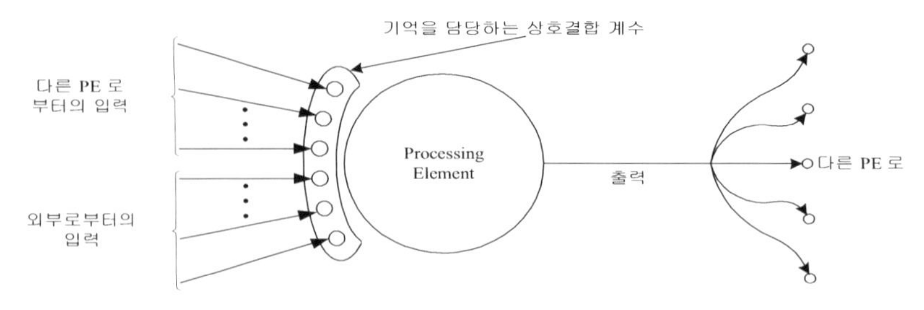

(a) 프로세싱 엘리먼트(PE)의 기본구조

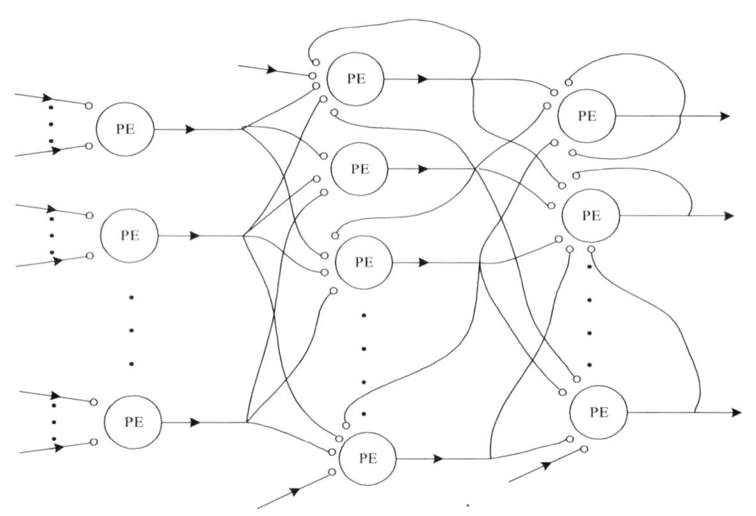

(주의) 작은 —○ 는 시냅스 결합(상호결합)이며, 기억 내용은 각 시냅스 결합에 의해 다중으로 기억된다.

(b) PE 간의 초병렬 네트워크의 구조

[그림 10-2] 뉴럴네트워크의 구조

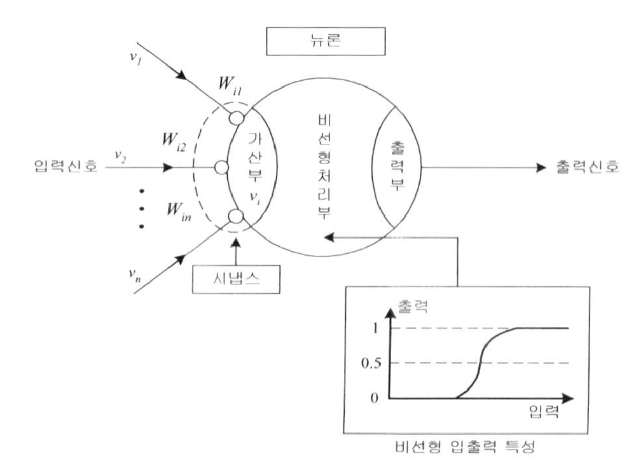

[그림 10-3] 뉴론 모델

10.1.2 뉴론과 뉴럴네트워크

뉴론은 시냅스(Synapse) 결합을 매개로 해서 상호작용을 한다. 양의 시냅스 결합계수는 흥분성의 작용을, 음의 시냅스 결합계수는 억제성의 작용을 나타낸다. 뉴럴네트워크는 [그림 10-3] 에 표시한 바와 같이 뉴론이라고 부르는 다수의 연산소자들(연산장치)과 그 연산소자들을 결합하는 시냅스라고 불리는 분산처리 소자들(아날로그 형)로 구성된다. 이 시냅스의 결합강도를 시냅스 가중치 또는 시냅스 결합강도라고 한다. 실제의 뉴럴네트워크는 매우 복잡한 결합구조이지만 뉴럴네트워크 모델의 전형적인 아키텍처는 신호가 입력 층에서 출력 층으로의 단방향으로 전파하는 피드-포워드(Feed-Forward)형[그림 10-4](a)과 뉴럴네트워크를 구성하는 모든 뉴론 간에 상호결합이 있는 피드백(Feedback)형[그림10-4](b)으로 분류된다. 뉴럴네트워크는 공간적/시간적인 패턴의 비선형 변환 장치이다. 어떤 공간패턴(처리해야 할 문제)을 입력하면, 뉴론들 간의 배선상태, 시냅스 가중치, 뉴론의 비선형 입출력 함수에 의해서 출력패턴이 결정된다(처리된 해답).

뉴럴네트워크의 학습이나 자기 조직화는 시냅스 결합계수나 임계값의 변화를 바탕으로 하고 있다. 시냅스 결합계수의 학습, 자기 조직화 법칙은 이산 시간의 식(10.1)이나 연속 시간의 식(10.2)과 같이 정형화 된다.

$$w_i(t+1) = kw_i(t) + c\delta(t)y_i(t) \qquad \text{식(10.1)}$$

$$\frac{Tdw_i}{dt} = -w_i + c\delta y_i \qquad \text{식(10.2)}$$

여기에서 k, c 는 파라미터($0 < k < 1, c > 0$) δ는 학습신호, T 는 학습의 시간상수($T \gg \tau$) 이다. 학습법칙은 식(10.1), 식(10.2)의 학습신호 δ 에 의존하고 시냅스 결합계수는 학습신호 δ 와 입력 y_i 의 곱 $\delta \cdot y_i$ 로 구동되어 변화한다. 일반적으로 δ 는 뉴론에 이르는 시냅스 결합계수의 분포, 입력 패턴, 출력 k 및 교사신호 d(학습을 지도하는 교사의 역할을 하는 신호) 등의 함수가 된다.

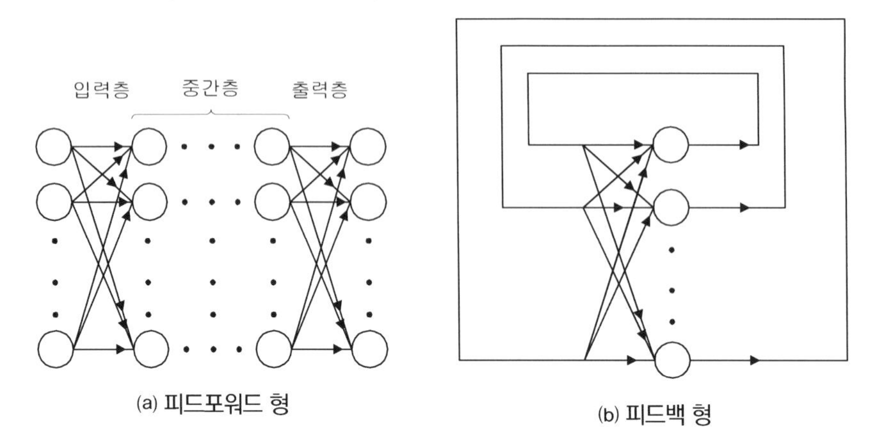

[그림 10-4] 뉴럴네트워크의 아키텍처

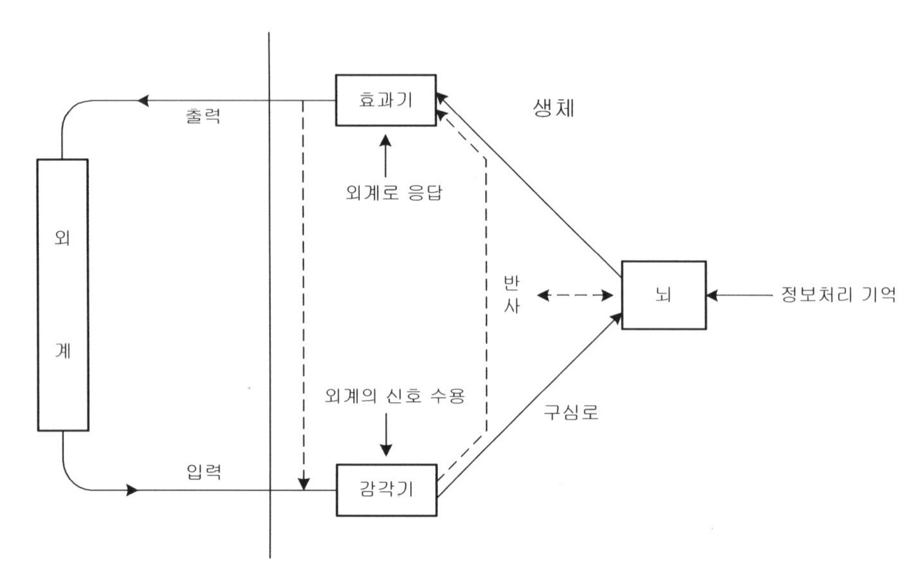

[그림10-5] 뇌신경 시스템의 정보처리

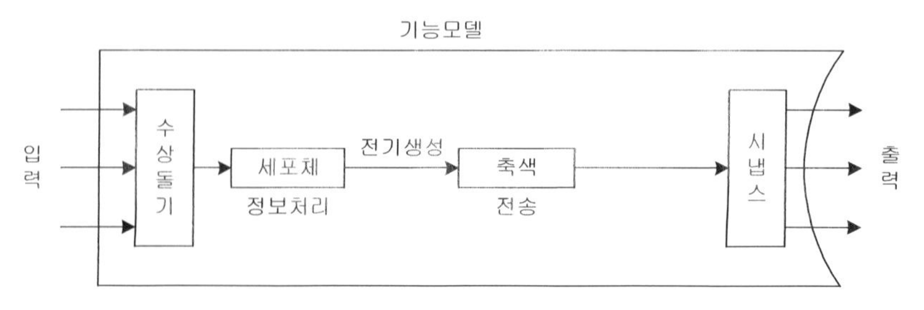

[그림 10-6] 뉴론의 기능모델

10.1.3 뉴럴네트워크 컴퓨팅의 전망

뉴럴네트워크 컴퓨팅이 가지는 병렬분산 정보처리나 학습, 자기조직화 등의 여러 능력은 매우 매력적이기는 하지만 인간의 뇌가 단순한 수치 계산능력에 있어서는 휴대용 계산기에도 미치지 못한다는 사실에서도 알 수 있는 바와 같이 결코 만능이 아니다. 따라서 뉴럴컴퓨팅이 현재의 컴퓨터나 AI 기술과 경합하는 것이 아니고 그들 사이의 관계나 장점, 단점에 관한 연구를 한 후 보다 고도의 컴퓨팅 시스템을 지향해서 상호의 특징을 살려 융합해야 할 것이다. 또 모호한 정보를 병렬로 처리한다는 관점에서는 뉴럴컴퓨팅이 퍼지(Fuzzy)컴퓨팅과 목적이 비슷하다. 그러나 뉴럴컴퓨팅이 뇌의 마이크로적인 뉴럴네트워크 구조에 기반한 상향식(Bottom-Up) 접근법인 데 비해서 퍼지컴퓨팅은 언어나 개념 등 뇌의 마크로적인 기능의 모호함에 주목한 하향식(Top-Down) 접근법이라는 점이 다르다. 모호한 정보의 처리를 지향해서 뉴럴컴퓨팅과 퍼지컴퓨팅을 잘 접목할 수 있을 것이다.

현재의 뉴럴컴퓨팅 연구의 대부분은 비교적 단순한 뉴론모델을 사용하고 있지만 실제의 뉴론은 세포내 미세구조나 케이오스 다이나믹스(Chaos Dynamics)의 존재 등 그것 하나만으로도 매우 복잡한 고기능소자이며 그 본격적인 해명은 앞으로의 과제이다. 따라서 뉴럴컴퓨팅을 연구하는 데 있어서는 그것의 정보처리 기술로서의 능력을 공학적으로 냉정하게 평가함과 동시에 뇌신경 시스템의 연구에 대해서도 항상 관심을 가져야 할 것이다.

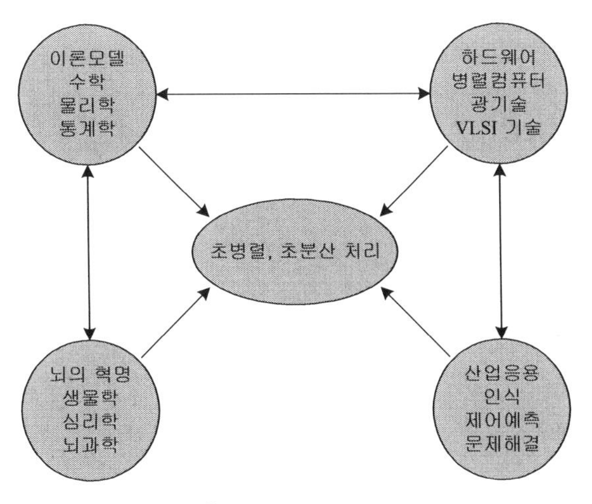

[그림 10-7] 신경망 컴퓨터의 연구의 범위

10.2 광컴퓨터

10.2.1 개요

광컴퓨팅은 광을 정보의 매체로 한 연산처리 구조의 실현을 지향하는 것으로 광의 고속성, 고병렬성 때문에 새로운 컴퓨팅기술로서 큰 기대가 걸려 있다. 현재의 컴퓨터는 전자의 전도를 이용한 디지털신호 처리기이다. 전기의 전달속도는 전선의 저항, 용량(Capacitance) 및 인덕턴스에 의해서 제한된다. 또 VLSI 기술의 진보에 따라 기기의 크기가 작아지고 있는 데 대하여 상대적으로 기기 내에서 배선이 점하는 비율은 증가한다. 이들 속도와 공간의 제약을 극복하는 데 광기술을 이용하려는 것이다. 또한 전파지연 때문에 배선의 길이에 따라 클록 등의 전파시간이 차이가 생겨 타임스큐(Time Skew)라는 위상차가 생긴다. 이와 같은 타임스큐를 피하는 데, 또 인접한 배선간의 전자유도를 회피하는 데도 광기술을 유효하게 사용할 수 있다. 가장 빠른 트랜지스터라 하더라도 스위칭 시간이 수피코(10^{-12})초 정도인 데 비해서 광 펄스의 스위칭 시간은 0.008 ps 정도가 실현되고 있다. 광은 3×10^8 ㎧ 로 전파하며 전선을 통한 전파시간보다 훨씬 빠르다.

광컴퓨팅은 고속성, 접속의 고밀도성, 병렬성 등의 특징이 있어 이들의 특징을 잘 활용함으로써 종래의 하드웨어기술의 한계를 타파하고자 하는 것이다.

10.2.2 광컴퓨팅의 특징

광을 정보의 매체로써 사용하는 이유는 첫째, 광연산소자의 고속성 둘째, 광 접속의 고밀도 및 고속성 셋째, 정보매체로서의 공간적 병렬성의 3가지로 말 할 수 있다. 이들의 특징과 종래의 컴퓨터 기술과의 대비를 나타낸 것이 [그림 10-8]이다.

광연산의 고속성은 특히 광논리소자나 광스위칭소자 등에서 현저하다. 이들은 외부로부터의 제어 광에 의해서 매체의 광학적 특성을 변화시킴으로써 광공진현상 등을 이용한 쌍안정특성을 얻으려는 것이다. 특히 GaAs/A1GaAs 의 다중양자 우물구조를 가지는 비선형 에탈론(Etalon) 이나 양자우물의 밴드 내의 전이를 이용한 소자에서는 용량성지연의

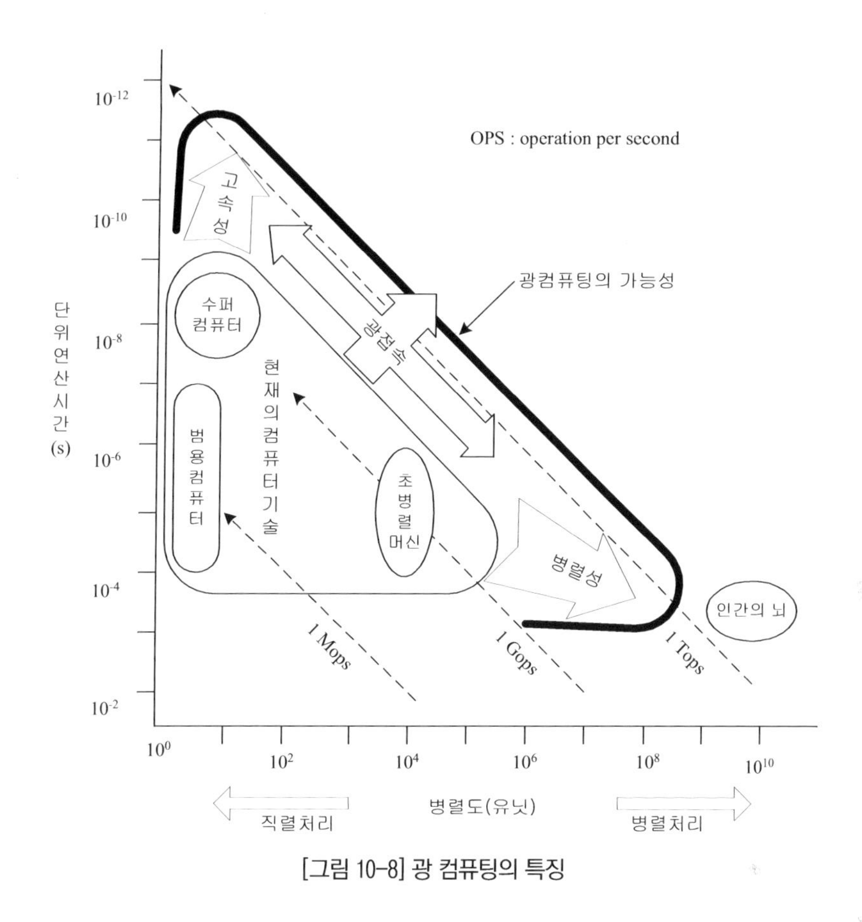

[그림 10-8] 광 컴퓨팅의 특징

영향을 받지 않는 현상을 이용할 수 있어, 종래의 전자소자로는 어려운 초고속 동작을 실현 할 수 있는 것으로 생각되고 있다.

광접속은 광의 고밀도, 고속성과 광통신 기술의 진보, 보급을 배경으로 해서 연산소자 사이의 상호 접속을 광으로 실현하려는 것이다. 배선에 기인하는 임피던스의 제약이나 용량성의 지연 등이 없고, 또 [그림 10-9]와 같이 연산소자와 직교하는 방향으로 접속이 가능하기 때문에 공간적, 시간적으로 조밀한 통신을 실현할 수 있다.

이 사실은 또 연산소자간의 전파지연이 단축된다는 것을 의미한다. 30 ㎜의 배선 길이의 연장 또는 30 pF · 3 Ω 의 CR 지연은 모두 약 100ps의 전파지연에 상당하며 연산소자의 속도가 고속으로 됨에 따라 이 정도의 지연도 컴퓨터의 속도향상에 큰 장벽이 되는 것이다. 여기에서 광접속의 도입으로 단축되는 전파지연시간이 전체 연산속도의 향상에 큰 영향을 미친다는 것을 알 수 있다.

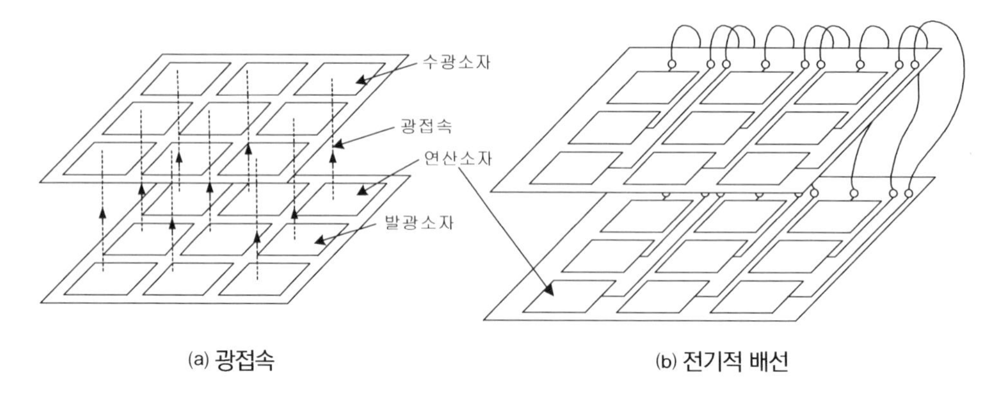

[그림 10-9] 광접속과 전기적 배선

공간적인 병렬성은 종래 사용되던 렌즈나 거울에 의한 광학시스템이나 코헤런트(Coherent)광을 사용한 푸리에 변환시스템 등의 광학적 처리의 본질적인 특징이다. 이때 정보매체로서의 광은 파장의 오더(Order)만큼 높은 공간적 병렬성을 얻을 수 있다. 그러나 렌즈 등의 광학부품은 고정된 기능밖에 없으므로 연산의 범용성을 실현할 수 없다. 이 결점을 조금이라도 극복하여 광학시스템에 가변성을 도입하기 위한 소자로서 1차원에서는 음향광학소자가 있으며, 2차원에서는 공간-광변조기의 개발이 진행되고 있다. 공간-광변조기는 2차원적인 광-패턴정보에 대해서 연산, 기억기능을 가지는 광소자이다. 그 병렬도는 디바이스의 해상도에 의해 규정되며 현재로서는 해상도가 10~30 lp/㎜, 병렬도가 10^4~10^5 정도의 것이 이용되고 있다.

10.2.3 광컴퓨팅의 아키텍처

위와 같은 광컴퓨팅의 특징을 활용하기 위해서 각 특징에 부응하는 접근방법이 시도되고 있으며 [그림 10-10]은 이것을 정리한 것이다.

(1) 순차형 아키텍처

현재의 컴퓨터는 튜링이 제시한 가상적 컴퓨터인 만능 튜링기계의 계산가능성에 그 이론적 근거를 두고 있다. 이것은 연산처리를 시간축 상에 전개하는 방법 즉, 대상의 연산구

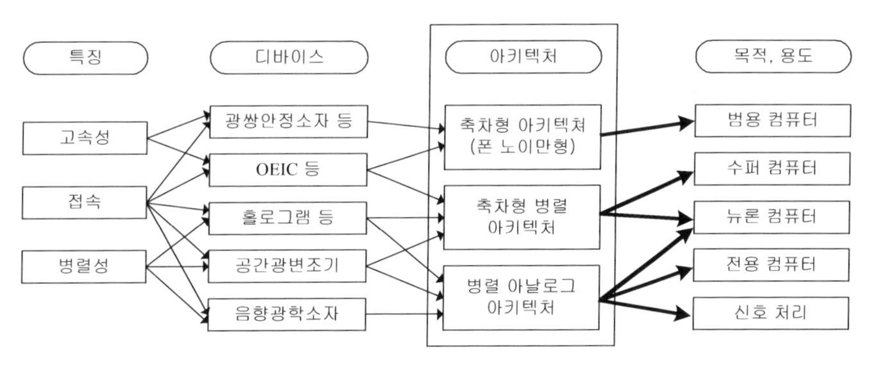

[그림 10-10] 광 컴퓨팅의 아키텍처

조를 순차적 논리구조로 분해해서 프로그램이라는 시간축 상의 제어명령어 열로 표현해서 실행하는 직렬 정보처리방식이다. 그 뒤 구체적인 아키텍처로서 폰 노이만 아키텍처가 제안되고 실용적 하드웨어로 반도체 논리소자의 기술이 진보한 결과로 지금과 같은 컴퓨터 기술의 융성을 가져오게 된 것이다.

이 폰 노이만 아키텍처에서 고속화를 실현하기 위해서는 연산의 시간 밀도를 높이는 것, 즉 고속 연산소자의 개발이 초점이 된다. 이 고속 연산소자의 하나로 광연산소자를 생각한다. 즉, 종래의 아키텍처를 그대로 답습하고 광연산소자의 고속성을 활용하여 반도체 논리소자에 대치하는 고속의 하드웨어를 만들려는 것이다. 따라서 그 유효성, 범용성은 기존의 컴퓨터 기술에 의해서 실증되어 있으며 어디까지 광 소자로 치환할 수 있는가 하는 점이 과제가 된다.

(2) 순차형 병렬처리 아키텍처

일반적으로 병렬처리는 전술한 순차형 아키텍처를 병렬화 하는 것에 불과하다. 따라서 연산처리는 여러 개의 연산소자를 시간축 상에 전개하는 것이며 그 표현형식으로 프로그램을 사용하는 것이다. 이 때문에 이 전개가 용이하게 실현되는 분야, 예를 들면 편미분방정식으로 기술되는 시스템이나 화상처리 등의 용도에는 유효한 아키텍처가 된다.

광컴퓨터의 병렬성을 이용하여 이 아키텍처를 실현하려고 하면 여러 가지 문제가 발생한다. 병렬처리를 실현하기 쉬운 SIMD 형의 제어에 의한 디지털처리에 한정해서 생각해 보자. 조건분기가 없고, 데이터의 교환도 가까운 사이에만 이루어진다고 가정한다. 이 처리에 대해서는 2차원 병렬로 AND, OR, NOT 의 논리게이트를 광으로 실현했다고 해도 그것만으로는 범용적인 처리를 실현할 수 없다. 이 처리를 실현하기 위해서 게이트의 수가 적게 드는 비트직렬 연산을 채용한다고 해도 프로세스 요소(Processing Element)당의 게이트 수 Ng는 200 ~ 400정도가 필요하게 된다. 이만큼의 광병렬 논리게이트를 배열하는 것은 집적도라는 측면에서 비현실적이다.

그래서 [그림 10-11]과 같이 1층의 광병렬 논리게이트와 그 논리게이트간의 상호 접속을 실현하는 귀환 루프를 사용하여 게이트어레이를 구성하면 게이트를 2차원으로 전개한 것만큼 병렬도가 1/Ng 로 떨어진다. 그 결과 대표적인 병렬처리머신인 커넥션머신(Connection Machine) 정도의 병렬도(256×256)를 기대한다고 하면 이 방법에 필요하게 되는 논리게이트의 병렬도는 256×256×Ng 이어서 약 4,000×4,000 정도가 된다. 또 연산속도도 현재의 전자기술에 비하면 게이트 당 서브나노 초(Sub-nano Sencond) 오더 이하의 스위칭시간이 필요하여 배선길이도 짧아져야하기 때문에 고속성이라는 면에서는 의문이 남게 된다. 이 때문에 연산은 반도체 논리소자로 행하고 접속만을 이용하는 방법도 시도되고 있다.

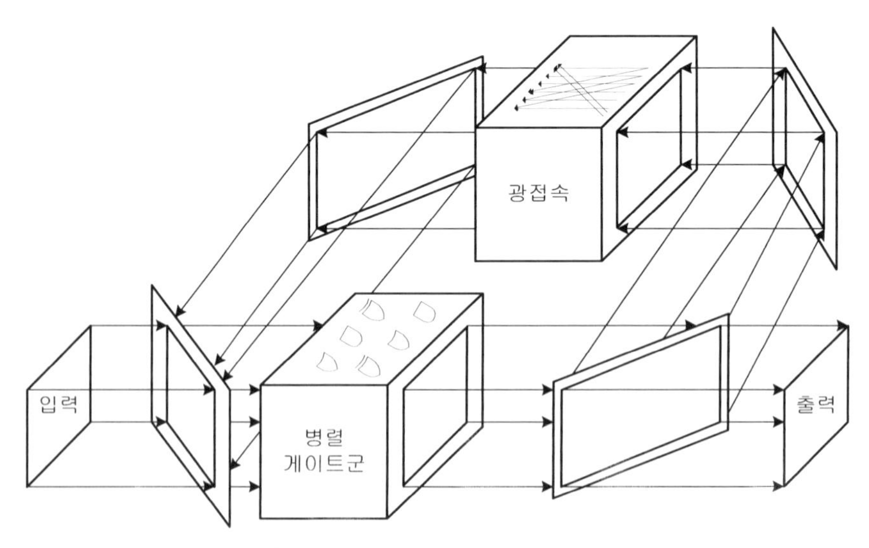

[그림 10-11] 광병렬 디지털아키텍처

(3) 병렬 아날로그처리 아키텍처

종래의 광학시스템의 처리기술은 몇 가지 특수한 문제에 대해서는 우수한 처리시스템을 제공해 왔으며 특히 2차원 정보에 대해서는 매우 병렬도가 높은 고속처리를 실현하고 있다. 그러나 광학적 현상을 바탕으로 하는 것이기 때문에 임의의 연산구조를 실현한다는 범용성은 없다. 이 점을 해결하려면 2차원의 아날로그 정보처리에 의한 유연성이 높은 컴퓨팅기술의 개발이 요망된다.

10.2.4 광뉴로-컴퓨터

뉴로컴퓨팅은 현재의 순차형 아키텍처와 달리, 뇌의 정보처리 기구의 모델을 기본 원리로 하는 컴퓨팅 기법이며 그 특징은 대규모 병렬성과 학습형 정보처리로 집약된다. 대규모 병렬성은 뉴론에 상당하는 단일 기능의 연산소자를 다수 균일하게 배열하고 이들을 상호 접속함으로써 전체로서 높은 기능을 얻는다는 점에 특징이 있다. 또 이들 접속의 무게(시냅스 하중)를 적응적으로 변화시킴으로써 필요한 기능을 실현하는 것이 학습형 정보처리이다. 즉, 아날로그 정보처리의 이점을 살리면서 연산처리를 공간적으로 전개하는 방법이라고 할 수 있다.

이 때문에 광컴퓨팅은 뉴로컴퓨팅에 친화성이 높은 하드웨어기술을 제공할 수 있다. 즉, 뉴로컴퓨팅이 필요로 하는 대규모 병렬성이나 고밀도 접속은 광컴퓨팅이 가지는 고병렬성에 의해서 실현할 수 있으며, 역으로 광컴퓨팅에서 실현하기 어려운 "프로그램" 대신 "학습" 을 도입함으로써 광컴퓨팅에 유연성을 부여할 수 있게 된다. 이와 같이 2가지 기술의 장점을 융합하려는 방식을 광뉴로-컴퓨팅(Optical Neuro-Computing)이라 한다.

(1) 광 어소시어트론

광 어소시어트론(Optical Associatron)은 공간광변조관을 사용한 학습 가능한 광연상메모리 시스템이다. [그림 10-12]은 광 어소시어트론의 구성도이다. 광 어소시어트론의 핵심소자는 공간광변조관이다. 이것은 마이크로 채널 플레이트를 사용해서 광학습패턴을 결정상의 전하패턴으로 기억하고 포켈스 효과(Pockels Effect)를 이용해서 레이저광으로 읽어 내는 것으로 광학적 패턴의 기억, 연산기능을 병렬로 실현할 수 있다. 광 어소시어트론은 모든 연산을 광컴퓨팅으로 실현하는 시스템을 상정하고 학습기능의 실증에 관여하는 부분(기억행열의 기억과 학습 및 곱셈)을 중심으로 광컴퓨팅을 실현하고 나머지 부분을 컴퓨터나 전자회로로 치환한 하이브리드 시스템으로 되어 있다.

이 과정은 공간광변조관_1에 기록되어 있는 기억행열 M'(16×16)의 값과 공간광변조관_2 에 기록되어 있는 다중화 된 입력 X_{mit}를 레이저광으로 연속해서 읽어냄으로써 병렬로 곱셈을 실행한다. 이 결과가 광트랜지스터로 검출되고 전자회로에 의해서 덧셈이 실행되어 출력이 된다.

학습 과정은 직교학습이라 부르는 귀환형의 학습법을 도입하고 있다, 이것은 도중의 상기 출력과 학습하는 패턴과의 차에 따라 공간변조관_1 의 기억행열(아날로그)의 내용을 수정하는(발광 다이오드_1을 사용한다)의 방법이다. 기대하는 상기출력을 얻을 때 까지 이 과정을 되풀이하면 학습이 실현된다.

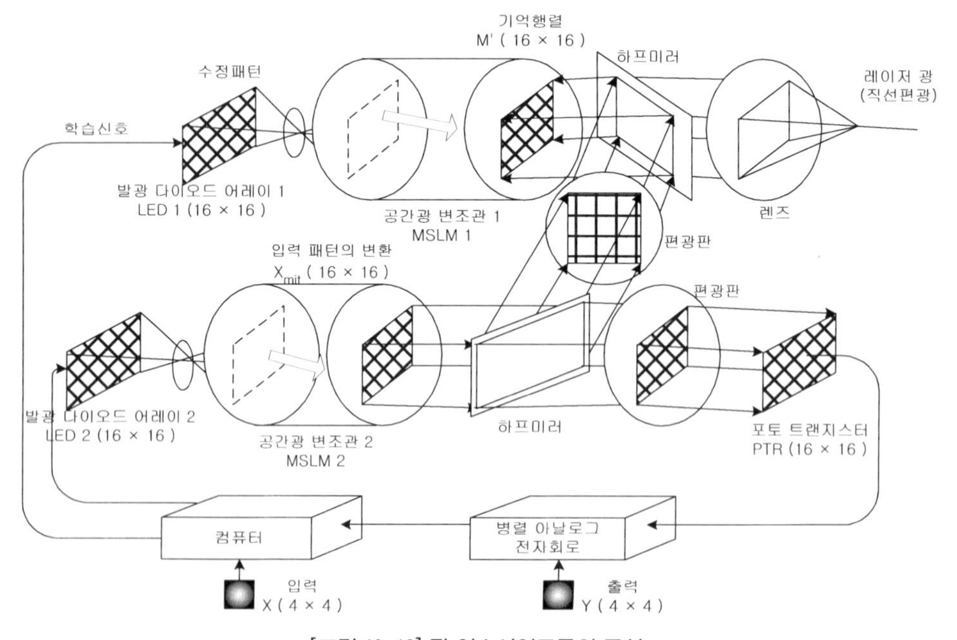

[그림 10-12] 광 어소시어트론의 구성

(2) 광뉴로-칩

광뉴로-컴퓨터를 하나의 반도체 기판상에 집적화한 것을 광뉴로-칩이라 부른다. 광뉴로=칩은 집적도의 향상에 의해서 용이하게 뉴런 시스템을 대규모화 할 수 있어 그 출현이 기대되고 있었는데, 최근 성공사례가 보고되고 있으며 [그림 10-13]는 그 한 예를 보인 것이다.

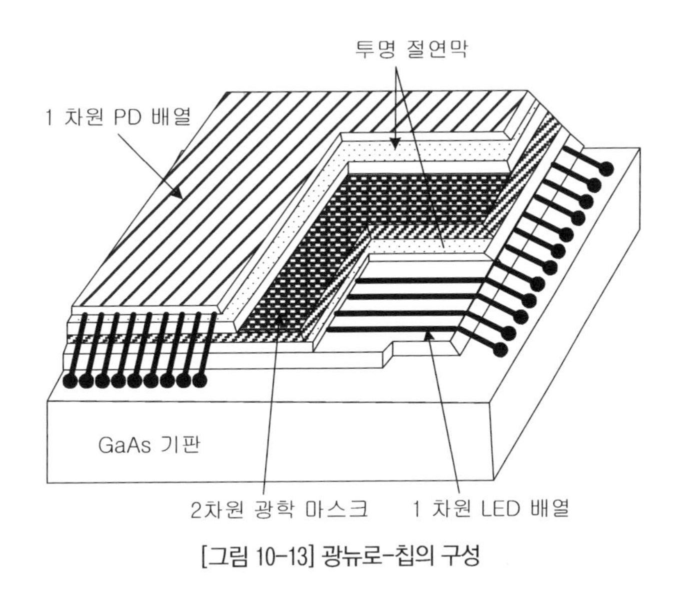

[그림 10-13] 광뉴로-칩의 구성

이것은 귀환모델을 바탕으로 하는 광연상 메모리를 실현한 것이다, 구조는 GaAs 기판상에 제작한 32개의 선상 발광다이오드 위에 32×32요소의 결합 매트릭스를 집적화하고 그 위에 32개의 선상 광검출기를 형성한 것이다. 이 구성에 의해서 벡터, 매트릭스 연산이 광학적으로 행해진다. 칩 사이즈는 8㎟ 이고 128핀 플랫패키지에 마운트되어 있다. 이 광뉴로-칩과 임계값처리 등을 행하는 간단한 외부회로를 조합함으로써 뉴론수 32, 기억정보수 3의 광연상 메모리가 구성되어 있다. 이 광뉴로-칩의 경우 해밍거리가 2 이내 일 때는 거의 정밀하게 정보에 수렴하고, 해밍거리 3, 4 인 경우는 연상정밀도 70% 라는 결과를 얻고 있다. 이와 같은 전자소자의 정합성이 탁월한 광뉴로-칩의 개발은 광뉴로-컴퓨터를 실현하기 위한 상당한 진일보라고 생각된다.

10.2.5 향후 과제

전자적인 컴퓨팅기술이 발달하고 있는 현재의 상황 속에서 아직 미숙한 광 컴퓨팅기술의 장래를 예측하기 어렵다. 〈표 10-2〉는 디지털기술과 광기술을 비교한 것이다.

〈표 10-2〉 전자기술과 광기술의 비교

항목	광기술		디지털기술	
	일반론	광어소시어트론	일반론	커넥션 머신
유연성	특정용도용	연상메모리 모델	범용성이 높다.	범용병렬 프로세서
고속성	원리적으로 빠르다.	500 ps/PE(곱셈)	현실적으로 빠르다.	15 k~1 MOPS/PE
접속	공간적 고밀도	10^2 선/㎟ 가능	평면적 저밀도	4 근방 + n 큐브
병렬성	원리적으로 높다.	256×10^4 가능	계가 존재	16 /칩, 64 k/시스템
데이터 표현 연산 방법 정밀도 등	2차원 패턴 가능, 아날로그, 2치, 음수의 표현이 어렵다.	2차원(16×16) 아날로그연산 학습 기능의 도입	완전병렬이 어렵다. 디지털 연산 확실한 정밀도	소규모완전병렬 가변장연산 가능 마이크로프로그램가능

이 표에서도 알 수 있는 바와 같이 현재로서 광컴퓨팅의 달성도는 전자적인 방법에 비해서 극히 낮다.

광뉴로-컴퓨터의 연구는 이제 시작되었을 뿐이며 광기술에 적합한 아키텍처나 소자기술도 미숙한 단계에 있다. 광뉴로-컴퓨터를 실현하기 위해서는 광기술에 적합한 뉴론모델, 학습 알고리즘, 아키텍처의 연구는 물론이고 비선형 광학소자나 공간광변조기 및 재료, 프로세스 기술에 관한 연구가 필요하다.

10.3 양자컴퓨터

10.3.1 양자물리학

1959년 파인만(Feynman)은 캘리포니아 공대에서 열린 미국물리학학회에서 "There is

plenty of room at the bottom." 이라는 강연으로 나노기술(Nanotechnology)시대의 비전을 제시하였다. 원자나 분자 같은 아주 작은 영역에 엄청나게 많은 정보를 기록하고 처리할 수 있다는 말이었다. 인텔(Intel)의 창업자 무어(Moore)가 제시한 "반도체의 집적도가 3년에 4배로 증가한다" 는 무어의 법칙(Moor's Law)은 나노기술의 로드맵이 되었지만, 디지털기술을 한없이 작은그릇(Hardware)에 싣는 데에는 근본적인 한계가 있다. 디지털 정보는 0 과 1 이 분명히 구별되어야 하지만, 나노 이하의 영역에서는 하이젠베르크의 양자불확정성원리에 의해 0 과 1 의 구분이 모호해지는 양자물리학의 세계로 접어들기 때문이다. 0 과 1 의 구분이 모호해진다는 것은 디지털 컴퓨터에서 치명적인 약점이지만, 어쩌면 하나의 비트(bit)로 0 과 1 을 동시에 나타낼 수 있는 셈이 된다.

10.3.2 양자컴퓨터

1983년 파인만은 새로운 컴퓨터의 개념을 제안하였다. 양자화학이나 강한 상호작용을 연구하는 물리 문제 중에, 전자 한두 개 정도가 아니라 여러 개의 전자를 다루는 양자다체문제(量子多體問題, Quantum Many-Body Problem)는 어렵기로 유명하다. 아주 간단한 경우만 생각하여 격자점을 하나씩 차지하고 있는 전자의 스핀(Spin) 상태가 Up 과 Down 2가지가 가능하다고 하자, 전자가 하나이면 up(1 이라고 표시하자)과 down(0 이라고 표시하자) 2가지 상태만 가능하지만, 두 개이면 00, 01, 10, 11 등 4가지 상태, 3개이면 000, 001, 010, 011 100, 101, 110, 111 등 8가지 상태, 이런 식으로 기하급수적으로(지수함수적으로 Exponentially) 경우의 수가 늘어나 30개의 전자가 있으면, 2 의 30 승 약 10 의 30 승 즉, 경(京, 10의 16승)의 100조(兆) 배의 전자상태가 가능하다.

디지털 컴퓨터는 계산능력을 높이기 위해 개별 프로세서의 계산속도와 계산용량을 높이는 방법과 함께 여러 개의 프로세서를 연결하여 쓰는 병렬컴퓨터 방식을 쓴다. 그렇지만 N 개의 프로세서를 연결한 병렬컴퓨터는 최대 N 배의 빠른 계산을 할 수 있을 뿐이다. 즉, 기껏해야 선형적으로 계산능력이 늘어나는 것이다. 이것도 프로세서들 사이에 데이터를 교환하는 통신에 따른 제약 때문에 알고리즘에 따라서는 몇 배 이상은 빨라지지 않는 경우도 있다. 이런 디지털 컴퓨터로 지수 함수적으로 계산량이 늘어나는 양자다체문제를 해결한다는 것은 불가능하다. 파인만이 1983년 로스알라모스 연구소에서 행한 강연 "Tiny Computers Obeying Quantum Mechenical Laws"는 바로 양자다체문제를 "양자역학의 법칙을 따르는 아주 작은 컴퓨터들" 즉, 양자컴퓨터로 해결하자는 제안이었다.

디지털 컴퓨터는 정보의 단위인 비트의 수가 늘어나면 계산공간이 비트 수에 선형적으로 비례하여 늘어날 뿐이지만, 양자컴퓨터는 정보의 단위를 0 과 1 이 동시에 될 수 있다는 양자비트(Quantum Bit) 또는 큐비트(Qubit)라고 할 때에 큐비트 수가 늘어남에 따라 계산공간이 지수 함수적으로 늘어난다. 이를 양자병렬성(Quantum Parallelism)이라고 한다.

디지털 컴퓨터에서 양자컴퓨터로의 발전은 수학이 실수(實數, Real Number) 체계에서 복소수(複素數, Complex Number)체계로 확장하면서 엄청난 발전을 이룬 데에 비할 수 있다. 실제로 양자컴퓨터의 큐비트는 0 이나 1 이 아니라, 0 과 1 의 중첩(重疊, Superposition)을 복소수 계수를 이용하여 나타낸다. 복소수 계수는 0 이나 1 이 측정될 확률의 제곱근 즉, 확률 진폭을 나타낸다. 양자컴퓨터는 한마디로 마이크로세계를 지배하는 양자물리학 기반의 혁신적인 컴퓨터이다. 물론 현재 우리가 사용하고 있는 디지털 컴퓨터에도 어떤 의미에서 보자면 양자물리학이 적용된 것이긴 하다. 예를 들어 중앙처리장치 (CPU)와 저장 장치 등 부품들은 양자물리학을 기초로 하는 고체 물리학을 기반으로 만들어지고 있다. 그러나 그것은 어디 까지나 컴퓨터의 소자 또는 부품 차원의 이야기이다.

양자컴퓨터는 컴퓨터에 적용된 계산 방법에 양자물리학의 원리를 도입한 것이다. 실제로 양자컴퓨터에서는 "양자병렬성"이라는 특이한 성질이 컴퓨터 내부에 만들어져 앞서 설명한 것과 같은 월등한 속도가 가능해지는 것이다. 양자병렬성은 양자컴퓨터를 구성하는 미시적 구조의 회로인 동시에 무수한 상태를 취할 수 있는 양자물리학 특유의 기묘한 현상을 말한다. 양자컴퓨터의 내부에서는 이처럼 어디 까지나 확률 즉, 잠재적으로 존재할 가능성이 있는 상태가 무수히 존재한다는 특성을 가진다. 따라서 이들이 동시 병렬적으로 계산명령을 처리함으로써 초고속 계산이 가능해지는 것이다.

10.3.2 양자컴퓨터 알고리즘

여기서 한 가지 주의할 점은 양자컴퓨터의 큐비트가 N개이면 중간 계산과정에서 계산공간은 2의 N승으로 커지지만, 계산의 시작과 끝은 여전히 N개의 비트로 나타내어진다는 점이다. 따라서 양자컴퓨터의 양자병렬성을 제대로 활용하기 위해서는 양자알고리즘을 잘 설계해야 한다.

현재 많이 알려진 양자컴퓨터 알고리즘은 피터 쇼어(Peter W. Shor)가 1994년 만든 큰 수의 양자 소인수분해(素因數分解, Factoring)알고리즘과 로브 그로버(Lov Grover)가 1996년에 만든 양자검색(Search)알고리즘 등이 있다.

소인수분해 문제는 컴퓨터의 능력을 테스트하는 문제로서 많이 활용이 되어서 새로운 슈퍼컴퓨터가 나오면 얼마나 빨리 아주 큰 수를 소인수분해 하는가? 하는 것으로 그 컴퓨터의 능력을 자랑한다. N자리 숫자를 소인수분해하는 데에 걸리는 시간은, 디지털 컴퓨터로는 N의 지수함수에 가까울 정도이지만(Superpolynomial), 양자컴퓨터로는 N의 3승 정도에 지나지 않는다. 현재 널리 쓰이고 있는 공개키암호방식은 큰 수의 소인수분해가 매우 어렵다는 사실을 이용한 것이기 때문에 양자컴퓨터가 실용화 되면 이 방식을 이용한 암호는 쉽게 풀려 버릴 위험에 놓인다. 양자 소인수분해 알고리즘의 핵심적인 부분은 양자 푸리에변환(Fourier Transform)이라고 한다.

디지털 컴퓨터의 방식으로 N 개의 데이터에서 하나를 찾는 데에 걸리는 시간은 거의 데이터 크기 즉, N에 비례하는 정도인데, 양자컴퓨터의 양자검색 알고리즘으로 $\sqrt{N}$정도 걸린다. 예를 들어, 만 개의 데이터에서 조건에 맞는 딱 하나를 찾을 때에 운이 좋으면 한 번에 찾을 수도 있지만 운이 나쁘면 끝에 가서야 찾을 수 있어서 평균 5천번 정도 데이터를 읽어야 하지만, 양자컴퓨터는 데이터를 한꺼번에 처리함으로써 100번 정도만 데이터를 읽으면 조건에 맞는 데이터를 찾을 수 있다.

10.3.4 구현기술의 요건

양자컴퓨터에 관한 이론적인 아이디어가 구체화 되어가는 한편 양자컴퓨터를 실험적으로 구현할 수 있는 기술이 1980년대 이후 형성되고 있었다. 그 중 대표적인 것이 2012년 노벨 물리학상을 수상한 와인랜드(Wineland)의 이온덫(ion trap)과 아로시(Haroche)의 공동QED(空洞, Cavity Quantum Electro-Dynamics)이다. 디지털 컴퓨터가 주로 반도체 실리콘을 바탕으로 만들어졌지만, 양자컴퓨터가 어떤 방식으로 구현될지 아직은 다양한 제안들 속에서 모색 중이다. 디빈첸쪼(Divincenzo)는 양자컴퓨터를 구현하기 위한 다섯 가지 요건을 제시하였다.

① 분명히 구별 가능한 두 상태(0 과 1)를 가진 양자계(量子界)로서 확장가능해야(Scalable)한다. 즉, 여러 개의 큐비트를 쉽게 만들 수 있어야 한다. 한 때 NMR(핵자기공명)양자컴퓨터가 유망해 보였지만 확장 가능성이 없다는 점에서 미래의 양자컴퓨터 리스트에서 제외되고 있다.

② 기준이 되는, 예를 들어 0, 양자상태를 만들 수 있어야 한다. 흔히 컴퓨터 프로그래머들이 쓰는 GIGO(Garbage In Garbage Out)라는 표현이 있다. 시작 데이터가 제대로 준비되지 않으면 계산결과는 엉터리다.

③ 필요한 양자연산 게이트들을 구현할 수 있어야 한다. 하나의 큐피트를 여러 상태로 회전하는 단일큐피트 게이트(Sigle Qubit-Gate)는 비교적 쉽게 구현할 수 있지만, 2개의 큐비트에 작용하여 얽힘(Entanglement)을 만드는 2큐비트를 구현하는 방법을 제안하였고 바로 같은 해에 와인랜드는 이를 직접 구현하였다. 와인랜드는 현재의 원자시계보다 100배 정도 정확한 시계를 만들기 위해 축적해온 기술이 바로 2큐비트 양자게이트에 필요한 기술이라는 것을 알고 단 몇 달만에 이 일을 해냈던 것이다. 현재 이온덫 방법은 여러 면에서 양자컴퓨터 구현에 가장 유리할 것으로 기대되고 있다.

④ 양자컴퓨터가 연산을 하는 동안, 연산에 필요한 게이트 이외에는 외부와의 상호작용을 차단할 수 있어야 한다. 큐비트를 조작하기 위해서는 외부와의 상호작용이 가능해

야 하고 다른 한편으로는 외부의 작용을 차단해야 하는 모순적으로 보이는 상황이다. 디지털 컴퓨터에서 잡음(Noise)과 이로 인한 오류를 차단해야 하는 것과 같은 조건이지만, 양자컴퓨터에서는 훨씬 더 실현하기 어려운 조건이다. 한 양자계의 양자상태가 외부와의 상호작용으로 결맞음(Coherence)을 잃어버리는 것을 결잃음(Decoherence)이라고 하고 양자연산이 제대로 되기 위해서는 이 결잃음을 피하고 결맞음을 유지하기 위해 양자오류수정 알고리즘과 함께 다양한 방안이 모색되고 있다.

⑤ 양자계산이 끝나서 최종상태에 이르렀을 때에 원하는 정보를 측정할 수 있어야 한다. 애써 계산을 다했는데 데이터를 출력할 수 없다면 헛수고인 셈이다. 실제로 양자계 중에는 개별 큐비트에서 나오는 신호가 너무 약하다든지 하는 이유로 측정이 불가능한 경우가 많이 있다.

이런 5가지 조건을 두루 만족하는 양자컴퓨터 방식으로 이온덫 방식과 양자광학적 방식, 초전도 방식 등 여러 다양한 방식이 논의되고 있지만 아직 어떤 방식이 미래의 양자컴퓨터로 등장할지 확실히 알기 어려운 상황이다.

10.3.5 양자컴퓨터의 구현

양자컴퓨터에 대한 연구는 미국이나 유럽을 중심으로 연구되고 있는 것으로는 알려져 있다. 연구 현황이 잘 알려지고 있지는 않지만 IBM 에서도 많은 인력을 동원하여 양자컴퓨터를 연구하고 있다고 한다.

이런 가운데 2011년 캐나다의 D-WAVE시스템즈 라는 회사에서 세계 최초로 상용 양자컴퓨터인 D-WAVE-I 을 출시하였다.

(1) D-WAVE 사의 양자컴퓨터

2011년 캐나다의 D-WAVE Systems 사에서 세계 최초의 상용 양자컴퓨터 D-WAVE-I 을 발표하였다. 가격은 약 천만달러. D-WAVE-I 은 범용 양자컴퓨터는 아니고 특정한 종류의 최적화 문제에 특화된 하드웨어를 갖고 있다. 이 컴퓨터를 구매한 것으로 확인된 기

[그림 10-14] D-WAVE사 CTO 조르디 로즈의 사진

업은 아직까지 록히드마틴사 하나뿐이다.

2013년 7월, 구글과 NASA 가 공동 설립하는 인공지능 연구소에서 차기 모델인 D-WAVE-II 를 구매하였으며, NASA 에서는 우주 관련 연구, 구글에서는 인공지능 검색엔진 개발에 사용할 것이라고 밝혔다. D-WAVE-II 는 512-qubit 프로세서를 사용하는데 이는 이론적으로 2^{512} (약 2×10^{212}) 번의 계산을 한번에 할수있는 속도이다. 더 놀라운건 D-wAVE-I 이 나온지 2년만에 성능이 4제곱배(절대 4배가 아니다.)가 좋아 졌다는 것이다.

2013년 캐나다 벤처기업 D-WAVE 사가 발표한 이른바 “양자컴퓨터”(Quantum Computer)를 두고 주류 양자물리학자들 사이에서 논쟁이 벌어졌다. 요지는 양자컴퓨터 분야에서는 비주류 이론인 ‘양자 어닐링’ 방식을 채택한 이 컴퓨터를 진짜 양자컴퓨터로 인정할 것인가로 모아진다. D-WAVE 사가 128 양자 비트 시스템 개발에 성공하고 관련 논문이 ‘네이처’와 ‘사이언스’ 등에 게재 되면서 상황이 바뀌었다. 일부에는 D-WAVE 사의 컴퓨터가 양자 이론에 따라 작동한다는 설이 있지만, 양자컴퓨터는 특히 인공지능(AI) 개발 분야에서 큰 기대를 걸게 하고 있다. 구글이 거금을 들여 D-WAVE 사의 컴퓨터를 구입한 것도 이 때문이다. 구글이 진행중인 무인자동차나 사람의 말과 의도를 이해하는 검색엔진 등은 모두 AI 시스템에 기초한 것이다. 이 AI시스템은 모두 빅 데이터를 통계적으로 처리함으로써 가능한 영역이다. 여기에는 기계학습 기술이 많이 사용되지만, 이는 말 그대로 기계와 컴퓨터가 주고 받는 빅데이터를 분석하고 이를 바탕으로 스스로 지능을 갖게 하는 방법이다. 그런데 기계 학습 과정에는 앞서 언급한 NP 의 일종인 "조합 최적화" 문제가 자주 등장한다. 이 문제 역시 현재 가장 빠른 슈퍼 컴퓨터로도 해결하기가 어려워 양자 컴퓨터가 요구되고 있는 상실정이기 때문이다.

1985년 영국의 물리학자 데이비드 도이치가 처음 양자컴퓨터 개념을 정립한 이후, 관련 연구와 개발은 "양자 게이트"(Qquantum Gate)방식에 따라 진행 해왔다. 이는 일반 범용 디지털 컴퓨터의 기본소자인 논리게이트를 양자역학의 원리로 재구성 한 것이다. 양자 게이트 방식은 미국과 일본 등 주요국가 대부분의 양자컴퓨터 개발에 채택되고 있을 만큼 주류가 되고 있다.

반면 D WAVE 의 컴퓨터는 "양자 어닐링"(quantum annealing)이라는 전혀 다른 방식에 근거해서 개발됐다. 그러나 D-WAVE 사가 128 양자 비트 시스템 개발에 성공하고 관련 논문이 "네이처"와 "사이언스" 등에 게재 되면서 상황이 바뀌었다. 니시모리 교수는 이제는 자신의 평가도 긍정과 부정이 반반이거나 오히려 긍정이 부정을 앞설 수도 있다고 말할 정도이다. 여기서 니시모리 교수가 언급한 양자 비트는 일반 컴퓨터 데이터 단위인 비트를 양자물리학 법칙으로 재정의 한 것이다.

D-WAVE 사가 완성한 128 양자 비트 시스템을 평가하여 그 결과를 논문으로 발표 한 것은 대니얼 라이더 교수가 이끄는 남가주대학 연구팀이다. 라이더 교수팀은 2013년 7월 D-WAVE 사가 개발한 512 양자 비트 시스템에 대한 평가 결과도 "Nature" 자매지인 "Nature Communications"에 발표했다. 라이더 교수는 논문에서 "D-WAVE 사의 컴퓨터는 양자 이론에 근거해 정보처리를 하고 있다" 며 "적어도 고전 물리학 이론에서는 이 같은 상황을 설명할 수 없는 것은 확실 하다"고 강조했다. 물론 라이더교수팀에 의한 평가는 일부 견해에 불과할 수는 있다. D-WAVE 사를 둘러싼 학계 전체의 평가 결과는 아직 나온게 없기 때문이다. 그러나 D-WAVE 사의 설립자인 조르디 로즈 최고기술책임자는 "2014년에 출시예정인 차세대 시스템이 예상대로 성능을 발휘한다면 더 이상 트집을 잡는 사람은 없어질 것" 이라고 강조하고 있다.

[그림 10-15] D-WAVE사의 양자컴퓨터
출처: http://www.irobotnews.com/news/articleView.html?idxno=684

※ 양자어닐링

학자들 사이에서 D-WAVE 사의 컴퓨터를 인정하지 않는 것 중의 하나는 이 회사의 컴퓨터에 채택한 양자이론이 전문가 사이에서는 일종의 이단으로 받아들여지고 있기 때문이다. D WAVE 사의 컴퓨터는 '양자 어닐링'(Quantum Annealing)이라는 전혀 다른 방식에 근거해서 개발됐다고 한다. 이는 일종의 아날로그 계산 방식으로서 조합최적화 문제를 빠르게 풀기위한 알고리즘을 제공하고 있다. 그러나 이 방식은 범용 디지털 컴퓨터 방식에 비해 응용범위가 좁혀 든다는 한계가 있다. 이 때문에 양자어닐링에 대한 기초연구는 이루어지고 있지만 이 방식을 채택한 실용 컴퓨터 개발시도는 거의 없었다.

그런데 양자 어닐링 방식을 채택한 D-WAVE 의 컴퓨터는 벤치 마크 테스트에서 기존 컴퓨터 보다 3,600배나 빠른 처리속도를 기록했다. 이는 구글이 진행 중인 여러 AI프로젝트를 성능 제한 없이 적용할 수 있는 수준이다.

양자어닐링 방식은 1998년 일본의 도쿄공업대학의 니시모리 히데미노루 교수와 대학원생 카도와키 마사시가 처음으로 공동제안하고 정립한 개념이다. D-WAVE 사는 양자컴퓨터 개발에 앞서 4년 여에 걸쳐 전 세계 물리학논문 등 관련 정보를 철저하게 조사했다. 이때 D-WAVE 사는 주류인 양자게이트 방식이 비응집(디코히런스) 성질 때문에 계산에 필요한 양자상태를 일정하게 유지할 수 없다는 문제점을 발견 해냈다. 다시 말하면, 양자

[그림 10-16]구글이 구매한 양자컴퓨터 D-WAVE-II.
(외계인 연구, 인공지능 수준의 검색엔진연구 등에 사용된다)

게이트 방식의 컴퓨터는 매우 불안정해서 엔지니어들이 고난도의 기술을 채택해서 만들어도 순식간에 망가져 버린다는 얘기다. 반면 양자어닐링 방식은 "기저상태"라 불리는 에너지가 계산에 필요한 양자상태를 가장 낮은수준으로도 다루기 때문에 매우 안정되어있다는 것. 일본에서도 이 이론을 양자컴퓨터에 응용하려는 시도가 있지만, 아직은 기초연구 단계이다.

※ 구글이 세계최초의 공인 양자컴퓨터(D-WAVE-II)를 확보했다고 발표했다. 네이처가 2014년 7월 28일자로 남캘리포니아대(USC)의 양자컴퓨터 방식 논문을 수록함으로써 이 양자컴퓨터를 인정한데 따른 것이다. 그동안 USC 의 성과는 양자컴퓨팅 진위논란 속에 있었다.

※ IEEE 스펙트럼은 2013년 8월 3일에, 7월 28일자 네이처커뮤니케이션지가 USC 의 양자컴퓨터 논문을 게재해 이를 공인했다고 보도했다. 네이처는 USC 의 "프로그래머블

퀀텀 어닐링(양자담금질)의 시험적 시그니처" 라는 제목의 논문을 게재해 양자컴퓨터 등장을 처음으로 인정했다. 또한 보도는 구글의 양자컴퓨터 D-WAVE 사가 연말 안에 美항공우주국(NASA) 에임즈센터에 설치된다고 전했다. 나사와 구글은 이 양자컴퓨터를 이용해 외계인 연구, 사실상의 인공지능역할을 할 거대한 검색엔진 연구에 나서게 된다. 구글의 양자컴퓨터는 지난 5월 512큐빗 베수비우스 칩으로 업그레이드 됐으며 연말까지 나사에임스센터 우주연구협회센터 안에 설치된다고 한다.

(2) IBM 사의 양자컴퓨터

IBM이 "실질적인 양자컴퓨터"가 손에 잡히는 거리에 있다고 밝혔다. 하지만 넘어야 할 장애는 여전히 남아있다는 평가를 받았다.

씨넷은 2012년 2월 28일(현지시간) 매티아스 스티븐 IBM 양자컴퓨팅실험팀장이 이 날자로 미물리학회에 제출한 논문을 바탕으로 이같이 보도했다. 또 완전한 규모(Full Scale)의 양자컴퓨터를 만드는 것은 물론 곧 손안에 잡히는 양자컴퓨터 기술수준에 와 있음을 설명하는 IBM 연구소 과학자들의 설명 동영상도 함께 소개했다. 스티븐의 설명에 따르면 전통적인 비트는 오직 0 과 1 의 상태만을 가지지만 이 새로운 초전도큐비트(Super Conducting Qubits)방식은 0 과 1 상태를 동시에 가진다. IBM 은 "양자컴퓨터가 큐비트(Quantum Bit : Qbit)스크롤링을 통해 한 번에 수백 만 번의 연산을 할 수 있으며 하나의 250큐비트 상태는 우주에 있는 입자보다도 더 많은 정보를 갖게 될 것"이라고 말했다. 특히 주목되는 부분은 이 시스템기술이 기존의 실리콘 기술을 이용한 정밀제조방식의 부품에도 적용될 수 있다는 점이다. 스티븐은 "큐빗이 동시에 0 과 1 상태에 있을 수 있기 때문에 다양한 가능성을 제시해 준다" 고 설명한다. 그는 또 "이 기술이 매우 민감하고 빠른 암호화와 해독작업을 할 수 있는 열쇠를 갖게 해 줄 것" 이라고 전망했다.

IBM 은 큐비트가 양자컴퓨팅의 핵심이라고 믿고 있다. IBM 은 이 큐비트 컴퓨팅 기술이 "오늘날 개발된 가장 강력한 슈퍼컴퓨터성능을 훨씬 넘어설 양자컴퓨팅 확장기술을 개발하기 직전에 와 있다" 는 의미라고 설명하고 있다. 스티븐은 "IBM 이 사용하지 않기로 한 또 다른 유력한 물리적 컴퓨팅시스템 후보에는 이온 덫(Ion Trap)과 양자 점(Quantum

Dots)이 있다" 고 소개했다.

또한, IBM 은 발표문에서 이 양자컴퓨터 기술이 큐비트의 양자기계적 속성을 보전하면서 동시에 기본적인 컴퓨팅의 에러율 기록을 깨뜨렸다고 밝혔다. IBM 에 따르면 이 3D 초전도큐비트 부품의 중앙에는 1mm 밖에 안되는 큐비트가 작은 사파이어칩 위에 놓인다. 공간은 두개로 나뉘어지고 측정은 커넥터로 향하는 마이크로파에 의해 이뤄진다. IBM 은 이같은 시스템을 수백개 수천개의 큐비트로 확장할 생각이다.

[그림10-16]은 IBM 이 개발한 3개의 초전도 큐비트를 실리콘칩에 장착한 모양으로, 양자컴퓨터시대를 앞당길 기술로 평가받고 있다. 스티븐은 "한 상태는 대개 양자시스템이 들뜬 상태에서 암호화되며 ... , 이는 원자가 광자(Photon)를 방출하는 것처럼 사라지게 된다" 고 말했다. 그는 "IBM 은 에러정정 구조를 실행할 수 있는 지점까지 에러율을 줄이는 방법을 찾았다"면서 "이는 지금보다 10배의 성능향상이 가능하다는 것을 의미하는 단계" 라고 말했다. 또 "이 컴퓨팅기술의 에러율이 엄청나게 낮기 때문에 IBM 은 5~10개의 큐비트를 하나로 묶어 기본적인 작동을 시작하는 단계에 가까이 와 있다"고 밝혔다. 그러나 스티븐은 "IBM 이 실질적인 양자컴퓨팅 시스템을 만들수 있길 기대하기에 앞서 거쳐야 할 하나의 작은 단계를 여전히 남겨놓고 있다" 면서 "어떻게 5개에서 10개에 이르는 큐비트를 하나의 칩에 올려놓을지, 어떻게 이들과 인터페이스할지, 그리고 어떤 SW를 써야 할까 하는 문제들이 남아있다." 고 덧붙였다.

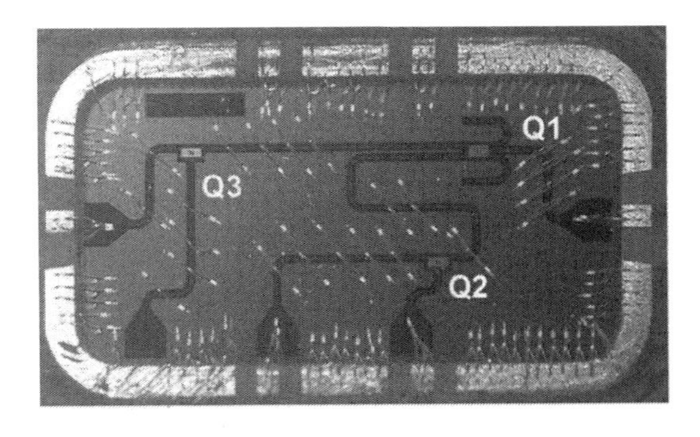

[그림 10-17] 큐비트

- 그림에 보이는 것은 큐비트(Qubits)로 불리는 3개의 초전도양자비트를 하우징한 실리콘칩인데, IBM 은 큐비트가 양자컴퓨팅의 핵심이라고 믿고 있다.

[그림 10-18] 3D 초전도 양자비트(IBM 이 개발한 양자컴퓨터의 핵심기술인 큐비트)

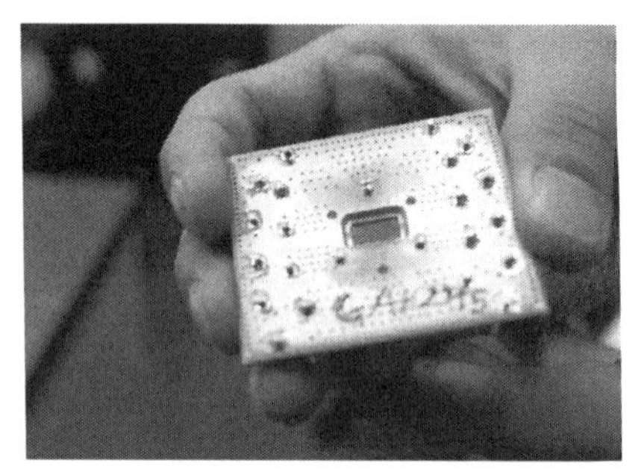

[그림 10-19] IBM 이 개발한 3개의 초전도 큐비트를 실리콘칩에 장착한 모양

[그림 10-20] 하나의 양자 비트(quamtum bit) 즉, 큐비트를 확대한 사진.

Exercise

1. 뉴론의 단순한 모델을 만들고 그 논리연산시스템에 대하여 설명하시오.

2. 뉴럴컴퓨팅이 뇌의 마이크로적인 뉴럴네트워크 구조에 기반한 상향식(Bottom-Up) 접근법에 대하여 설명하시오.

3. 광 컴퓨팅의 특징 에 대하여 설명하시오.

4. 광 컴퓨터의 병렬성을 이용하여 아키텍처를 실현할 때 발생하는 문제점에 대하여 설명하시오.

5. 디지털 기술과 광기술을 비교 설명하시오.

6. 광뉴로-컴퓨터 개발관련하여 일반적으로 인정하고 있는 학습 알고리즘에 대하여 설명하시오.

7. 디지털 기술의 한계와 양자컴퓨터의 기억원리에 대하여 설명하시오.

8. 파인만이 양자다체문제를 “양자역학의 법칙을 따르는 아주 작은 컴퓨터들”인 양자컴퓨터로 해결하자는 제안에 대하여 설명하시오.

Exercise

9. 큐비트와 이온 덫, 그리고 양자점에 대하여 설명하시오.

10. 양자 어닐링과 D-WAVE 사의 양자컴퓨터에 대하여 설명하시오.

11. 양자컴퓨터를 구현하기 위한 5가지 요소에 대하여 설명하시오.

참고문헌

1. ATM Forum, "ATM User-Network Interface Specification : Version 3.1.," PTR Prentice-Hall, 1994.
2. Almasi and Gottlieb, "Highly Parallel Computing," Benjamin/Cummings Publishing Company, 1989.
3. Brey, Barry B., "The Intel Microprocessors 8086/8088, 80186/80188, 80286, 80386, 80486, Pentium, and Pentium Pro Processor, 4th. ed.," Prentice Hall, 1997.
4. Brewer, E. A., and B. C. Kuszmaul, "How to get good performance from CM-5 data network," Proc. 8th Int. Parallel Processing Symposium(April), Cancun, Mexico.
5. Comer, D., "Internetworking with TCP/ IP, 2nd ed.," Prentice-Hall, 1993.
6. Crawford, J., "The i486 CPU : Executing Instructions in One Clock Cycle," IEEE Micro, February, 1990.
7. Dasgupta, S., "A hierachical taxonomic system for computer architectures," EEE Computer, 23, No.3, 1990.
8. Dasgupta, Subrata, "Computer Architecture: A Modern Synthesis," John Wiley & Son, Inc., 1989.
9. Dawson, W. and R. Dobinson, "Buses and Bus Standards," Computer Standards and Interface, June 1987.
10. Decegama, A. L., "The Technology of Parallel Processing: Parallel Processing Architectures and Hardware," Prentice Hall, 1989
11. Digital Equipment Corp., "PDP-II Achitecture Handbook," 1983.
12. Digital Equipment Corp., "VAX Hardware Handbook; Volume-1-1986," 1986.
13. Digital Equipment Corp., "VAX Technical Summary," 1982.

14. Duncan, R., "A Survey of Parallel Computer Architectures," Computer, Vol 23, No. 2, Feb. 1990.

15. Feng, T. Y., "Some characteristics of associative/parallel processing," Proc. 1972 Sagamore Computing Conf., 1972.

16. Flynn, M. J., "Computer Architecture Pipelined and Parallel Processor Design," Jones and Bartlett publishers, 1995.

17. Fukushima, K., "Neocognitron; A hierarchical neural netwwork capable of visual pattern recognition," Neural Networks, Vol. 1, no. 2, 1988.

18. Gajski, D. D, Peir, J. K.,"Essential Issues in Multiprocessor Systems," IEEE Computer, Vol. 18, No. 6, June 1985.

19. Gaudiot and Bic, "Advanced Topics in Data-Flow Computing," Prentice Hall,1991.

20. Goodman, J. R., "Using cache memory to reduce processor-memory traffic," Proc. 10th Symp. Comp. Arch, 1983.

21. Goor, A., "Comptuer Architecture and Design," Wesley, Reading, MA, 1989.

22. Gustavson, D., "Computer Buses-A Tutorial," IEEE Micro, August, 1984.

23. Halsall, F., "Data Communications, Computer Networks and Open Systems, 4th. Edition," Addison Wesley, 1996.

24. Hamacher, V. C., Vranesic, Z. G., Zaki, S. G., "Computer Organization, 4th Edition," McGraw-Hill, NY, 1996.

25. Hayes, J., "Computer Architecture and Organization, 2nd Edition," McGraw-Hill, NY, 1988.

26. Hayes, J., "Computer Architecture and Organization, 3rd Edition," McGraw-Hill, NY, 1998.

27. Hennessy, J., and N. Jouppi, "Computer Technology and Architecture : An Evolving Interaction," Computer, September 1991.

28. Higbie, L., "Quick and Easy Cache Performance Analysis," Computer Architecture News, June 1990.

29. Hill, F. J. and G. R. Peterson, "Introduction to Switching Theory and Logiccal design, 3rd edition," John Wiley, 1981.
30. Hord, R. M., "ILLIAC IV : The First Supercomputer," Computer Science Press, 1982.
31. Hwang, K. and Briggs, F. A., "Computer Architecture and Parallel Processing," McGraw-Hill, 1985.
32. Hwang, K., "Advanced Computer Architecture, Parallelism, Scalability, Programmability," McGraw-Hill, NY, 1996.
33. Intel Corp., "Multibus II Bus Architecture Specification Handbook," 1985
34. Intel Corp., "i860 64-bit Microprocessor Hardware Reference Manual," 1990.
35. Intel Corp., "i860 Microprocessor Family Programmer's Reference Manual 1992," 1992.
36. Intel Corp., "Microprocessors : Volume III Pentium Processors 1994," 1994.
37. Kain, Ricard Y., "Computer Architecture, Software and Hardware," Vol I andII, Prentice Hall, 1989.
38. Kryder, M., "Special Section on Magnetic Information Storage Retrieval," Proceedings of the IEEE, November 1986.
39. Kulisch, U. and W. Miranker, "Computer Arithmetic in Theory and Practice," Academic Press, NY, 1981.
40. Langholz, Kandel, Mott, "Digital Logic Design," Wm. c. Brown Publishers, 1984
41. Levy, H., and R. Eckhouse, "Computer Programming and Architecture : The VAX-11," Digital Press,
42. Liu, Y. C., and C. J. Jou, "Effective memory bandwidth and processor blocking probability in multiple-bus system," IEEE Trans. Comput., 1987.
43. MIPS Computer Sys. Inc., "MIPS R4000 Microprocessor User's Manual," 1991.
44. Mano, M. M., "Computer System Architecture, 3rd Edition," Prentice Hall, 1994.
45. Mano, M. M., "Digital Design, 2nd edition," Prentice Hall, 1991.

46. Milutinovics, V. M., ed., "Computer Architecture: Concepts and System," North-Holland, 1988.

47. Partridge, C., "Gigabit Networking," Addison-Wesley, 1994.

48. Patterson, D. A., "Reduced Instruction Set Computers," Comm. ACM, 1985.

49. Pohm, A., and O. Agrawal, "High-Speed Memory Systems," Reston Publishing Co., 1983

50. Prasad, N., "Architecture and Implementation of Large Scale IBM Computer Systems," QED Information Sciences, Inc., 1981.

51. Russel, R. M., "The CRAY-1 Computer System," Comm. ACM, Vol. 21, No. 1, 1978.

52. Skillicorn, D. B., "A taxonomy for computer architectures", IEEE computer, 21, No.11, 1988.

53. Smith, A., "Cache Memories", ACM Computing Surveys, September, 1982.

54. Spaniol, O., "Computer Arithmetic," Wiley, 1981.

55. Srini, V. P., "An Architectural Comparison of Dataflow Systems," IEEE Computer, Mar. 1986.

56. Stallings, W., "Computer Organization and Architecture, 3rd. edition," Prentice Hall, 1996.

57. Stallings, W., "Computer Organization and Architecture, 4th. edition," Prentice Hall, 1998.

58. Stone, H., "High-Performance Computer Architecture," Addison-Wesley, 1990.

59. Swartzlander, E., "Computer Arithmetic, Volumes I and II," IEEE Computer Society Press, 1990.

60. Swartzlander, E., "Special Issue on Computer Arithmetic," IEEE Transactions on Computers, August 1990.

61. Tabak, D., "Advanced Microprocessors," McGraw-Hill Book Company, 1991.

62. Tabak, Daniel, "Multiprocessors," Prentice Hall, Inc., 1990

63. Tanenbaum, A. S., "Computer Networks, 2nd ed.," Prentice-Hall, 1988.

64. Veen, A. H., "Dataflow Machine Architecture," ACM Computing Surveys, Vol. 18, No. 4, 1986
65. Yang, Q., L. N.. Bhuyan and B. C. Liu, "Analysis and comparison of cache coherence protocols for a packet-switched multiprocessor," IEEE Trans. Comput., 1989.
66. 김동규, "컴퓨터 통신 네트워크," 상조사, 1988.
67. 김수홍 외, "전산학 입문," 상명대학교 출판부, 1996.
68. 김수홍, "컴퓨터 구조론," 21세기사, 1999.
69. 김종현 역, "컴퓨터 조직과 구조," 사이텍 미디어, 1998.
70. 김종현, "컴퓨터구조론," 개정4판, 생능출판사, 2014.
71. 김종홍, "컴퓨터 구조와 원리 2.0," 한빛미디어, 2012.
72. 우종정. "컴퓨터 아키텍처," 한빛아카데미, 2014..
73. 정원호, 윤현수 공역, "컴퓨터 조직론," 홍능과학출판사, 1993.
74. 정창성 역, "고급 컴퓨터 구조학," 이한출판사, 1997
75. 조정완, "컴퓨터 구조학," 정익사, 1990.
76. 최병욱 역, "컴퓨터 구조론," 범한서적, 1991.
77. 한상영, "전자계산기 구조," 상조사, 1990.
78. 한상영 외, "컴퓨터 구조," 이한출판사, 1996.
79. 한국정보과학회 병렬처리시스템연구회, "병렬처리 시스템 연구회지, 제1권 1호 - 제9권 2호," 1990 – 2005.
80. 한국정보과학회 고성능컴퓨팅연구회, "병렬처리 시스템 연구회지, 제1권 1호 - 제9권 2호," 2005 - 2014.

SUCCESS
Good
Do Best!
Q&A
VISION
IDEA
CONCEPT
consult
QUALITY
TIME
money
IDEA
EMAIL
NEWS
Good
Go
YES!
&

INDEX

A

B

J

K

L

M

Q

R

S

T

U

V

W

Z

숫자

ㅇ

ㅎ

김수홍
- 서울대학교 공과대학 응용수학과졸업(공학사)
- 서울대학교대학원 계산통계학과졸업(이학석사)
- 서울대학교대학원 계산통계학과졸업(이학박사)
- 미국 메릴랜드주 타우슨대학교 컴퓨터과학과 교환강의 교수
- 상명대학교 공과대학 컴퓨터공학과 교수(1992년-현재)

새 컴퓨터 구조론

1판 1쇄 발행 2015년 07월 30일
1판 2쇄 발행 2019년 03월 15일
저 자 김수홍
발 행 인 이범만
발 행 처 **21세기사** (제406-00015호)
경기도 파주시 산남로 72-16 (10882)
Tel. 031-942-7861 Fax. 031-942-7864
E-mail : 21cbook@naver.com
Home-page : www.21cbook.co.kr
ISBN 978-89-8468-577-2

정가 28,000원